建筑业企业专业技术管理人员岗位资格考试指导用书

施工员

(土建)

主　编　郑　伟
副主编　徐运明
主　审　刘孟良

中国环境出版社・北京

图书在版编目（CIP）数据

施工员．土建/郑伟主编．—2版．—北京：中国环境出版社，2013.3

建筑业企业专业技术管理人员岗位资格考试指导用书

ISBN 978-7-5111-1317-7

Ⅰ．①施…　Ⅱ．①郑…　Ⅲ．①土木工程—工程施工—资格考试—自学参考资料　Ⅳ．①TU7

中国版本图书馆CIP数据核字（2013）第029984号

出 版 人　王新程
责任编辑　张于嫣
责任校对　扣志红
封面设计　宋　瑞

出版发行　中国环境出版社
（100062　北京市东城区广渠门内大街16号）
网　　址：http：//www. cesp. com. cn
电子邮箱：bjgl@cesp. com. cn
联系电话：010-67112765（编辑管理部）
010-67112739（建筑图书出版中心）
发行热线：010-67125803，010-67113405（传真）

印　　刷　北京市联华印刷厂
经　　销　各地新华书店
版　　次　2013年3月第二版
印　　次　2013年3月第一次印刷
开　　本　787×1092　1/16
印　　张　19.5
字　　数　380千字
定　　价　60.00元

出版说明

2011 年 7 月，住房城乡建设部发布《建筑与市政工程施工现场专业人员职业标准》（JGJ/T250—2011，以下简称《职业标准》），2012 年 1 月 1 日起正式实施。根据住房城乡建设部《关于贯彻实施住房和城乡建设领域现场专业人员职业标准的意见》（建人［2012］19 号，以下简称《实施意见》）精神，湖南省住房和城乡建设厅人教处于 2012 年委托省建设人力资源协会组织湖南建筑职教集团所属成员单位共 20 多所高、中等职业院校和建筑业施工企业对湖南省建筑业企业专业技术管理人员岗位资格考试标准进行了专项课题研究，并以《职业标准》为指导，结合本省建筑业发展和施工现场技术管理工作从业人员实际，修订了湖南省建筑业企业专业技术管理人员岗位资格考试大纲，包括施工员（分土建施工员、安装施工员，安装施工员又分水暖与电气两个专业方向）、质量员、安全员、标准员、材料员、机械员、资料员、造价员等岗位。为满足参考人员需要，湖南建筑职教集团由湖南城建职业技术学院牵头，组织建设职业院校、施工企业有关专家编写了上述岗位资格考试指导用书，2012 年 6 月由中国环境科学出版社出版，应用于建筑与市政工程施工现场专业人员岗位培训和资格考试应试人员复习备考。

根据我省建设工程施工项目部关键岗位人员配备、建筑业企业专业技术管理人员岗位资格管理相关规定，现场专业人员必须通过全省统一的岗位资格考试，取得省住房和城乡建设厅颁发的《建筑业企业专业技术管理人员岗位资格证书》方可从事相应岗位的技术和管理工作。为构建科学合理的施工现场专业人员岗位资格能力评价标准，建设客观、公正和便捷高效的常态化考核机制，我们在不断完善岗位资格考试大纲的基础上，建设能力考核的标准化考试题库，实施远程网络考试，相关业务全信息化管理。与此同时，经本套丛书第一版编委会同意，调整部分编写人员，组织对 2012 年湖南建筑职教集团编写的岗位资格考试指导用书进行修订出版。修订的原则，一是针对性。以《职业标准》、住房城乡建设部人事司印发的《建筑与市政施工现场专业人员考核评价大纲》为指导，以湖南省建筑业企业专业技术管理人员岗位资格考试大纲（2013 年修订版）为依据，内容和编排与考试大纲完全对应，涵盖考核试题库全部试题；二是实践性。突破学科，尤其是学校教材体系模式，理论知识以必要、够用为原则，专业技能基本覆盖岗位工作实践业务；三是基础性。把握人才层次标准和职业准入能力测试的特点，考核最常用、最关键的基本知识、基本技能。因主要服务于岗位培训、自学备考，各分册篇幅作了调整，力求简明扼要。按照湖南省建筑业企业专业技术管理人员岗位资格考试科目设置和大纲要求，《法律法规及相关知识》、《专业通用知识》科目各岗位考试标准相同，指导用书通用；《专业基础知识》、《岗位知识》和《专业实务》科目按各岗位不同能力标准要求编写。本套丛书也可以作为高、中等职业院校师生和相关工程技术人员参考书。

本套丛书的编写得到相关施工企业、职业院校的大力支持，在此谨致以衷心感谢！参与编写、修订工作的全体作者付出了辛勤的劳动，由于全套丛书业务涉及面宽，专业性强，加之时间仓促，疏漏和不足之处有所难免，恳请读者批评指正。

湖南省住房和城乡建设厅人教处

湖南省建设人力资源协会

2013 年 3 月

前　言

本书依据“湖南省建筑业企业专业技术管理人员——施工员（土建施工）‘专业基础知识’、‘岗位知识’和‘专业实务’考试大纲（2013年修订版）”的要求修订。全书分两篇，第一篇“专业基础知识”包括建筑力学知识、建筑构造与施工图识读、建筑材料、建筑结构、工程造价基本知识共五章；第二篇“岗位知识与专业实务”共八章，包括工程施工测量，施工技术，建筑施工组织，施工项目质量、安全、进度及成本控制，施工现场管理及有关施工资料等内容。本书力求与实际应用紧密结合，以土建施工员从业所需的最常用、最关键的基础知识和基本技能为基本内容，专业范围以房屋建筑的土建施工为主（第七章“施工技术”中编写了“路基工程”部分内容），涉及法律法规、工程建设标准，一般以2012年12月31日前实施为截止时间。

本书适用土建施工员岗位培训及资格考试应试人员复习备考；也可供建筑施工企业技术管理人员、工程监理人员以及相关高、中等职业院校师生参考。

本书第一版由郑伟主编，徐运明任副主编；第一章由申昊编写；第二章由颜高峰编写；第三章由刘靖编写；第四章由范凌燕编写；第五章由银清华编写；第六章由李强编写；第七章由陈翔编写；第八章由周军编写；第九章、第十章由许博编写；第十一章由姬栋宇编写；第十二章由袁盛金编写；第十三章由卢滔编写；全书由刘孟良负责审阅。修订由郑伟、徐运明总负责：第四章、第五章、第六章、第七章、第九章由原作者负责修订；徐运明和原作者共同完成第一章、第二章、第三章、第八章、第十一章、第十二章及第十章的修订工作，并负责修订版的统稿。由于篇幅有限，原书第十三章“有关标准和规范性文件”更改为附件形式，仅列出有关标准和规范性文件的条目，修订版全书仍由刘孟良负责审阅。书末所附备考练习试题由徐运明组织编制。

本书在编写过程中参阅了大量资料，谨向参考文献编著者深表谢意。由于时间仓促，加之编者水平有限，难免存在缺陷和错误，望企业专家、培训教师和学员多提宝贵意见和建议（发送至 xymtiandaochouqin@yahoo. com. cn），以便不断修改完善。

目　录

专业基础知识篇

岗位知识及专业实务篇

专业基础知识篇

第一章　建筑力学知识

第一节　平面力系的平衡条件与应用

一、力的概念

1. 力

力是物体之间相互的机械作用。这种作用使物体的机械运动状态发生变化或使物体的形状发生改变，前者称为力的外效应或运动效应，后者称为力的内效应或变形效应。力的运动效应又分为移动效应和转动效应。

实践表明，力对物体的作用效果取决于力的三个要素：①力的大小；②力的方向；③力的作用点。

在国际单位制中，力的单位是牛顿（N）或千牛顿（kN）。

2. 力系

力系是指作用在物体上的一群力。若对于同一物体，有两组不同力系对该物体的作用效果完全相同，则这两组力系称为等效力系。一个力系用其等效力系来代替，称为力系的等效替换。用一个最简单的力系等效替换一个复杂力系，称为力系的简化。若某力系与一个力等效，则此力称为该力系的合力，而该力系的各力称为此力的分力。

在工程中，把物体相对于地面静止或做匀速直线运动的状态称为平衡。

3. 静力学公理

静力学公理是人们在长期生活实践中总结概括出来的。静力学公理概括了力的基本性质，是建立静力学理论的基础。

公理 1　二力平衡公理

作用在刚体上的两个力，使刚体处于平衡的充要条件是：这两个力大小相等，方向相反，且作用在同一直线上，见图 1-1。

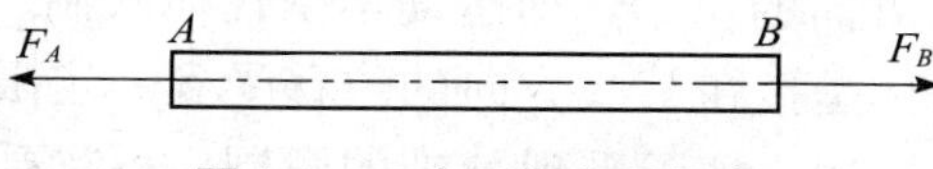

图 1-1　二力平衡公理示意

只在两个力作用下而平衡的刚体称为二力构件或二力杆，根据二力平衡条件，二力杆两端所受两个力大小相等、方向相反，作用线沿两个力的作用点的连线。

公理 2　加减平衡力系公理

在作用于刚体的力系中加上或减去任意的平衡力系，并不改变原力系对刚体的作用。这一公理是研究力系等效替换与简化的重要依据。根据上述公理可以导出如下重要推论：力具有可传性，即作用于刚体上某点的力，可以沿着它的作用线滑移到刚体内任意一点，并不改变该力对刚体的作用效果，见图 1-2。

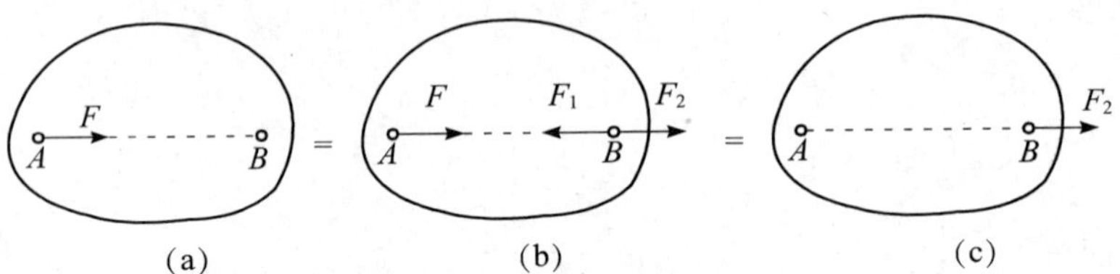

图 1-2　力的可传性

公理 3　力的平行四边形公理

作用在物体上同一点的两个力，可以合成为一个合力。合力的作用点也在该点，合力的大小和方向，由这两个力为邻边构成的平行四边形的对角线确定，见图 1-3。

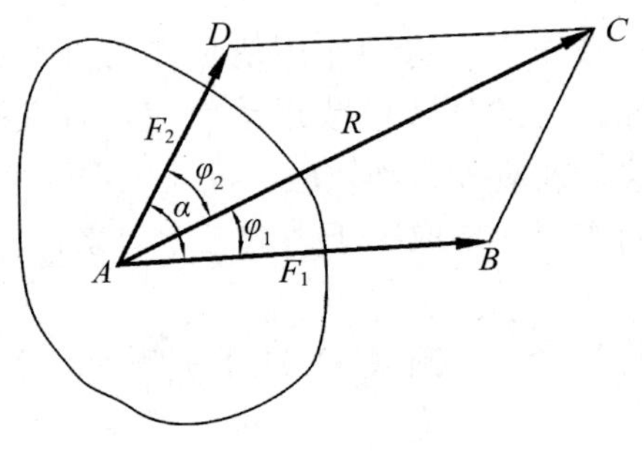

图 1-3　合力

公理 4　作用力与反作用力公理

两个物体间的作用力与反作用力总是同时存在，且大小相等，方向相反，沿着同一条直线，分别作用在两个物体上。

需要注意的是，作用力与反作用力分别作用在两个物体上，这与二力平衡原理中作用在同一物体上的一对力不同，因此不能视作平衡力。

二、约束与约束反力

1. 约束及约束反力的概念

物体按照运动所受限制条件的不同可以分为两类：自由体与非自由体。自由体是指物体在空间可以有任意方向的位移，即运动不受任何限制。如空中飞行的炮弹、飞机、人造卫星等。非自由体是指在某些方向的位移受到一定限制而不能随意运动的物体，如大梁受到了柱子的限制，柱子受到基础的限制，桥梁受到了桥墩的限制等。对非自由体的位移起限制作用的周围物体称为约束，例如上面提到的柱子是大梁的约束，基础是柱子的约束，桥墩是桥梁的约束。

约束限制着非自由体的运动，与非自由体接触相互产生了作用力，约束作用于非自由体上的力称为约束反力。

2. 常见约束类型及其约束反力

（1）柔索约束。由绳索、链条、皮带等所构成的约束统称为柔索约束，这种约束的特点是柔软易变形，它给物体的约束反力只能是拉力。因此，柔索对物体的约束反力作用在接触点，方向沿柔索且背离物体。

（2）光滑接触面约束。物体受到光滑平面或曲面的约束称为光滑面约束。光滑接触面的约束反力过接触点只能沿接触面在接触点的公法线，且指向被约束物体，即为压力。

（3）光滑圆柱铰链约束。光滑圆柱铰链约束的约束性质是限制物体平面移动（不限制转动），通常用两个正交分力 F_x 和 F_y 来表示铰链约束反力，两分力的指向是假定的。

（4）固定铰支座。这类约束可认为是光滑圆柱铰链约束的演变形式，两个构件中有一个固定在地面或机架上，其结构简图见图 1-4（b）、（c）。固定铰支座限制物体在平面内的移动，不限制物体绕着支座转动，这种约束的约束反力的作用线也不能预先确定，可以用大小未知的两个垂直分力表示，见图 1-4（d）。

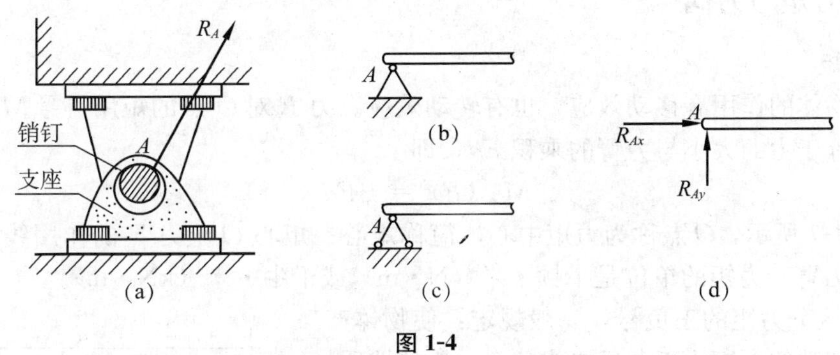

图 1-4

（5）可动铰支座。如果在固定铰支座与支承面之间加装辊轴，则该支座称为可动铰支座，见图 1-5（a）。可动铰支座的计算简图见图 1-5（b）、（c）。

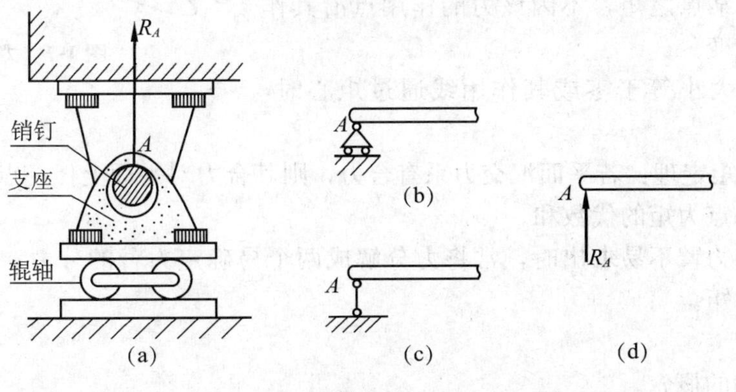

图 1-5

可动铰支座限制物体在平面内竖直方向上的移动，不限制物体在平面内的水平移动以及绕着支座转动，所以约束反力通过销钉中心，垂直于支承面，指向未定，见图 1-5（d）。图中 R_A 的指向是假设的。

（6）固定端约束。如房屋建筑中的挑梁，它的一端嵌固在墙壁内，墙壁对挑梁的约束，既限制它沿任何方向移动，又限制它的转动，这样的约束称为固定端约束。它的计算简图见图 1-6（c）。由于这种支座既限制构件的移动，又限制构件的转动，所以它除了产生方向未知的约束力外，还有一个阻止转动的约束反力偶，见图 1-6（d）。

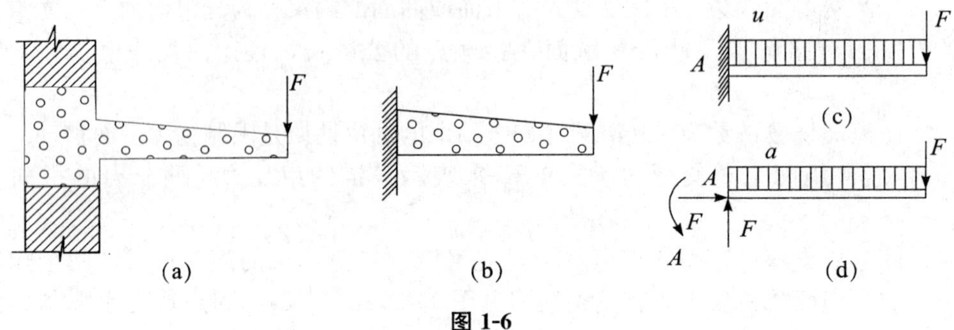

图 1-6

三、力矩与力偶

1. 力矩

力对物体的作用有移动效应，也有转动效应。力 F 对 O 点的矩用符号 M_o（F）表示，大小等于力的大小与力臂的乘积 Fd，即

$$M_O(F)=\pm Fd$$

如图 1-7 所示，O 点称为力矩中心，简称矩心；矩心 O 至力 F 的作用线的垂直距离 d 称为力臂。力矩的单位是牛顿·米（N·m）或千牛·米（kN·m）。

注意区分力矩的正负号，一般规定：使物体产生逆时针转动的力矩为正，反之为负。力矩的性质：

（1）力 F 对 O 点之矩不仅取决于力 F 的大小，同时还与矩心位置即力臂 d 有关。

（2）力对某点之矩，不因该力的作用点沿其作用线移动而改变。

图 1-7　力矩

（3）力的大小等于零或其作用线通过矩心时，力矩等于零。

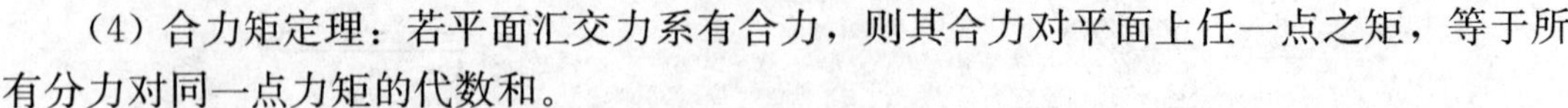

（4）合力矩定理：若平面汇交力系有合力，则其合力对平面上任一点之矩，等于所有分力对同一点力矩的代数和。

当力矩的力臂不易求出时，常将力分解成两个易确定力臂的分力，然后应用合力矩定理计算力矩。

2. 力偶

（1）力偶的概念。

如图 1-8 所示，由大小相等，方向相反，作用线平行但不共线的两个力组成的特殊力系，称为力偶，记为（F，F'）。组成力偶的两个力之间的距离 d 称为力偶臂。

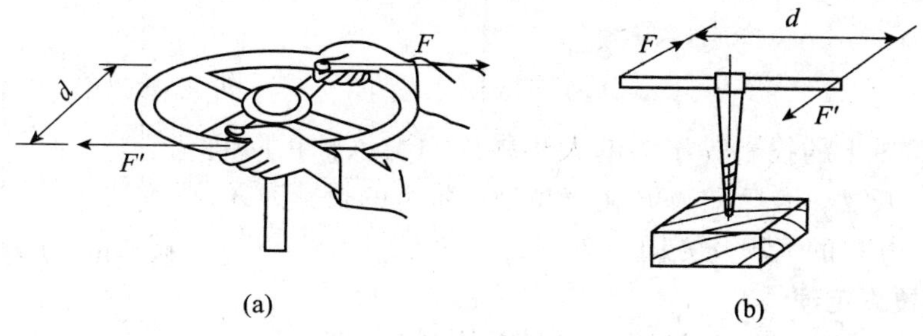

图 1-8　力偶

（2）力偶矩。

力偶对刚体的转动效应，取决于力偶中力和力偶臂的大小以及力偶的转向。因此，力学中以 F 和 d 的乘积加上正负号作为度量力偶对物体转动效应的物理量，称为力偶矩。即

$$M(F, F') = \pm F \cdot d \text{ 或 } M = \pm F \cdot d$$

力偶矩是一个代数量，其绝对值等于力的大小与力偶臂的乘积，正负号表示力偶的转向。通常规定力偶逆时针旋转时，力偶矩为正，反之为负。

力偶的单位与力矩相同，为牛顿·米（N·m）或千牛·米（kN·m）。

（3）力偶的性质。

力偶作为一种特殊的力系，具有如下性质：

1）力偶对物体不产生移动效应，因此力偶没有合力。一个力偶既不能与力等效，也不能与一个力平衡。力与力偶是表示物体间相互机械作用的两个基本元素。

2）力偶对其作用平面内任一点之矩恒等于力偶矩，而与矩心位置无关。

3）只要保持力偶的转向和力偶矩的大小（力与力偶臂的乘积）不变，可将力偶中的力和力偶臂做相应的改变，或将力偶在其作用面内任意移转，而不会改变其对刚体的作用效应，见图 1-9。

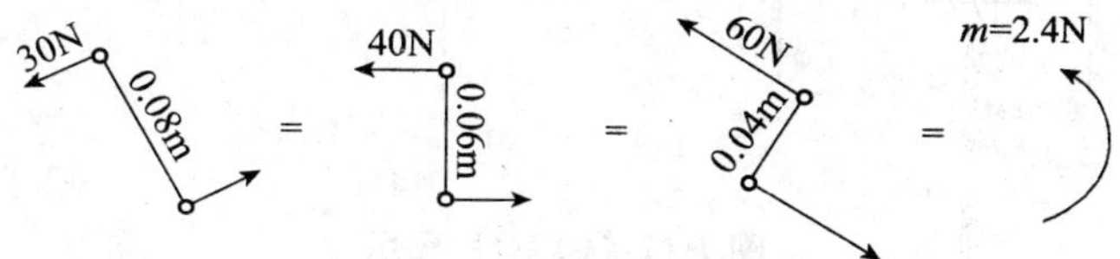

图 1-9　力偶可以变形

（4）平面力偶系的合成。

作用在物体上同一平面内的多个力偶称为平面力偶系。平面力偶系可以合成为一个合力偶，合力偶矩等于各个力偶矩的代数和。

四、平面力系的平衡条件与应用

1. 力在轴上的投影

如图 1-10 所示，在力 F 作用的平面内建立直角坐标系，力 F 可以分解为 X、Y 两

个方向的力，其分力大小等于线段 a_1b_1、a_2b_2 的投影长度，即：

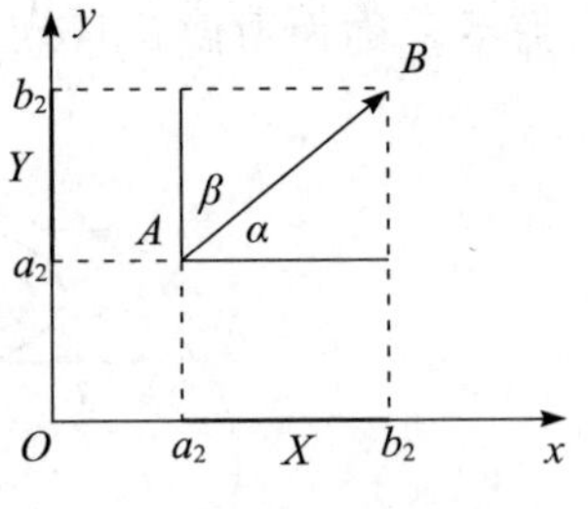

图 1-10 力在轴上的投影

$$X=F\cdot\cos\alpha$$
$$Y=F\cdot\cos\beta$$

即力在某轴上的投影等于力的大小乘以力与该轴正向间夹角的余弦。反之，若已知力 F 在直角坐标轴上的投影为 X、Y，则可求出力 F 的大小及方向。

2. 合力投影定理

合力在任一坐标轴上的投影，等于它的各分力在同一坐标轴上投影的代数和，这就是合力投影定理。

$$R_x=X_1+X_2+\cdots+X_n=\sum X$$
$$R_y=Y_1+Y_2+\cdots+Y_n=\sum Y$$

3. 平面汇交力系的平衡

由上述可知，平面汇交力系平衡的解析条件是：力系中各力在两个不平行的坐标轴上的投影的代数和等于零。即：

$$\sum X=0$$
$$\sum Y=0$$

上式称为平面汇交力系的平衡方程。它们相互独立，应用这两个独立的平衡方程可求解两个未知量。

【例 1-1】一物体重为 10kN，用不可伸长的柔索 AB 和 BC 悬挂于如图 1-11（a）所示的平衡位置，设柔索的重量不计，AB 与铅垂线的夹角 $\alpha=30°$，BC 水平。求柔索 AB 和 BC 的拉力。

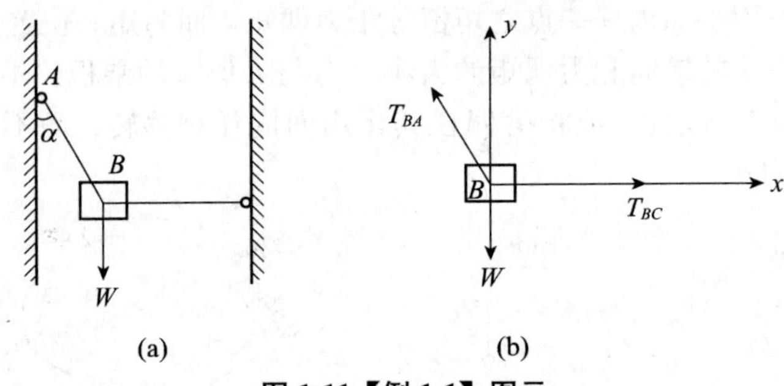

图 1-11【例 1-1】图示

【解】受力分析：取重物为研究对象，画受力图如图 1-11（b）所示。根据约束特点，绳索必受拉力。

建立直角坐标系 Oxy，如图 1-11（b）所示，根据平衡方程建立方程求解

$$\sum F_y=0, T_{BA}\cos30°-W=0, T_{BA}=11.55\text{kN}$$
$$\sum F_x=0, T_{BC}-T_{BA}\sin30°=0, T_{BC}=5.78\text{kN}$$

4. 平面一般力系平衡方程的基本形式

（1）力的平移定理

作用在刚体上的力 F，可以平移到同一刚体上的任一点 O，但必须同时附加一个力

偶，其力偶矩等于原力 F 对新作用点 O 之矩——力的平移定理，见图 1-12。

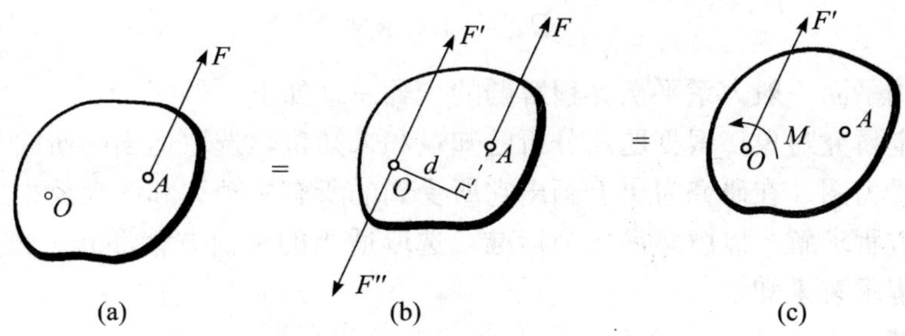

图 1-12　力的平移定理

（2）平衡方程的基本形式

$$\sum X=0$$
$$\sum Y=0$$
$$\sum M_O(F)=0$$

由此可见，平面一般力系平衡的必要和充分条件也可叙述为：力系中各力在两个坐标轴上的投影的代数和分别等于零，同时各力对任一点之矩的代数和也等于零。

注：前两个是投影方程，x 轴和 y 轴叫投影轴，投影轴应选取与未知力平行或垂直；最后一个方程叫力矩方程，O 点为矩心，矩心宜选择两个未知力的交点。

【例 1-2】 梁 AB 上作用一集中力和一均布荷载（均匀连续分布的力），如图 1-13（a）所示。已知 $P=6$ kN，荷载集度（受均布荷载作用的范围内，每单位长度上所受的力的大小）$q=2$ kN/m，梁的自重不计，试求支座 A、B 的反力。

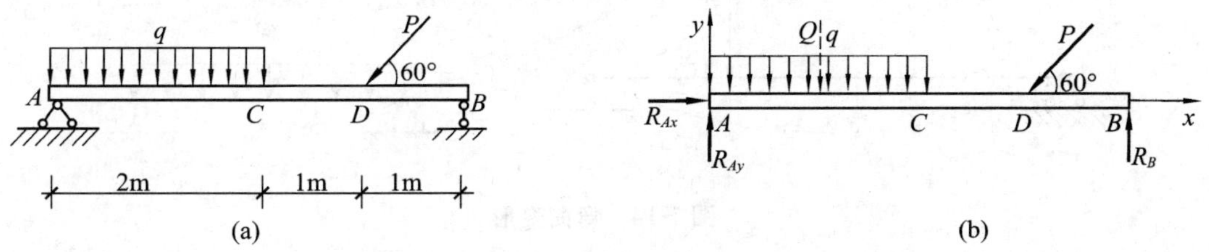

图 1-13　【例 1-2】图示

【解】 取梁 AB 为研究对象，画其受力图如图 1-13（b）所示。

取坐标系见图 1-13（b），由

$$\sum X=0,\ R_{Ax}-P\cos 60^\circ=0$$

得
$$R_{Ax}=P\cos 60^\circ=3\ \text{kN}$$

由

$$\sum M(F)=0,\ R_B\times 4-P\sin 60^\circ\times 3-q\times 2\times 1=0$$

得
$$R_B=4.9\ \text{kN}$$

由

$$\sum F_y=0,\ R_{Ay}-q\times2-P\sin60^\circ+R_B=0$$

得

$$R_{Ay}=4.3\ \mathrm{kN}$$

现将应用平面一般力系平衡方程解题的步骤总结如下：

（1）确定研究对象。根据题意分析已知量和未知量，选取适当的研究对象。

（2）画受力图。在研究对象上画出它所受到的所有主动力和约束反力。

（3）列方程求解。以解题简捷为标准，选取适当的平衡方程形式、投影轴和矩心，列出平衡方程求解未知量。

（4）校核。

第二节　静定梁内力分析

如图 1-14 所示，工程中有大量的杆件，它们所承受的荷载是作用线垂直于杆件轴线的横向力，或者是通过杆轴平面内的外力偶。在这些外力的作用下，杆件的横截面要发生相对的转动，杆件的轴线将弯成曲线，这种变形称为弯曲变形。以弯曲为主要变形的杆件称为梁。

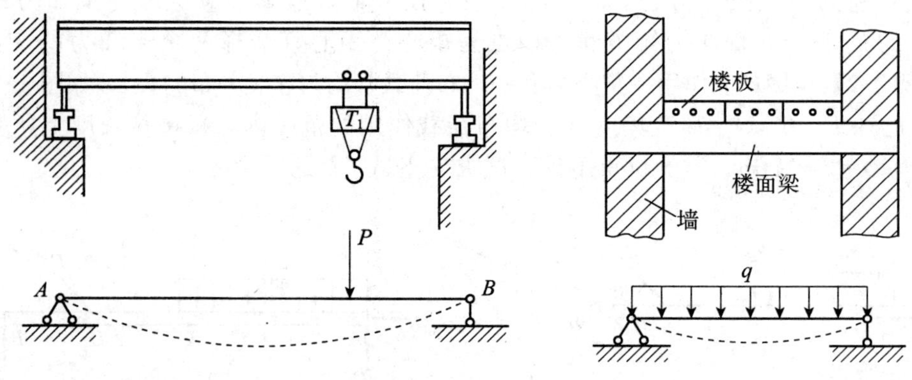

图 1-14　弯曲变形

产生弯曲变形的梁除承受横向载荷外，还必须有支座来支撑它，常见的支座有三种基本形式：固定端、固定铰和活动铰支座。根据梁的支撑情况，一般把单跨梁简化为三种基本形式：悬臂梁、简支梁和外伸梁，分别如图 1-15 所示。

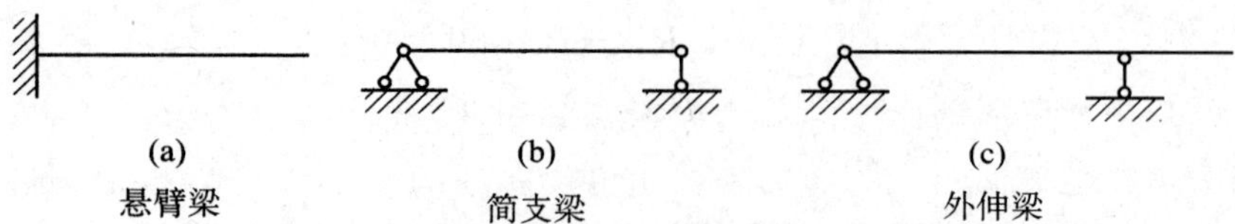

图 1-15　单跨梁的简化形式

一、静定梁内力计算

1. 内力的概念

构件在未受外力作用时，其内部各质点之间即存在着相互的力作用，正是由于这种“固有的内力”作用，才能使构件保持一定的形状。当构件受到外力作用而变形时，其内部各质点的相对位置发生了改变，同时内力也发生了变化，这种引起内部质点产生相对位移的内力，即由于外力作用使构件产生变形时所引起的“附加内力”，就是材料力学所研究的内力。当外力增加，使内力超过某一限度时，构件就会破坏，因而内力是研究构件强度问题的基础。

2. 梁的剪力和弯矩

(1) 求弯曲内力（剪力和弯矩）的基本方法——截面法。

根据分离体的平衡条件，

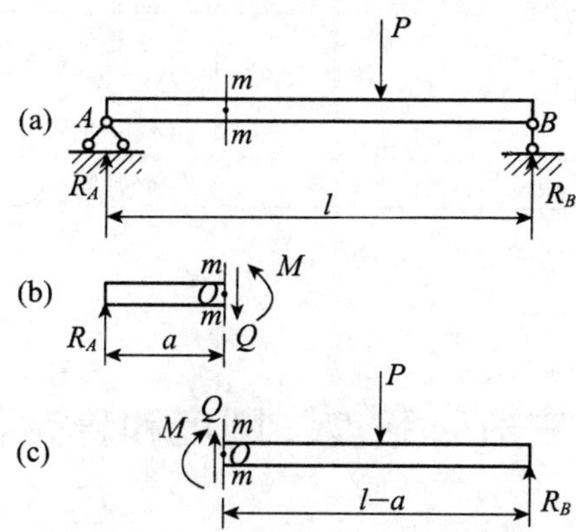

$\sum Y=0$，$V_A-Q=0$

$Q=V_A$

$\sum m_O=0$，$M-V_A\cdot x=0$

$M=V_A\cdot x$

得到梁受外力作用后，在各个横截面上一般会产生两种内力：

①剪力：平行于横截面，一般用 Q 表示。

②弯矩：是与横截面互相垂直的纵向对称面内的力偶矩，用 M 表示。

(2) 剪力和弯矩的符号规定如下：

①剪力的正负号规定：当截面上的剪力绕梁段上任意一点有顺时针转动趋势时为正，反之为负。

②弯矩的正负号规定：当截面上的弯矩使梁产生下凸变形为正，反之为负。

二、静定梁的内力图

在一般情况下，梁横截面上的剪力和弯矩随横截面的位置而变化。我们用剪力图和弯矩图来表示梁各横截面上的剪力和弯矩沿梁轴线的变化情况。用与梁轴线平行的 X 轴表示横截面的位置，以横截面上的剪力值或弯矩值为纵坐标，按适当的比例绘出剪力方程或弯矩方程的图线，这种图线称为剪力图或弯矩图。绘图时将正剪力绘在 X

轴上方，负剪力绘在 X 轴下方，并标明正负号；正弯矩绘在 X 轴下方，负弯矩绘在 X 轴上方，即将弯矩图绘在梁的受拉侧，而无须标明正负号。这种绘制剪力图和弯矩图的方法称为内力方程法，这是绘制内力图的基本方法。

由剪力图和弯矩图可以确定梁的最大内力的数值及其所在的横截面位置，即梁的危险截面的位置，为梁的强度和刚度计算提供重要依据。

绘制剪力图和弯矩图的方法：

剪力、弯矩随荷载变化的规律表（绘制剪力图与弯矩图的规律表）

荷载图	剪力图	弯矩图
无荷载区段	水平线	斜直线（剪力为正斜向下，倾斜量等于此段剪力图的面积）
集中荷载作用点	有突变 （突变方向与荷载方向相同，突变量等于荷载的大小）	有尖点 （尖点方向与荷载方向相同）
力偶荷载作用点	无变化	有突变 （荷载逆时针转向，向上突变，突变量等于荷载的大小）
均布荷载的梁段	斜直线	弯矩抛物线

第三节　强度、刚度和稳定性

一、应力与应变

1. 应力

我们将内力在截面上的集度称为应力。一般将应力分解为垂直于截面和相切于截面的两个分量，垂直于截面的应力分量称为正应力或法向应力，用 σ 表示；相切于截面的应力分量称为剪应力或切应力，用 τ 表示。

在国际单位制中，应力的单位是帕斯卡，简称帕，记为 Pa。

$$1\text{Pa}=1\text{N/m}^2$$

将材料丧失工作能力时的应力，称为极限应力，以 σ_0 表示。对于塑性材料，$\sigma_0=\sigma_s$，对于脆性材料，$\sigma_0=\sigma_b$。

构件的工作应力应小于极限应力，构件在工作时允许产生的最大应力称为许用应力，用 $[\sigma]$ 表示。许用应力等于极限应力除以一个大于 1 的系数，此系数称为安全系数，用 n 表示，即

$$[\sigma]=\sigma_0/n$$

对于塑性材料 $[\sigma]=\sigma_s/n$

对于脆性材料 $[\sigma]=\sigma_b/n$

2. 应变

构件内任一点（单元体）因外力作用引起的形状和尺寸的相对改变称应变。与点

的正应力和切应力相对应，应变分为线应变和角应变。

当外力卸除后，物体内部产生的应变能够全部恢复到原来状态的，称为弹性应变；如只能部分地恢复到原来的状态，其残留下来的那一部分称为塑性应变。

二、强度与刚度

构件的承载能力，是指构件在荷载作用下，能够满足强度、刚度和稳定性要求的能力。

强度是指构件抵抗破坏的能力。

刚度是指构件抵抗变形的能力。

稳定性是指构件保持原有平衡状态的能力。

1. 拉压杆的强度

为了保证构件安全可靠地工作，必须使构件的最大工作应力不超过材料的许用应力。拉（压）杆件的强度条件为：

$$\sigma_{\max}=\frac{N_{\max}}{A}\leqslant[\sigma]$$

式中，$\sigma_{\max}$——最大工作应力；

$N_{\max}$——构件横截面上的最大轴力；

A——构件的横截面面积；

$[\sigma]$——材料的许用应力。

2. 拉压杆的变形

实验证明：

$$\Delta l\propto\frac{Fl}{A}$$

引入比例常数 E，则

$$\Delta l=\frac{Fl}{EA}=\frac{F_N l}{EA}\text{（胡克定律）}$$

E——表示材料弹性性质的一个常数，称为拉压弹性模量，亦称杨氏模量。单位：MPa、GPa。例如一般钢材：$E=200\text{GPa}$。

EA 称为杆件的抗拉压刚度，对于长度 l 相等，轴力 N 相同的受拉构件，其抗拉刚度越大，所发生的伸长变形越小，所以 EA 反映了杆件抵抗拉压变形的能力。

3. 梁的强度计算

（1）梁正应力的计算公式为

$$\sigma=\frac{My}{I_z}$$

公式表示梁横截面上任一点的正应力 σ 与横截面上弯矩 M 和该点到中性轴距离 y 成正比，而与截面对中性轴的惯性矩 I_z 成反比。

计算截面上各点应力时，M 和 y 通常以绝对值代入，求得 σ 的大小。应力的正负号可直接由弯矩 M 的正负号来判断。M 为正时，中性轴上部截面为压应力，下部为拉应力；M 为负时，中性轴上部截面为拉应力，下部为压应力。

（2）梁横截面上最大正应力为

$$\sigma_{max}=\frac{My_{max}}{I_z}=\frac{M}{I_z/y_{max}}=\frac{M}{W_z}$$

$W_z=\frac{I_z}{y_{max}}$——截面的抗弯截面模量，反映了截面 σ 的几何形状、尺寸对强度的影响。

（3）矩形、圆形截面对中性轴的惯性矩及抗弯截面模量，见图 1-16。

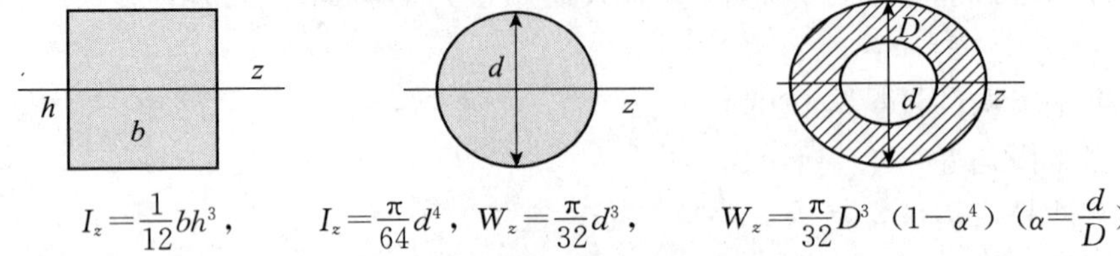

$I_z=\frac{1}{12}bh^3$，　$I_z=\frac{\pi}{64}d^4$，$W_z=\frac{\pi}{32}d^3$，　$W_z=\frac{\pi}{32}D^3$（$1-\alpha^4$）（$\alpha=\frac{d}{D}$）

图 1-16　常见截面惯性矩和抗弯模量

（4）弯曲正应力强度条件：

$$\sigma_{max}=\frac{M_{max}}{W_z}\leqslant[\sigma]$$

可解决三方面问题：

①强度校核，即已知 M_{max}，$[\sigma]$，W_z，检验梁是否安全；

②设计截面，即已知 M_{max}，$[\sigma]$，可由 $W_z\geqslant\frac{M_{max}}{[\sigma]}$ 确定截面的尺寸；

③求许可载荷，即已知 W_z，$[\sigma]$，可由 $M_{max}\leqslant W_z[\sigma]$ 确定。

（5）提高梁弯曲强度的措施：

①选择合理截面。

②合理安排载荷和支承的位置，以降低 M_{max} 值。

③选用合理结构。

4. 梁的刚度

设用 $[\delta]$ 表示许用挠度，用 $[\theta]$ 表示许用转角，则梁的刚度条件为要求梁的最大挠度与最大转角分别不超过各自的许用值，即：

$$|\delta|_{max}\leqslant[\delta]$$

$$|\theta|_{max}\leqslant[\theta]$$

梁的弯曲变形与梁的受力、支持条件及截面的弯曲刚度 EI 有关，提高梁的刚度与提高梁的强度属于两种不同性质的问题，具体而言，梁的合理刚度设计主要有以下几个措施：

（1）合理选择截面形状。

（2）合理选用材料。

（3）梁的合理加强。

（4）选取合适跨度。

（5）合理安排梁的约束与加载方式。

三、压杆稳定

从强度观点出发，压杆只要满足轴向压缩的强度条件就能正常工作，这种结论对于短压杆稳定的概念粗杆来说是正确的，而对于细长杆则不然。

随着作用在细长杆上的轴向压力 P 的量变，将会引起压杆平衡状态稳定性的质变。也就是说，对于一根压杆所能承受的轴向压力 P 总存在着一个临界值 P_{cr}，当 $P<P_{cr}$ 时，压杆处于稳定平衡状态；当 $P>P_{cr}$ 时，压杆处于不稳定平衡状态。工程中把临界平衡状态相对应的压力临界值 P_{cr} 称为临界力。因此，当 $P=P_{cr}$ 时，压杆开始丧失稳定，由于压杆的失稳常常发生在杆内的应力还很低的时候，因此，随着高强度钢的广泛使用，对压杆进行稳定计算是结构设计中的重要部分。

1. 计算临界力的欧拉公式

$$P_{cr}=\frac{\pi^2 EI}{(\mu l)^2}$$

式中，μ 称为长度系数。两端铰支时取 1.0；一端自由，另一端固定时取 2.0；两端固定时取 0.5；一端铰支，另一端固定时取 0.7。

2. 计算临界应力的欧拉公式

$$\sigma_{cr}=\frac{\pi^2 E}{\lambda^2}$$

式中，$\lambda=\frac{\mu l}{i}$ 称为压杆的柔度，λ 越大，杆就越细长，它的临界应力 σ_{cr} 就越小；反之，λ 越小，杆越粗短，它的临界应力 σ_{cr} 就越大。

第二章　建筑构造与施工图识读

第一节　基础和地下室

一、基础的类型和构造

1. 地基与基础的基本概念

基础是建筑物地面以下的承重构件，它承受建筑物上部结构传递下来的全部荷载，并把这些荷载和自身的重量一起传递到地基上。地基则是基础下面的那部分土层。地基不作为建筑物的组成部分，但它直接影响整个建筑物的安全。

2. 基础的埋置深度

由室外设计地面到基础底面的垂直距离，称为基础的埋置深度，简称基础的埋深。通常把埋置深度大于 5 m 或大于基础宽度的基础，称为深基础。

决定基础的埋置深度因素主要有：地基土质的好坏、地下水位的高低、冻土线的深度以及相邻基础的深度等。在保证坚固和安全的前提下，从经济和施工的角度考虑，对一般民用建筑基础应尽量设计为浅基础，但最小埋深不得小于 0.5 m。

3. 基础的类型

基础的类型有很多种，主要按上部结构形式、荷载大小及地基情况确定。

（1）按基础的受力性能可分为：刚性基础和柔性基础。

（2）按基础使用的材料可分为：砖基础、毛石基础、混凝土基础、毛石混凝土基础、灰土基础和钢筋混凝土基础。

（3）按基础的构造可分为：条形基础、独立基础、井格式基础、筏式基础、箱形基础和桩基础等。

二、地下室的构造

1. 地下室的类型

地下室一般由墙、底板、顶板、门窗、楼梯和采光井六部分组成。

按使用性质可分为：普通地下室和人防地下室。

按埋入地下深度可分为：地下室地坪面低于室外地坪面的高度超过该房间净高

1/3，且不超过 1/2 的，称为半地下室；超过 1/2 的，则称为全地下室。

2. 地下室防潮、防水构造

防潮、防水问题是地下室构造中必须解决的重要问题。

（1）地下室防潮：其构造是在地下室外墙外侧设置垂直防潮层和水平防潮层，使整个地下室防潮层连成整体。

地下室为砖砌体结构时，应做防潮处理；地下室为混凝土结构时，混凝土可起到防潮的作用，不必再做防潮处理。

（2）地下室防水：地下室防水方法主要有防水混凝土防水、柔性防水。除上述防水方法外，还可以采用人工降排水的方法，消除地下水对地下室的影响。

第二节　墙　体

一、墙体的类型及要求

1. 墙体的类型

墙是房屋的承重构件，也是围护构件。

（1）按墙的位置分为内墙、外墙。

（2）按墙的布置方向分为纵墙、横墙和山墙。

（3）按受力状况分为承重墙、非承重墙。

（4）按材料不同分为土墙、石墙、砖墙和混凝土墙等。

2. 墙体的承重布置方案

墙体在结构布置上有横墙承重、纵墙承重、纵横墙混合承重和部分框架承重等几种承重布置方案。

横墙承重时，纵墙只起增强纵向刚度、围护和承受自重的作用。这种方案的优点是：建筑整体性好，刚度大，对抵抗风力、地震作用等水平荷载有利。适用于房间开间尺寸不大、墙体位置比较固定的建筑，如宿舍、旅馆、住宅等。

纵墙承重时，可使房间平面布置较为灵活，但建筑物刚度较差。适用于有较大空间要求的建筑物，如教学楼、图书馆等。

混合承重时，平面布置较为灵活、建筑物刚度也较好，但板的类型偏多，板的铺设方向也不一致，给施工造成麻烦。适用于开间、进深尺寸变化较多的建筑物，如医院、幼儿园等。

部分框架承重时，梁一端搁在墙上，另一端搁在柱上。适用于建筑物内需要较大空间的情况，如大型超市、餐厅等。

二、墙体的基本构造和装修构造

1. 墙体的组砌方式

组砌是指砖块在砌体中的排列方式。标准砖的规格为 53 mm×115 mm×240 mm（厚×宽×长）。以灰缝为 10 mm 进行组合，它以砖厚加灰缝、砖宽加灰缝与砖长间的比为 1∶2∶4，即（4 块砖厚＋3 个灰缝）＝（2 块砖宽＋1 个灰缝）＝1 块砖长。常见的墙体厚度名称见表 2-1。

表 2-1　墙厚名称

墙厚名称	习惯称呼	实际尺寸/mm	墙厚名称	习惯称呼	实际尺寸/mm
半砖墙	12 墙	115	一砖半墙	37 墙	365
3/4 砖墙	18 墙	178	二砖墙	49 墙	490
一砖墙	24 墙	240	二砖半墙	62 墙	615

2. 墙体的细部构造

墙体的细部构造包括勒脚、散水、明沟、窗台、门窗过梁、圈梁等。

3. 隔墙与隔断

隔墙与隔断都是分隔建筑物内部空间的非承重墙，它们的区别是：隔墙到顶，隔断不到顶，上部通透。

4. 墙面装修构造

（1）清水砖墙是不作抹灰和饰面的墙面。为防止雨水浸入墙身和整齐美观，可用 1∶1或 1∶2 水泥细砂浆勾缝，勾缝的形式有平缝、平凹缝、斜缝、弧形缝等。

（2）抹灰分为一般抹灰和装饰抹灰两类：

① 一般抹灰有石灰砂浆、混合砂浆、水泥砂浆等。外墙抹灰一般为 20～25 mm，内墙抹灰为 15～20 mm，顶棚为 12～15 mm。在构造上和施工时须分层操作，一般分为底层、中层和面层。

② 装饰抹灰有水刷石、干粘石、斩假石、水泥拉毛等。装饰抹灰一般是指采用水泥、石灰砂浆等抹灰的基本材料，除对墙面作一般抹灰之外，利用不同的施工操作方法将其直接做成饰面层。

（3）贴面类装修指在内外墙面上粘贴各种天然石板、人造石板、陶瓷面砖等。

（4）涂料是指喷涂、刷于基层表面后，能与基层形成完整而牢固的保护膜的涂层饰面装修。

（5）裱糊类墙面装修是将各种装饰性的墙纸、墙布、织锦等材料裱糊在内墙面上的一种装修饰面。

（6）板材类装修是指采用天然木板或各种人造薄板借助于镶钉胶等固定方式对墙面进行装饰处理。

（7）地面与墙面交接处的垂直部位称为踢脚板，也叫踢脚线。踢脚板的材料一般与地面面层材料相同，高度一般为 100～200 mm。

第三节　楼板与楼地面

一、钢筋混凝土楼板

1. 楼板的组成和类型

（1）楼板主要由面层、结构层、附加层和顶棚层组成，见图 2-1。

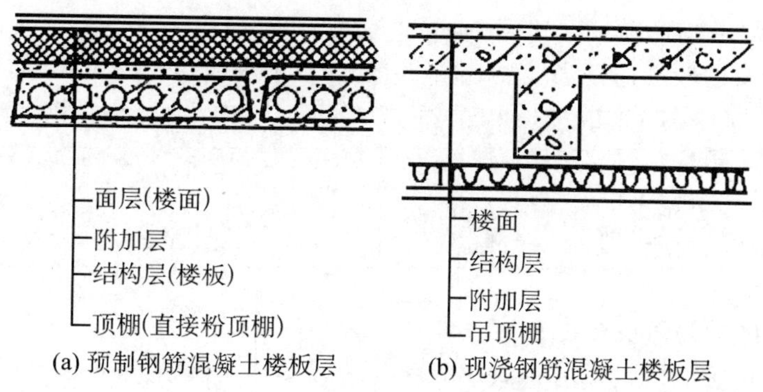

(a) 预制钢筋混凝土楼板层　(b) 现浇钢筋混凝土楼板层

图 2-1　楼板层的基本组成

（2）楼板的类型按楼板所用材料的不同，可分为木楼板、砖拱楼板、钢筋混凝土楼板及压型钢板与钢梁组合的楼板等多种形式。

2. 钢筋混凝土楼板

钢筋混凝土楼板按施工方法不同分为现浇整体式、预制装配式和装配整体式三类。

二、地坪与楼地面的构造

1. 地坪构造

地坪是指建筑物底层与土壤接触的水平结构部分，承受地面上的荷载，并均匀地传递给地基。地坪由面层、垫层（起承重和传力作用）和基层组成，对有特殊要求的地坪，常在面层和垫层之间设置附加层。

2. 地面构造

地面构造按面层所用材料和施工方法不同，可分为以下几种。

（1）整体类地面包括水泥砂浆地面、细石混凝土地面及水磨石地面等。

（2）块材类地面是利用各种人造或天然的预制块材、板材镶铺在基层上的地面。块材的类型较多，包括缸砖、陶瓷地砖、陶瓷锦砖、人造石板、天然石板和木地板等。它借助胶结材料铺砌或粘贴在结构层或垫层上。胶结材料既起黏结作用，又起找平作用。常用的胶结材料有水泥砂浆、沥青胶及各种聚合物改性黏结剂。

（3）卷材类地面主要是用各种卷材、半硬质块材粘贴的地面。常见的有塑料卷材、橡胶毡卷材及无纺织地毡卷材等。

（4）涂料类地面是水泥砂浆、混凝土地面的表面处理形式。它对解决水泥地面易起灰和美观的问题起了重要作用。常见涂料包括水乳型、水溶型和溶剂型三类。

第四节　楼　梯

一、楼梯组成及类型

1. 楼梯的组成及尺寸

楼梯一般由梯段、平台、栏杆组成。

（1）每个梯段的踏步数量一般不应超过 18 级，也不应少于 3 级。楼梯的坡度一般取 23°～45°，30°左右比较舒适；当坡度小于 23°时，应采用坡道；超过 45°时，宜采用爬梯。

（2）平台是联系两个倾斜梯段之间的水平构件，由平台梁和平台板等组成。其宽度不得小于楼梯段的净宽度，为方便扶手转弯，平台宽度应取梯段宽度再加 1/2 踏步宽。住宅楼梯平台净宽不应小于 1.2 m。

（3）栏杆是设置在梯段及平台临空边缘的安全保护构件，也是室内装饰部分。栏杆的顶部配件称为扶手。

扶手的高度为踏步前缘至扶手顶面的竖直高度。成人用 900～1 000 mm 高，儿童用 500～600 mm 高。梯段宽度超过 1.4 m 时，应设双面扶手，超过 2.4 m 时，梯段中间应另设扶手。

扶手的宽度一般取 60～80 mm。

（4）楼梯的净空高度是指梯段的任何一级踏步前缘至上一梯段结构下缘的垂直高度；或平台面（或底层底面）至上部平台底（或平台梁）的垂直距离。净高在平台处不应小于 2 000 mm；在梯段处不应小于 2 200 mm。

2. 楼梯的类型

（1）按位置分：有室内楼梯、室外楼梯。

（2）按性质分：有主要楼梯、次要楼梯、内部专用楼梯、安全疏散楼梯。

（3）按材料分：有木楼梯、钢筋混凝土楼梯、钢楼梯、其他金属楼梯。

（4）按防火要求分：有开敞楼梯、封闭楼梯、防烟楼梯。

（5）按施工方式分：有预制装配式钢筋混凝土楼梯（包括梁承式、墙承式、悬臂式等）、现浇钢筋混凝土楼梯。

（6）按形式分：有直跑楼梯、双跑楼梯、三跑楼梯、交叉楼梯、剪刀楼梯、螺旋楼梯等。其中双跑楼梯使用最多，因为它最容易布置。

二、钢筋混凝土楼梯的构造

1. 预制装配式钢筋混凝土楼梯

预制装配式钢筋混凝土楼梯施工速度快、湿作业少、节约模板，是目前建筑施工中应用较广的一种形式。按组成构件的大小分为小型构件装配式和大型构件装配式楼梯两大类。

楼梯段的形式主要有板式、梁板式、双梁折板式等类型。

2. 现浇钢筋混凝土楼梯

现浇钢筋混凝土楼梯刚度大，整体性好。但施工速度慢，模板耗费多。适用于抗震要求较高的建筑。其结构形式有板式和梁板式两种。

第五节　屋　顶

一、平屋顶排水

1. 屋顶的组成与类型

通常坡度＞10％的称为坡屋顶，≤10％的称为平屋顶。

平屋顶主要由屋面层（防水层）、结构层和顶棚层组成。此外，还要根据需要设置保温层、隔热层、保护层、找平层等。

2. 屋面的常用坡度

从排水角度考虑，排水坡度越大越好；但从结构上、经济上及上人等角度考虑，又要求坡度越小越好。一般坡度的大小是由屋面材料的防水性能和功能需要来确定。上人屋面一般采用1%～2%，不上人屋面一般采用2%～3%。

3. 平屋顶的排水

平屋顶的排水坡度较小，要把屋面的雨雪水尽快地排出，就要组织好屋顶的排水系统，选择恰当的排水方式。

屋顶的排水方式分为无组织排水和有组织排水两大类。

有组织排水可分为外排水和内排水两种。

雨水口的最大间距：檐沟外排水为24 m，女儿墙外排水为18 m。雨水管直径一般为100 mm。

二、平屋顶柔性防水屋面

防水卷材的类型主要有：沥青防水卷材、高聚物改性沥青防水卷材、合成高分子防水卷材等。

卷材防水屋面的基本构造层次有：找平层、结合层、防水层和保护层。

卷材防水屋面的细部构造主要有：泛水、天沟、雨水口、檐口、变形缝。如果处理不当就很容易出现漏水现象。

泛水是指屋面与垂直墙面交接处的防水处理，如屋面与女儿墙、高低屋面间的立墙、出屋面的烟道或风道与屋面的交接处、屋面变形缝处均应做泛水处理。

三、平屋顶刚性防水屋面

刚性防水屋面是以刚性材料作为防水层的屋面。如采用防水砂浆抹面或用密实混凝土浇筑成面层的屋面。刚性防水屋面的主要优点是构造简单、施工方便、造价较低；缺点是易开裂，对气温变化和屋面基层变形的适应性较差。刚性防水屋面的基本构造层次有：防水层、隔离层、找平层、承重层及顶棚等。隔离层的作用是减少结构变形对防水层的不利影响。

四、屋顶的保温与隔热

1. 屋顶保温

在寒冷地区或装有空调设备的建筑中，屋顶应设计成保温屋顶。保温屋顶按稳定传热原理来考虑热工问题，在墙体中，防止室内热损失的主要措施是提高墙体的热阻。这一原则同样适用于屋顶的保温，为了提高屋顶的热阻，需要在屋顶中增加保温层。

2. 屋顶隔热

屋顶隔热降温的基本原理是：减少直接作用于屋顶表面的太阳辐射热量。顶层通风隔热、屋顶蓄水隔热、屋顶植被隔热、屋顶反射阳光阴热等。

第六节　变形缝

一、变形缝的种类

变形缝有三种：伸缩缝、沉降缝和防震缝。

1. 伸缩缝

针对温度变化而设置的缝隙称为伸缩缝或温度缝。

伸缩缝的设置范围只需将建筑物的墙体、楼板层、屋顶等基础以上部分全部断开，基础部分因埋于地下，受温度变化影响较小，可不必断开。

2. 沉降缝

为了预防建筑物各部分由于地基承载能力不同或部分荷载差异较大等原因引起建筑物不均匀沉降，导致建筑物破坏而设置的变形缝。

沉降缝与伸缩缝的最大区别是：伸缩缝只需保证建筑物在水平方向的自由伸缩变形，而沉降缝主要满足建筑物在竖直方向的自由沉降变形，所以沉降缝是从建筑物基础底面至屋顶全部断开。

3. 防震缝

防震缝是为了防止建筑物由于地震，导致其局部产生巨大的应力集中和破坏性变形而设置的一种变形缝。防震缝的设置范围一般与伸缩缝类似，基础以上的结构部分完全断开。

二、变形缝的构造

1. 伸缩缝的构造

伸缩缝宽度一般为 20～40 mm，通常采用 30 mm。

在结构处理上，砖混结构可采用单墙方案，也可采用双墙方案；框架结构可采用双柱双梁方案，也可采用挑梁方案。

(1) 墙体伸缩缝构造：墙体伸缩缝一般做成平缝形式，当墙体厚度在 240 mm 以上时，也可以做成错口缝、企口缝等形式。

外墙变形缝常用麻丝沥青、泡沫塑料条、油膏等有弹性的防水材料填缝，缝口用镀锌铁皮、彩色薄钢板等材料进行盖缝处理。

内墙变形缝一般结合室内装修用木板、各类金属板等盖缝处理。

(2) 楼地板伸缩构造：楼地板伸缩缝的缝内常用麻丝沥青、泡沫塑料条、油膏等填缝进行密封处理，上铺金属、混凝土或橡塑等活动盖板。其构造处理需满足地面平整、光洁、防水、卫生等使用要求。

顶棚伸缩缝需结合室内装修进行，一般采用金属板、木板或橡塑板等盖缝，盖缝板只能固定于一侧，以保证缝的两侧构件能在水平方向自由伸缩变形。

(3) 屋顶伸缩缝构造：屋顶伸缩缝主要有伸缩缝两侧屋面标高相同处和两侧屋面高

低错落处两种位置，当伸缩缝两侧屋面标高相同又为上人屋面时，通常做防水油膏嵌缝，进行泛水处理；为非上人屋面时，则在缝两侧加砌半砖矮墙，分别进行屋面防水和泛水处理，其要求同屋顶防水和泛水构造。在矮墙顶上，传统做法用镀锌铁皮盖缝，近年逐步流行用彩色薄钢板、铝板甚至不锈钢皮等盖缝。

2. 沉降缝的构造

凡属于下列情况的，均应考虑设置沉降缝：

（1）当建筑物建造在不同的地基上，可能产生不均匀沉降时。

（2）当同一建筑物相邻部分的基础形式、宽度和埋置深度相差较大，易产生不均匀沉降时。

（3）当同一建筑物相邻部分的高度相差较大（一般为超过 10 m）、荷载相差悬殊或结构形式变化较大等易导致不均匀沉降时。

（4）当平面形状比较复杂，各部分的连接部位又比较薄弱时。

（5）原有建筑物和新建、扩建的建筑物之间。

沉降缝可以兼作伸缩缝。沉降缝的宽度与地基情况及建筑高度有关。

（1）基础沉降缝的结构处理。

沉降缝的基础也应断开，其结构处理有砖混结构和框架结构两种情况，砖混结构墙下条形基础通常有双墙偏心基础、挑梁基础、柱交叉布置三种处理形式。

（2）墙体、楼地面、屋顶沉降缝构造。

墙体沉降缝常用镀锌铁皮、铝合金板和彩色薄钢板等盖缝。

地面、楼板层、屋顶沉降缝的盖缝处理基本同伸缩缝构造。顶棚盖缝处理应充分考虑变形方向，以尽量减少不均匀沉降后所产生的影响。

3. 抗震缝的构造

抗震设防烈度为 6 度及以上地区的建筑，必须进行抗震设计。建筑需进行抗震设防时，对设计复杂、平立面不规则的建筑，应根据不规则程度、地基基础条件和技术经济等因素的比较分析，确定是否设置防震缝，并符合以下要求：

（1）当不设抗震缝时，应采用符合实际的计算模型，对薄弱部分采取加强措施（可设缝，可不设缝时，不设缝）。

（2）防震缝宜将建筑划分为多个较规则的抗侧力结构单元，其两侧上部结构应完全分开。

（3）当设置伸缩缝和沉降缝时，其宽度应符合防震缝的要求。

《建筑抗震设计规范》（GB 50011—2010）中，框架结构房屋的防震缝宽度应符合下列要求：

（1）当高度不超过 15 m 时，不应小于 100 mm；

（2）当高度超过 15 m 时，按不同设防烈度增加缝宽：6 度、7 度、8 度和 9 度地区分别每每增高 5 m、4 m、3 m、2 m，缝宽增加 20 mm。

防震缝应沿建筑物全高设置。一般情况下基础可以不分开，但当平面较复杂时，也应将基础分开。

缝的两侧一般应布置双墙或双柱，以加强防震缝两侧房屋的整体刚度。

防震缝在墙身、楼层以及屋顶等各部分的构造基本上和沉降缝各部分的构造相同。

第七节　房屋建筑工程施工图识图

一、建筑施工图的主要内容及识读

1. 建筑总平面图

建筑总平面图是表明新建房屋所在基础有关范围内的总体布置，它反映新建、拟建、原有和拆除的房屋、构筑物等的位置和朝向，室外场地、道路、绿化等的布置，地形、地貌、标高等，以及与原有环境的关系和邻界情况等。

建筑总平面图也是房屋及其他设施施工的定位、土方施工以及绘制水、暖、电等管线总平面图和施工总平面图的依据。

从建筑总平面图中可以识读以下内容：

① 该建筑场地所处的位置与大小。

② 新建房屋首层室内地面与室外地坪及道路的绝对标高。

③ 新建房屋在场地内的位置及其与邻近建筑物的距离。

④ 新建房屋的方位用指北针表明，有时用风向频率玫瑰图表示常年的风向频率与方位。

⑤ 场地内的道路布置与绿化安排。

⑥ 扩建房屋的预留地。

2. 平面图、立面图、剖面图及详图

（1）建筑平面图是建筑施工图的基本图样，它是假想用一水平的剖切面沿门窗洞位置将房屋剖切后，对剖切面以下部分所作的水平投影图。它反映出房屋的平面形状、大小和布置；墙、柱的位置、尺寸和材料；门窗的类型和位置等。

建筑平面图的主要内容有：

① 建筑物及其组成房间的名称、尺寸、定位轴线和墙厚等。

② 门窗位置、尺寸及编号。门的代号是M，窗的代号是C。在代号后面写上编号，同一编号表示同一类型的门窗。如M-1；C-1。

③ 室内地面的高度。

④ 走廊、楼梯位置及尺寸。

⑤ 台阶、阳台、雨篷、散水的位置及细部尺寸。

首层平面图上应画出剖面图的剖切位置线，以便与剖面图对照查阅。

（2）建筑立面图是平行于建筑物各方向外墙面的正投影图，简称（某向）立面。

建筑立面图的主要内容有：

① 建筑物的外观特征及凹凸变化。

② 立面图两端或分段定位轴线及编号。

③ 建筑物各主要部分的标高及高度关系。如：室内外地面、门窗顶、雨篷、窗台、

阳台、檐口等处完成面的标高，及门窗等洞口的高度尺寸。

④ 建筑立面所选用的材料、色彩和施工要求等。

(3) 建筑剖面图是假想用一个或多个垂直于外墙轴线的铅垂剖切面，将房屋剖开，所得的投影图，简称剖面图。

建筑剖面图的主要内容：

① 剖切到的各部位的位置、形状及图例。其中有室内外地面、楼板层及屋顶、内外墙及门窗、梁、女儿墙或挑檐、楼梯及平台、雨篷、阳台等。

② 未剖切到的可见部分，如墙面的凹凸轮廓线、门、窗、勒脚、踢脚线、台阶、雨篷等。

③ 外墙的定位轴线及其间距。

④ 垂直方向的尺寸及标高。

⑤ 详图索引符号。在建筑剖面图中，对需要另有详图表示的部位，都要加注索引符号以便查阅。

⑥ 施工说明。

(4) 建筑详图是建筑细部的施工图。

对于详图，一般应做到比例大（常用比例为 1∶1、1∶2、1∶5、1∶10、1∶20），尺寸标注齐全、准确以及文字说明清楚。

二、结构施工图的主要内容及识读

1. 钢筋混凝土结构施工图

(1) 钢筋混凝土结构施工图一般由结构设计说明、结构平面布置图以及墙、柱、梁、板等构件详图组成。构件标准图也属于结构详图的一部分。

(2) 板平法标注：分为集中标注和原位标注。

1) 集中标注的内容：板块编号、板厚、贯通筋、板面标高不同时的标高高差（普通楼面双向都以一跨为一块板）。

屋面板代号为 WB，楼面板代号为 LB，悬挑板代号为 XB。

楼板标高高差是指相对于结构层楼面标高的高差，应将注写在括号内，有高差注写，无高差不用注写，见图 2-2。

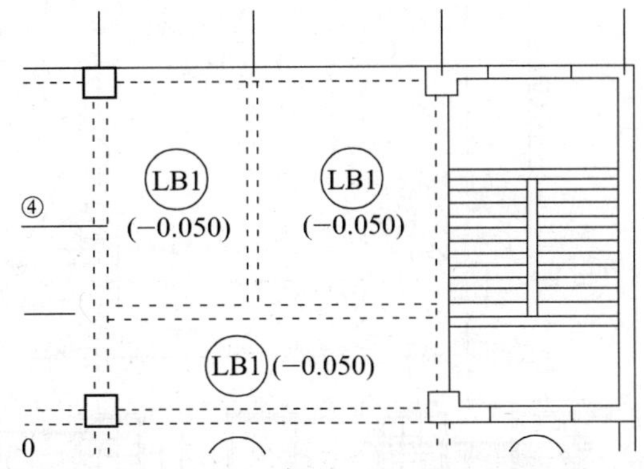

图 2-2 整体式钢筋混凝土楼盖结构图（局部）

2) 板支座原位标注。

原位标注的主要内容：板支座上部非贯通纵筋和纯悬挑板上部受力筋。在图纸上的表现形式是长度适宜的中粗线。

在支座负筋上方注写：钢筋编号、配筋值、横向连续布置的跨数以及是否横向布置到梁的悬挑端。

(3) 在结构平面确定之后，传统的表示方法是根据结构平面上梁、柱的编号，绘制梁和柱的施工详图。当采用平面整体表示方法（简称平法）绘制施工图时，可以在结构平面布置图上表示柱与梁的施工详图。

平面整体表示方法（简称平法），将常用的结构处理方法作为模块制成标准图，绘图时采用在平面图上直接标注的方式来表示梁、柱的配筋，使得详图表示规范化，同时大大地降低了绘图工作量。下面介绍平面整体的表示方法。

1）柱平法表示方法有两种，一种称为列表注写方式；另一种称为截面注写方式。在实际应用时，柱子的编号要符合表 2-2 的规定。

从表 2-2 中的代号可以看出，其代号都是以汉语拼音的第一个字母表示，其序号一般用阿拉伯数字表示。

2）柱平法列表注写方式需要画出柱的平面布置图，并根据柱的类别按表 2-2 的规则编号，同时要画出柱子的结构楼层面标高和结构层高，见图 2-3。

3）截面注写方式也需要画出柱的平面布置图，并进行编号，同时要画出柱子结构层楼面标高可结构层高，见图 2-4。

表 2-2 “平法”施工图中柱子的编号

柱类型	代号	序号
框架柱	KZ	××
框支柱	KZZ	××
芯柱	XZ	××
梁上柱	LZ	××
剪力墙柱	QZ	××

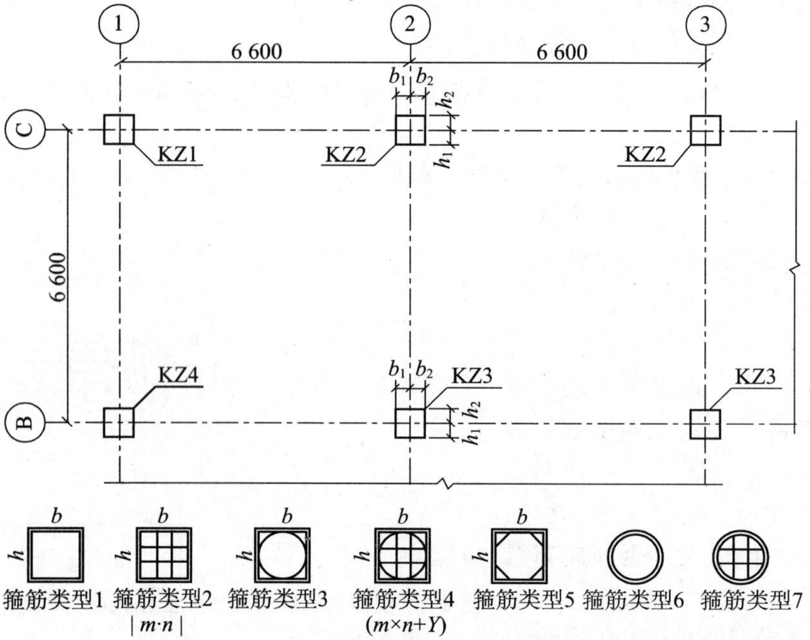

层号	标高/m	层高/m
层面	17.900	3.000
6	14.900	3.000
5	11.900	3.000
4	8.900	3.000
3	5.900	3.000
2	2.900	3.000
1	−0.100	3.000

柱号	KZ1			柱号	KZ2		
标高/m	－0.050～7.150	7.150～14.350	14.350～21.550	标高	－0.050～7.150	7.150～14.350	14.350～21.550
$b\times h$/mm×mm	600×600	550×550	500×500	$b\times h$/mm×mm	600×600	550×550	500×500
b_1/mm	250	250	250	b_1/mm	300	275	250
b_2/mm	350	300	250	b_2/mm	300	275	250
h_1/mm	350	300	250	h_1/mm	350	300	250
h_2/mm	250	250	250	h_2/mm	250	250	250
全部纵筋	12ϕ25	12ϕ25	12ϕ25	全部纵筋	4ϕ25－8ϕ22	4ϕ25＋8ϕ22	4ϕ25＋8ϕ22
角筋	4ϕ25	4ϕ25	4ϕ25	角筋	4ϕ25	4ϕ25	4ϕ25
b边一侧中部筋	2ϕ25	2ϕ25	2ϕ25	b边一侧中部筋	2ϕ22	2ϕ22	2ϕ22
h边一侧中部筋	2ϕ25	2ϕ25	2ϕ25	h边一侧中部筋	2ϕ22	2ϕ22	2ϕ22
箍筋类型号	1（4×4）	1（4×4）	1（4×4）	箍筋类型号	1（4×4）	1（4×4）	1（4×4）
箍筋	ϕ10@100	ϕ10@100	ϕ10@100	箍筋	ϕ10@100/ϕ10@200	ϕ10@100/ϕ10@200	ϕ10@100/ϕ10@200

图 2-3　柱列表注写法

4）梁平面整体配筋图是在梁平面布置图上采用平面注写方式或截面注写方式表达框架梁的截面尺寸、配筋的一种方法。

图 2-5 所示为采用传统方法表示框架梁的详图，需要画出框架梁的立面图，根据配筋变化需要画出断面图，并要表示梁的标高、钢筋的断点，还需要画出钢筋简图或钢筋表。

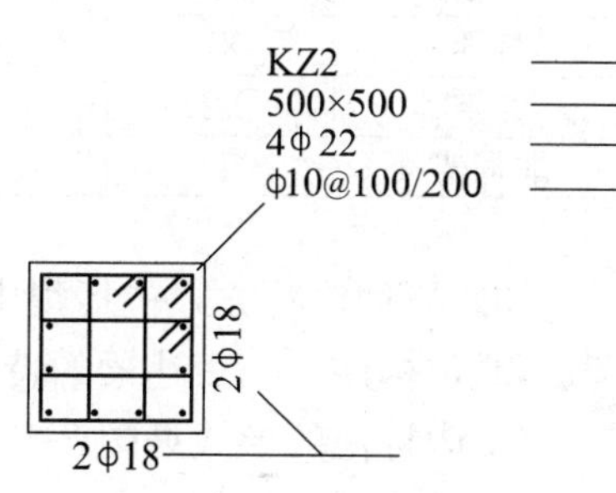

图 2-4　柱截面注写方式

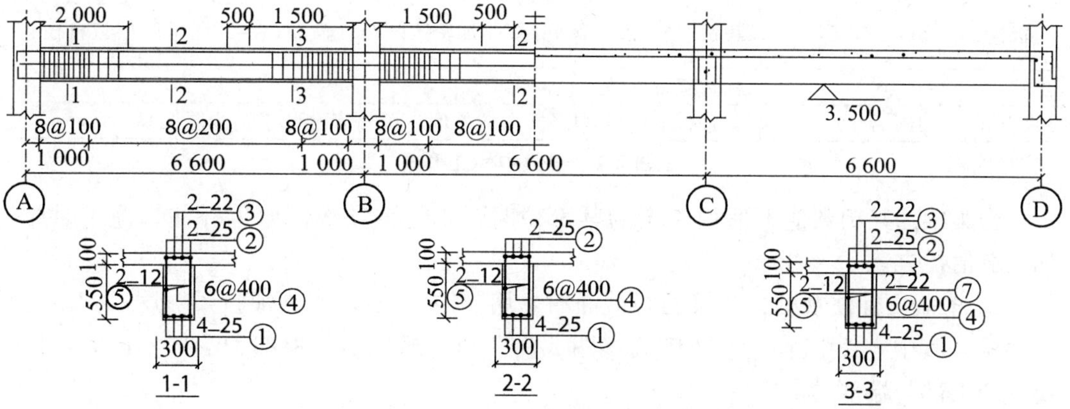

图 2-5　KL-1 配筋图（传统方法）

图 2-6 所示是采用平面整体表示方法绘制的同一根框架梁的施工图，除了不需要详细画梁的立面图和剖面图外，还可以直接在平面图上标注构件编号、截面尺寸、配筋等。

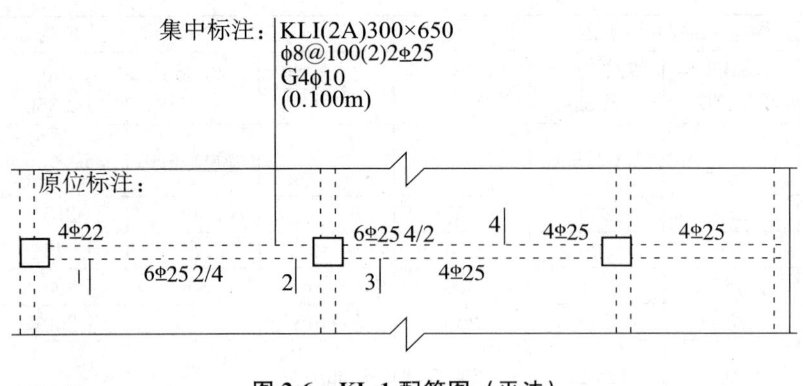

图 2-6　KL-1 配筋图（平法）

与柱相同，采用平法表示梁的施工图时，需要对梁进行分类和编号，其编号的方法应符合表 2-3 的规定。

表 2-3　“平法”施工中的梁编号

梁类型	代号	序号	跨数及是否带有悬挑	备注
屋面框架梁	WKL	××	(××)、(××A) 或 (××B)	(××A) 为一段悬挑，(××B) 为两段悬挑。 悬挑梁不计入跨数
楼层框架梁	KL	××	(××)、(××A) 或 (××B)	
框支梁	KZL	××	(××)、(××A) 或 (××B)	
悬挑梁	XL	—	—	
井字梁	JZL	××	(××)、(××A) 或 (××B)	
非框架梁	L	××	(××)、(××A) 或 (××B)	

5）平面注写方式包括集中标注与原位标注两部分：集中标注——表达梁的通用数值；原位标注——表达梁的特殊数值。

集中标注的形式见图 2-7。

KL1 (2A) 300×650	梁编号（跨数）截面宽×高
Φ8@100/200 (2) 2Φ25	箍筋直径 加密区间距/非加密区间距（箍筋指数）通常筋根数直径
G4Φ10	构造钢筋根数 直径
(−0. 100 mm)	梁顶标高与结构层标高的差值，负号表示低于结构层标高

图 2-7　梁集中标注形式

当集中的某项数值不适用于梁的某部位时，则将该项数值原位标注，施工时原位标注取值优先。

① 梁截面标注规则：当梁为等截面时，用 $b\times h$ 表示。当为加腋梁时用 $b\times h$、$c_1\times c_2$ 表示，其中 c_1 为腋长，c_2 为腋高（图 2-8）。当有悬挑梁且根部和端部不同时，用斜线分割根部与端部的高度值，即 $b\times h_1/h_2$。

② 梁上部通长筋和架立筋的标注规则：在梁上部既有通长筋又有架立筋时，用“＋”号相连标注，并将通长筋写在“＋”号前面，架立筋写在“＋”号后面并加括号。例如，当梁配置四肢箍时，用“2Φ22＋（2ϕ12）”表示，其中 2Φ22 为通长筋，(2ϕ12)为架立钢筋。若梁上部仅有架立筋无通长钢筋，则全部写入括号内。当梁的上

部纵向钢筋和下部纵向钢筋均为通长筋，且多数跨配筋相同时，此项可加注下部纵筋的配筋值，并用分号“；”隔开少数跨不同者，再在原位注明。

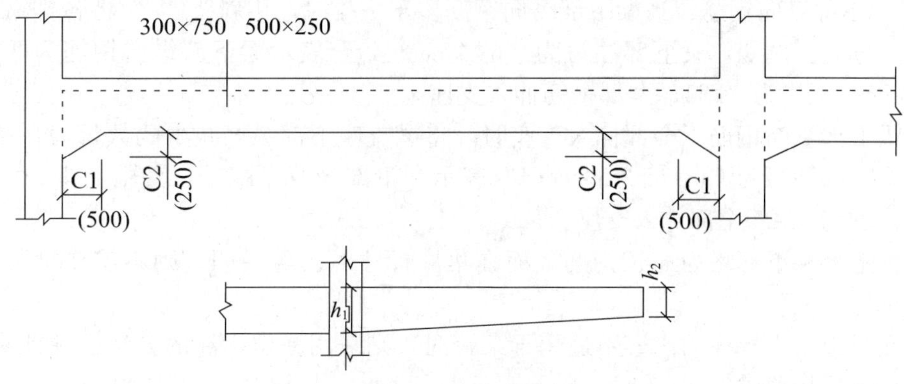

图 2-8　加腋梁

③箍筋的标注规则：当箍筋分为加密区和非加密区时，用斜线“/”分隔，肢数写在括号内，如果无加密区则不需用斜线。除抗震结构中的框架梁以外的其他各类梁，当采用不同的箍筋间距和肢数时，也可用斜线“/”将其分隔开表示。

例如，“13Φ8@150/200（4）”表示梁的两端各有 13 个直径为 8 mm 的箍筋，间距为 150 mm；梁跨中箍筋的间距为 200 mm，全部为 4 肢箍。又如，“13Φ8@150（4）/150（2）”表示梁两端各有 13 个直径为 8 mm 的 4 肢箍，间距为 150 mm；梁跨中为直径 8 mm 的双肢箍，箍筋间距为 150 mm。

梁的附加箍筋或吊筋将直接画在平面图中的主梁上，用线引注总配筋值。当多数附加箍筋或吊筋相同时，可在梁平法施工图上统一注明，少数与统一注明值不同时，再原位引注。

④ 梁顶高差的标注规则：梁顶高差是指梁顶与相应的结构层的高度差值，当梁顶与相应的结构层标高一致时，则不标此项，若梁顶与结构层存在高差时，可将高差值标入括号内。例如“(－0.050)”表示梁顶低于结构层 0.050 m；若为“(0.050)”表示梁顶高于结构层 0.050 m。

⑤ 梁侧钢筋的标注规则：梁侧钢筋分为构造配筋和受扭纵筋。当梁的腹板高度不小于 450 mm 时，就需要配置构造梁侧钢筋，构造钢筋用大写字母“G”开头，接着标注梁两侧的总配筋量，且对称配置。例如，“G4Φ12”表示在梁的每侧各配 2Φ12 构造钢筋。

受扭纵向钢筋用“N”打头。例如“N6Φ18”，表示梁的每侧配置 3Φ18 的纵向受扭钢筋。

⑥ 原位标注方法如下：

a. 梁支座上部纵向钢筋：该部位标注包括梁上部的所有纵向钢筋，即包括通长筋。

当梁上部纵向钢筋不止一排时用斜线“/”将各排纵筋从上自下分开。如“6Φ25（4/2）”表示梁支座的上一排钢筋为 4Φ25，下排钢筋为 2Φ25。

当同排纵向钢筋有两种直径时，用“＋”将两种规格的纵向钢筋相连表示，并将角部钢筋写在“＋”前面。例如，“2Φ2＋2Φ22”表示 2Φ25 放在角部，2Φ22 放在顶梁的中部。

当梁上部支座两边的纵向钢筋规格不同时，须在支座两边分别标注；当梁上部支座两边纵向钢筋相同时，可仅在支座一边标注，另一边可省略。

b. 梁下部纵向钢筋：当梁下部纵向钢筋多于一排时，用斜线“/”将各排纵向钢筋自下而上分开。例如，梁下部注写为“6Φ25（2/4）”表示梁下部纵向钢筋为两排，上排为2Φ25，下排为4Φ25，全部钢筋伸入支座。

当梁下部纵向钢筋不全部伸入支座时，将梁支座下部纵筋减少的数量写在括号内，例如，梁下部注写为“6Φ25 2（2）/4”表示梁下部为双排配筋，其中上排2Φ25不伸入支座，下排4Φ25全部伸入支座。

当梁上部和下部均为通长钢筋，而在集中标注时已经注明，则不需在梁下部重复做原位标注。

当在梁上集中标注的内容不适用于某跨时，则采用原位标注的方法标注此跨内容，施工时优先采用原位标注。

6）梁的截面注写方式是在按层绘制的梁平面布置图上，分别从不同编号的梁中各选择一根梁，用剖面号引出配筋图，并在剖面上注写截面尺寸和配筋的具体数值。这种表达方式适用于表达异形截面梁的尺寸与配筋或平面图上梁距较密的情况，见图2-9。

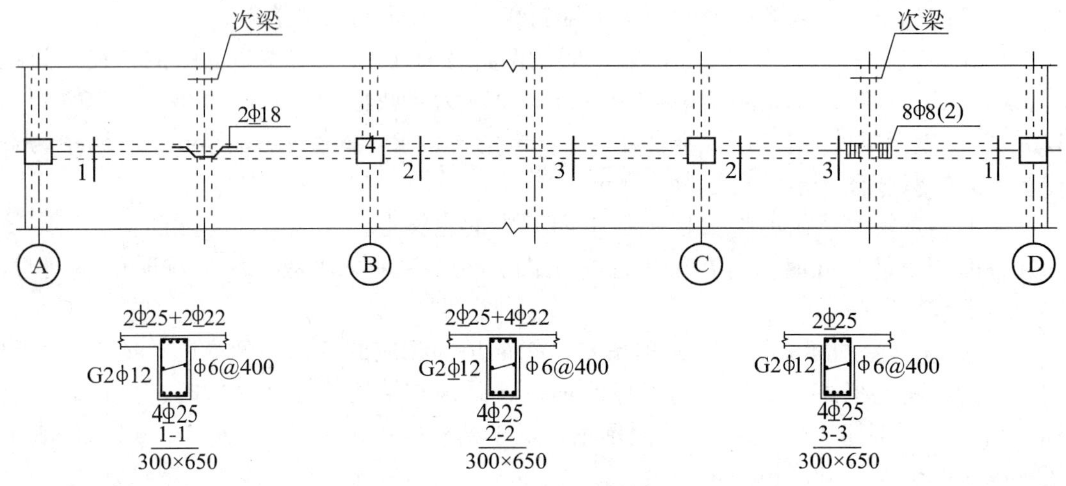

图2-9　梁的截面注写方法

截面注写方式可以单独使用，也可以与平面注写方式结合使用。当梁距较密时，也可以将较密的部分按比例放大采用平面注写方式。

2. 结构基础图

（1）基础图包括基础平面图和基础详图。

基础平面图是将建筑从室内±0.000标高以下剖切，向下看形成的图样。为了突出表现基础的位置和形状，将基础上部的构件和土看做透明体。

（2）阅读基础布置图时要注意基础的标高和定位轴线的数值，了解基础的形式和区别，注意其他工种在基础上的预埋件和预留洞。

（3）独立基础集中标注内容。

① 独基编号：DJ_J、DJ_P、BJ_J、BJ_P。

DJ 表示普通独立柱基，BJ 表示杯口独立基础；下标 J 表示阶梯形，下标 P 表示坡形。

② 基础截面竖向尺寸：普通独立基础：$h_1/h_2/\cdots\cdots$

③ 独立基础底板配筋：以 B 代表各种独立基础底板的底部配筋，X、Y 注写。

④ 基础底面标高。

⑤ 必要的文字注解。

第三章　建筑材料

第一节　胶凝材料

能够通过自身的物理化学作用，由浆体变成坚硬的固体，并将散粒状材料、块状材料或片状材料胶结成为一个整体的材料，统称为胶凝材料。

一、通用硅酸盐水泥的技术性质

1. 碱含量

水泥的碱含量指水泥中 Na_2O 与 K_2O 的总量，碱含量的大小用 $Na_2O+0.658K_2O$ 的计算值来表示。当水泥中的碱含量较高，骨料又具有一定的活性（比如含有活性二氧化硅），容易产生碱骨料反应，降低结构的耐久性。因此，国家标准规定：若使用活性骨料，用户要求提供低碱水泥时，水泥中碱含量不得大于 0.6%或由供需双方商定。

2. 凝结时间

凝结时间是指水泥从加水开始，到水泥浆失去可塑性所需要的时间。水泥凝结时间分初凝和终凝。初凝时间是指从水泥加水拌和起到水泥浆开始失去可塑性所需要的时间；终凝时间是指从水泥加水拌和起到水泥浆完全失去可塑性，并开始产生强度所需要的时间。水泥的凝结时间对工程施工有着非常重要的意义。因此，国家标准规定：硅酸盐水泥的初凝时间不小于 45 min，终凝时间不大于 390 min；普通硅酸盐水泥、矿渣硅酸盐水泥、火山灰质硅酸盐水泥、粉煤灰硅酸盐水泥和复合硅酸盐水泥的初凝时间不小于 45 min，终凝时间不大于 600 min。水泥初凝时间检验不合格时，需作废品处理。

3. 体积安定性

水泥体积安定性是指水泥浆在凝结硬化过程中，体积变化是否均匀的性质。水泥体积安定性不良，一般是由于水泥熟料中游离氧化钙、游离氧化镁含量过多或石膏掺量过大等原因所造成的。国家标准规定，采用沸煮法检验水泥的体积安定性。测试时可采用试饼法（代用法）或雷氏法（标准法），在有争议时以雷氏法为准。沸煮法能够起到加速游离氧化钙熟化的作用，所以，沸煮法只能检验出游离氧化钙过量所引起的体积安定性不良。体积安定性不良的水泥，会使结构物产生开裂，降低建筑工程质量，影响结构物的正常使用。因此，水泥体积安定性不合格，应按废品处理。

4. 强度

水泥强度一般是指水泥胶砂试件单位面积上所能承受的最大外力，是表示水泥力学性质的重要指标，也是划分水泥强度等级的依据。根据外力作用方式的不同，水泥的强度可分为抗压强度、抗折强度、抗拉强度等。根据国家标准规定的方法制成标准试件（尺寸为 40 mm×40 mm×160 mm），在标准条件下进行养护，测其 3d、28d 的抗压强度和抗折强度。根据测定结果来确定该水泥的强度等级。

5. 细度

国家标准规定，硅酸盐水泥和普通硅酸盐水泥的细度以比表面积表示，其比表面积不小于 300 m^2/kg；其他四类常用水泥的细度以筛余表示，其 80 μm 方孔筛筛余不大于 10%或 45 μm 方孔筛筛余不大于 30%。

6. 水泥石的腐蚀与防治

引起水泥石腐蚀的根本原因为：一是水泥石中存在易被腐蚀的化学物质——如氢氧化钙和水化铝酸钙；其次是水泥石本身不密实，有很多毛细孔通道，腐蚀性介质易于通过毛细孔深入水泥石内部，加速腐蚀的进程。

为防止或减轻水泥石的腐蚀，可以采取下列措施：

（1）根据工程所处的环境特点，合理选用水泥品种。

（2）降低水灰比，提高水泥石的密实程度。

（3）敷设保护层。

二、水泥的验收与保管

水泥到货后，应先查看水泥的包装及标志是否符合国家标准的规定。散装水泥工地检验取样，按同一厂家、同一等级、同一批号，每批不应超过 500 t。袋装水泥同一厂家、同期、同品种、同强度等级，以一次进场的同一出场编号的水泥 200 t 为一批，先进行包装重量检查，每袋重量允许偏差 1 kg。进入工地料库的袋装水泥取样检验时，每批应从不少于 20 袋中抽取，总质量（含包装袋）不应少于 1 000 kg。

水泥储存时间过长，水泥会吸收空气中的水分缓慢水化而降低强度。袋装水泥储存 3 个月后，强度降低 10%～20%；6 个月后，降低 15%～30%；1 年后降低 25%～40%。因此，水泥储存期不宜超过 3 个月。

三、石灰的种类、特性及应用

石灰是一种气硬性胶凝材料，在建筑工程中常用的石灰产品有磨细生石灰粉、消石灰粉和石灰膏。

1. 石灰的种类

（1）根据加工方法不同，石灰可分为块状生石灰、磨细生石灰粉、消石灰粉和石灰。

（2）根据石灰中氧化镁的含量不同，块状生石灰和磨细生石灰粉可分为钙质生石灰（MgO 的含量≤5%）和镁质生石灰（MgO 的含量>5%）；消石灰粉可分为钙质消石灰粉（MgO 的含量<4%）、镁质消石灰粉（4%≤MgO 的含量<24%）、白云石消石灰粉（24%≤MgO 的含量<30%）。

(3) 根据煅烧程度不同，石灰可分为欠火石灰、正火石灰、过火石灰。过火石灰的表面常被黏土杂质熔化时所形成的玻璃釉状物包覆，因而与水反应速度十分缓慢，往往会在正常石灰硬化以后才发生水化作用，并且体积膨胀，使已硬化的砂浆表面产生开裂、隆起等现象，影响工程质量。为消除过火石灰的危害，石灰膏必须在储灰坑中存放两周以上。

2. 石灰的特性及应用

(1) 石灰的特性。

1) 良好的可塑性。生石灰熟化为石灰浆时，能形成颗粒极细（粒径约 1 μm）、呈胶体分散状态的氢氧化钙粒子，表面能吸附一层较厚的水膜，颗粒间的摩擦力减小，使石灰具有良好的可塑性和保水性。在水泥砂浆中掺入石灰膏，可显著提高砂浆的和易性。

2) 凝结硬化慢、强度低。由于空气中二氧化碳含量少，使碳化作用减慢，而且硬化后的表层会对内部的硬化起阻碍作用，所以硬化时间长。同时，石灰浆中含有较多的游离水，水分蒸发后形成较多的孔隙，降低了石灰的密实度和强度。

3) 吸湿性强、耐水性差。生石灰在存放过程中会吸收空气中的水分而熟化，并且发生碳化致使石灰的活性降低。已硬化的石灰浆体，如果长期受到水的作用，会因氢氧化钙的逐渐溶解而导致石灰浆体结构被破坏，强度降低，甚至引起溃散。因此石灰耐水性差，不宜在潮湿环境下使用。

4) 体积收缩大。石灰浆在硬化过程中，蒸发大量的游离水，引起体积显著的收缩，容易产生开裂。所以，石灰一般不宜单独使用，通常掺入一定量的骨料（砂）或纤维材料（纸筋、麻刀等），以减少收缩，提高抗拉强度，避免开裂。

(2) 石灰的应用。

1) 配制石灰乳。将消石灰粉或石灰膏加入足量的水稀释，制成石灰乳，可用于室内粉刷。

2) 配制砌筑砂浆。利用石灰膏保水性好、可塑性好的特性，将石灰膏与砂、水混合制成石灰砂浆，或将消石灰粉与水泥、砂、水混合制成水泥石灰混合砂浆，用于主体结构的砌筑和抹面工程。

3) 生产硅酸盐制品。磨细的生石灰与砂子、粒化高炉矿渣、炉渣、粉煤灰等加水拌和，经成型、蒸压或蒸养处理，可制得硅酸盐制品，如灰砂砖、粉煤灰砖、加气混凝土砌块。

4) 配制石灰土和三合土。消石灰粉与黏土按 1∶（2～4）质量比拌制成石灰土，或与黏土、炉渣或砂等按 1∶2∶3 配合比拌制成三合土。黏土颗粒表面少量活性氧化硅及氧化铝，在有水存在的条件下可与石灰中的氢氧化钙起反应，生成不溶性的水化硅酸钙和水化铝酸钙，将黏土颗粒黏结起来。同时，石灰改善了黏土的可塑性，提高了黏土的强度和耐水性，作为建筑物基础和道路的垫层材料。

5) 生产碳化石灰板。将磨细生石灰、增强纤维（如玻璃纤维）或轻质骨料（如矿渣）搅拌成型，然后通以二氧化碳进行人工碳化，可制成轻质板材。

3. 建筑石膏的特性及应用

将天然二水石膏在 107～170℃的干燥条件下加热可得建筑石膏。

(1) 建筑石膏的特性。

1) 凝结硬化快。建筑石膏在加水拌和后，浆体在几分钟内便开始失去可塑性，30

min 内完全失去可塑性而产生强度，大约一星期完全硬化。为满足施工要求，需要加入缓凝剂，如硼砂、酒石酸钾钠、柠檬酸、聚乙烯醇、石灰活化骨胶或皮胶等。

2）凝结硬化时体积微膨胀。石膏浆体在凝结硬化初期会产生微膨胀。这一性质石膏制品的表面光滑、细腻、尺寸精确、形体饱满、装饰性好。

3）孔隙率大。建筑石膏在拌和时，为使浆体具有施工要求的可塑性，需加入石膏用量 60%的用水量，而建筑石膏水化的理论需水量为 18.6%，所以大量的自由水在蒸发时，在建筑石膏制品内部形成大量的毛细孔隙。导热系数小，吸声性较好，属于轻质保温材料。

4）具有一定的调湿性。由于石膏制品内部大量毛细孔隙对空气中的水蒸气具有较强的吸附能力，所以对室内的空气湿度有一定的调节作用。

5）防火性好。石膏制品在遇火灾时，二水石膏将脱出结晶水，吸热蒸发，并在制品表面形成蒸汽幕和脱水物隔热层，可有效减少火焰对内部结构的危害。建筑石膏制品在防火的同时自身也会遭到损坏，而且石膏制品也不宜长期用于靠近 65℃以上高温的部位，以免二水石膏在此温度下失去结晶水，从而失去强度。

6）耐水性、抗冻性差。建筑石膏硬化体的吸湿性强，吸收的水分会减弱石膏晶粒间的结合力，使强度显著降低；若长期浸水，还会因二水石膏晶体逐渐溶解而导致破坏。石膏制品吸水饱和后受冻，会因孔隙中水分结晶膨胀而破坏。所以，石膏制品的耐水性和抗冻性较差，不宜用于潮湿部位。为提高其耐水性，可加入适量的水泥、矿渣等水硬性材料，也可加入有机防水剂等，可改善石膏制品的孔隙状态或使孔壁具有增水性。

（2）建筑石膏的应用。

建筑石膏主要用于生产各种石膏板材、装饰制品、人造大理石及室内粉刷等。

第二节　混凝土

普通混凝土又称为水泥混凝土，一般指由水泥、砂、石子和水按适当比例配合搅拌，浇筑成型，再经过硬化而成的人造石材，简称混凝土。

一、常用混凝土外加剂的种类及应用

在混凝土拌和过程中掺入的能按要求改善混凝土性能，且一般情况下掺量不超过水泥质量 5%的材料，称为混凝土外加剂。

混凝土外加剂按其主要功能分为四类：

（1）改善混凝土拌合物流动性的外加剂。包括各种减水剂和泵送剂等。

（2）调节混凝土凝结时间、硬化性能的外加剂。包括缓凝剂、速凝剂和早强剂等。

（3）改善混凝土耐久性的外加剂。包括引气剂、防水剂和阻锈剂等。

（4）改善混凝土其他性能的外加剂。包括膨胀剂、防冻剂、着色剂等。

混凝土中掺入减水剂，若不减少拌和用水量，能显著提高拌合物的流动性；当减水而不减少水泥时，可提高混凝土的强度；若减水的同时适当减少水泥用量，则可节

约水泥。

早强剂可加速混凝土硬化和早期强度发展，缩短养护周期，加快施工进度，提高模板周转率。多用于冬期施工或紧急抢修工程。

缓凝剂主要用于高温季节混凝土、大体积混凝土、泵送与滑模方法施工以及远距离运输的商品混凝土等，不宜用于日最低气温5℃以下施工的混凝土和有早强要求的混凝土。

引气剂可改善混凝土拌合物的和易性，减少泌水离析，并能提高混凝土的抗渗性和抗冻性。适用于抗冻、抗渗、抗硫酸盐、泌水严重的混凝土等。

二、混凝土配合比设计

1. 混凝土配合比设计的任务

混凝土配合比是指混凝土中各组成材料的数量及其比例关系。混凝土配合比的表示方法有两种：一种是以每立方米混凝土中各种材料的用量表示；另一种是以各种材料相互间的质量比表示（以水泥质量为1）。

在混凝土配合比设计中，要掌握好下列三个重要参数（三个比例）。

① 水与胶凝材料的比例，即水胶比，它决定混凝土的强度，对工作性、耐久性、经济性有明显影响。

② 砂与石的比例，用砂率可以表达，它主要决定混凝土的工作性。

③ 浆量与骨料量的比例，由单位用水量表达，它决定混凝土的工作性和经济与否。

正确掌握这三个参数，就能配制出符合要求的混凝土。

2. 混凝土配合比设计步骤

（1）初步计算配合比。

1）确定配制强度（$f_{cu,o}$）。为了使混凝土强度能达到规范规定的95%的保证率，必须使混凝土的配制强度（$f_{cu,o}$）比混凝土的标准强度（$f_{cu,k}$）高出一定的数量。《普通混凝土配合比设计规程》（JGJ 55—2011）规定：混凝土的配制强度应按下列规定确定：

① 当混凝土的设计强度等级小于C60时，配制强度应按式（3-1）确定：

$$f_{cu,o} \geqslant f_{cu,k} + 1.645\sigma \tag{3-1}$$

式中，$f_{cu,o}$——混凝土的配制强度，MPa；

$f_{cu,k}$——混凝土的强度等级，即混凝土立方体抗压强度标准值，MPa；

σ——混凝土强度的标准差，MPa。

② 当混凝土的设计强度等级不小于C60时，配制强度应按式（3-2）确定：

$$f_{cu,o} \geqslant 1.15 f_{cu,k} \tag{3-2}$$

2）混凝土强度的标准差。当没有近期同一品种、同一强度等级混凝土的强度资料时，混凝土强度标准差可以按表3-1取用。

表3-1 混凝土强度标准差σ值

混凝土强度标准值	＜C20	C25～C45	C50～C55
σ	4.0	5.0	6.0

（2）确定水胶比（W/B）。

当混凝土强度等级小于C60时，混凝土水胶比宜按式（3-3）计算：

$$\frac{W}{B}=\frac{\alpha_a f_b}{f_{cu,o}+\alpha_a\alpha_b f_b} \tag{3-3}$$

式中，$\frac{W}{B}$——混凝土水胶比；

f_b——胶凝材料28d的胶砂抗压强度，MPa；

α_a、α_b——回归系数。

对于出厂超过3个月或存放条件不良已变质的水泥，应当实测其强度，按实测强度采用。

为了保证混凝土有必要的耐久性，所采用的水灰比不得超过表3-2规定的最大水胶比限值。

表3-2　建筑混凝土的最大水胶比和最低强度等级

环境类别	环境条件	最大水胶比	最低强度等级
一	室内干燥环境； 无侵蚀性静水浸没环境	0.60	C20
二（a）	室内潮湿环境； 非严寒和非寒冷地区的露天环境； 非严寒和非寒冷地区与无侵蚀性的水或土壤直接接触的环境； 严寒和寒冷地区的冰冻线以下与无侵蚀性的水或土壤直接接触的环境	0.55	C25
二（b）	干湿交替环境； 水位频繁变动环境； 严寒和寒冷地区的露天环境； 严寒和寒冷地区的冰冻线以上与无侵蚀性的水或土壤直接接触的环境	0.50 （0.55）	C30 （C25）
三（a）	严寒和寒冷地区冬季水位变动区环境； 受除冰盐影响环境； 海风环境	0.45 （0.50）	C35 （C30）
三（b）	盐渍土环境； 受除冰盐作用环境； 海岸环境	0.40	C40
四	海水环境	—	—
五	受人为或自然的侵蚀性物质影响的环境	—	—

注：1. 预应力构件混凝土最低混凝土强度等级应按表中的规定提高两个等级；

2. 素混凝土构件的水胶比及最低强度等级的要求可适当放松；

3. 有可靠工程经验时，二类环境中的最低混凝土强度等级可降低一个等级。

（3）确定用水量（m_{w0}）。

每立方米塑性混凝土和干硬性混凝土的用水量应符合下列规定：

① 混凝土水胶比在 0.4～0.8 范围内时，按表 3-3 选取。

② 混凝土水胶比小于 0.4 时，可通过试验确定。

表 3-3　塑性混凝土和干硬性混凝土的用水量

拌合物的稠度			卵石最大公称粒径/mm				碎石最大公称粒径/mm			
项目		指标/(kg/m³)	10.0	20.0	31.5	40	16.0	20.0	31.5	40.0
塑性混凝土	坍落度/mm	10～30	190	170	160	150	200	185	175	165
		35～50	200	180	170	160	210	195	185	175
		55～70	210	190	180	170	220	205	195	185
		75～90	215	195	185	175	230	215	205	195
干硬性混凝土	维勃稠度/s	16～20	175	160		145	180	170		155
		11～15	180	165		150	185	175		160
		5～10	185	170		155	190	180		165

注：1. 本表用水量是采用中砂时的平均值。采用细砂时，混凝土用水量可增加 5～10kg/m³；采用粗砂时，则可减少 5～10kg/m³。

2. 掺用各种外加剂或掺合料时，用水量应相应调整。

（4）确定胶凝材料用量（m_{bo}）。

每立方米混凝土的胶凝材料用量应按式（3-4）计算，并应进行试拌调整，在拌合物性能满足的情况下，取经济合理的胶凝材料用量。

$$m_{bo}=\frac{m_{wo}}{\frac{W}{B}} \tag{3-4}$$

式中，m_{bo}——计算配合比每立方米混凝土中的胶凝材料用量，kg/m³。

同时，为保证混凝土的耐久性，除配制 C15 及其以下强度等级的混凝土外，胶凝材料用量还要满足表 3-4 所规定的最小胶凝材料用量的要求。如果算得的胶凝材料用量小于规定的最小胶凝材料用量，则应按规定的最小胶凝材料用量值采用。

表 3-4　混凝土的最小胶凝材料用量

最大水胶比	最小胶凝材料用量/（kg/m³）		
	素混凝土	钢筋混凝土	预应力混凝土
0.60	250	280	300
0.55	280	300	300
0.50	320		
≤0.45	330		

（5）确定矿物掺合料用量（m_{fo}）。

每立方米混凝土的矿物掺合料用量应按式（3-5）计算：

$$m_{fo}=m_{bo}\beta_f \tag{3-5}$$

式中，β_f——矿物掺合料掺量，%。

采用硅酸盐水泥或普通硅酸盐水泥时，钢筋混凝土中矿物掺合料最大掺量宜符合

表 3-5 的规定。对基础大体积混凝土，粉煤灰、粒化高炉矿渣粉和复合掺合料的最大掺量可增加 5%。采用掺量大于 30%的 C 类粉煤灰的混凝土应以实际使用的水泥和粉煤灰掺量进行安定性检验。

表 3-5 钢筋混凝土中矿物掺合料的最大掺量

矿物掺合料种类	水胶比	最大掺量/%	
		采用硅酸盐水泥时	采用普通硅酸盐水泥时
粉煤灰	≤0.40	45	35
	>0.40	40	30
粒化高炉矿渣粉	≤0.40	65	55
	>0.40	55	45
钢渣粉	—	30	20
磷渣粉	—	30	20
硅灰	—	10	10
复合掺合料	≤0.40	65	55
	>0.40	55	45

注：1. 采用其他通用硅酸盐水泥时，宜将水泥混合材掺量 20%以上的混合材量计入矿物掺合料；
2. 复合掺合料各组分的掺量不宜超过单掺时的最大掺量。

（6）确定水泥用量（m_{co}）。

每立方米混凝土的水泥用量 m_{co} 应按式（3-6）计算：

$$m_{co}=m_{bo}-m_{fo} \tag{3-6}$$

（7）选取合理的砂率值（β_s）。

合理的砂率值，应根据骨料的技术指标、混凝土拌合物性能和施工要求，参考既有历史资料确定。当缺乏砂率的历史资料时，混凝土砂率的确定应符合下列规定：

① 坍落度小于 10 mm 的混凝土，其砂率应经试验确定。

② 坍落度为 10～60 mm 的混凝土，其砂率可根据粗骨料的品种、最大公称粒径和混凝土的水胶比，按表 3-10 选用。

③ 坍落度大于 60 mm 的混凝土，其砂率可经试验确定，也可在表 3-6 的基础上，按坍落度每增大 20 mm，砂率增大 1%的幅度予以调整。

表 3-6 混凝土的砂率

水胶比	卵石最大公称粒径/mm			碎石最大公称粒径/mm		
	10.0	20.0	40.0	16.0	20.0	40.0
0.40	26～32	25～31	24～30	30～35	29～34	27～32
0.50	30～35	29～34	28～33	33～38	32～37	30～35
0.60	33～38	32～37	31～36	36～41	35～40	33～38
0.70	36～41	35～40	34～39	39～44	38～43	36～41

注：1. 本表数值系中砂的选用砂率，对细砂或粗砂，可相应地减小或增大砂率；
2. 只用一个单粒级粗骨粒配制混凝土时，砂率值应适当增加；
3. 采用人工砂配制混凝土时，砂率可适当增大。

（8）计算砂石用量（m_{so} 和 m_{go}）。

在混凝土中除胶凝材料外，其余的体积或质量均为砂石所占有，因此有体积法和质量法两种计算方法，可使用其中任一种方法计算砂石用量。

1）体积法：认为混凝土拌合物的体积等于各组成材料密实体积及所含空气体积之总和。如果材料用量以 kg 计，体积以 L 计，含气量为 α，再由已选定的砂率 β_s，可得下列关系式（见式 3-7），便可解出 m_{so} 和 m_{go}：

$$\begin{cases}\dfrac{m_{co}}{\rho_c}+\dfrac{m_{fo}}{\rho_f}+\dfrac{m_{go}}{\rho_g}+\dfrac{m_{so}}{\rho_s}+\dfrac{m_{wo}}{\rho_w}+0.01\alpha=1\\ \beta_s=\dfrac{m_{so}}{m_{so}+m_{go}}\times 100\%\end{cases} \tag{3-7}$$

式中，m_{co}、m_{fo}、m_{go}、m_{so}、m_{wo}——分别为每立方米混凝土中水泥、矿物掺合料、砂、石、水的用量，kg/m³；

ρ_c、ρ_f、ρ_g、ρ_s、ρ_w——分别为水泥的密度、矿物掺合料密度、砂、石的表观密度、水的密度，kg/m³；

α——混凝土含气的百分数，在不使用引气型外加剂时，α 可取 1，在使用引气型外加剂时，按实际要求采用；

m_{cp}——每立方米混凝土拌合物的假定质量，kg，可取 2 350～2 450 kg/m³。

2）质量法：认为混凝土的质量等于各组成材料质量之和。而经捣实的每立方米混凝土拌合物的质量 m_{cp} 一般在 2 360～2 450 kg/m³，因此可由经验先假定 m_{cp} 的值，于是由式（3-8）可解出 m_{so} 和 m_{go}：

$$\begin{cases}m_{fo}+m_{co}+m_{go}+m_{so}+m_{wo}=m_{cp}\\ \beta_s\dfrac{m_{so}}{m_{so}+m_{go}}\times 100\%\end{cases} \tag{3-8}$$

（9）归纳初步配合比。

将以上计算进行归纳，并计算出质量比，便可得到混凝土的初步配合。

3. 混凝土试验配合比

初步计算配合比是借助一些综合经验计算而得，由于各地材料的差异，不一定都符合实际情况，必须经过试配检验，如有不符合要求，应予以调整，最后得到工作性和强度都符合要求的配合比——实验室配合比。

4. 施工配合比——现场施工称料量

试验配合比是以干燥材料为基准的，而工地使用的砂石都含有一定的水分，且随着环境气候而变化。所以，现场材料的实际称量应按砂石含水情况进行修正——水泥、矿物掺合料不变，补充砂石，扣除水量。

设工地测出砂子的含水率为 $\tilde{\omega}_s$，石子的含水率为 $\tilde{\omega}_g$，则施工配合比按式（3-9）计算：

$$\begin{aligned}m'_c&=m_c\\ m'_f&=m_f\\ m'_s&=m_s(1+\tilde{\omega}_s)\\ m'_g&=m_g(1+\tilde{\omega}_g)\\ m'_w&=m_w-m_s\cdot\tilde{\omega}_s-m_g\cdot\tilde{\omega}_g\end{aligned} \tag{3-9}$$

有了施工配合比，便可进一步计算 1 包水泥（50 kg）或 2 包水泥（100 kg）的相应称料量。由于工地的砂石含水情况随环境气候常有变化，应按其变化情况随时加以修正。

三、混凝土和易性、强度和耐久性

1. 和易性

混凝土拌合物的和易性，是指新拌和的混凝土在保证质地均匀、各组分不离析的条件下，适合于施工操作要求的综合性能。和易性好的混凝土拌合物，应该具有符合施工要求的流动性，良好的黏聚性和保水性。也就是说，工作性包含有流动性、黏聚性和保水性三方面含义。

①流动性是指混凝土拌合物在自重或机械振动作用下能产生流动，并均匀密实地充满模板的性能。流动性的大小，反映拌合物的稀稠情况，故亦称稠度。

②黏聚性是指混凝土拌合物在施工过程中，各组成材料之间有一定的黏聚力，不致产生分层离析的性能。

③保水性是指混凝土拌合物在施工过程中，具有一定的保水能力，不致产生严重的泌水现象。发生泌水的混凝土，由于水分上浮泌出，在混凝土内形成容易渗水的孔隙和通道，在混凝土表面形成疏松的表层。

2. 强度

用标准方法将混凝土制成 150 mm 边长的立方体试块（每组三块），在标准条件（温度 20℃±2℃，相对湿度大于 95%）下养护 28d，所测得的抗压强度的代表值称为混凝土的立方体抗压强度，简称混凝土的抗压强度。

混凝土的强度等级采用符号 C 与立方体抗压强度标准值（以 N/mm^2 即 MPa 计）表示，根据《混凝土结构设计规范》(GB 50010—2010) 将混凝土强度等级划分为 C15、C20、C25、C30、C35、C40、C45、C50、C55、C60、C65、C70、C75、C80 共十四个等级。

3. 混凝土耐久性

混凝土的耐久性，主要表现在抗蚀、抗渗、抗冻、抗碳化和碱-骨料反应等几个方面。

①抗蚀性：混凝土抵抗化学腐蚀的性能，主要取决于水泥石的抗蚀性能和孔隙状况。合理选用水泥品种，提高混凝土的密实度或改善孔隙构造，均可增强混凝土的耐蚀性。

②抗渗性：混凝土的抗渗性主要取决于混凝土的密实程度和孔隙构造。若密实性差，且开口连通孔隙多，则混凝土的抗渗性就差；但如果孔隙均为封闭，则混凝土的抗渗性较强。普通混凝土的抗渗性用抗渗等级表示：以 28d 龄期的 6 个标准试件，按标准方法作单面水压试验，当有两个试件出现渗水时（还有四个试件不出现渗水）的水压力（MPa）值，分为 P4、P6、P8、P10 和 P12 五个抗渗等级，如 P8 表示能承受 0.8MPa 的水压而不渗透。

③抗冻性：混凝土的抗冻性也是取决于混凝土的密实程度和孔隙构造。在寒冷地区和严寒地区与水接触又容易受冻的环境下的混凝土，要求具有较强的抗冻性能。混凝土的抗冻性用抗冻等级来表示，以 28d 龄期的标准试块，按标准方法进行冻融循环试验，以同时满足强度损失不超过 25%、质量损失不超过 5%时的最大循环次数，分为 F10、F15、F25、F50、F100、F150、F200、F250 和 F300 9 个抗冻等级。

④抗碳化：硬化后的混凝土中含有水泥水化产生的 $Ca(OH)_2$，能使钢筋表面形成一种阻锈的钝化膜，对钢筋提供了碱性保护。

第三节 建筑砂浆

一、砂浆的技术性质

同混凝土一样，新拌砂浆应具有良好的和易性。砂浆的和易性是指新拌制的砂浆是否便于施工操作，并能保证质量的综合性质。新拌砂浆的和易性应包括流动性和保水性两方面的含义。

1. 流动性

砂浆的流动性是指砂浆在自重或外力作用下流动的性能，又称稠度。

砂浆流动性的大小以沉入度表示，即砂浆稠度测定仪的圆锥体沉入砂浆内深度的毫米数。圆锥沉入深度越大，砂浆的流动性越大。若流动性过大，砂浆易分层、析水；若流动性过小，则不便施工操作，灰缝不易填充，所以新拌砂浆应具有适宜的稠度。

影响砂浆流动性的因素有：①所用胶结材料种类及数量；②掺合料的种类与数量；③砂的粗细与级配；④用水量；⑤塑化剂的种类与掺量；⑥搅拌时间等。

当原材料确定后，流动性的大小主要取决于用水量。因此，施工中常以调整用水量的方法来改变砂浆的稠度。

2. 保水性

保水性是指新拌砂浆保持水分的能力。保水性好的砂浆在存放、运输和使用过程中，能很好地保持水分不致很快流失，各组分不易分离，在砌筑过程中容易铺成均匀密实的砂浆层，能使胶结材料正常水化，最终保证了工程质量。

砂浆的保水性用分层度试验测定，将新拌砂浆测定其稠度后，再装入分层度测定仪中，静置 30 min 后取底部 1/3 砂浆再测其稠度，两次稠度之差值即为分层度（以 mm 表示）。分层度不得大于 30 mm。分层度过大，砂浆容易泌水、分层或水分流失过快，不便于施工。但分层度也不宜过小，分层度过小，砂浆干稠不易操作。不能保证工程质量。故砂浆的分层度不宜小于 10 mm。

3. 砂浆抗压强度与强度等级

砌筑砂浆的强度等级是以边长为 70.7 mm 立方体试件，在标准养护条件下，用标准试验方法测得 28d 龄期的抗压强度值（MPa）来确定。用于砌筑砖砌体的砂浆强度主要取决于水泥用量、水泥强度等级。根据《砌筑砂浆配合比设计规程》（JGJ/T 98—2010）规定：水泥砂浆的强度等级可分为 M5、M7.5、M10、M20、M25、M30；水泥混合砂浆的强度可分为 M5、M7.5、M10、M15 四个等级。砌筑砂浆的配合比一般采用质量来表示，砂浆的实际强度主要与水泥的强度和用水量有关。

二、砂浆配合比

1. 砂浆配合比设计的基本要求

①砂浆拌合物的和易性应满足施工要求。

②砂浆的强度、耐久性应满足设计要求。

③砂浆拌合物的体积密度：水泥砂浆宜大于或等于 1 900 kg/m³，水泥混合砂浆宜大于或等于 1 800 kg/m³。

④经济上要求合理，控制水泥及掺合料的用量，降低成本。

2. 水泥混合砂浆的配合比设计

①计算砂浆的试配强度。

②计算每立方米砂浆的水泥用量。

③计算掺加料用量。

④确定砂子用量。

⑤估计用水量。

⑥砂浆配合比试配、调整并确定设计配合比。

⑦施工称料量。

3. 水泥砂浆的配合比

由于水泥的强度较高，而砂浆的强度较低，若按计算，水泥用量普遍偏少。为保证砂浆的质量，使用 32.5 级水泥配制砌砖用水泥砂浆时，其配合比可直接按表 3-7 采用。其试配强度应达到同等级的砌砖用水泥混合砂浆的配制强度的要求。

表 3-7　砌砖用水泥砂浆的各料用量　　单位：kg/m³

强度等级	32.5 级水泥用量	砂子用量	用　水　量
M2.5～M5	200～230	1m³ 砂子的堆积密度值	270～330
M7.5～M10	220～280		
M15	280～340		
M20	340～400		
说　　明	①大于 32.5 级的水泥用量宜取下限； ②根据施工水平合理选择水泥用量		①用细砂时，用水量取上限； ②用粗砂时，用水量取下限； ③稠度小于 70 mm 时，用水量可小于下限； ④炎热干燥时，用水量酌量增加

第四节　墙体材料

墙体在建筑中起着承重、围护、分隔作用；承重墙体还要承受上部结构传来的荷载。因此，作为墙体的材料，要满足相应的强度要求。同时为实现建筑节能，节约资源，充分利用工业废料，有利于环境保护，实现可持续发展的战略，墙体材料还应具有保温、隔热、吸声、隔声等多种功能。

一、砌墙砖

砌墙砖是以黏土、工业废料或其他地方资源为主要原料，用不同工艺制作而成的，适用于砌筑墙体的小型块状材料。按制造工艺不同，砌墙砖又分为烧结砖、蒸压（蒸养）砖和碳化砖。

1. 烧结普通砖

烧结普通砖是指以黏土、页岩、煤矸石、粉煤灰为主要原料，经焙烧而成的实心或孔洞率小于15%的砖。烧结普通砖的外形为直角六面体，其公称尺寸为：长240 mm、宽115 mm、高53 mm。考虑砌筑灰缝为10 mm，则4块砖的长、8块砖的宽、16块砖的厚均为1 m，每立方米砖砌体需用砖4×8×16=512块。强度、抗风化性能和放射性物质合格的砖，根据其尺寸偏差、外观质量、泛霜和石灰爆裂的程度分为优等品（A）、一等品（B）、合格品（C）三个质量等级。烧结普通砖是根据抽检的10块砖所测抗压强度的平均值 $\bar{f}$ 和标准值 f_k 或单块最小值 $f_{\min}$ 划分等级的，烧结普通砖划分为MU30、MU25、MU20、MU15和MU10五个强度等级。

由于烧结普通砖具有一定强度和隔热、隔声、吸潮、耐久和价格低廉等特点，故在今后一定时期内，仍作为主要的墙体砌筑材料。其中优等品适用于清水墙和墙体装饰，一等品和合格品用于混水墙，合格品不得用于潮湿部位。烧结普通砖还可用于砌筑柱、拱、窑炉、烟囱、台阶、沟道及基础等，亦可砌成薄壳，修建跨度较大的屋盖。在砖砌体中配置适当的钢筋或钢筋网成为配筋砖砌体，可代替钢筋混凝土过梁。

2. 烧结多孔砖

以黏土、页岩、煤矸石、粉煤灰为主要原料，经焙烧而成的、孔洞率大于或等于15%、孔的尺寸小而数量多的砖称为烧结多孔砖。烧结多孔砖的外形为直角六面体，其长、宽、高应符合下列要求：长度290 mm、240 mm；宽度190 mm、180 mm、175 mm、140 mm、115 mm；高度90 mm。烧结多孔砖的孔洞较多，都开在大面上，主要以竖孔方向砌筑。烧结多孔砖根据其抗压强度分为MU30、MU25、MU20、MU15和MU10五个强度等级。这种砖强度较高，主要用于6层以下建筑物的承重部位。

3. 烧结空心砖

以黏土、页岩、煤矸石、粉煤灰为主要原料，经焙烧而成的、孔洞率大于等于35%、孔的尺寸大而数量少的砖称为烧结空心砖。烧结空心砖的外形为直角六面体，在与砂浆的结合面上有1 mm以上深度的凹线槽，以增加结合力。使用时按水平孔方向砌筑，其外形尺寸，长度为290 mm、240 mm、190 mm；宽度为240 mm、190 mm、180 mm、175 mm、140 mm、115 mm，高度为90 mm。烧结空心砖，根据变异系数、平均值与标准值、平均值与最小值分为MU10.0、MU7.5、MU5.0、MU3.5、MU2.5五个强度等级。如MU7.5的含义是抗压强度平均值大于等于7.5 MPa。

烧结空心砖由于质轻、强度低，适用于非承重墙体，如多层建筑的内隔墙和框架结构的填充墙等。

二、砌块

砌块是指砌筑用的人造块材，多为直角六面体。按用途划分为承重砌块和非承重砌块；按产品规格可分为大型（主规格高度大于980 mm）、中型（主规格高度为380～980 mm）和小型（主规格高度为115～380 mm）砌块；按生产工艺可分为烧结砌块和蒸养、蒸压砌块。按其主要原材料命名，主要品种有普通混凝土砌块、轻骨料混凝土砌块、硅酸盐混凝土砌块、粉煤灰砌块及石膏砌块等。

蒸压加气混凝土砌块是以钙质材料（水泥、石灰等）和硅质材料（矿渣和粉煤灰）为主要材料，并加入铝粉作加气剂，经磨细、计量配料、搅拌浇筑、发气膨胀、静停切割、蒸压养护等工序而制成的多孔轻质块体材料。《蒸压加气混凝土砌块》（GB 11968—1997）规定：砌块长度为 600 mm，宽度为 100mm、125mm、150mm、200mm、250mm、300 mm 或 120mm、180mm、240 mm，高度为 200mm、250mm、300 mm。按抗压强度可分为 A1.0、A2.0、A2.5、A3.5、A5.0、A7.5、A10.0 七个级别；按体积密度划分为 B03、B04、B05、B06、B07、B08 六个级别。按尺寸偏差、外观质量、体积密度及抗压强度分为优等品（A）、一等品（B）、合格品（C）。

蒸压加气混凝土砌块的常用品种有加气粉煤灰砌块和蒸压矿渣砂加气混凝土砌块两种。这种砌块具有表观密度小，保温及耐火性好，易于加工，抗震性强，隔声性好，其耐火等级按厚度从 75mm、100mm、150mm、200 mm 分别为 2.50h、3.75h、5.75h、8.00h，施工方便。适用于低层建筑的承重墙，多层和高层建筑的非承重墙、隔断墙、填充墙及工业建筑物的维护墙体和绝热材料。

三、墙板

墙体板材具有轻质、高强、多功能的特点，便于拆装，平面尺寸大，施工劳动效率高，改善墙体功能；厚度薄，可提高室内使用面积；自重小，可减轻建筑物对基础的承重要求，降低工程造价。墙用板材按照所用材料不同分为：水泥类墙用板材、石膏类墙用板材、植物纤维类墙用板材和复合墙板。

水泥类的墙用板材具有较好的耐久性和力学性能，生产技术成熟，产品质量可靠，可用于非承重墙，外墙和复合墙体的外层面。但表观密度大，抗拉强度低。石膏板材以其平面平整，光滑细腻，可装饰性好，具有特殊的呼吸功能；原材料丰富制作简单，得到广泛的应用。在轻质板材中占很大比例的主要有各种纸面石膏板、石膏空心板、石膏刨花板等。植物纤维类墙用板材常用的有稻草板、稻壳板、蔗渣板。复合墙板一般由强度和耐久性较好的普通混凝土板或金属板作结构层或外墙面板，保温层多采用矿棉、聚氨酯和聚苯乙烯泡沫塑料、加气混凝土作保温层，采用各类轻质板材作面板或内墙面板。

第五节　防水材料

一、柔性防水材料的种类与应用

1. 防水卷材

防水卷材是一种可卷曲的片状防水材料，在建筑防水材料的应用中处于主导地位，在建筑防水的措施中起着重要作用。根据其主要防水组成材料可分为沥青防水卷材、高聚合物改性沥青防水卷材和合成高分子防水卷材三类。

（1）沥青防水卷材。

沥青防水卷材是基胎上浸涂沥青后，在表面撒布粉状或片状的隔离材料而制成的防水卷材。沥青防水卷材的使用性能一般，存在低温柔韧性差、延伸率低、拉伸强度低、耐久性差等缺陷，但由于成本低，目前仍广泛用于一般建筑的屋面或地下防水防潮工程。石油沥青牌号越大，其软化点越低，沥青防水卷材储存环境温度不得高于 45℃。

进场的沥青防水卷材，其物理性能应检验以下项目：纵向拉力，耐热度，柔度，不透水性。同一品种、型号和规格的卷材，抽样数量为：250 卷以内 2 卷，251～500 卷 3 卷，501～1 000 卷 4 卷，大于 1 000 卷抽取 5 卷。

（2）高聚物改性沥青卷材。

高聚物改性沥青卷材是以掺入橡胶或树脂等高聚物的改性沥青为涂盖层，以纤维织物或纤维毡为胎体的片状可卷防水卷材。高聚物改性沥青卷材克服了传统纸胎油毡的缺陷，具有高温不流淌、低温不脆裂、延伸率较大、能适应基层开裂及伸缩变形要求等优良性能，适用于中档次的防水工程。

常见的高聚物改性沥青防水卷材有 SBS、APP、PVC 和再生胶改性沥青防水卷材。高聚物改性沥青防水卷材一般可用于屋面防水等级为Ⅰ、Ⅱ、Ⅲ级的建筑物和地下工程防水。屋面防水等级为 2 级的建筑，防水卷材选用自黏聚酯胎改性沥青防水卷材，要求该卷材厚度不应小于 2 mm。对于 SBS 改性沥青防水卷材，35 号及其以下品种用作多层防水，该标号以上的品种可用作单层防水或多层防水的面层，并可采用热熔法施工。

高聚物改性沥青防水卷材外观质量验收要求：每卷卷材的接头不超过 1 处，较短的一段不应小于 1 000 mm。

（3）合成高分子防水卷材。

合成高分子防水卷材是以合成橡胶、合成树脂或两者的共混体为基料，掺入适量的化学助剂和填充材料制成的防水材料。合成高分子防水材料具有拉伸强度和抗撕裂强度高，断裂伸长率大，耐热性和低温柔性好，耐腐蚀、耐老化等一系列优异的性能，是新型高档防水卷材。常见的有三元乙丙橡胶防水卷材、聚氯乙烯（PVC）防水卷材、氯化聚乙烯防水卷材、氯化聚乙烯-橡胶共混防水卷材等。

2. 防水涂料

防水涂料是用沥青、改性沥青或合成高分子材料为主料制成的具有一定流态的、经涂刷施工成防水层的胶状物料。其中有些防水涂料可以用来粘贴防水卷材，所以它又是防水卷材的胶黏剂。防水涂料按液态性能可分为溶剂型、水乳型和反应型三种，溶剂型涂料储运和保管的环境温度不宜低于 1℃，并不得日晒、碰撞和渗漏；保管环境应干燥、通风，并远离火源。按成膜物质的主要成分分为沥青类、高聚物改性沥青类和合成高分子类。按组成材料及用途分为乳化沥青防水涂料、改性沥青和高聚物防水涂料、冷底子油及沥青胶。

（1）乳化沥青防水涂料。

乳化沥青是以石油沥青为基料，加入有乳化剂的水（可以加入一些改性材料），经强力机械搅拌，将沥青打散为1～6 μm的微粒悬浮于水中，形成的一种乳化液。可作为冷用的水性沥青基防水涂料。

乳化沥青防水涂料在常温下操作，可在潮湿基层上施工。涂料施工后，随着水分蒸发，沥青颗粒相互挤近靠拢，凝聚成膜，与基层黏结成防水层，起到防水作用。但不宜在负温下施工，以免水分结冰而破坏防水层；也不宜在烈日下施工，以免水分蒸发过快使表面过早结膜，使膜内水分蒸发不出而产生气泡。

（2）改性沥青和高聚物防水涂料。

这是采用改性沥青或高聚物制作的防水涂料，可用于直接涂刷成防水层，或粘贴同类的防水卷材，利用这种防水涂料可得到低温下抗裂性能、黏结性能、防水性能和抗老化性能更好的防水层，适用于Ⅰ级、Ⅱ级、Ⅲ级防水等级的屋面、地面、混凝土地下室和卫生间等防水工程。

（3）合成高分子防水涂料。

合成高分子防水涂料指以合成橡胶或树脂为主要成膜物质制成的单组分或多组分的防水涂料。这类涂料具有高弹性、高耐久性及优良的耐高温性能，品种有高聚氨酯防水涂料、丙烯酸酯防水涂料、聚合物水泥涂料和有机硅防水涂料等。适用于Ⅰ级、Ⅱ级、Ⅲ级防水等级的屋面、地下室、水池及卫生间等防水工程。

合成高分子防水涂膜，严禁在雨天、雪天施工；5级风及其以上时不得施工；溶剂型涂料施工环境气温宜为15～35 ℃。聚氨酯防水涂料涂膜表干时间≤4 h不粘手；涂膜实干时间≤12 h无黏着。

防水涂料同一规格、品种的，每10t为一批。进场的防水涂料和胎体增强材料的化学性能检验，全部指标达到标准规定时，即为合格。其中若有一项指标达不到要求，允许在受检产品中加倍取样进行该项复检，复检结果如仍不合格，则判定该产品为不合格。

防水涂料品种的选择应根据当地历年最高气温、最低气温、屋面坡度和使用条件等因素，选择耐热性和低温柔性相匹配的涂料，当屋面排水坡度大于27%时，不宜采用干燥成膜时间过长的涂料。

二、刚性性防水材料的种类与应用

刚性防水是相对防水卷材、防水涂料等柔性防水材料而言的防水形式，是指以水泥、砂石为原材料，或其内掺入少量外加剂、高分子聚合物等材料，通过调整配合比，抑制或减少孔隙率，改变孔隙特征，增加各原材料界面间的密实性等方法，配制成具有一定抗渗透能力的水泥砂浆、混凝土类防水材料。

刚性防水材料按其胶凝材料的不同可分为两大类，一类是以硅酸盐水泥为基料，加入无机或有机外加剂配制而成的防水砂浆、防水混凝土，如外加气防水混凝土、聚合物砂浆等；另一类是以膨胀水泥为主的特种水泥为基料配制的防水砂浆、防水混凝土，如膨胀水泥防水混凝土等。刚性防水材料按其作用又可分为有承重作用的防水材料（即结构自防水）和仅有防水作用的防水材料，前者指各种类型的防水混凝土，后者指各种类型的防水砂浆。防水混凝土在地下工程及各种防水、输水、储水工程中广泛应用。

第六节　装饰材料

一、主要装饰材料种类及应用

建筑陶瓷是指建筑物室内外装饰用的较高级的烧土制品，它是以黏土为原料，按一定的工艺制作、焙烧而成的。其特点是质地均匀，构造致密，有较高的强度、硬度、耐磨、耐化学腐蚀性能。常用建筑陶瓷主要有釉面砖、地砖、陶瓷锦砖等。

（1）釉面砖：釉面砖属于陶质砖，是精陶制品，孔隙率高，吸水率大，主要用于建筑物的内墙饰面。若用于室外环境，经受风吹、日晒、雨淋、冰冻等作用，会导致釉面砖的裂纹、剥落的损坏。因此，不能用于外墙饰面。

（2）地砖：又名缸砖，由难熔黏土烧成，一般做成 100 mm×100 mm×10 mm 和 150 mm×150 mm×10 mm 等的正方形，也有做成矩形、六角形等，色棕红或黄，质坚耐磨，抗折强度高（15 MPa 以上），有防潮作用。适于铺筑室外平台、阳台、平屋顶等的地坪，以及公共建筑的地面。

（3）陶瓷锦砖：又名马赛克，它是用优质瓷土烧成，一般做成 18.5 mm×18.5 mm×5 mm、39 mm×39 mm×5 mm 的小方块，或边长为 25 mm 的六角形等。陶瓷锦砖色泽多样，质地坚实，经久耐用，能耐酸、耐碱、耐火、耐磨，抗压力强，吸水率小，不渗水，易清洗，可用于工业与民用建筑的洁净车间、门厅、走廊、餐厅、厕所、浴室、工作间、化验室等处的地面和内墙面，并可作高级建筑物的外墙饰面材料。

陶瓷砖产品检验时以同种产品、同一级别、同一规格实际交货量大于 5 000 m^2 为一批。

二、石材装饰材料的种类及应用

装饰石材包括天然石材和人造石材两类。天然石材是指从天然岩体中开采而得的荒料，经过锯切、研磨、抛光等工艺加工而成的块状、板状材料。人造石材是指以天然石材的碎石为原料，加上适量黏合剂、颜料等配制成型的具有天然石材的花纹和质感的合成石。

大理石在变质过程中混入了其他杂质，形成了不同的色彩（如含碳呈黑色、灰色，亚氯酸盐产生绿色，铁氯化物形成红色、黄色），在形成过程中局部堆积形成纹理（条纹、点纹、云纹等）。一般来说，凡是有纹理的，称为大理石。大理石饰面板，一般适用于室内工程，可以用于室内墙面、室内地面、室内柱面。

花岗岩是一种岩浆在地表以下凝却形成的火成岩。花岗岩不易风化，颜色美观，外观色泽可保持百年以上，由于其硬度高、耐磨损，除了用作高级建筑装饰工程、大厅地面外，还是露天雕刻的首选之材。

釉面砖、建筑陶瓷、天然石材如果用于Ⅰ类民用建筑工程内饰面时，必须要符合《装修材料放射性核素限量》标准的规定。

三、木材装饰材料种类及应用

木材是人类最早应用于建筑以及装饰装修的材料之一。由于木材具有许多不可由其他材料所替代的优良特性，它们在建筑装饰装修中至今仍然占有极其重要的地位。木质装饰材料的种类很多，地板有竹、实木、复合地板；人造板有胶合、细木工板、刨花板、纤维板、防火板、饰面板等；装饰型材有踢脚线、木线条、木方。

人造板是利用原木、木质纤维、木质边角碎料或其他植物纤维等为原料，加黏结剂和其他添加剂，经过机械加工或化学处理而成的板。胶合板幅面大而平整美观，不易开裂，保持了木材固有的低导热性，具有防腐、防蛀和良好的隔音性。用于各类家具、门窗套、踢脚板、隔断造型、地板等基材，其表面可用薄木片、防火板、PVC贴面板、涂料等贴面涂装。胶合板进入现场后应进行甲醛释放量复检。

木地板大致可分为三大类：实木地板、实木复合地板、复合强化木地板。实木地板属天然材料，具有合成材料无可替代的优点，无毒无味，脚感舒适，冬暖夏凉。但它也存在硬木资源消耗量大，铺设安装工作量大，不易维护以及地板宽度方向随相对湿度变化而产生较大尺寸变化等不足；实木复合地板的外观有着与实木地板相同的漂亮木材纹理，尺寸稳定性比实木地板好，易于铺设和维护，由于选用先进的设备和工艺，产品质量更为稳定。

复合强化木地板是多层结构地板，耐磨性为普通地板的10～30倍，防潮、防腐、防蛀、不变形、耐高温、安装方便、易保养、价格便宜。

四、玻璃装饰材料的种类及应用

建筑玻璃泛指平板玻璃及由平板玻璃制成的深加工玻璃。建筑玻璃按其功能一般分为以下五类：平板玻璃、饰面玻璃、安全玻璃、功能玻璃、玻璃砖。

常见的平板玻璃可分为普通平板玻璃和浮法玻璃两类。3～5 mm的平板玻璃一般直接用于有框门窗的采光，8～12 mm的平板玻璃可用于隔断、橱窗、无框门。平板玻璃的另外一个重要用途是作为钢化、夹层、镀膜、中空等深加工玻璃的原片。

安全玻璃可分为防火玻璃、钢化玻璃、夹丝玻璃、夹层玻璃。防火玻璃主要用于有防火隔热要求的建筑幕墙、隔断等部位。钢化玻璃具有机械强度高、弹性好、热稳定性好、碎后不易伤人等特点，常用作建筑物的门窗、隔断、幕墙及橱窗、家具等。夹丝玻璃具有安全性、防火性、防盗抢性，常用于建筑的天窗、采光屋顶、阳台及须有防盗、防抢功能要求的营业柜台的遮挡部位。夹层玻璃是玻璃与玻璃和塑料等材料，用中间层分隔并通过处理使其黏结为一体的复合材料的统称。夹层玻璃有着较高的安全性，一般用于高层建筑的门窗、天窗、楼梯栏板和有抗冲击作用要求的商店、银行、橱窗、隔断、水下工程。

五、墙纸的种类及应用

墙纸（wall paper），即用于装饰墙壁用的一类特种纸。1 m宽的卷筒纸，定量为

150 g/m^2 以上。具有一定的强度、美观的外表和良好的抗水性能，表面易于清洗，不含有害物质。

按外观分有印花墙纸、压花墙纸、发泡墙纸、印花压花墙纸、压花发泡墙纸和印花发泡墙纸。

按功能分有装饰墙纸、防火墙纸、防水墙纸，其中装饰性墙纸使用最广泛，防火墙纸和防水墙纸则使用在有特殊功能要求的地方。

按施工方法分有现裱墙纸和背胶墙纸。通常用于住宅、办公室、宾馆的室内装修等。

第四章　建筑结构

第一节　建筑结构基本概念

一、建筑结构荷载和结构类型

结构上的“作用”是使结构或构件产生效应（内力、变形等）的各种原因的总称，可分为直接作用和间接作用，其中直接作用就是荷载。

1. 荷载分类

按随时间的变异，结构上的荷载可分为三类。

（1）永久荷载：又称恒载，是指结构在使用期内其值不随时间变化或其变化与平均值相比可忽略不计，抑或其变化是单调的并能趋于限值的荷载。主要有结构重力、预加应力、土的重力及土侧压力等。

（2）可变荷载：又称活荷载，指的是在结构的设计使用期内，其值可变化且变化值与平均值相比不可忽略的荷载。如楼面活荷载、屋面活荷载、风荷载、雪荷载、吊车荷载等。

（3）偶然荷载：指的是在结构的设计使用期内偶然出现（或不出现）的数值很大、持续时间很短的荷载。如地震力、船只或漂浮物撞击力等。

2. 荷载代表值

结构设计时，对于不同的荷载和不同的设计情况，应赋予荷载不同的量值，即荷载代表值。可分为荷载标准值、可变荷载准永久值、可变荷载组合值、可变荷载频遇值。

（1）荷载标准值：是指结构在设计基准期内具有一定概率的最大荷载值，它是荷载的基本代表值。

（2）可变荷载准永久值：是指在设计基准期内经常达到或超过的那部分荷载值（总的持续时间不低于 25 年），它对结构的影响类似于永久荷载。

（3）可变荷载组合值：两种或两种以上可变荷载作用于结构上时，所有可变荷载同时达到其单独出现时可能达到的最大值的概率极小，因此除主导荷载（产生最大效应的荷载）仍可以按其标准值为代表值外，其他伴随荷载均以小于标准值的荷载值为代表值。

（4）可变荷载频遇值：是指对可变荷载，在设计基准期内，其超越的总时间为规定的较小比率或超越频率为规定频率的荷载值。

3. 结构类型

建筑中有若干构件连接而成的能承受作用的平面或空间体系称为建筑结构，简称结构。

建筑结构由水平构件、竖向构件和基础组成。

按照承重结构所用材料的不同，建筑结构可分为混凝土结构、砌体结构、钢结构、木结构和混合结构。

二、建筑结构的可靠性要求

1. 结构的功能要求

(1) 结构的安全等级。现行国家标准《建筑结构可靠度设计统一标准》(GB 50068—2001) 规定，建筑结构设计时，应根据结构破坏可能产生的后果的严重性，采用不同的安全等级，见表 4-1。

表 4-1 建筑结构的安全等级

安全等级	破坏后果	建筑物类型
一级	很严重	重要的建筑
二级	严重	一般的建筑
三级	不严重	次要的建筑

(2) 结构的设计使用年限，见表 4-2。

表 4-2 建筑结构的设计使用年限

类 别	设计使用年限/年	示例
1	5	临时性结构
2	25	易于替换的结构构件
3	50	普通房屋和构筑物
4	100	纪念性建筑和特别重要的建筑结构

(3) 结构的功能要求。结构设计的主要目的是要保证所建造的结构安全适用，能够在规定的期限内满足各种预期的功能要求，并且要经济、合理。具体来说，结构应具有以下几项功能：

1) 安全性：是指在正常施工和正常使用的条件下，结构应能承受可能出现的各种荷载作用和变形而不发生破坏；在偶然事件发生后，结构仍能保持必要的整体稳定性。例如，厂房结构平时受自重、吊车、风和积雪等荷载作用时，均应坚固不坏；而在遇到强烈地震、爆炸等偶然事件时，允许有局部的损伤，但应保持结构的整体稳定而不发生倒塌。

2) 适用性：是指在正常使用时，结构应具有良好的工作性能。如吊车梁变形过大会使吊车无法正常运行、水池出现裂缝便不能蓄水等，都影响正常使用，需要对变形、裂缝等进行必要的控制。

3) 耐久性：是指在正常维护的条件下，结构应能在预计的使用年限内满足各项功能要求，也即应具有足够的耐久性。例如，不致因混凝土的老化、腐蚀或钢筋的锈蚀等而影响结构的使用寿命。

安全性、适用性和耐久性概括称为结构的可靠性。显然，采用加大构件截面、增加配筋数量、提高材料性能等措施，总可以满足上述功能要求，但这将导致材料浪费、造价提高、经济效益降低。一个好的设计应做到既保证结构可靠，同时又经济、合理，即用较经济的方法来保证结构的可靠性，这是结构设计的基本准则。

2. 结构功能的极限状态

区分结构是否可靠与失效，其分界标志就是极限状态。当整个结构或结构的一部分超过某一特定状态就不能满足设计规定的某一功能要求，这个特定状态称为该功能的极限状态。

极限状态可分为两类：

（1）承载能力极限状态。这种极限状态对应于结构或结构构件达到最大承载能力或不适于继续承载的变形。当结构或结构构件出现下列状态之一时，即认为超过了承载能力极限状态：

① 整个结构或结构的一部分作为刚体失去平衡（如倾覆等）。

② 结构构件或连接因超过材料强度而破坏（包括疲劳破坏），或因过度变形而不适于继续承载。

③ 结构转变为机动体系。

④ 结构或结构构件丧失稳定（如压屈等）。

⑤ 地基丧失承载能力而破坏（如失稳等）。

（2）正常使用极限状态。这种极限状态对应于结构或结构构件达到正常使用或耐久性能的某项规定限值。当结构或结构构件出现下列状态之一时，即认为超过了正常使用极限状态：

① 影响正常使用或外观的变形。

② 影响正常使用或耐久性能的局部损坏（包括裂缝）。

③ 影响正常使用的振动。

④ 影响正常使用的其他特定状态。

三、震级及地震烈度和抗震设防

地震是由于某种原因引起的地面强烈运动。是一种自然现象，依其成因，可分为三种类型：火山地震、塌陷地震、构造地震。

地震波的传播以纵波最快，横波次之，面波最慢。在离震中较远的地方，一般先出现纵波造成房屋的上下颠簸，然后才出现横波和面波造成房屋的左右摇晃和扭动。

1. 震级及地震烈度

震级是按照地震本身强度而定的等级标度，用于衡量某次地震的大小，用符号 M 表示。震级的大小是地震释放能量多少的尺度，也是表示地震规模的指标，其数值是根据地震仪记录到的地震波图来确定的。一次地震只有一个震级。目前国际上比较通用的是里氏震级。

一般来说，$M<2$ 的地震人是感觉不到的，称为无感地震或微震；$M=2\sim5$ 的地震称为有感地震；$M>5$ 的地震，对建筑物要引起不同程度的破坏，统称为破坏性地震；$M>7$ 的地震称为强烈地震或大地震；$M>8$ 的地震称为特大地震。

地震烈度是指某地区的地面及建筑物遭受到一次地震影响的强弱程度，用符号 I 表示。

对于一次地震，表示地震大小的震级只有一个，但它对不同地点的影响是不一样的。一般来说，距震中越远，地震影响越小，烈度就越低；反之，距震中越近，烈度就越高。此外，地震烈度还与地震等级、震源深度、土壤和地质条件、建筑物动力特性、施工质量等许多因素有关。

2. 抗震设防

为了进行建筑结构的抗震设防，按国家规定的权限批准审定作为一个地区抗震设防依据的地震烈度，称为抗震设防烈度。

一般情况下，抗震设防烈度可采用中国地震动参数区划图的地震基本烈度。

抗震设计时，对同样场地条件、同样烈度的地震，按震源机制、震级大小和远近区别对待是必要的，《建筑抗震设计规范》（GB 50011—2010）将设计地震分为三组。我国主要城镇（县级及县级以上城镇）中心地区的抗震设防烈度、设计基本地震加速度值和所属的设计地震分组见《建筑抗震设计规范》（GB 50011—2010）附录 A。

（1）抗震设防的一般目标。抗震设防是指对房屋进行抗震设计和采取抗震措施，来达到抗震的效果。抗震设防的依据是抗震设防烈度。

结合我国的具体的情况，《建筑抗震设计规范》（GB 50011—2010）提出了“三水准”的抗震设防目标。

① 第一水准——小震不坏。当遭受低于本地区抗震设防烈度的多遇地震影响时，建筑物一般不受损坏或不需修理仍可继续使用。

② 第二水准——中震可修。当遭受到相当于本地区抗震设防烈度的地震影响时，建筑物可能损坏，经一般修理或不需修理仍可继续使用。

③ 第三水准——大震不倒。当遭受到高于本地区抗震设防烈度预估的罕遇地震影响时，建筑物不致倒塌或发生危及生命的严重破坏。

（2）抗震设计的基本要求。

① 选择对抗震有利的场地、地基和基础。

② 选择有利于抗震的平面和立面布置。

③ 选择技术上、经济上合理的抗震结构体系。

④ 抗震结构的构件应有利于抗震。

⑤ 保证结构整体性，并使结构和连接部位具有较好的延性。

⑥ 非结构构件应有可靠的连接和锚固。

⑦ 注意材料的选择和施工质量。

第二节　建筑地基与基础

一、建筑地基基本知识

地基指基础底面以下，受到荷载作用影响范围内的部分岩、土体。

1. 地基应满足的基本要求

（1）强度方面的要求：要求地基有足够的承载力，应优先考虑采用天然地基。地基竣工后其强度或承载力必须达到设计标准，并进行现场检验。

（2）变形方面的要求：要求地基有均匀的压缩量，以保证有均匀的下沉。若地基下沉不均匀时，建筑物上部会产生开裂变形。设计等级为甲级、乙级的建筑物，均应作地基变形设计。

（3）稳定方面的要求：要求地基有防止产生滑坡、倾斜方面的能力。必要时（特别是较大的高度差时）应加设挡土墙以防止滑坡变形的出现。

2. 地基的分类

地基可分为天然地基和人工地基两种类型。

天然地基是指天然状态下即可满足承载力的要求，不需人工处理的地基。

当达不到上述要求时，可以对地基进行补强和加固，经人工处理的地基称为人工地基。

人工处理地基的方法有：换填法、预压法、强夯法、振冲法、深层搅拌法等。

二、地质勘察报告识读

1. 土的成因

土是连续、坚固的岩石在风化作用下形成的大小悬殊的颗粒，经过不同的搬运方式，在各种自然环境中生成的沉积物。在漫长的地质年代中，由于各种内力和外力的地质作用形成了许多类型的岩石和土。岩石经历风化、剥蚀、搬运、沉积生成土，而土历经压密固结、胶结硬化也可再生成岩石。作为建筑物地基的土，是土力学研究的主要对象。

2. 土的组成

土是由固体颗粒、水和气体三部分组成的，通常称为土的三相组成，见图 4-1。随着三相物质的质量和体积的比例不同，土的性质也将不同。

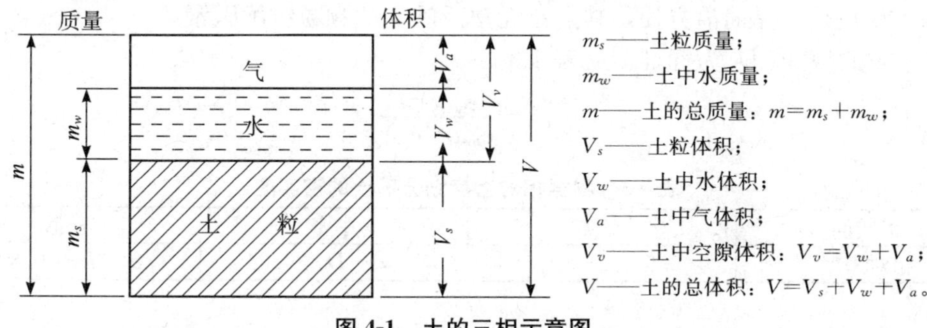

图 4-1 土的三相示意图

表示土的三相组成比例关系的指标，称为土的三相比例指标，包括土粒比重（土位相对密度）、含水量、密度、孔隙比、孔隙率和饱和度等。

3. 土的物理性质指标

（1）土的基本指标。基本指标是指可用土工试验的方法直接测出来的指标。

1）土的天然密度 ρ，表达式为

$$\rho=\frac{m}{V}$$

土的密度取决于土粒的密度，孔隙体积的大小和孔隙中水的质量多少，它综合反映了土的物质组成和结构特征。

天然状态下，土的密度为 1.6～2.2 g/cm^3，土的密度可在室内及野外现场直接测定。室内一般采用“环刀法”测定。

2）土粒相对密度（比重）d_s，表达式为

$$d_s=\frac{m_s}{V_s\rho_w}$$

一般砂土的相对密度为 2.65～2.95 g/cm^3，黏性土的相对密度为 2.7～2.75 g/cm^3，实验室用“比重瓶法”测定。

3）土的含水率 ω，表达式为

$$\omega=\frac{m_w}{m_s}\times 100\%$$

含水率是表示土的湿度的重要指标，含水率越大，土的工程性质越差。测定含水率的常用方法为烘干法。

（2）土的其他物理指标。土的其他物理指标包括：土的干重度 γ_d、土的饱和重度 γ_{sat}、土的有效重度 γ'、土的孔隙比 e、土的孔隙率 n、土的饱和度 S_r。

4. 土的物理状态指标

所谓土的物理状态，对于粗粒土来说，是指土的密实程度。对细粒土而言，则指土的软硬程度或称为土的稠度。

（1）无黏性土（粗粒土）的密实程度。

土的密实度通常是指单位体积中固体颗粒充的程度。密实度反映无黏性土的工程性质的主要指标。判别砂土的密实度有以下三个方法。

1）用孔隙比 e 为标准：一般 $e<0.6$ 时，为良好的天然地基；当 $e>1$ 时，为松散状态，不宜用作天然地基。

该方法的优点是简洁方便，缺点是无法反映土的颗粒级配因素。

2）用相对密度 D_r 为标准，见表 4-3。

$$D_r=\frac{e_{\max}-e}{e_{\max}-e_{\min}}$$

表 4-3　根据相对密度划分砂土的密实度

密实度	密实	中密	松散
相对密度	$0.66<D_r\leqslant 1.0$	$0.33<D_r\leqslant 0.66$	$0<D_r\leqslant 0.33$

该方法的优点是理论上完善，缺点是实际上难以操作。

3）用标准贯入试验 N 为标准。标准贯入试验是指在土层钻孔中，利用重 63.5 kg 的锤击贯入器，根据每贯入 30 cm 所需锤击数来判断土的性质，估算土层强度的一种动力触探试验，根据标准贯入试验锤击数可以确定各类砂的地基承载力。该实验的应用主要有评定砂土的相对密度、评定地基承载力、估算单桩承载力等。根据《建筑地基基础设计规范》（GB 50007—2011）判定天然砂土的密实度，见表 4-4。

表 4-4　根据锤击数划分砂土的密实度

标准贯入试验锤击数	$N\leqslant10$	$10<N\leqslant15$	$15<N\leqslant30$	$N>30$
密实度	松散	稍密	中密	密实

（2）黏性土的物理状态。

1）黏性土的稠度。稠度的含义是指土体在各种不同的湿度条件下，受外力作用后所具有的活动程度。

黏性土的稠度，可以决定黏性土的力学性质及其在建筑物作用下的性状。

相邻两稠度状态，既相互区别又是逐渐过渡的。稠度状态之间的转变界限叫稠度界限，用含水量表示，称界限含水量，见图 4-2。

在稠度的各界限值中，塑性上限（ω_L）和塑性下限（ω_P）的实际意义最大。它们是区别三大稠度状态的具体界限，简称液限和塑限。

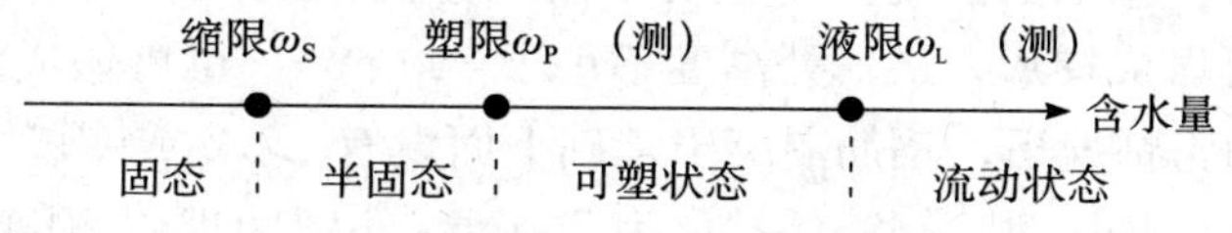

图 4-2　土的状态与界限含水量的关系

土所处的稠度状态，一般用液性指数 I_L（稠度指标 B）来表示，见表 4-5。

$$I_L=\frac{\omega-\omega_P}{\omega_L-\omega_P}$$

式中，ω——天然含水量；

ω_L——液限含水量；

ω_P——塑限含水量。

表 4-5　按液性指数值确定黏性土状态

I_L值	$I_L\leqslant0$	$0<I_L\leqslant0.25$	$0.25<I_L\leqslant0.75$	$0.75<I_L\leqslant1.0$	$1.0<I_L$
状态	坚硬	硬塑	可塑	软塑	流塑

2）塑性指数。黏性土具有塑性，砂土没有塑性，故黏性土又称塑性土，砂土称非塑性土。

塑性指数：$I_P=\omega_L-\omega_P$。塑性指数数值越大，土的塑性越强，土中黏粒含量越多，故工程上用于黏性土的分类。$I_P>17$ 时，为黏土；$10<I_P\leqslant17$ 时，为粉质黏土。

3）土的压缩性。土的压缩性是指在压力作用下体积压缩变小的性能。土的压缩主要是由于孔隙中的水分和气体被挤出，土粒相互移动靠拢，致使土的孔隙体积减小而引起的。

压缩系数是表示土的压缩性大小的主要指标，压缩系数大，表明在某压力变化范围内孔隙比减少得越多，压缩性就越高。

影响土的压实效果的因素有压实功、土的含水量及每层铺土的厚度。

三、基础类型和构造

基础是建筑物的墙或柱埋在地下的扩大部分，其作用是承受建筑物的全部荷载，并通过自身的调整，将这些荷载传给地基。

（1）按使用材料分：砖基础、毛石基础、混凝土基础、钢筋混凝土基础等。

（2）按构造形式分：独立基础、条形基础、井格基础、板式基础、筏形基础、箱形基础、桩基础等。

（3）按使用材料受力特点分：刚性基础和柔性基础。

1）刚性基础。刚性基础所用的材料如砖、石、混凝土等。刚性基础中压力分布角 α 称为刚性角。在设计中，应尽力使基础大放脚与基础材料的刚性角相一致，以确保基础底面不产生拉应力，最大限度地节约基础材料。受刚性角限制的基础称为刚性基础。构造上通过限制刚性基础宽高比来满足刚性角的要求。

2）柔性基础。在混凝土基础底部配置受力钢筋，利用钢筋受拉，这样基础可以承受弯矩，也就不受刚性角的限制。所以钢筋混凝土基础也称为柔性基础。在同样条件下，采用钢筋混凝土基础比混凝土基础可节省大量的混凝土材料和挖土工程量，钢筋混凝土基础断面可做成梯形，最薄处高度不小于 200 mm；也可做成阶梯形，每踏步高 300～500 mm。通常情况下，钢筋混凝土基础下面设有 C7.5 或 C10 素混凝土垫层，厚度 100 mm 左右；无垫层时，钢筋保护层为 75 mm，以保护受力钢筋不受锈蚀。

基础埋深是指从室外设计地坪至基础底面的垂直距离。埋深大于等于 5 m 的基础称为深基础；埋深在 0.5～5 m 的基础称为浅基础。基础埋深不得浅于 0.5 m。

房屋基础设计应根据工程地质和水文地质条件、建筑体型与功能要求、荷载大小和分布情况、相邻建筑基础情况、施工条件和材料供应以及地区抗震烈度等综合考虑，选择经济合理的基础型式。

第三节　多层砌体房屋的构造要求

一、结构的受力特点、构造要求

采用块材（砖、砌块）和砂浆砌筑而成的结构称为砌体结构。

1. 受力特点

砌体的特点是抗压承载力远大于抗拉和抗弯承载力，因此在工程中常用作受压构件，如住宅、办公楼、学校、旅馆、跨度小于 15 m 的中小型厂房的墙体、柱和基础。

影响砌体抗压的主要因素包括块材和砂浆的强度，块材的表面平整度和几何尺寸，砌筑质量。

2. 构造要求

工程实践表明，为了保证砌体结构房屋有足够的耐久性和良好的整体工作性能，必须采取合理的构造措施。

（1）最小截面规定。承重的独立砖柱截面尺寸不应小于 240 mm×370 mm；毛石墙的厚度不宜小于 350 mm；毛料石柱截面较小边长不宜小于 400 mm；当有振动荷载时，墙、柱不宜采用毛石砌体。

（2）墙、柱连接构造。为了增强砌体房屋的整体性和避免局部受压损坏，规范规定：

① 跨度大于 6 m 的屋架和跨度大于规定数值的梁，应在支承处砌体设置混凝土或钢筋混凝土垫块。

② 当梁的跨度大于或等于规定数值时，其支承处宜加设壁柱或采取其他加强措施。

③ 预制钢筋混凝土板的支承长度，在墙上不宜小于 100 mm；在钢筋混凝土圈梁上不宜小于 80 mm；当利用板端伸出钢筋拉结和混凝土灌注时，其支承长度可为 40 mm，但板端缝宽不小于 80 mm，灌缝混凝土强度等级不宜低于 C20。

④ 预制钢筋混凝土梁在墙上的支承长度不宜小于 180～240 mm，支承在墙、柱上的吊车梁、屋架以及跨度大于或等于一定数值的预制梁的端部，应采用锚固件与墙、柱上的垫块锚固。

⑤ 填充墙、隔墙应采取措施与周边构件可靠连接。一般是在钢筋混凝土结构中预埋拉接筋，在砌筑墙体时，将拉接筋砌入水平灰缝内。

⑥ 山墙处的壁柱宜砌至山墙顶部，屋面构件应与山墙可靠拉结。

（3）砌块砌体房屋。

① 砌块砌体应分皮错缝搭砌，上下皮搭砌长度不得小于 90 mm。

② 砌块墙与后砌隔墙交接处，应沿墙高每 400 mm 在水平灰缝内设置不少于 2ϕ4、横筋间距不大于 200 mm 的焊接钢筋网片。

③ 混凝土砌块房屋，宜将纵横墙交接处、距墙中心线每边不小于 300 mm 范围内的孔洞，采用不低于 Cb20 灌孔混凝土将孔洞灌实，灌实高度应为墙身全高。

④ 混凝土砌块墙体的下列部位，如未设圈梁或混凝土垫块，应采用不低于 Cb20 灌孔混凝土将孔洞灌实。

（4）砌体中留槽洞或埋设管道时的规定。

① 不应在截面长边小于 500 mm 的承重墙体、独立柱内埋设管线。

② 不宜在墙体中穿行暗线或预留、开凿沟槽，无法避免时应采用防止或减轻墙体开裂的主要措施。

二、砌体结构抗震构造措施

1. 多层砌体房屋震害分析

砌体房屋在地震作用下，主要发生的破坏有墙体受主拉应力的剪切破坏、内外墙连接处破坏、墙角转角处因扭转破坏、楼梯间墙体受力大且稳定性差而破坏、楼盖预制板搭接不足或无可靠拉结而塌落破坏、突出屋面的附属结构因“鞭端效应”破坏等。

2. 多层砌体房屋抗震构造措施

采取正确的抗震构造措施，设置构造柱和圈梁将明显提高多层砌体房屋的抗震性能。

（1）构造柱。抗震规范对构造柱的构造做了如下规定：

1）构造柱的设置部位，一般情况应符合规范的要求。

2）外廊式和单面走廊式的多层砖房，应根据房屋增加一层后的层数，按要求设置构造柱，且单面走廊两侧的纵墙均应按外墙处理。

3）教学楼、医院等横墙较少的房屋，应根据房屋增加一层后的层数，按要求设置构造柱；当教学楼、医院等横墙较少的房屋，为外廊式或单面走廊式时，应按第 2）条要求设置构造柱，但 6 度不超过 4 层、7 度不超过 3 层和 8 度不超过 2 层时，应按增加两层后的层数对待。

4）抗震缝两侧应设置抗震墙，并应视为房屋的外墙，按要求设置构造柱。

5）单面走廊房屋除满足以上要求外，还应在单面走廊房屋的山墙设置不少于 3 根的构造柱。

构造柱最小截面可采用 240×180 mm，纵向钢筋宜采用 4 根∅12 钢筋，箍筋间距不宜大于 250 mm，且在柱上下端适当加密；7 度时超过 6 层、8 度时超过 5 层和 9 度时，构造柱纵向钢筋宜采用 4 根∅14 钢筋，箍筋间距不应大于 200 mm；房屋四角的构造柱可适当加大截面及配筋。此外每层构造柱上、下端 450 mm，并不小于 1/6 层高范围内应适当加密箍筋，其间距不大于 100 mm。

① 构造性与墙连接处宜砌成马牙槎，并应沿墙高每隔 500 mm 设 2 根∅6 拉结钢筋，每边伸入墙内不宜小于 1 m。

构造柱与圈梁连接处，构造柱的纵筋应穿过圈梁，保证构造柱纵筋上下贯通。

② 构造柱可不单独设置基础，应伸入室外地面下 500 mm，或锚入浅于 500 mm 的基础圈梁内。

③ 构造柱应沿整个建筑物高度对正贯通，不应使层与层之间的构造柱相互错位。

为了保证钢筋混凝生构造柱与墙体之间的整体性，施工时必须先砌墙，后浇柱。

对多层砖房纵横墙之间的连接，除了在施工中注意纵横墙的咬槎砌筑外，在构造设计时应符合下列要求：

① 7 度时层高超过 3.6 m 或长度大于 7.2 m 的大房间，以及 8 度和 9 度时，外墙转角及内外墙交接处，当未设构造柱时应沿墙高每隔 500 mm 配置 2 Φ6 拉结钢筋。并每边伸入墙内不宜小于 1 m。

② 后砌的非承重砌体隔墙应沿墙高每隔 500 mm 配置 2 Φ6 钢筋与承重墙或柱拉结，并每边伸入墙内不应小于 500 mm，8 度和 9 度时长度大于 5.1 m 的后砌非承重砌体隔墙的墙顶，尚应于楼板或梁拉结。

（2）钢筋混凝土圈梁。

① 多层普通砖、多孔砖房屋的现浇钢筋混凝土圈梁的设置要求（略）。

② 圈梁截面尺寸及配筋：圈梁截面高度不应小于 120 mm，配筋应符合要求，但在软弱黏性土层、液化土、新近填土或严重不均匀土层上砌体房屋设置基础圈梁，一截面高度不应小于 180 mm，配筋不应少于 4 Φ12。

第四节　钢筋混凝土框架结构

框架结构是指由梁和柱以刚接或铰接相连接而构成承重体系的结构，即由梁和柱组成框架共同抵抗适用过程中出现的水平荷载和竖向荷载。采用框架结构的房屋墙体不承重，仅起到围护和分隔作用。

一、钢筋混凝土梁、板、柱、墙的受力特点和构造要求

1. 梁、板的一般构造要求

（1）梁。

梁的截面形式主要有矩形、T 形、I 形、花篮形、倒 L 形等。

板的截面形式一般为矩形、空心、槽形等。

梁、板的截面尺寸必须满足承载力、刚度和裂缝控制要求，同时还应满足模数要求，以利于模板定型化。

按模数要求，梁的截面高度 $h\leqslant800$ mm 时，以 50 mm 为模数，当 $h>800$ mm 时，以 100 mm 为模数。截面宽度 $b\leqslant250$ mm 时，取 100mm、120 mm、150 mm、180 mm、200 mm、220 mm、250 mm；当 $b>250$ mm 时，以 50 mm 为模数。且梁的高宽比 h/b，矩形取 2～3.5，T 形取2.5～4。

梁中通常配置纵向受力钢筋、弯起钢筋、箍筋、架立钢筋等，有时还配置纵向构造钢筋及相应的拉筋等。

1）纵向受力钢筋。根据纵向受力钢筋配置的不同，受弯构件分为单筋截面和双筋截面两种。前者指只在受拉区配置纵向受力钢筋的受弯构件；后者指同时在梁的受拉区和受压区配置纵向受力钢筋的受弯构件。

梁中纵向受力钢筋的直径一般为 12～25 mm，当有两种直径时，直径相差不应小于 2 mm，方便施工时分辨。受力钢筋尽量布置为一层，当一层排不下时可布置成两层。

梁的上部纵向钢筋的净距≥1.5 d（d 为纵向钢筋的直径），且≥30 mm，下部纵向钢筋的净距≥d，且≥25 mm。

2）架立钢筋。架立钢筋设置在受压区外边缘两侧，并平行于纵向受力钢筋。如受压区配有纵向受压钢筋时，则可不再配置架立钢筋。其作用为固定箍筋位置以形成梁的钢筋骨架，并承受因温度变化和混凝土收缩而产生的拉应力。

现行《混凝土结构设计规范》（GB 50010—2010）9.2.6 规定：梁内架立钢筋的直径，当梁的跨度小于 4 m 时，不宜小于 8 mm；当梁的跨度为 4～6 m 时，不宜小于 10 mm；当梁的跨度大于 6 m 时，不宜小于 12 mm。

3）弯起钢筋。弯起钢筋在跨中是纵向受力钢筋的一部分，在靠近支座的弯起段弯矩较小处则用来承受弯矩和剪力共同产生的主拉应力，即作为受剪钢筋的一部分。

弯起钢筋与梁轴线的夹角（称弯起角）一般是 45°；当梁高 $h>800$ mm 时，弯起角为 60°。梁底层钢筋中的角部钢筋不应弯起，顶部钢筋中的角部钢筋不应弯下。

实际工程中第一排弯起钢筋的弯终点距支座边缘的距离通常取 50 mm。

4）箍筋。箍筋主要用来承受由剪力和弯矩在梁内引起的主拉应力，并通过绑扎或焊接把其他钢筋联系在一起，形成空间骨架。

箍筋的形式可分为开口式和封闭式两种。

应当注意，箍筋是受拉钢筋，必须有良好的锚固。箍筋常用直径为 6 mm、8 mm、10 mm。其端部应采用 135°弯钩，弯钩端头直段长度不小于 50 mm，且不小于 5 d（d 为箍筋直径）。

5）纵向构造钢筋及拉筋。当梁的腹板高度 $h \geqslant 450$ mm 时，为了防止在梁的侧面产生垂直于梁轴线的收缩裂缝，同时也为了增强钢筋骨架的刚度，增强梁的抗扭作用，应在梁的两个侧面沿高度配置纵向构造钢筋（亦称腰筋），并用拉筋固定。每侧构造钢筋的间距不宜大于 200 mm，拉筋的直径与箍筋相同，间距为箍筋的两倍。

（2）板。

现浇板的厚度一般取 10 mm 的倍数，工程中常用厚度为 60 mm、70 mm、80 mm、100 mm、120 mm。

板通常只配置纵向受力钢筋和分布钢筋。

1）受力钢筋。梁式板的受力钢筋沿板的短跨方向布置在截面受拉一侧，用来承受弯矩产生的拉力，常用直径为 6 mm、8 mm、10 mm、12 mm。

2）分布钢筋。分布钢筋垂直于板的受力钢筋方向，在受力钢筋内侧按构造要求配置。

分布钢筋的作用是固定受力钢筋的位置，形成钢筋网，将板上荷载有效地传给受力钢筋，防止温度变化或混凝土收缩等原因使板沿跨度方向产生裂缝。

（3）混凝土保护层厚度。

钢筋外边缘至混凝土表面的距离称为钢筋的混凝土保护层厚度。其主要作用：一是保护钢筋不致锈蚀，保证结构的耐久性；二是保证钢筋与混凝土间的黏结；三是在火灾等情况下，避免钢筋过早软化。

混凝土保护层厚度过大，不仅会影响构件的承载能力，而且会增大裂缝宽度。

2.《混凝土结构设计规范》（GB 50010—2010）中钢筋种类和保护层厚度的修改

《混凝土结构设计规范》（GB 50010—2010）中 4.2.1 规定：

① 纵向受力钢筋普通钢筋宜采用 HRB400、HRB500、HRBF400、HRBF500 钢筋，也可采用 HPB300、HRB335、HRBF335、RRB400 钢筋。

② 梁、柱纵向受力普通钢筋应采用 HRB400、HRB500、HRBF400、HRBF500 钢筋。

③ 箍筋宜采用 HRB400、HRBF400、HPB300、HRB500、HRBF500，也可采用 HRB335、HRBF335 钢筋。

④ 预应力筋宜采用预应力钢丝、钢绞线和预应力螺纹钢筋。

（注：本着提高钢筋等级，规范相关条文贯彻推广高强钢筋的原则，淘汰 HPB235 钢筋，以 HPB300 代换；新增 HRB500，逐步限制 HRB335；增加 1960 级预应力筋，补充中强预应力钢丝及预应力螺纹钢筋。优先使用 400 MPa 级钢筋，积极推广 500 MPa 级钢筋，逐步限制、淘汰 335 MPa 级钢筋。）

《混凝土结构设计规范》（GB 50010—2010）中 2.1.18 规定：

结构构件中构件外边缘至构件表面范围用于保护钢筋的混凝土，简称保护层。

[注：从混凝土碳化、脱钝和钢筋锈蚀的耐久性角度考虑，不再从纵向受力钢筋的外缘，而以最外层钢筋（包括箍筋、分布筋、构造筋等）的外缘计算混凝土保护层厚度。因此本次修订后的保护层实际厚度比原规范实际厚度普遍增大。]

3. 梁、板正截面及斜截面承载力计算

钢筋混凝土受弯构件通常承受弯矩和剪力共同作用，其破坏有两种可能：

由弯矩引起的，破坏截面与构件的纵轴线垂直，称为正截面破坏；由弯矩和剪力共同作用引起的，破坏截面是倾斜的，称为斜截面破坏。所以，设计受弯构件时，需进行正截面承载力和斜截面承载力计算。

（1）单筋矩形截面受弯构件正截面计算。

根据梁纵向钢筋配筋率的不同，钢筋混凝土梁可分为适筋梁、超筋梁和少筋梁三种类型。

1）适筋梁：配置适量纵向受力钢筋的梁称为适筋梁。

适筋梁从开始加载到完全破坏，其应力变化经历了弹性工作、带裂缝工作、破坏三个阶段。适筋梁的破坏始于受拉钢筋屈服。从受拉钢筋屈服到受压区混凝土被压碎，需要经历较长过程。由于钢筋屈服后产生很大塑性变形，使裂缝急剧开展和挠度急剧增大，给人以明显的破坏预兆，这种破坏称为延性破坏。适筋梁的材料强度能得到充分发挥。

2）超筋梁：纵向受力钢筋配筋率大于最大配筋率的梁称为超筋梁。

这种梁由于纵向钢筋配置过多，受压区混凝土在钢筋屈服前即达到极限压应变被压碎而破坏。破坏时纵向受拉钢筋的应力还未达到屈服强度，因而裂缝宽度均较小，且形不成一根开展宽度较大的主裂缝，梁的挠度也较小。这种单纯因混凝土被压碎而引起的破坏，发生得非常突然，没有明显的预兆，属于脆性破坏。实际工程中不应采用超筋梁。

3）少筋梁：配筋率小于最小配筋率的梁称为少筋梁。

这种梁破坏时，裂缝往往集中出现一条，不但开展宽度大，而且沿梁高延伸较高。一旦出现裂缝，钢筋的应力就会迅速增大并超过屈服强度而进入强化阶段，甚至被拉断。在此过程中，裂缝迅速开展，构件严重向下挠曲，最后因裂缝过宽，变形过大而丧失承载力，甚至被折断。这种破坏也是突然的，没有明显预兆，属于脆性破坏。实际工程中不应采用少筋梁。

（2）单筋矩形截面受弯构件斜截面承载力计算。

受弯构件斜截面受剪破坏形态主要取决于箍筋数量和剪跨比 λ。$\lambda=a/h_0$，其中 a 称为剪跨，即集中荷载作用点至支座的距离。

随着箍筋数量和剪跨比的不同，受弯构件主要有以下三种斜截面受剪压破坏形态。

1）斜拉破坏：当箍筋配置过少，且剪跨比较大（$\lambda>3$）时，常发生斜拉破坏。斜拉破坏的破坏过程急骤，具有很明显的脆性。

2）剪压破坏：构件的箍筋适量，且剪跨比适中（$\lambda=1\sim3$）时将发生剪压破坏。剪压破坏没有明显预兆，属于脆性破坏。

3）斜压破坏：当梁的箍筋配置过多过密或者梁的剪跨比较小（$\lambda<1$）时，斜截面破坏形态将主要是斜压破坏。斜压破坏属脆性破坏。

上述三种破坏形态，剪压破坏经计算通过设计避免，斜压破坏和斜拉破坏分别通过采用截面限制条件与按构造要求配置箍筋来防止。

4. 钢筋混凝土受压构件的一般构造要求

柱的承载力主要取决于混凝土强度，采用较高强度等级的混凝土可以减小构件截面尺寸，节省钢材，因而柱中混凝土一般宜采用较高强度等级，但不宜选用高强度钢筋，受压钢筋的最大抗压强度为 400 N/mm^2。

柱通常采用方形或矩形截面，以便制作模板，其最小尺寸不宜小于 250 mm×250 mm。为便于模板尺寸模数化，边长不大于 800 mm，宜取 50 mm 的倍数，大于 800 mm 时，宜取 100 mm 的倍数。

柱中通常配置两种钢筋。

（1）纵向受力钢筋。

轴心受压构件的荷载主要由混凝土承担，设置纵向受力钢筋的目的有三：一是协助混凝土承受压力，以减小构件尺寸；二是承受可能的弯矩，以及混凝土收缩和温度变形引起的拉应力；三是防止构件突然的脆性破坏。

偏心受压构件的纵向钢筋配置方式有两种。一种是在柱弯矩作用方向的两对边对称配置相同的纵向受力钢筋，这种方式称为对称配筋。对称配筋构造简单，施工方便，不易出错，但用钢量较大。另一种是非对称配筋，即在柱弯矩作用方向的两对边配置不同的纵向受力钢筋。

纵向受力钢筋的直径常用 12～32 mm，方形和矩形柱不少于 4 根，圆柱不宜少于 8 根且不应少于 6 根。纵向钢筋的净距离不应小于 50 mm，偏心受压柱中垂直于弯矩作用平面的纵向受力钢筋及轴心受压柱中各边的纵向受力钢筋的中距不宜大于 300 mm。受压钢筋的配筋率一般为 0.6%～2%。

（2）箍筋。

受压构件中箍筋的作用是保证纵向钢筋的位置正确，防止纵向钢筋压曲，从而提高柱的承载能力。

受压构件中的周边箍筋应做成封闭式。箍筋的直径不应小于 $d/4$（d 为纵向钢筋的最大直径），且不应小于 6 mm，间距不宜大于 400 mm 及构件的短边尺寸，且不大于 15 d。

对于截面形状复杂的构件，不可采用具有内折角的箍筋。其原因是，内折角处受拉箍筋的合力向外，可能使该处混凝土保护层崩裂。

5. 轴心受压构件的构造要求、破坏特征及其正截面承载力计算

按照长细比 l_0/b 的大小，轴心受压柱可分为短柱和长柱两类。对方形和矩形柱，当 $l_0/b \leqslant 8$ 时属于短柱，否则为长柱。其中 l_0 为柱的计算长度，b 为矩形截面的短边尺寸。

由试验可知，在同等条件下，即截面相同、配筋相同、材料相同的条件下，长柱承载力低于短柱承载力。稳定系数（φ）主要和构件的长细比 l_0/b 有关，长细比 l_0/b 越大，φ 值越小；当 $l_0/b \leqslant 8$ 时，$\varphi=1$，说明承载力的降低可忽略。

稳定系数 φ 可按下式计算：

$$\varphi=\frac{1}{1+0.002\,(l_0/b-8)^2}$$

钢筋混凝土轴心受压柱的正截面承载力由混凝土承载力及钢筋承载力两部分组成。根据力的平衡条件，得短柱和长柱的承载力计算公式为

$$N \leqslant N_u=0.9\varphi\,(f_c A+f'_y A'_s)$$

6. 钢筋混凝土楼（屋）盖

楼盖和屋盖是建筑结构的重要组成部分。楼盖也称楼层，通常由面层、结构层和

顶棚组成。屋盖也称屋顶，有坡屋顶与平屋顶之分。

楼盖的结构类型有三种分类方法：按结构形式，可分为单向板肋梁楼盖、双向板肋梁楼盖、井字楼盖、密肋楼盖和无梁楼盖等。其中，单向板肋梁楼盖和双向板肋梁楼盖应用最普遍。

按施工方法，可分为现浇式、装配式和装配整体式。

现浇钢筋混凝土肋形楼盖由板、次梁、主梁组成。

现浇钢筋混凝土肋形楼盖按板的受力特点可分为：现浇单向板肋形楼盖、现浇双向板肋形楼盖。

实际工程中通常将板的长边与短边之比≥3 的板按单向板计算；将板的长边与短边之比≤2 的板按双向板计算；将板的长边与短边之比在 2～3 时，宜按双向板计算，若按单向板计算，应沿长边布置足够数量的构造钢筋。

单向板的板、次梁、主梁为整体现浇，所以板为多跨连续板，梁为多跨连续梁。荷载的传递路线是：板→次梁→主梁→柱或墙。

双向板的荷载的传递路线是：板→支承梁→柱或墙。

单向板肋形楼盖中板的经济跨度为 1.7～2.7 m，常用跨度为 2 m，次梁的经济跨度为 4～6 m，主梁的经济跨度为 5～8 m。

二、多层钢筋混凝土框架结构的抗震构造措施

1. 框架梁的构造措施

（1）梁截面尺寸。

为防止梁发生剪切破坏而降低其延性，框架梁的截面尺寸应符合下列要求：梁截面的宽度不宜小于 200 mm，且不宜小于柱宽的 1/2；梁截面高度与宽度的比值不宜大于 4；梁净跨与截面高度之比不宜小于 4。

（2）梁的配筋率。

在梁端截面，为保证塑性铰有足够的转动能力，其纵向受拉钢筋的配筋率不应大于 2.5%，且计入受压钢筋的梁端混凝土受压区高度和有效高度之比应满足规范要求：

一级框架：$x \leqslant 0.25\ h_0$；

二、三级框架：$x \leqslant 0.35\ h_0$。

2. 框架柱的构造措施

（1）柱截面尺寸。

框架柱截面尺寸应符合下列要求：

① 柱截面宽度和高度不宜小于 300 mm；圆柱直径不宜小于 350 mm。

② 为避免柱引起的脆性破坏，柱净高与截面长边之比不宜小于 3。

③ 剪跨比宜大于 2。

④ 截面长边与短边的边长比不宜大于 3。

（2）轴压比限值。

根据延性要求，柱的轴压比应不超过规定的限值。建造于Ⅳ类场地且较高的高层建筑，柱轴压比限值应适当减小。

(3）柱纵向钢筋的配置。

① 柱中纵向钢筋宜对称配置。

② 对截面尺寸大于 400 mm 的柱，纵向钢筋间距不宜大于 200 mm。

③ 柱全部纵向钢筋的总配筋率不应小于规定，且不应大于 5%。对Ⅳ类场地上较高的高层建筑，数值应增加 0.1。

④ 边柱、角柱及抗震墙端柱在地震作用组合产生小偏心受拉时，柱内纵筋总截面面积应比计算值增加 25%。

⑤ 柱纵向钢筋的绑扎接头应避开柱端的箍筋加密区。

(4）柱的箍筋要求。

《建筑抗震设计规范》（GB 50011—2010）对框架柱箍筋构造提出以下要求：

① 柱两端的箍筋应加密，加密区的范围应不小于 1/6 柱净高，不小于柱截面长边，且不小于 500 mm；对于底层柱，柱根加密区不小于柱净高的 1/3；在刚性地坪上下各 500 mm 高度范围内应加密。框支柱、一级及二级框架的角柱沿全高加密。

② 柱加密区的箍筋间距和直径按表采用。

③ 加密区内箍筋肢距，一级不宜大于 200 mm，二级、三级不宜大于 250 mm 和 20 倍箍筋直径的较大值，四级不宜大于 300 mm。且每隔一根纵向钢筋宜在两个方向有箍筋约束。采用拉筋复合箍时，拉筋宜紧靠纵向钢筋并钩住箍筋。

④ 二级框架柱的箍筋直径不小于 10 mm 且箍筋肢距不大于 200 mm 时，除柱根外最大间距应允许采用 150 mm；三级框架柱的截面尺寸不大于 400 mm 时，箍筋最小直径允许采用 6 mm；四级框架柱剪跨比不大于 2 时，箍筋直径不应小于 8 mm。

⑤ 框支柱和剪跨比不大于 2 的柱，应在柱全高范围内加密箍筋，且箍筋间距不应大于 100 mm。柱非加密区的箍筋量不宜小于加密区的 50%，且箍筋间距对一、二级抗震不应大于 10 d，对三级抗震不应大于 15 d，d 为纵向钢筋直径。

第五节　预应力混凝土结构

一、预应力混凝土的原理、分类、特点及施加预应力的方法

1. 预应力混凝土的原理

为了避免钢筋混凝土结构的裂缝过早出现，充分利用高强度钢筋及高强度混凝土，可以设法在结构构件承受使用荷载前，预先对受拉区的混凝土施加压力，使它产生预压应力来减小或抵消荷载所引起的混凝土拉应力，从而将结构构件的拉应力控制在较小范围，甚至处于受压状态。也就是借助混凝土较高的抗压能力来弥补其抗拉能力的不足，以推迟混凝土裂缝的出现和开展，从而提高构件的抗裂性能和刚度。这就是预应力混凝土的基本原理。

2. 预应力混凝土的分类

根据预应力值大小对构件截面裂缝控制程度的不同，预应力混凝土构件分为全预

应力混凝土和部分预应力混凝土两类。

按照黏结方式，预应力混凝土还可分为有黏结预应力混凝土和无黏结预应力混凝土。

3. 预应力混凝土的特点

① 构件的抗裂性能好。

② 构件的刚度较大。

③ 构件的耐久性较好。

④ 可以减少构件截面尺寸，节省材料，减轻自重。

⑤ 工序较多，施工较复杂，且需要张拉和锚具等设备。

需要指出的是，预应力混凝土不能提高构件的承载力。

4. 施加预应力的方法

（1）先张法。

先张拉预应力钢筋，然后浇筑混凝土的施工方法，称为先张法。

先张法的优点主要是：生产工艺简单，工序少，效率高，质量易于保证，同时由于省去了锚具和减少预埋件，构件成本较低。

（2）后张法。

先浇筑混凝土，待混凝土硬化后，在构件上直接张拉钢筋，这种施工方法称为后张法。

后张法的优点：预应力钢筋直接在构件上张拉，不需要张拉台座，所以后张法构件既可以在预制厂生产，也可以在施工现场生产。

后张法的缺点：生产周期较长，需要利用工作锚锚固钢筋，钢材消耗较多，成本较高，工序多，操作较复杂，造价一般高于先张法。

二、张拉控制应力与预应力损失

张拉控制应力是指预应力钢筋在进行张拉时所控制达到的最大应力值。在张拉预应力钢筋时所达到的最大应力值。其值为张拉设备（如千斤顶油压表）所指示的总张拉力除以预应力钢筋截面面积而得的应力值，用 σ_{con} 表示。

由于预应力混凝土生产工艺和材料的固有特性等原因，预应力筋的应力值从张拉、锚固直到构件安装使用的整个过程中不断降低。这种降低的应力值，称为预应力损失。

损失原因主要有：

①预应力筋与孔道壁之间的模摩擦引起的预应力损失。

②锚具变形、预应力筋内缩和分块拼装构件接缝压密引起的应力损失。

③混凝土加热养护时，预应力筋与台座之间的温差引起的应力损失。

④预应力筋松弛引起的应力损失。

⑤混凝土收缩和徐变引起的应力损失。

⑥环形结构中螺旋式预应力筋对混凝土的局部挤压引起的应力损失。

⑦混凝土弹性压缩引起的应力损失。

第六节　钢结构

一、钢结构的基本结构形式

钢结构是由钢板、型钢通过必要的连接组成基本构件，再通过一定的安装连接装配成空间整体结构。连接的构造和计算是钢结构设计的重要组成部分。

钢结构的特点是可靠性、强度高，钢结构自重轻，钢材的塑性和韧性好，制造简便，施工工期短，密闭性好，耐锈蚀性差，耐热但不耐火，低温时脆性增大。

钢结构的结构形式有平面与空间桁架、悬索结构、普通框架结构、普通排架结构、塔桅结构等。

二、钢结构的连接方法

钢结构的连接方法有焊缝连接、螺栓连接和铆钉连接三种。但铆接工艺复杂、噪声大、劳动条件差，用钢量多，现已很少采用。焊接是现代钢结构最主要的连接方法。

第七节　挡土墙

重力式挡土墙指的是依靠墙身自重抵抗土体侧压力的挡土墙。它是我国目前常用的一种挡土墙。重力式挡土墙可用块石、片石、混凝土预制块作为砌体，或采用片石混凝土、混凝土进行整体浇筑。半重力式挡土墙可采用混凝土或少筋混凝土浇筑。重力式挡土墙可用石砌或混凝土建成，一般都做成简单的梯形。它的优点是就地取材，施工方便，经济效果好。

重力式挡土墙一般不配钢筋，或只在局部范围内配以少量的钢筋，墙高在 6 m 以下，地层稳定、开挖土石方时不会危及相邻建筑物安全的地段，经济效益明显。

一、重力式挡土墙的组成与构造

常用的重力式挡土墙，一般由墙身、基础、排水设施、沉降和伸缩缝等几部分组成。

根据墙背倾斜方向的不同，墙身断面形式可分为仰斜、垂直、俯斜、凸形折线式和衡重式等几种，见图 4-3。

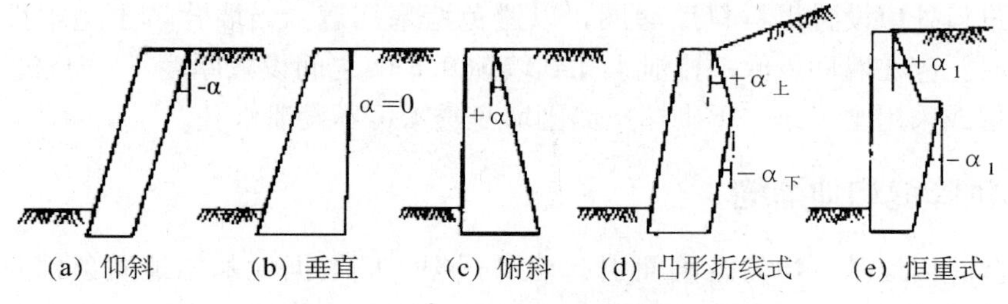

图 4-3　重力式挡土墙的断面形式

二、基础

地基不良和基础处理不当，往往引起挡土墙被破坏，因此，应重视挡土墙的基础设计。基础设计的程序是：首先应对地基的地质条件作详细调查，必要时须做挖探或钻探，然后再来确定基础类型与埋置深度。

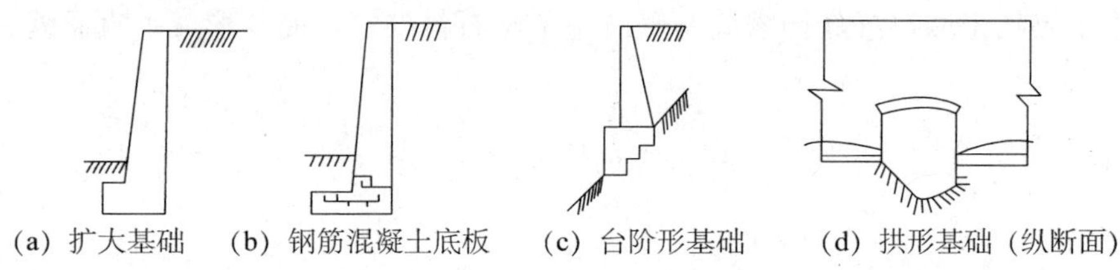

图 4-4　挡土墙的基础形式

1. 基础类型（见图 4-4）

当地基为软弱土层，如淤泥、软黏土等，可采用砂砾、碎石、矿渣或石灰土等材料予以换填，以扩散基底压应力，使之均匀地传递到下卧软弱土层中。

2. 基础埋置深度

重力式挡墙的基础埋置深度，应根据地基承载力、水流冲刷、岩石裂隙发育及风化程度等因素进行确定。在特强冻胀，强冻胀地区应考虑冻胀的影响。在土质地基中，基础埋置深度不宜小于 0.5 m；在软质岩地基中，基础埋置深度不宜小于 0.3 m。

三、排水设施

挡土墙的排水设施通常由内地面排水和墙身排水两部分组成。

地面排水可设置地面排水沟，引排地面水；夯实回填土顶面和地面松土，防止雨水和地面水下渗，必要时可加设铺砌；对路堑挡土墙墙趾前的边沟应予以铺砌加固，以防止边沟水渗入基础。

墙身排水主要是为了迅速排出墙后积水。浆砌挡土墙应根据渗水量在墙身的适当高度处布置泄水孔。泄水孔尺寸可视泄水量大小分别采用 5 cm×10 cm、10 cm×10 cm、15 cm×20 cm的方孔，或直径为 5～10 cm 的圆孔。泄水孔间距一般为 2～3 m，上下交错设置。最下排泄水孔的底部应高出墙趾前地面 0.3 m；当为路堑墙时，出水口应高出边沟水位 0.3 m；若为浸水挡土墙，则应高出常水位以上 0.3 m，以避免墙外水流倒灌。为防止水分渗入地基，在最下一排泄水孔的底部应设置 30 cm 厚的黏土隔水层。

在泄水孔进口处应设置粗粒料反滤层，以避免堵塞孔道。当墙背填土透水性不良或有冻胀可能时，应在墙后最低一排泄水孔到墙顶 0.5 m 之间设置厚度不小于 0.3 m 的砂、卵石排水层或采用土工布。干砌挡土墙围墙身透水可不设泄水孔。

四、沉降缝和伸缩缝

为了防止因地基不均匀沉陷而引起墙身开裂，应根据地基的地质条件及墙高、墙身断面的变化情况设置沉降缝；为了防止圬工砌体因砂浆硬化收缩和温度变化而产生裂缝，须设置伸缩缝。通常把沉降缝与伸缩缝合并在一起，统称为沉降伸缩缝或变形缝。沉降伸缩缝的间距按实际情况而定，对于非岩石地基，宜每隔 10～15 m 设置一道沉降伸缩缝；对于岩石地基，其沉降伸缩缝间距可适当增大。沉降伸缩缝的缝宽一般为 2～3 cm。浆砌挡土墙的沉降伸缩缝内可用胶泥填塞，但在渗水量大、冻害严重的地区，宜用沥青麻筋或沥青木板等材料，沿墙内、外顶三边填塞，填深不宜小于 15 m；当墙背为填石且冻害不严重时，可仅留空隙，不嵌填料。

对于干砌挡土墙，沉降伸缩缝两侧应选平整石料砌筑，使其形成垂直通缝。

第五章　工程造价基本知识

第一节　建筑工程定额

一、建筑工程定额的概念

建筑工程定额是建筑安装工人在正常的施工条件下，为完成一定计量单位的某一施工过程或工序所需消耗的人工、材料和机械台班等消耗的数量标准。

二、建筑工程定额的组成及分类

（一）建筑工程定额的组成

（1）人工消耗量定额。

（2）材料消耗量定额。

（3）机械台班消耗量定额。

（二）人工消耗量定额

1. 定义

人工消耗量定额是指某种专业的工人班组或个人，在先进合理的劳动组织、生产组织和合理使用材料的条件下，生产质量合格产品所需必要劳动消耗量（时间）的标准；或在单位时间内生产合格产品的数量，见图 5-1。

2. 表现形式

时间定额、产量定额（二者互为倒数关系）。

$$\text{时间定额（工日）}=\frac{1}{\text{每工产量}}=\frac{\text{小组成员工日数总和}}{\text{小组班产量}}$$

$$\text{产量定额}=\frac{1}{\text{时间定额}}=\frac{\text{小组成员工日数总和}}{\text{单位产品时间定额}}$$

（三）材料消耗定额（材料定额）

1. 定义

材料消耗定额是指在合理使用和节约材料的条件下，生产单位质量合格的建筑产

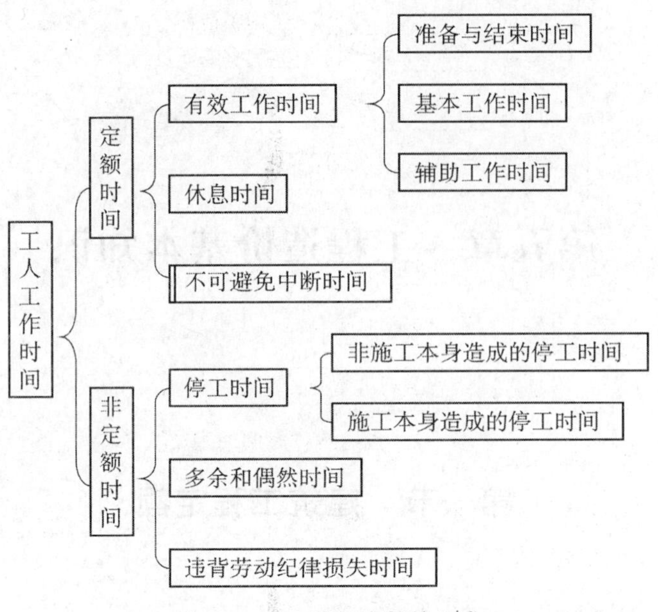

图 5-1 人工消耗定额的组成

品所必须消耗的一定品种规格的建筑材料、构件、半成品、燃料和水电等的净用量以及不可避免的损耗量。

2. 计算公式

材料总耗量＝材料净用量＋材料合理损耗量

其中：材料合理损耗量＝材料净用量×材料损耗率

材料总耗量＝材料净用量×（1＋材料损耗率）

（四）机械台班消耗量定额

1. 定义

机械台班消耗量定额是指施工机械在正常的施工条件和合理组织条件下，由熟练的工人或工人小组操作机械，完成单位合格产品所必需的工作时间；或单位时间内完成产品的数量。

2. 表现形式

（1）机械时间定额：指在合理的劳动组织、生产组织和合理使用机械的正常施工条件下，由熟练的工人或工人小组操作机械，完成单位合格产品所必须消耗的机械工作时间。

（2）机械产量定额：指在合理的劳动组织、生产组织和合理使用机械的正常施工条件下，机械在单位时间内完成单位合格产品的数量。

（3）二者关系：互为倒数。其中，时间定额为“机械人工时间定额”。

3. 机械工作时间的组成内容

机械工作时间的组成内容，见图 5-1。

（五）建筑工程定额的分类

1. 按生产要素内容分类

（1）人工定额也称劳动定额。

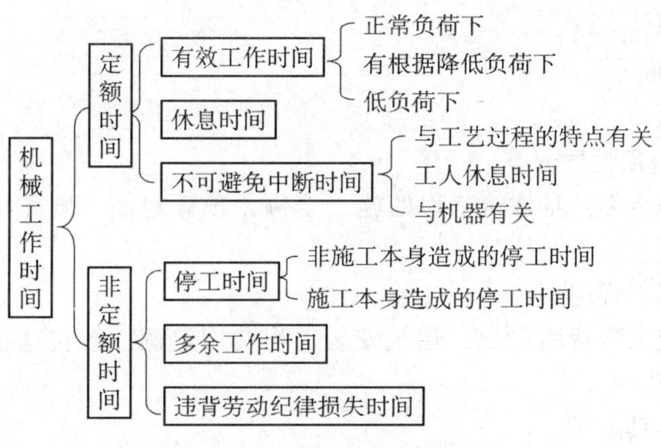

图 5-2　机械工作时间的组成

（2）材料消耗定额。

（3）施工机械台班使用定额。

2. 按编制程序和用途分类

（1）施工定额。

施工定额是以同一性质的施工过程—工序作为研究对象，是企业内部使用的一种定额，属于企业定额的性质。施工定额是建设工程定额中分项最细、定额子目最多的一种定额，也是建设工程定额中的基础性定额。施工定额由人工定额、材料消耗定额和施工机械台班使用定额所组成。

施工定额是编制预算定额的基础。

（2）预算定额。

预算定额是以建筑物或构筑物各个分部分项工程为对象编制的定额。预算定额是以施工定额为基础综合扩大编制的，同时也是编制概算定额的基础。预算定额是编制施工图预算的主要依据，是编制单位估价表、确定工程造价、控制建设工程投资的基础和依据。预算定额是社会性的。

（3）概算定额。

概算定额是以扩大的分部分项工程为对象编制的。概算定额是编制扩大初步设计概算、确定建设项目投资额的依据。一般是在预算定额的基础上综合扩大而成的。

（4）概算指标。

概算指标是概算定额的扩大与合并，它是以整个建筑物和构筑物为对象，以更为扩大的计量单位来编制的。一般是在概算定额和预算定额的基础上编制的，是设计单位编制设计概算或建设单位编制年度投资计划的依据，也可作为编制估算指标的基础。

（5）投资估算指标。

技资估算指标通常是以独立的单项工程或完整的工程项目为对象，是在项目建议书和可行性研究阶段编制投资估算、计算投资需要量时使用的一种指标，是合理确定建设工程项目投资的基础。

3. 按编制单位和适用范围分类

（1）国家定额。

（2）行业定额。

（3）地区定额。

（4）企业定额。

4. 按投资的费用性质分类

（1）建筑工程定额：是建筑工程的施工定额、预算定额、概算定额和概算指标的统称。

（2）设备安装工程定额。

（3）建筑安装工程费用定额：建筑安装工程费用定额一般包括措施费定额和间接费定额两部分内容。

（4）工具、器具定额。

（5）工程建设其他费用定额。

第二节　工程计量

一、建筑面积计算

1. 计算全面积的范围

（1）单层建筑物按一层建筑面积计算，多层建筑物按各层建筑面积的总和计算。

（2）地下室、半地下室、地下商店（仓库、车间）、地下车站、地下泳池、地下指挥部等（包括相应的有永久性顶盖的出入口）建筑面积，按其外墙上口（不包括采光井、外墙以外的通风排气竖井、外墙防潮层及其保护墙）外围水平面积计算建筑面积。

（3）建于坡地的建筑物吊脚架空层、深基础地下架空层，设计加以利用时，有围护结构且层高在 2.2 m 以上的部位，按该部位的水平面积计算建筑面积。

（4）建筑物内的门厅、大厅，按一层建筑面积计算。门厅、大厅内设有回廊时，按其水平投影面积计算建筑面积。

（5）建筑物内的夹层、插层，按其层高在 2.2 m 以上的部位计算建筑面积。

（6）技术层和检修通道内设有围护结构的办公室、值班室、储藏室等，层高在 2.2 m 以上时，按其围护结构外围水平面积计算建筑面积。

（7）室内楼梯间、电梯井、观光电梯井、自动扶梯、水平步道（滚梯），按建筑物的自然层计算建筑面积。

（8）室内提物井、管道井、抽油烟机风道、通风排气竖井、垃圾道、附墙烟囱等，按首层面积计算建筑面积。

（9）设有结构层的书库、立体仓库、立体车库，按结构层计算建筑面积；没有结构层的，按一层计算建筑面积。

（10）有围护结构的舞台灯光控制室，按其围护结构外围水平面积分层计算建筑面积。

（11）坡屋顶内和场馆看台下的建筑空间，设计加以利用时，净高超过 2.1 m（不含 2.1 m）的部位，按水平面积计算建筑面积。

（12）建筑物外有围护结构的挑廊、走廊、眺望间、落地橱窗、阳台等，按其围护结构外围面积计算建筑面积。

（13）建筑物间有围护结构的架空走廊，层高在 2.2 m 以上的按围护结构外围水平面积计算建筑面积。

（14）建筑物内的变形缝，依其缝宽按自然层计算建筑面积，并入建筑物建筑面积计算。

2. 计算一半面积的范围

（1）坡屋顶内和场馆看台下的建筑空间，设计加以利用时，净高在 1.2～2.1 m 的部位，按该部位水平面积的一半计算建筑面积。

（2）建筑物外无围护结构，有顶盖的走廊、挑廊、檐廊、阳台等，按其顶盖水平投影面积一半计算建筑面积。

（3）有永久性顶盖的室外楼梯，按其依附的建筑物自然层数的水平投影面积之和的一半计算建筑面积。

（4）雨篷的外边线至外墙结构外边线的宽度超过 2.1 m 时，按其水平投影面积的一半计算建筑面积。

（5）有顶盖无围护结构的车棚、货棚、站台、加油站、收费站等，按其顶盖水平面积一半计算建筑面积。

（6）建筑物间有顶盖无围护结构的架空走廊，按其顶盖水平投影面积一半计算建筑面积。

（7）有顶盖无围护结构的场馆看台，按其顶盖水平投影面积一半计算建筑面积。

（8）两层或多层仿古建筑构架柱外有围护装修或围栏的挑台部分，按构架柱外边线至挑台外围线间的水平投影面积一半计算建筑面积。

（9）坡地仿古建筑、临水仿古建筑或跨越水面仿古建筑的首层构架柱外有围栏的挑台部分，按构架柱外边线至挑台外围线间的水平投影面积一半计算建筑面积。

3. 不计算面积的范围

（1）层高小于 2.2 m 的楼层或部位。

（2）属于道路组成部分的穿过建筑物的通道（骑楼、过街楼的底层）吊脚架空层、架空走廊、走廊、檐廊。

（3）设计不利用，或作为技术层，或层高不足 2.2 m 的深基础架空层、吊脚架空层。

（4）利用地下室设置的消防水池。

（5）建筑物内操作平台、上料平台、安装箱和罐体的平台。

（6）单层建筑物内分隔单层房间，舞台及后台悬挂的幕布、布景天桥、挑台。

（7）建筑物内的技术层和检修通道（不论其层高如何）。

（8）设计不利用或净高不足 1.2 m 的坡屋顶内和场馆看台下的建筑空间。

（9）突出外墙的勒脚、附墙柱、垛、台阶、墙面抹灰、装饰面、镶贴块面、装饰性幕墙、门斗、宽度在 2.1 m 以内（含 2.1 m）的雨篷、空调室外机搁板（箱）、构件、配件以及与建筑物内不相连通的装饰性的阳台、挑廊等。

（10）用于检修、消防等的室外钢楼梯、爬梯。

（11）无永久性顶盖的场馆看台、室外楼梯、架空走廊、露台等。

（12）屋顶楼梯间、水箱间、电梯机房、花架、凉亭、露天泳池等。

（13）临时、活动、简易的建筑物。

（14）独立烟囱、烟道、地沟、油（水）罐、气柜、水塔、贮油（水）池、贮仓、栈桥、地下人防通道、地铁隧道等建筑物。

（15）建筑物与建筑物之间的与建筑物不相连通的变形缝。

（16）有台明的单层或多层仿古建筑中的无柱门罩、窗罩、雨篷、挑檐、无围护的挑台、台阶等。

（17）无台明仿古建筑或多层仿古建筑的二层或二层以上突出墙面或构架柱外边线以外的部分，如头垛、窗罩等。

（18）仿古建筑中的牌楼、实心或半实心的砖、石塔。

（19）仿古构筑物：如月台、环丘台、城台、院墙及随墙门、花架等。

（20）碉台的平台。

二、建筑工程的工程量计算

1. 土石方工程清单计算规则（表 5-1）

表 5-1 土石方工程

项目编码	项目名称	工程量计算规则
010101001	平整场地	按设计图示，尺寸以建筑物首层面积计算
010101003	挖基础土方	按设计图示，尺寸以基础垫层底面积乘以挖土深度计算

说明：1. 人工平整场地是指建筑物场地挖、填土方厚度在±30 cm 以内及找平的工程项目。
2. 底宽在 3 m 以内，且长大于宽 3 倍以上的挖土方工程项目称为沟槽。
3. 底面积在 20 m^{2}以内的挖土方工程项目称为基坑。
4. 凡底宽在 3 m 以上，坑底面积在 20 m^{2}以上，平整场地挖土方厚度在 30 cm 以上者，均按挖土方计算。

2. 桩与地基基础工程清单计算规则（表 5-2）

表 5-2 桩与地基基础工程

项目编码	项目名称	工程量计算规则
010203004	锚杆支护	按设计图示，尺寸以支护面积计算
010101005	土钉支护	按设计图示，尺寸以支护面积计算

3. 砌筑工程清单计算规则（表 5-3）

表 5-3 砌筑工程

项目编码	项目名称	工程量计算规则
010301001	砖基础	按设计图示，尺寸以体积计算。包括附墙基础宽出部分体积，扣除地梁（圈梁）、构造柱所占体积，不扣除基础大放脚 T 形接头处的重叠部分及嵌入基础内的钢筋、铁件、管道、基础砂浆防潮层和单个面积 0.3 m^2 以内的孔洞所占体积，靠墙暖气沟的挑檐不增加
010306001	砖散水、地坪	按设计图示，尺寸以面积计算

续表

项目编码	项目名称	工程量计算规则
010306002	砖地沟、砖明沟	按设计图示，尺寸以中心线长度计算
010302001	实心砖墙	按设计图示，尺寸以体积计算。扣除门窗洞口、过人洞、空圈、嵌入墙内的钢筋混凝土柱、梁、圈梁、挑梁、过梁及凹进墙内的壁龛、管槽、暖气槽、消火栓箱所占体积。不扣除梁头、板头、檩头、垫木、木楞头、沿椽木、木砖、门窗走头、砖墙内加固钢筋、木筋、铁件、管道及单个面积 0.3 m^2以内的孔洞所占体积。凸出墙面的腰线、挑檐、压顶、窗台线、虎头砖、门窗套的体积亦不增加。凸出墙面的砖垛并入墙体积计算

说明：1. 砖基础与砖墙（身）划分应以设计室内地坪为界（有地下室的按地下室室内设计地坪为界），以下为基础，以上为墙（柱）身。基础与墙身使用不同材料，位于室内设计地坪±300 mm 以内时以不同材料为界，超过±300 mm，应以设计室内地坪为界。砖围墙应以设计室外地坪为界，以下为基础，以上为墙身。

2. 砖砌台阶可按水平投影面积以平方米计算，小便槽、地垄墙可按长度计算。

3. 墙长度：外墙按中心线，内墙按净长线。

4. 墙高度：

外墙：斜（坡）屋面无檐口天棚者算至屋面板底；有屋架且室内外均有天棚者，算至屋架下弦底另加 200 mm；无天棚，算至屋架下弦另加 300 mm；有现浇钢筋混凝土平板楼层者，应算至平板底面。

内墙：位于屋架下弦者，算至屋架下弦底；无屋架者算至天棚底另加 100 mm；有钢筋混凝土楼板隔层者算至楼板顶；有框架梁时算至梁底。

4. 混凝土及钢筋混凝土工程清单计算规则（表 5-4）

表 5-4　混凝土及钢筋混凝土

项目编码	项目名称	工程量计算规则
010403002	矩形梁	按设计图示，尺寸以体积计算。不扣除构件内钢筋、预埋铁件所占体积，伸入墙内的梁头、梁垫并入梁体积内计算。 ① 梁与柱连接时，梁长算至柱侧面。 ② 主梁与次梁连接时，次梁长算至主梁侧面
010403004	圈梁	
010403005	过梁	
010402001	矩形柱	按设计图示，尺寸以体积计算。不扣除构件内钢筋、预埋铁件所占体积。 柱高： ① 板的柱高，应自柱基上表面（或楼板上表面）至上一层楼板上表面之间的高度计算。 ② 无梁板的柱高，应自柱基上表面（或楼板上表面）至柱帽下表面之间的高度计算。 ③ 框架柱的柱高，应自柱基上表面至柱顶高度计算。 ④ 构造柱按全高计算，嵌接墙体部分并入柱身体积。 ⑤ 依附柱上的牛腿和升板的柱帽，并入柱身体积计算
010405001	有梁板	按设计图示，尺寸以体积计算。不扣除构件内钢筋、预埋铁件及单个面积 0.3 m^2以内的孔洞所占体积。有梁板（包括主、次梁与板）按梁、板体积之和计算，无梁板按板和柱帽体积之和计算，各类板伸入墙内的板头并入板体积计算
010405002	无梁板	
010405003	平板	

5. 防水工程清单计算规则（表 5-5 和表 5-6）

表 5-5　屋面防水

项目编码	项目名称	工程量计算规则
010702001	屋面卷材防水	按设计图示，尺寸以面积计算。屋面女儿墙、伸缩缝和天窗弯起部分，按图示尺寸并入屋面工程量计算，如图纸无规定时，伸缩缝、女儿墙的弯起部分可按 250 mm 计算，天窗弯起部分可按 500 mm 计算
010702004	屋面排水管	按设计图示，尺寸以长度计算，如设计未注明尺寸，以檐口至设计室外散水上表面垂直距离计算

表 5-6　墙、地面防水、防潮

项目编码	项目名称	工程量计算规则
010703001	卷材防水	按设计图示，尺寸以面积计算
010702002	涂膜防水	按设计图示，尺寸以面积计算
010703004	变形缝	按设计图示，尺寸以长度计算

6. 防腐、隔热、保温工程清单计算规则（表 5-7）

表 5-7　防腐、隔热、保温

项目编码	项目名称	工程量计算规则
010803001	保温隔热屋面	按设计图示，尺寸以面积计算。不扣除柱、垛所占面积
010803002	保温隔热墙	按设计图示，尺寸以面积计算。扣除门窗洞口所占面积；门窗洞口侧壁需做保温时，并入保温墙体工程量内

第三节　工程造价计价

一、工程量清单的概念及组成

（一）工程量清单的概念

工程量清单是建设工程实行清单计价的专用名词，它表示的是实行工程量清单计价的建设工程的分部分项工程项目、措施项目、其他项目、规费项目和税金项目的名称和相应数量。

工程量清单应由具有编制能力的招标人或受其委托，具有相应资质的工程造价咨询人编制。

（二）工程量清单的组成

工程量清单由分部分项工程项目、措施项目、其他项目、规费项目和税金项目组成。

1. 分部分项工程量清单

(1) 分部分项工程量清单应包括项目编码、项目名称、计量单位和工程数量。

例如　010101003001　挖基础土方　m^3　6 320.00

(2) 分部分项工程量清单应根据《建筑工程工程量清单计价规范》附录规定的统一项目编码、项目名称、计量单位和工程量计算规则进行编制。

(3) 分部分项工程量清单编码分五级设置，以12位阿拉伯数字表示，分五级。1～9位为统一编码，其中1、2位为附录顺序码，3、4位为专业工程顺序码，5、6位为分部工程顺序码，7、8、9位为清单项目名称顺序码，10～12位应根据拟建工程的工程量清单项目名称由其编制人设置，并应自001起顺序编制，同一招标工程的项目编码不得有重码。附录顺序码表示的内容见表5-8。

表 5-8　附录顺序码表示的内容

1、2位编码	01	02	03	04	05	06
表示的内容	附录A 建筑工程	附录B 装饰装修工程	附录C 安装工程	附录D 市政工程	附录E 园林绿化工程	附录F 矿山工程

2. 措施项目清单

措施项目清单为完成工程项目施工，发生于该工程施工准备和施工过程中的技术、生活、安全、环境保护等方面的非工程实体项目的明细清单。如模板及支架工程、脚手架工程、临时设施、安全施工等。

(1) 措施项目清单应根据拟建工程的实际情况列项。分为通用措施项目和专业工程的措施项目。通用措施项目见表5-9；专业工程措施项目见表5-10。

表 5-9　通用措施项目一览表

序号	项目名称	序号	项目名称
1	安全文明施工（含环境保护、文明施工、安全施工、临时设施）	6	地上、地下设施，建筑物的临时保护设施
2	夜间施工	7	施工排水
3	二次搬运	8	施工降水
4	冬雨季施工增加	9	已完工程及设备保护
5	大型机械设备进出场及安拆		

表 5-10　专业工程的措施项目一览表

序号	项目名称	
	建筑工程	装饰工程
1	混凝土、钢筋混凝土模板及支架	脚手架
2	脚手架	垂直运输机械
3	垂直运输机械	室内空气污染测试

（2）措施项目清单的编制方式：措施项目中可以计算工程量的项目清单宜采用分部分项工程量清单的方式编制，列出项目编码、项目名称、项目特征、计量单位和工程量计算规则；不能计算工程量的项目清单，以“项”为计量单位进行编制。

3. 其他项目清单

其他项目清单是指除分部分项工程量清单、措施项目清单外的由于招标人的特殊要求而设置项目清单。

其他项目清单由下列项目内容组成：

（1）暂列金额。招标人在工程量清单中暂定并包括在合同价款中的一笔款项。用于施工合同签订时尚未确定或者不可预见的所需材料、设备、服务的采购，施工中可能发生的工程变更、合同约定调整因素出现时的工程价款调整以及发生的索赔、现场签证确认等的费用。

（2）暂估价。暂估价是指招标人在工程量清单中提供的用于支付必然发生但暂时不能确定价格的材料的单价以及专业工程的金额。

（3）计日工。在施工过程中，完成发包人提出的施工图纸以外的零星项目或工作，按合同中约定的综合单价计价。

（4）总承包服务费。总承包人为配合协调发包人进行的工程分包、自行采购的设备、材料等进行的管理、服务以及施工现场管理、竣工资料汇总整理等所需的费用。

4. 规费项目清单

规费是指省级政府或省级有关权力部门规定必须缴纳的，应计入建筑安装工程造价的费用。

规费包括工程排污费、职工教育经费、养老保险费、失业保险费、医疗保险费、工伤保险费、危险作业意外伤害保险、住房公积金、工会经费。

5. 税金项目清单

税金是指国家税法规定的应计入建筑安装工程造价内的营业税、城市维护建设税以及教育费附加（包括地方教育附加）等。

二、清单计价工程计价工程造价的组成

清单计价工程计价工程造价的组成见图 5-3。

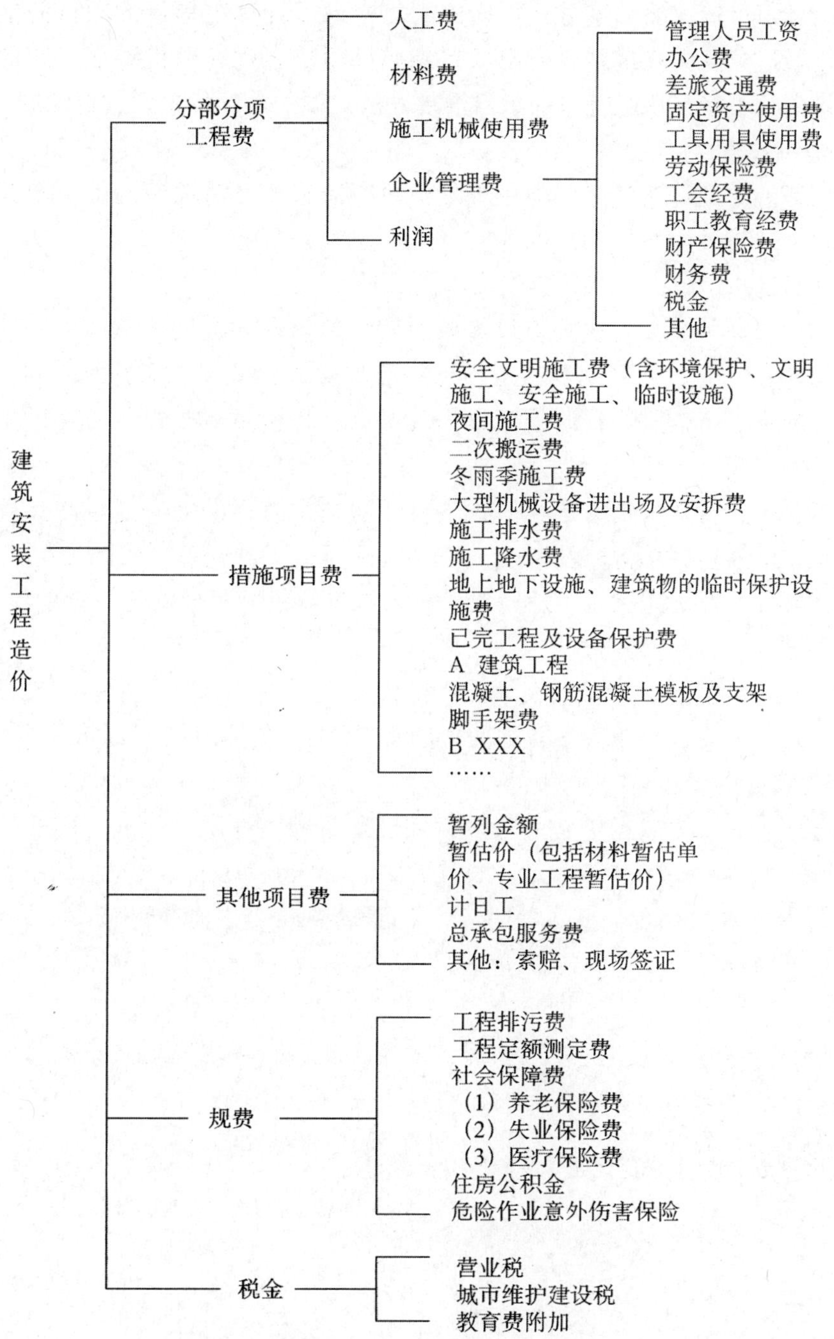

图 5-3　清单计价工程计价工程造价的组成

岗位知识及专业实务篇

第六章　工程施工测量

第一节　测量仪器

一、测量的基本概念及测量误差

1. 测量的基本概念

（1）测量学是研究地球的形状和大小以及确定地面点之间的相对位置的科学。测量工作可以分为测定和测设两个方面。

1）测定，又称为测绘。是指将各种现有地面物体的位置和形状，以及地面的起伏形态等，用图形或数据表示出来，为规划设计和管理等工作提供依据。

2）测设，又称为放样。是指将规划设计和管理等工作形成的图纸上的建筑物、构筑物或其他图形的位置在现场标定出来，作为施工的依据。

（2）测量工作的基准面和基准线。人们设想一个静止不动的海水面延伸穿越陆地，形成一个闭合的曲面包围了整个地球，这个闭合曲面称为水准面。

水准面有无数个，其中与平均海水面相吻合的水准面称为大地水准面，它是测量工作的基准面。重力的方向线称为铅垂线，它是测量工作的基准线。

（3）确定地面点位的方法：在测量工作中，用坐标和高程来确定地面点的位置。

1）地面点的坐标。地面点的坐标又分为地理坐标（大地坐标）、高斯平面直角坐标和独立平面直角坐标。

① 地理坐标。地理坐标是用经度 λ 和纬度 φ 表示地面点在大地水准面上的投影位置。

② 高斯平面直角坐标。利用高斯投影法建立的平面直角坐标系，称为高斯平面直角坐标系。

③ 独立平面直角坐标。当测区范围较小时，可以用过测区中心点的水平面来代替大地水准面。在这个平面上建立的测区平面直角坐标系，称为独立平面直角坐标系。

2）地面点的高程。

① 绝对高程。地面点到大地水准面的铅垂距离，称为该点的绝对高程，简称高程，用 H 表示。如图 6-1 所示，地面点 A、B 的高程分别为 H_A、H_B。

目前，我国采用的是“1985 年国家高程基准”，在青岛建立了国家水准原点，其高程为 72.260 m。

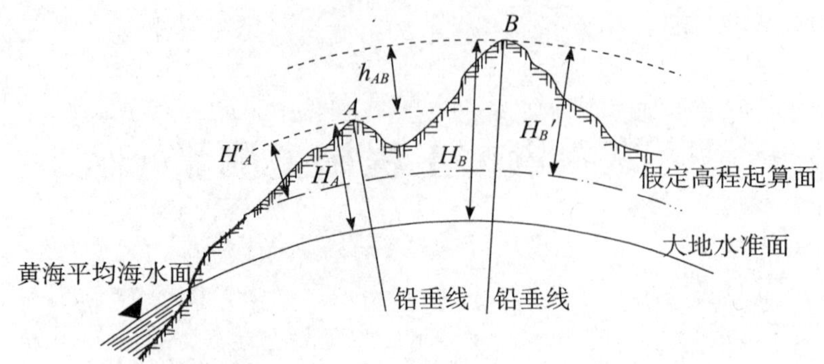

图 6-1　高程和高差

② 相对高程。地面点到假定水准面的铅垂距离，称为该点的相对高程或假定高程。图 6-1 中，A、B 两点的相对高程为 H'_A、H'_B。

③ 高差。地面两点间的高程之差，称为高差，用 h 表示。高差有方向和正负。A、B 两点的高差为

$$h_{AB}=H_B-H_A \tag{6-1}$$

当 h_{AB} 为正时，B 点高于 A 点；当 h_{AB} 为负时，B 点低于 A 点。B、A 两点的高差为

$$h_{BA}=H_A-H_B \tag{6-2}$$

A、B 两点的高差与 B、A 两点的高差，绝对值相等，符号相反，即

$$h_{AB}=-h_{BA} \tag{6-3}$$

(4) 测量基本工作。

如图 6-2 所示，设 A、B 为已知坐标点，P 为待定点。首先测出了水平角 β 和水平距离 D_{AP}，再根据 A、B 的坐标，即可推算出 P 点的坐标。若 A 点的高程已知为 H_A，观测了高差 h_{AP}，则可以通过公式（6-4）求出 P 点高程。

$$H_P=H_A+h_{AP} \tag{6-4}$$

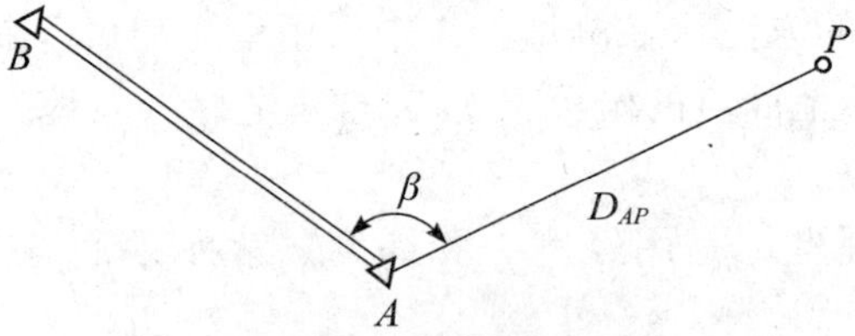

图 6-2　基本测量工作

我们把水平角测量、水平距离测量和高程测量称为确定地面点位的三项基本工作。

(5) 测量工作的基本程序和基本原则。

测量工作的基本程序是：“从整体到局部”“先控制后碎部”和“由高级到低级”。

测量工作过程中遵循“边工作边检核”的基本原则。

2. 测量误差

在测量工作中，无论测量仪器多么精密，观测多么仔细，测量结果总是存在差异。

（1）测量误差产生的原因。

测量误差产生的原因概括起来有下列三个方面：

1）测量仪器和工具：由于仪器和工具加工制造不完善或校正之后残余误差存在所引起的误差。

2）观测者：由于观测者感觉器官鉴别能力的局限性所引起的误差。

3）外界条件的影响：外界条件的变化所引起的误差。

（2）测量误差的分类。

测量误差按其性质可分为系统误差和偶然误差两类。

1）系统误差：在相同观测条件下，对某量进行一系列的观测，如果误差出现的符号和大小均相同，或按一定的规律变化，这种误差称为系统误差。

2）偶然误差：在相同的观测条件下，对某量进行一系列的观测，如果观测误差的符号和大小都不一致，表面上没有任何规律性，这种误差称为偶然误差。

（3）衡量精度的标准。

衡量精度的标准有多种，常用的评定标准有中误差、允许误差和相对误差三种。

1）中误差：设在相同的观测条件下，对某量进行 n 次重复观测，其观测值为 l_1，l_2，…，l_n，相应的真误差为 Δ_1，Δ_2，…，Δ_n。则观测值的中误差 m 为

$$m=\pm\sqrt{\frac{[\Delta\Delta]}{n}} \tag{6-5}$$

2）允许误差：在一定观测条件下，偶然误差的绝对值不应超过的限值，称为允许误差，也称极限误差。在工程规范中，通常将 2 倍中误差作为偶然误差的允许值，即

$$\Delta_{限}=2\ m \tag{6-6}$$

3）相对误差：中误差是绝对误差。在距离丈量中，中误差不能准确地反映出观测值的精度。例如丈量两段距离，$D_1=100$ m，$m_1=\pm1$ cm 和 $D_2=300$ m，$m_2=\pm1$ cm，虽然两者中误差相等，$m_1=m_2$，然而，不能认为这两段距离丈量精度是相同的，这时应采用相对误差 K 来作为衡量精度的标准。

相对误差 K 是中误差 m 的绝对值与观测结果 D 之比，并化为分子为 1 的分数形式，即

$$m_K=\frac{|m|}{D}=\frac{1}{D/|m|} \tag{6-7}$$

上述丈量两段距离的相对误差分别为 1/10 000 和 1/30 000，显然后者比前者的测量精度高。

二、常用测量仪器的功能和使用

1. 常用测量仪器的功能

（1）光学水准仪。

光学水准仪按其精度来分有 DS_{05}、DS_1、DS_3 及 DS_{10} 四个等级，“D”和“S”分别为“大地测量”和“水准仪”汉语拼音的第一个字母，数字 05、1、3 和 10 指用该类型水准仪进行水准测量时每公里往、返测高差中误差的偶然中误差值分别不超过 0.5 mm、1 mm、3 mm、10 mm。建筑工程测量中常用的是 DS_3 型水准仪。

DS_3 型水准仪主要由望远镜、水准器及基座三部分组成。

1）望远镜：是构成水准视线、瞄准目标并对水准尺进行读数的主要部件。它由物镜、调焦透镜、十字丝分划板、目镜等组成。物镜光心与十字丝交点的连线称为望远镜的视准轴，视准轴是瞄准目标和读数的依据。

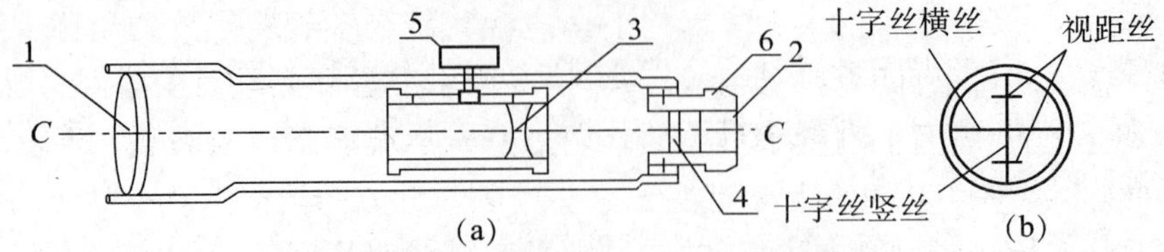

图 6-3　水准仪望远镜和十字丝分划板构造

1. 物镜；2. 目镜；3. 调焦透镜；4. 十字丝分划板；5. 物镜调焦螺旋；6. 目镜调焦螺旋

2）水准器：是用来判断望远镜的视准轴是否水平的装置。通常分为圆水准器和管水准器两种。

① 圆水准器。圆水准器是一个密封的顶面内壁磨成球面的玻璃圆盒。盒内装着易流动的液体（酒精或乙醚），留有一点空气，又称为气泡。球面中央刻有小圆圈，圆圈中心为零点，过零点作球面的法线为圆水准器轴。当圆水准器轴偏离零点 2 mm 时，其轴线所倾斜的角值称为圆水准器的分划值。一般为 $8'\sim10'$，因其灵敏度较低，它只能用于仪器的粗略整平。

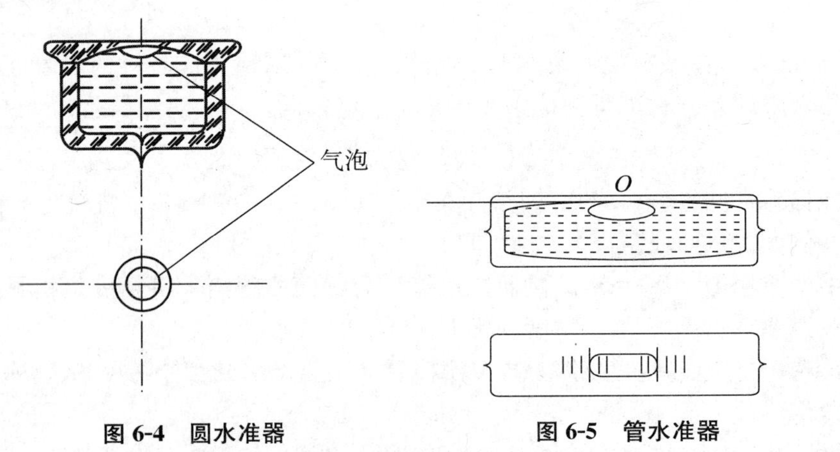

图 6-4　圆水准器　　**图 6-5　管水准器**

② 管水准器。管水准器又称水准管，它是一个两端密封的玻璃管，内壁研磨成一定半径的圆弧形，水准管上一般刻有间隔为 2 mm 的分划线，分划线的中点称为水准管零点。过零点与圆弧相切的直线称为水准管轴。水准管上 2 mm 圆弧所对的圆心角称为水准管的分划值，DS_3 型水准仪的水准管分划值为 $20''$，记作 $20''/2$ mm。因其灵敏度高，它用于仪器的精确整平。

③ 基座。基座起支撑仪器和连接仪器与三脚架的作用，由轴座、底板、三角压板及三个脚螺旋组成。

（2）光学经纬仪。

光学经纬仪按测角精度，分为 DJ_{07}、DJ_1、DJ_2、DJ_6 和 DJ_{15} 等不同级别。其中“D”和“J”分别为“大地测量”和“经纬仪”的汉字拼音第一个字母，下标数字 7、1、2、

6、15 表示仪器的精度等级，以秒（s）为单位。DJ_6 型光学经纬仪表示该型号仪器检定时水平方向观测测回的中误差不超过±6″。

DJ_6 型光学经纬仪主要由照准部、水平度盘和基座三部分组成。

1）照准部：是指经纬仪水平度盘之上，能绕其旋转轴旋转部分的总称。照准部主要由竖轴、望远镜、竖直度盘、读数设备、照准部水准管和光学对中器等组成。

2）水平度盘：是用于测量水平角的。它是由光学玻璃制成的圆环，环上刻有 0°～360°的分划线，在整度分划线上标有注记，并按顺时针方向注记，其度盘分划值为 1°。

3）基座：用于支承整个仪器，并通过中心连接螺旋将经纬仪固定在三脚架上。基座上有三个脚螺旋，用于整平仪器。在基座上还有一个轴座固定螺旋，用于控制照准部和基座之间的衔接。

2. 常用测量仪器的使用

（1）光学水准仪的基本操作程序

水准仪的基本操作程序包括：安置仪器、粗略整平、照准和调焦、精确整平和读数。

1）安置仪器。在测站上松开三脚架架腿的固定螺旋，按需要的高度调整架腿长度，再拧紧固定螺旋，张开三脚架将架腿踩实，并使三脚架架头大致水平。从仪器箱中取出水准仪，用连接螺旋将水准仪固定在三脚架架头上。

2）粗略整平。整平时，气泡移动的方向与左手大拇指旋转脚螺旋时的移动方向一致，与右手大拇指旋转脚螺旋时的移动方向相反。如图 6-6（a）所示，首先判断气泡向右边移动，左手的脚螺旋逆时针转动，右手的脚螺旋与左手的脚螺旋相反，顺时针转动。气泡移动到 1、2 脚螺旋中间处时停止转动。然后如图 6-6（b）所示，第三个脚螺旋顺时针转动，使气泡居中。

3）瞄准水准尺：

① 目镜调焦。松开制动螺旋，将望远镜转向明亮的背景，转动目镜对光螺旋，使十字丝成像清晰。

② 初步瞄准。通过望远镜筒上方的照门和准星瞄准水准尺，旋紧制动螺旋。

③ 物镜调焦。转动物镜对光螺旋，使水准尺的成像清晰。

④ 精确瞄准。转动微动螺旋，使十字丝的竖丝瞄准水准尺边缘或中央，见图 6-7。

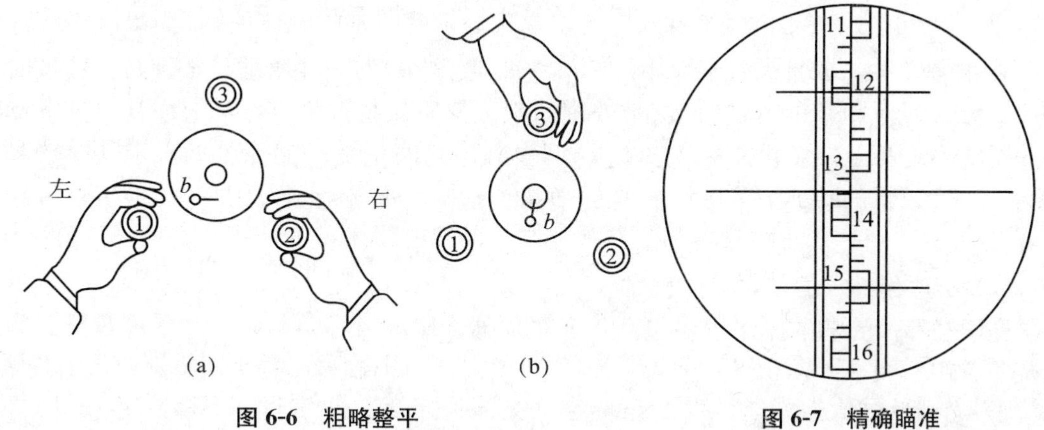

图 6-6 粗略整平　　图 6-7 精确瞄准

⑤ 消除视差。眼睛在目镜端上下移动，有时可看见十字丝的中丝与水准尺影像之间相对移动，这种现象叫视差。产生视差的原因是水准尺的尺像与十字丝平面不重合，见图 6-8。视差的存在将影响读数的正确性，应予以消除。消除视差的方法是仔细地反复调节物镜和目镜对光螺旋，直至尺像与十字丝平面重合。

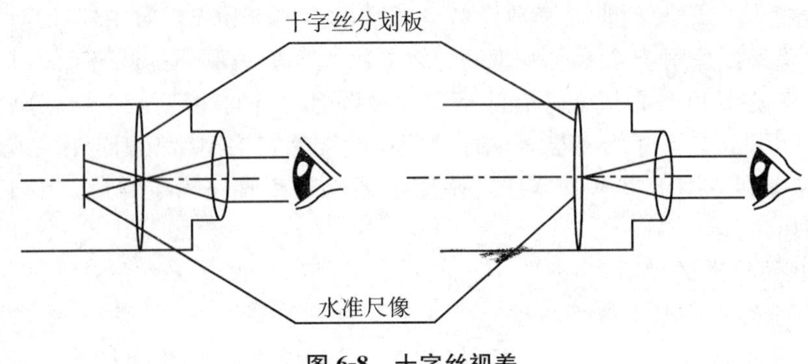

图 6-8　十字丝视差

4）精确整平：简称精平。眼睛观察水准气泡观察窗内的气泡影像，用右手缓慢地转动微倾螺旋，使气泡两端的影像严密吻合。此时视线即为水平视线。微倾螺旋的转动方向与左侧半气泡影像的移动方向一致，见图 6-9。

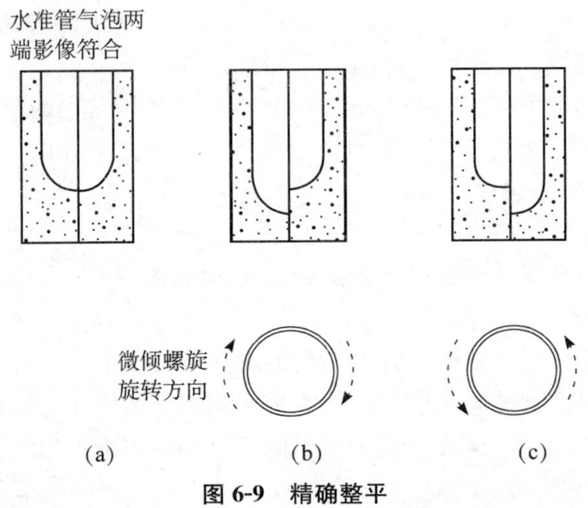

图 6-9　精确整平

5）读数：符合水准器气泡居中后，应立即用十字丝中丝在水准尺上读数。读数时应从小数向大数读，如果从望远镜中看到的水准尺影像是倒像，在尺上应从上到下读取。直接读取米、分米和厘米，并估读出毫米，共四位数。如图 6-7 所示，读数是 1.335 m。读数后再检查符合水准器气泡是否居中，若不居中，应再次精平，重新读数。

（2）光学经纬仪的基本操作程序

光学经纬仪的基本操作程序包括：安置仪器、照准目标、调焦、水平度盘配置和读数等工作。

1）安置仪器。

① 安置仪器是将经纬仪安置在测站点上，包括对中和整平两项内容。对中的目的是使仪器中心与测站点标志中心位于同一铅垂线上；整平的目的是使仪器竖轴处于铅垂位置，水平度盘处于水平位置。

② 初步对中、整平。使架头大致对中和水平，连接经纬仪；调节光学对中器的目镜和物镜对光螺旋，使光学对中器的分划板小圆圈和测站点标志的影像清晰。移动三脚架脚腿，使光学对中器对准测站标志中心，此时圆水准器气泡偏离，伸缩三脚架架腿，使圆水准器气泡居中，注意脚架尖位置不得移动。

③ 精确对中、整平。先转动照准部，使水准管平行于任意一对脚螺旋的连线，如图 6-10（a）所示，两手同时向内或向外转动这两个脚螺旋，使气泡居中，注意气泡移动方向始终与左手大拇指移动方向一致；然后将照准部转动 90°，如图 6-10（b）所示，转动第三个脚螺旋，使水准管气泡居中。再将照准部转回原位置，检查气泡是否居中，若不居中，按上述步骤反复进行，直到水准管在任何位置，气泡偏离零点不超过 1 格为止。

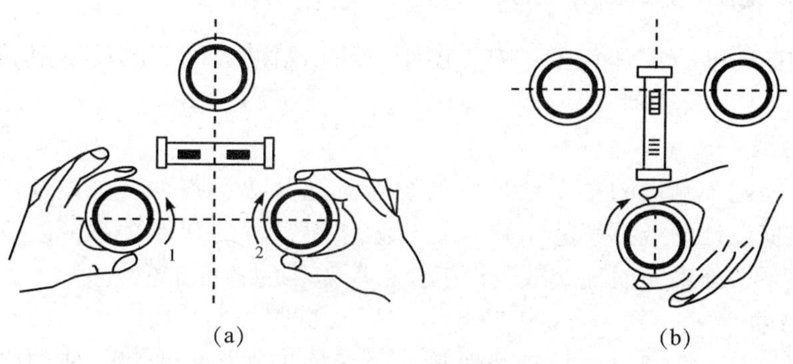

图 6-10 精确整平

旋松连接螺旋，在架头上轻轻移动经纬仪，使对中器分划板的刻画中心与测站点标志影像重合；然后旋紧连接螺旋。

对中和整平，一般都需要经过几次“整平—对中—整平”的循环过程，直至整平和对中均符合要求。

2）照准目标。

① 松开望远镜制动螺旋和照准部制动螺旋，将望远镜朝向明亮背景，调节目镜对光螺旋，使十字丝清晰。

② 利用望远镜上的照门和准星粗略对准目标，拧紧照准部及望远镜制动螺旋；调节物镜对光螺旋，使目标影像清晰，并注意消除视差。

③ 转动照准部和望远镜微动螺旋，精确瞄准目标。测量水平角时，应用十字丝交点附近的竖丝瞄准目标底部，见图 6-11。

3）读数。

① 打开反光镜，调节反光镜镜面位置，使读数窗亮度适中。

② 转动读数显微镜目镜对光螺旋，使度盘、测微尺及指标线的影像清晰。

③ 根据仪器的读数设备，进行读数。

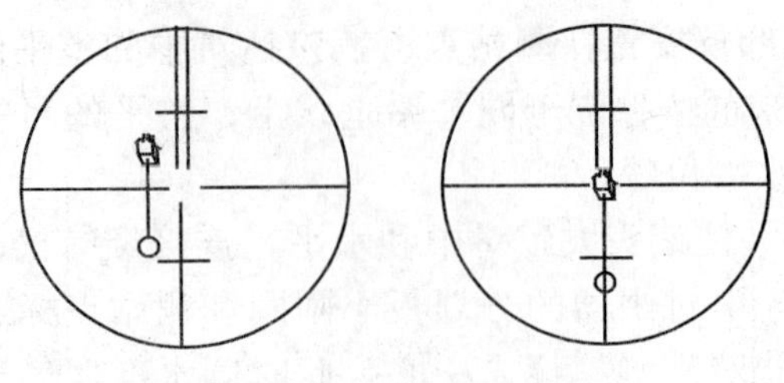

图 6-11　瞄准目标

第二节　施工测量

一、建筑施工测量准备工作

施工测量前的准备工作包括：熟悉图纸、现场踏勘、确定测设方案和计算测设数据等。

1. 熟悉图纸

设计图纸是施工测量的主要依据，测设前应充分熟悉各种有关设计图纸，了解设计意图。能根据设计图纸了解施工建筑物与相邻建筑物的相互关系，以及建筑物本身的内部尺寸关系，准确无误地获取测设工作中所需要的各种定位数据。

2. 现场踏勘

在施工测量前，应进行实地现场踏勘，了解施工现场上地物、地貌以及现有测量控制点的分布情况，以便于根据实际情况考虑测设方案。

3. 确定测设方案和计算测设数据

在熟悉设计图纸、掌握施工计划和施工进度的基础上，结合现场实际情况，拟订测设方案。测设方案包括测设方法、测设步骤、采用的仪器和工具、精度要求和时间安排等。

二、施工测量定位、放线、抄平、沉降观测方法和应用

1. 测设的基本工作

测设的基本工作包括已知水平距离测设、已知水平角测设和已知高程测设。

(1) 已知水平距离的测设。已知水平距离的测设，是从地面上一个已知点出发，沿给定的方向，量出已知（设计）的水平距离，在地面上定出这段距离另一端点的位置。

(2) 已知水平角的测设。已知水平角的测设，就是在已知角顶根据一个已知边方向，标定出另一边方向，使两方向的水平夹角等于已知水平角角值。

(3) 已知高程的测设。已知高程的测设，是利用水准测量的方法，根据已知水准点，将设计高程测设到现场作业面上。

如图 6-12 所示，某建筑物的室内地坪设计高程为 65.120 m，附近有一水准点

BMA，其高程为 $H_A=65.000$ m。现在要求把该建筑物的室内地坪高程测设到木桩 B 上，作为施工时控制高程的依据。测设方法如下：

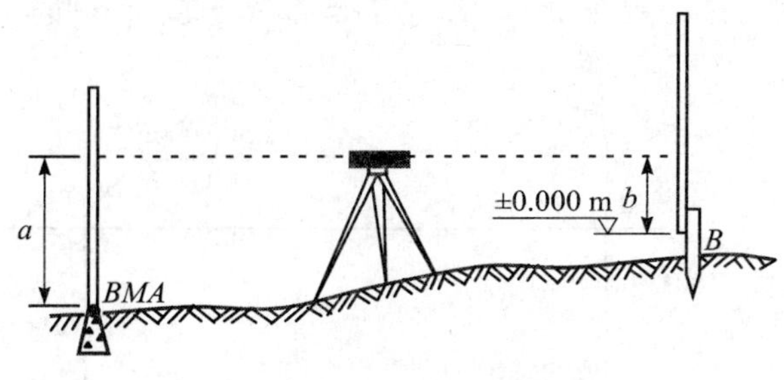

图 6-12　已知高程测设

① 在水准点 BMA 和木桩 B 之间安置水准仪，在 BMA 立水准尺上，用水准仪的水平视线测得后视读数为 1.435 m，此时视线高程为

$$65.120+1.435=66.555 \text{ m}$$

② 计算 B 点水准尺尺底为室内地坪高程时的前视读数：

$$b=66.555-65.000=1.555 \text{ m}$$

③ 上下移动竖立在木桩 B 侧面的水准尺，直至水准仪的水平视线在尺上截取的读数为 1.555 m 时，紧靠尺底在木桩上画一水平线，其高程即为 65.120 m。

（4）点平面位置的测设方法。点的平面位置的测设方法有直角坐标法、极坐标法、角度交会法和距离交会法。至于采用哪种方法，应根据控制网的形式、地形情况、现场条件及精度要求等因素确定。

1）直角坐标法。直角坐标法是根据直角坐标原理，利用纵横坐标之差，测设点的平面位置。直角坐标法适用于施工控制网为建筑方格网或建筑基线的形式，且量距方便的建筑施工场地。

① 计算测设数据。如图 6-13 所示，Ⅰ、Ⅱ、Ⅲ、Ⅳ为建筑施工场地的建筑方格网点，A、B、C、D 为欲测设建筑物的四个角点，根据设计图上各点坐标值，可求出建筑物的长度、宽度及测设数据。

$$\begin{aligned}&\text{建筑物的长度}=y_C-y_A=580.00-530.00=50.00 \text{ m}\\&\text{建筑物的宽度}=x_C-x_A=450.00-420.00=30.00 \text{ m}\end{aligned}\tag{6-8}$$

测设 A 点的测设数据（Ⅰ点与 A 点的纵横坐标之差）：

$$\begin{aligned}\Delta x&=x_A-x_{\text{Ⅰ}}=420.00-400.00=20.00 \text{ m}\\\Delta y&=y_A-y_{\text{Ⅰ}}=530.00-500.00=30.00 \text{ m}\end{aligned}\tag{6-9}$$

② 点位测设方法。

a. 在Ⅰ点安置经纬仪，瞄准Ⅳ点，沿视线方向测设距离 30.00 m，定出 O 点，继续向前测设 50.00 m，定出 P 点。

b. 在 O 点安置经纬仪，瞄准Ⅳ点，按逆时针方向测设 90°角，由 O 点沿视线方向测设距离 20.00 m，定出 A 点，作出标志，再向前测设 30.00 m，定出 B 点，作出标志。

c. 在 P 点安置经纬仪，瞄准Ⅰ点，按顺时针方向测设 90°角，由 P 点沿视线方向测设距离 20.00 m，定出 D 点，作出标志，再向前测设 30.00 m，定出 C 点，作出标志。

d. 检查建筑物四角是否等于 90°，各边长是否等于设计长度，其误差均应在限差以内。

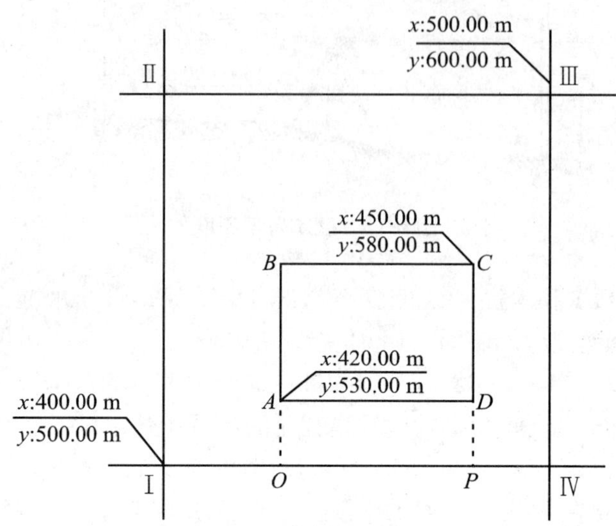

图 6-13 直角坐标法

2）极坐标法。极坐标法是根据一个水平角和一段水平距离，测设点的平面位置。极坐标法适用于量距方便，且待测设点距控制点较近的建筑施工场地。

① 计算测设数据。如图 6-14 所示，A、B 为已知平面控制点，其坐标值分别为 A（x_A，y_A）、B（x_B，y_B），C 点为建筑物的其中一个角点，其坐标为 C（x_C，y_C）。现根据 A、B 两点，用极坐标法测设 C 点，其测设数据计算方法如下：

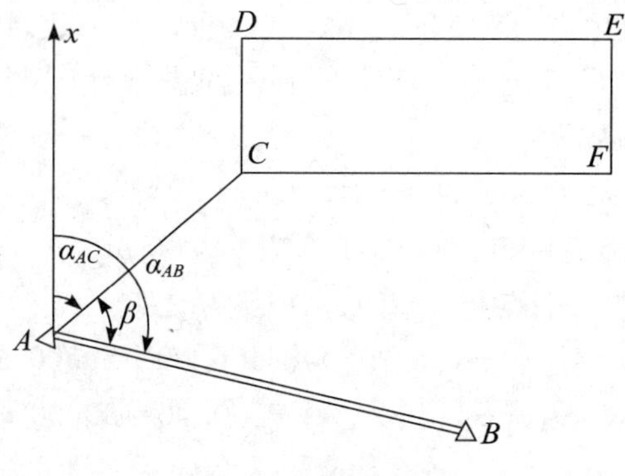

图 6-14 极坐标法

a. 计算 AB 边的坐标方位角 α_{AB} 和 AC 边的坐标方位角 α_{AC}，按坐标反算公式计算。

$$\alpha_{AB}=\arctan\frac{\Delta y_{AB}}{\Delta x_{AB}} \qquad \alpha_{AC}=\arctan\frac{\Delta y_{AC}}{\Delta x_{AC}} \tag{6-10}$$

注意：每条边在计算时，应根据 Δx 和 Δy 的正负情况，判断该边所属象限。

b. 计算 AC 与 AB 之间的夹角。

$$\beta = \alpha_{AB} - \alpha_{AC} \tag{6-11}$$

c. 计算 A、C 两点间的水平距离。

$$D_{AC} = \sqrt{(x_C - x_A)^2 + (y_C - y_A)^2} \tag{6-12}$$

② 点位测设方法。

a. 在 A 点安置经纬仪，瞄准 B 点，按逆时针方向测设 β 角，定出 AC 方向。

b. 沿 AC 方向自 A 点测设水平距离 D_{AC}，定出 C 点，作出标志。

c. 用同样的方法测设 D、E、F 点。全部测设完毕后，检查建筑物四角是否等于 90°，各边长是否等于设计长度，其误差均应在限差以内。

3）前方交会法。前方交会法是在两个控制点上用两台经纬仪测设出两个已知数值的水平角，交会出点的平面位置。为了提高测设精度，通常用三个控制点三台经纬仪进行交会。此方法适用于待测设点距控制点较远，且量距较困难的建筑施工场地。

① 计算测设数据。如图 6-15（a）所示，A、B、C 为已知平面控制点，P 为待测设点，现根据 A、B、C 三点，用角度交会法测设 P 点，其测设数据计算方法如下：

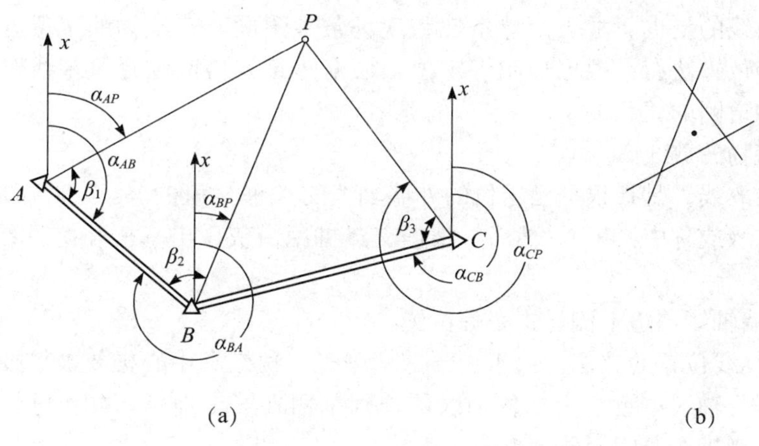

(a)　　(b)

图 6-15　前方交会法

a. 按坐标反算公式，分别计算出 α_{AB}、α_{AP}、α_{BC}、α_{BP} 和 α_{CP}。

b. 计算水平角 β_1、β_2 和 β_3。

② 点位测设方法。

a. 在 A、B 两点同时安置经纬仪，同时测设水平角 β_1 和 β_2 定出两条视线，在两条视线相交处钉下若干个大木桩，并在木桩上依 AP、BP 绘出方向线及其交点。

b. 在控制点 C 上安置经纬仪，测设水平角 β_3，同样在木桩上依 CP 绘出方向线。

c. 如果交会没有误差，此方向应通过前两方向线的交点，否则将形成一个“示误三角形”，如图 6-15（b）所示。若示误三角形边长在限差以内，则取示误三角形重心作为待测设点 P 的最终位置。

4）距离交会法。距离交会法是由两个控制点测设两段已知水平距离，交会定出点的平面位置。距离交会法适用于待测设点至控制点的距离不超过一尺段长，且地势平坦、量距方便的建筑施工场地。

① 计算测设数据。如图 6-16 所示，A、B 为已知平面控制点，P 为待测设点，现根据 A、B 两点，用距离交会法测设 P 点，其测设数据计算方法如下：

根据 A、B、P 三点的坐标值，分别计算出 D_{AP} 和 D_{BP}。

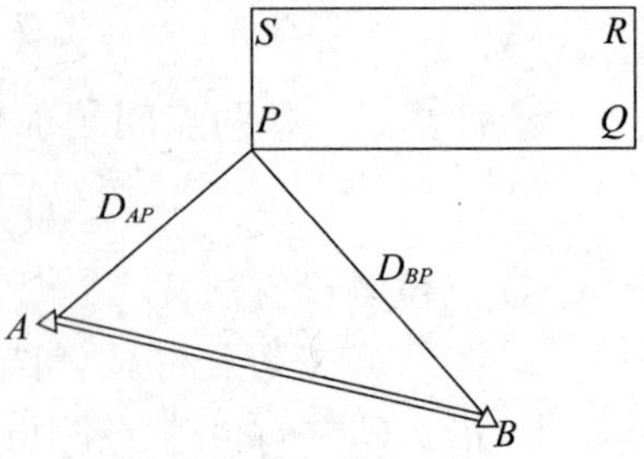

② 点位测设方法。

a. 将钢尺的零点对准 A 点，以 D_{AP} 为半径在地面上画一圆弧。

b. 再将钢尺的零点对准 B 点，以 D_{BP} 为半径在地面上再画一圆弧。两个圆弧的交点即为 P 点的平面位置。

c. 用同样的方法，测设出 S、R、Q 点的平面位置。

图 6-16　距离交会法

2. 建筑物的定位和放线

（1）建筑物的定位。

建筑物四周外轮廓主要轴线的交点决定了建筑物在地面上的位置，称为角点。建筑物的定位就是根据设计条件，将这些轴线交点测设到地面上，作为建筑物细部轴线放线和基础放线的依据。由于设计条件和现场条件不同，建筑物的定位方法也有所不同，常用的定位方法有：根据控制点定位、根据建筑方格网和建筑基线定位以及根据原有建筑物和道路的关系定位。

（2）建筑物的放线。

建筑物的放线，是指根据已定位的外墙轴线交点桩（角桩），详细测设出建筑物各轴线的交点桩（或称中心桩），然后，根据交点桩用白灰撒出基槽开挖边界线。放线方法如下：

1）在外墙轴线周边上测设中心桩位置。

2）恢复轴线位置的方法。由于在开挖基槽时，角桩和中心桩要被挖掉，为了便于在施工中恢复各轴线位置，应把各轴线延长到基槽外安全地点，并作好标志。其方法有设置轴线控制桩和龙门板两种形式。

① 设置轴线控制桩。轴线控制桩设置在基槽外，基础轴线的延长线上，作为开槽后，各施工阶段恢复轴线的依据。轴线控制桩一般设置在基槽外 2～4 m 处，打下木桩，桩顶钉上小钉，准确标出轴线位置，并用混凝土包裹木桩，如图 6-17所示。如附近有建筑物，也可把轴线投测到建筑物上，用红漆作出标志，以代替轴线控制桩。

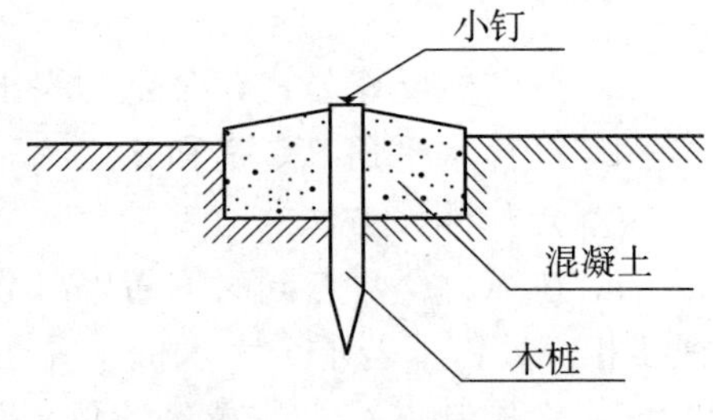

图 6-17　轴线控制桩

② 设置龙门板。在小型民用建筑施工中，常将各轴线引测到基槽外的水平木板上。水平木板称为龙门板，固定龙门板的木桩称为龙门桩，如图 6-18 所示。设置龙门板的步骤如下。

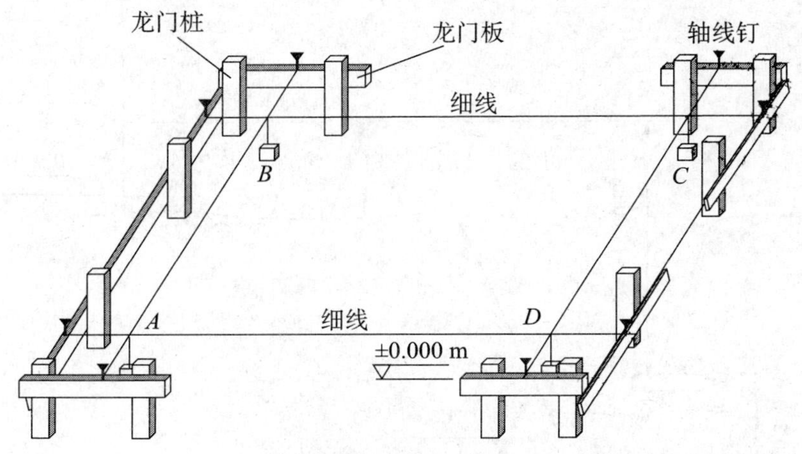

图 6-18　龙门桩与龙门板

在建筑物四角与隔墙两端，基槽开挖边界线以外 1.5～2 m 处，设置龙门桩。龙门桩要钉得竖直、牢固，龙门桩的外侧面应与基槽平行。

根据施工场地的水准点，用水准仪在每个龙门桩外侧，测设出该建筑物室内地坪设计高程线（±0.000 m 标高线），并作出标志。

沿龙门桩上±0.000 m 标高线钉设龙门板，这样龙门板顶面的高程就同在±0.000 m 的水平面上。然后，用水准仪校核龙门板的高程，如有差错应及时纠正，其允许误差为±5 mm。

在 A 点安置经纬仪，瞄准 B 点，沿视线方向在龙门板上定出一点，用小钉作标志，纵转望远镜在 A 点的龙门板上也钉一个小钉。用同样的方法，将各轴线引测到龙门板上，所钉之小钉称为轴线钉。轴线钉定位误差应小于±5 mm。

最后，用钢尺沿龙门板的顶面，检查轴线钉的间距，其误差不超过 1∶2 000。检查合格后，以轴线钉为准，将墙边线、基础边线、基础开挖边线等标定在龙门板上。

3. 建筑施工高程测设

建筑施工中的高程测设，又称抄平。

（1）基槽抄平。

1）设置水平桩，为了控制基槽的开挖深度，当快挖到槽底设计标高时，应用水准仪根据地面上±0.000 m 点，在槽壁上测设一些水平小木桩（称为水平桩），如图 6-19 所示，使木桩的上表面离槽底的设计标高为一固定值（如 0.500 m）。

为了施工时使用方便，一般在槽壁各拐角处、深度变化处和基槽壁上每隔 3～4 m 测设一水平桩。

水平桩可作为挖槽深度、修平槽底和打基础垫层的依据。

2）水平桩的测设方法。如图 6-19 所示，槽底设计标高为－1.700 m，欲测设比槽底设计标高 0.500 m 的水平桩，测设方法如下：

①在地面适当地方安置水准仪，在±0.000 m 标高线位置上立水准尺，读取后视读数为 1.318 m。

②计算测设水平桩的应读前视读数 $b_{应}$：

$$b_{应}=a-h=1.318-(-1.700+0.500)=2.518\ \text{m}$$

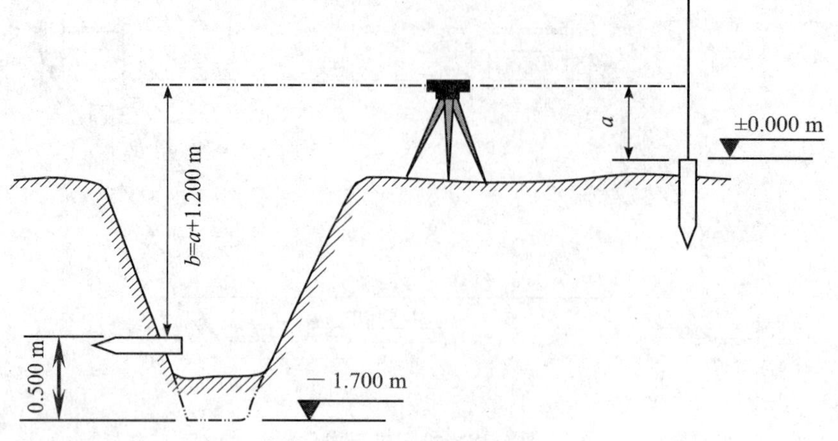

图 6-19　设置水平桩

③在槽内一侧立水准尺，并上下移动，直至水准仪视线读数为 2.518 m 时，沿水准尺尺底在槽壁打入一小木桩。

（2）垫层中线的投测。基础垫层打好后，根据轴线控制桩或龙门板上的轴线钉，用经纬仪或用拉绳挂锤球的方法，把轴线投测到垫层上，如图 6-20 所示，并用墨线弹出墙中心线和基础边线，作为砌筑基础的依据。由于整个墙身砌筑均以此线为准，这是确定建筑物位置的关键环节，所以要严格校核后方可进行砌筑施工。

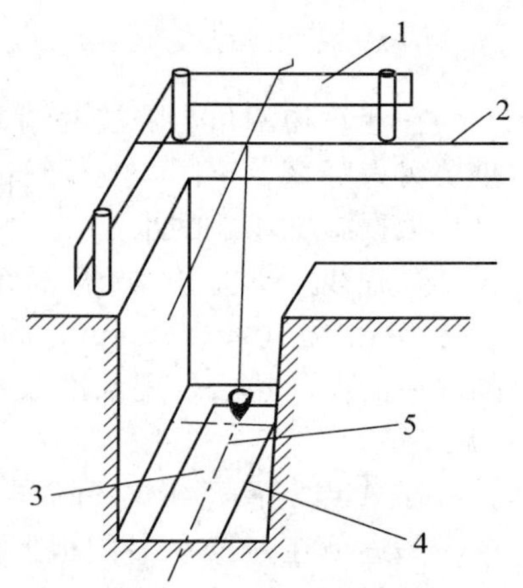

图 6-20　垫层中线的投测

1. 龙门板；2. 细线；3. 垫层；4. 基础边线；5. 墙中线

（3）基础墙标高的控制。房屋基础墙是指±0.000 m 以下的砖墙，它的高度是用基础皮数杆来控制的。

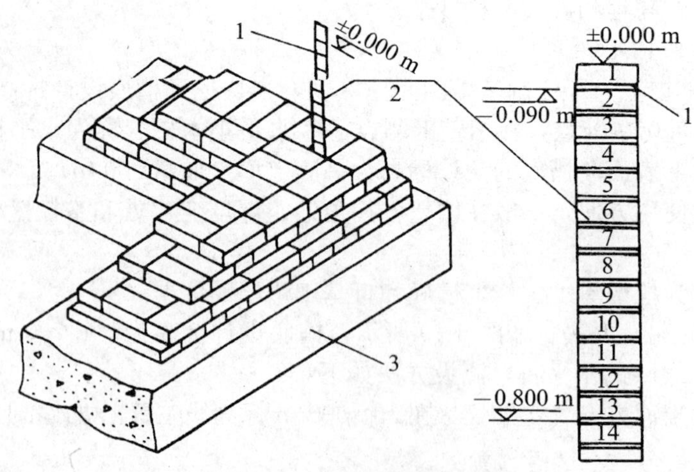

图 6-21　基础墙标高的控制

1. 防潮层；2. 皮数杆；3. 垫层

1）基础皮数杆是一根木制的杆子，如图 6-21 所示，在杆上事先按照设计尺寸，将砖、灰缝厚度画出线条，并标明±0.000 m 和防潮层的标高位置。

2）立皮数杆时，先在立杆处打一木桩，用水准仪在木桩侧面定出一条高于垫层某一数值（如 100 mm）的水平线，然后将皮数杆上标高相同的一条线与木桩上的水平线对齐，并用大铁钉把皮数杆与木桩钉在一起，作为基础墙的标高依据。

（4）基础面标高的检查。基础施工结束后，应检查基础面的标高是否符合设计要求（也可检查防潮层）。可用水准仪测出基础面上若干点的高程和设计高程比较，允许误差为±10 mm。

（5）墙体施工测量。

1）墙体定位：

① 利用轴线控制桩或龙门板上的轴线和墙边线标志，用经纬仪或拉细绳挂锤球的方法将轴线投测到基础面上或防潮层上。

② 用墨线弹出墙中线和墙边线。

③ 检查外墙轴线交角是否等于 90°。

④ 把墙轴线延伸并画在外墙基础上，如图 6-22 所示，作为向上投测轴线的依据。

⑤ 把门、窗和其他洞口的边线，也在外墙基础上标定出来。

2）墙体各部位标高控制：在墙体施工中，墙身各部位标高通常也是用皮数杆控制。

① 在墙身皮数杆上，根据设计尺寸，按砖、灰缝的厚度画出线条，并标明±0.000 m、门、窗、楼板等的标高位置，如图 6-23 所示。

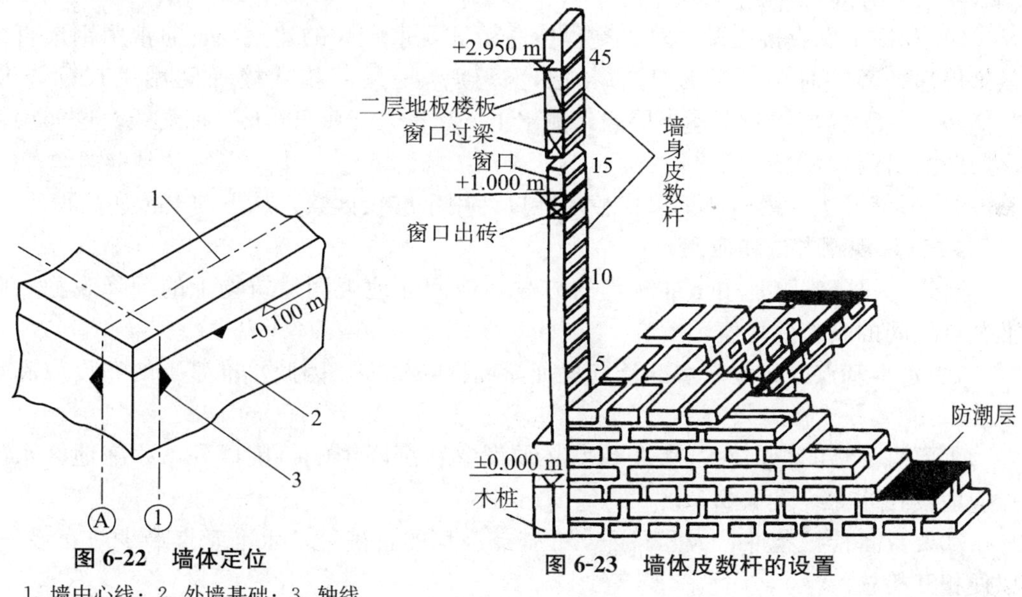

图 6-22　墙体定位

1. 墙中心线；2. 外墙基础；3. 轴线

图 6-23　墙体皮数杆的设置

② 墙身皮数杆的设立与基础皮数杆相同，使皮数杆上的±0.000 m 标高与房屋的室内地坪标高相吻合。在墙的转角处，每隔 10～15 m 设置一根皮数杆。

③ 在墙身砌起 1 m 以后，就在室内墙身上定出+0.500 m 的标高线，作为该层地面施工和室内装修用。

④ 第二层以上墙体施工中，为了使皮数杆在同一水平面上，要用水准仪测出楼板四角的标高，取平均值作为地坪标高，并以此作为立皮数杆的标志。

框架结构的民用建筑，墙体砌筑是在框架施工后进行的，故可在柱面上画线，代替皮数杆。

（6）建筑物的轴线投测。在多层建筑墙身砌筑过程中，为了保证建筑物轴线位置正确，可用吊锤球或经纬仪将轴线投测到各层楼板边缘或柱顶上。

1）吊锤球法：将较重的锤球悬吊在楼板或柱顶边缘，当锤球尖对准基础墙面上的轴线标志时，线在楼板或柱顶边缘的位置即为楼层轴线端点位置，并画出标志线。各轴线的端点投测完后，用钢尺检核各轴线的间距，符合要求后，继续施工，并把轴线逐层自下向上传递。

吊锤球法简便易行，不受施工场地限制，一般能保证施工质量。但当有风或建筑物较高时，投测误差较大，应采用经纬仪投测法。

2）经纬仪投测法：在轴线控制桩上安置经纬仪，严格整平后，瞄准基础墙面上的轴线标志，用盘左、盘右分中投点法，将轴线投测到楼层边缘或柱顶上。将所有端点投测到楼板上之后，用钢尺检核其间距，相对误差不得大于1∶2 000。检查合格后，才能在楼板分间弹线，继续施工。

（7）建筑物的高程传递。在多层建筑施工中，要由下层向上层传递高程，以便楼板、门窗口等的标高符合设计要求。高程传递的方法有以下几种：

1）利用皮数杆传递高程：一般建筑物可用墙体皮数杆传递高程。具体方法参照“墙体各部位标高控制”。

2）利用钢尺直接丈量：对于高程传递精度要求较高的建筑物，通常用钢尺直接丈量来传递高程。对于二层以上的各层，每砌高一层，就从楼梯间用钢尺从下层的“＋0.500 m”标高线向上量出层高，测出上一层的“＋0.500 m”标高线。这样用钢尺逐层向上引测。

3）吊钢尺法：用悬挂钢尺代替水准尺，用水准仪读数，从下向上传递高程。

4. 沉降观测方法和应用

建筑物沉降观测是用水准测量的方法，周期性地观测建筑物上的沉降观测点和水准基点之间的高差变化值。

1）水准基点的布设。水准基点是沉降观测的基准，因此水准基点的布设应满足以下要求：

①要有足够的稳定性。水准基点必须设置在沉降影响范围以外，冰冻地区水准基点应埋设在冰冻线以下0.5 m。

②要具备检核条件。为了保证水准基点高程的正确性，水准基点最少应布设三个，以便相互检核。

③要满足一定的观测精度。水准基点和观测点之间的距离应适中，相距太远会影响观测精度，一般应在100 m范围内。

2）沉降观测点的布设。进行沉降观测的建筑物，应埋设沉降观测点，沉降观测点的布设应满足以下要求：

① 沉降观测点的位置。沉降观测点应布设在能全面反映建筑物沉降情况的部位，

如建筑物四角，沉降缝两侧，荷载有变化的部位，大型设备基础，柱子基础和地质条件变化处。

② 沉降观测点的数量。一般沉降观测点是均匀布置的，它们之间的距离一般为10～20 m。

3）沉降观测。

①观测周期。观测的时间和次数，应根据工程的性质、施工进度、地基地质情况及基础荷载的变化情况而定。

a. 当埋设的沉降观测点稳固后，在建筑物主体开工前，进行第一次观测。

b. 在建（构）筑物主体施工过程中，一般每盖1～2层观测一次。如中途停工时间较长，应在停工时和复工时进行观测。

c. 当发生大量沉降或严重裂缝时，应立即或几天一次连续观测。

d. 建筑物封顶或竣工后，一般每月观测一次，如果沉降速度减缓，可改为2～3个月观测一次，直至沉降稳定为止。

②观测方法。观测时先后视水准基点，接着依次前视各沉降观测点，最后再次后视该水准基点，两次后视读数之差不应超过±1 mm。另外，沉降观测的水准路线（从一个水准基点到另一个水准基点）应为闭合水准路线。

③精度要求。沉降观测的精度应根据建筑物的性质而定。

a. 多层建筑物的沉降观测，可采用DS_3水准仪，用普通水准测量的方法进行，其水准路线的闭合差不应超过$\pm 2.0\sqrt{n}$ mm（n为测站数）。

b. 高层建筑物的沉降观测，则应采用DS_1精密水准仪，用二等水准测量的方法进行，其水准路线的闭合差不应超过$\pm 1.0\sqrt{n}$ mm（n为测站数）。

④工作要求。沉降观测是一项长期、连续的工作，为了保证观测成果的正确性，应尽可能做到“四定”，即固定观测人员，使用固定的水准仪和水准尺，使用固定的水准基点，按固定的实测路线和测站进行。

4）沉降观测的成果整理。

①整理原始记录。每次观测结束后，应检查记录的数据和计算是否正确，精度是否合格，然后，调整高差闭合差，推算出各沉降观测点的高程，并填入“沉降观测表”中。

②计算沉降量。计算内容和方法如下：

a. 计算各沉降观测点的本次沉降量：

沉降观测点的本次沉降量＝本次观测所得的高程－上次观测所得的高程

b. 计算累积沉降量：

累积沉降量＝本次沉降量＋上次累积沉降量

③绘制沉降曲线。包括时间与沉降量关系曲线和时间与荷载关系曲线。

三、施工测量成果的整理

1. 水准测量

（1）水准路线。水准路线是指水准测量施测时所经过的路线。水准路线的布设形式分为单一水准路线和水准网，单一水准路线有以下三种布设形式。

（2）水准测量成果整理。

① 高差闭合差 f_h 及其允许值的计算：

附合水准路线：$f_h=\sum h_{测}-\sum h_{理}=\sum h_{测}-（H_{终}-H_{始}）$　　(6-13)

闭合水准路线：$f_h=\sum h_{测}$　　(6-14)

支水准路线：　$f_h=\sum h_{往}+\sum h_{返}$　　(6-15)

闭合差产生的原因很多，数值必须在一定限值内。等外水准的高差闭合差的容许值规定为

$$平地\quad f_{h容}=\pm 40\sqrt{L}\ (\mathrm{mm})$$　　(6-16)

$$山地\quad f_{h容}=\pm 12\sqrt{n}\ (\mathrm{mm})$$

式中，L——水准路线长度，km；

n——水准路线测站总数。

② 高差闭合差的调整：当高差闭合差在容许值范围之内时，可进行高差闭合差调整。高差闭合差分配原则是将闭合差按距离或测站数反号正比例改正到各测段的观测高差上。

$$v_i=-\frac{f_h}{\sum L}\times L_i \text{ 或 } v_i=-\frac{f_h}{\sum N}\times n_i$$　　(6-17)

③ 计算改正后的高差：将各段高差观测值加上相应的高差改正数，求得改正后的高差。

$$h_i=h_{i测}+V_i$$　　(6-18)

④ 计算各点高程：根据改正后的高程，从起点高程路线前进方向逐一计算出各待测点的高程，最后推算出终点高程，用于检核计算的正确性。

2. 导线测量

导线测量是建立小区域平面控制网的一种常用方法，常用于地物分布比较复杂的建筑区域和地势平坦但通视条件比较差的隐蔽区域。

（1）导线的布设形式。导线的布设形式分为单一导线和导线网。单一导线有附合、闭合和支导线三种布设形式。

（2）导线测量的外业工作。导线测量的外业工作概括起来包括：踏勘选点、测角、测边和联系测量。

（3）导线测量的内业计算。

① 角度闭合差 f_β 的计算、调整。

闭合导线：$f_\beta=\sum\beta_{测}-\sum\beta_{理}=\sum\beta_{测}-（n-2）\times 180°$　　(6-19)

附合导线：$f_\beta=\alpha_{终(计算)}-\alpha_{终(已知)}$　　(6-20)

图根导线的角度闭合差容许值：$f_{h容}=\pm 60\sqrt{n}''$，n 为转折角个数。

$f_h<f_{h容}$，则说明所测角度满足精度要求，可进行角度闭合差调整，否则应重测。角度闭合差的调整原则是：将 f_β 反符号平均分配到各观测角中，如果不能均分，则将余数分配给短边的夹角。

②计算各边的坐标方位角。原转折角加上所分配的改正数得到改正后的角值，根据起始边的已知坐标方位角和改正后的转折角，由公式（6-21）计算出各边的坐标方

位角：

$$\alpha_{前}=\alpha_{后}+180°\pm\beta \tag{6-21}$$

式中，若 β 是左角，取“＋”；若 β 是右角，取“－”。

③ 坐标增量闭合差的计算与调整。

④ 计算各导线点的坐标。

第七章 施工技术

第一节 土方工程

土方工程具有工程量大，施工工期长，施工条件复杂，劳动强度大的特点，在组织土方工程施工前必须了解土的工程性质，做好土方施工组织设计，合理选择施工方案和施工机械，实行科学管理。

一、房屋建筑工程

1. 土方工程概述

（1）土的分类。在建筑工程施工中根据土的坚硬程度和开挖难易程度将土分为松软土、普通土、坚土、砂砾坚土、软石、次坚石、坚石、特坚石八类。

（2）土方工程机械。土方的开挖、运输、填筑和压实等施工过程应尽量采用机械化施工，常用的施工机械有：推土机、铲运机、单斗挖土机、多斗挖土机、平土机、松土机及各种碾压、夯实机械等。

1）推土机：推土机操作机动灵活，运转方便迅速，所需工作面较小，易于转移，在建筑工程施工中应用最多。常适用于切土深度不大的场地平整和开挖深度不大于1.5 m的基槽。

2）铲运机：铲运机是一种能独立完成铲土、运土、卸土、填筑、场地平整的土方施工机械，对道路要求较低，操作灵活，具有生产效率高的特点。常采用下坡铲土法、推土机推土助铲法、跨铲法等。

3）单斗挖土机：单斗挖土机是一种常用的土方开挖机械，按工作装置不同可分为正铲、反铲、拉铲、抓铲四种。其中正铲挖土机适用于开挖停机面以上一～三类土，反铲挖土机适用于开挖停机面以下一～三类土。

2. 基坑（槽）的开挖及支护

（1）浅基坑开挖。

① 浅基坑开挖前首先应进行测量定位、抄平放线，定出开挖尺寸、按放线分段分层挖土。当地质条件良好、土质均匀且地下水位低于基坑（槽）底面标高时，挖方边坡可做成直立壁不加支撑，但挖方深度应按表 7-1 规定执行，基坑长度稍大于基础长

度。当开挖深度超过上述规定时，应考虑放坡开挖，其临时性挖方边坡值可按表 7-2 采用。土方开挖时，当土体含水量大且不稳定，或边坡较陡、基坑较深、地质条件不好时，应对坑壁采取加固措施。

表 7-1 基坑不加支撑时的开挖容许深度

项次	土的种类	容许深度/m
1	密实、中密的砂子和碎石土（充填物为砂土）	1.00
2	硬塑、可塑的粉土及粉质黏土	1.25
3	硬塑、可塑的黏土和碎石类土（充填物为黏性土）	1.50
4	坚硬的黏土	2.00

表 7-2 临时性挖方边坡值

土的类别		边坡值（高：宽）
砂土（不包括细砂、粉砂）		1：1.25～1：1.50
一般性黏土	硬	1：0.75～1：1.00
	硬塑	1：1～1：1.25
	软	1：1.5 或更缓
碎石类土	充填坚硬、硬塑黏性土	1： 0.5～1：1.0
	充填砂土	1：1～1：1.5

注：1. 有成熟施工经验，可不受本表限制；
2. 如采用降水或其他加固措施，也不受本表限制；
3. 开挖深度对软土不超过 4 m，对硬土不超过 8 m。

② 基坑开挖工艺流程：测量放线→分层开挖→排降水→修坡→整平→留足预留土层。

③ 基坑开挖时，应对平面控制桩、水准点、基坑平面位置、水平标高、边坡坡度等经常复测检查，尽量防止对地基土的扰动；相邻基坑开挖时，应遵循先深后浅或同时进行的施工程序；挖出的土应堆在坑（槽）、沟边 1 m 外，其高度不宜超过 1.5 m；挖完后应进行验槽。

（2）浅基坑支护。在建筑稠密的地区施工，或有地下水渗入基坑（槽）时，往往不能按要求的坡度放坡开挖，这时就需要进行基坑（槽）的支护，以保证施工的顺利及安全。

浅基坑支护形式主要有：①斜柱支撑；②锚拉支撑；③型钢桩横挡板支撑；④短桩横隔板支撑；⑤临时挡土墙支撑；⑥挡土灌注桩支护；⑦叠袋式挡墙支护等。

（3）深基坑开挖。在深基坑土方开挖前，要详细确定挖土方案和施工组织，要对支护结构、地下水位及周围环境进行必要的监测和保护。

① 深基坑工程的挖土方案主要有：放坡挖土、中心岛式挖土、盆式挖土和逆作法挖土。前者无支护结构，后三种皆有支护结构。

② 土方开挖顺序和方法应与设计工况一致，遵循“开槽支撑、先撑后挖、分层开挖、严禁超挖”的原则。如有超挖不可立即填平后作为地基使用。

③ 在基坑开挖过程中或开挖后，要做好深基坑支护结构施工和维护，防止边坡失稳、防止地基土浸水和深基坑挖土后土体回弹变形过大、防止桩位移和倾斜等。

（4）深基坑支护。深基坑土方开挖，当施工现场不具备放坡条件、放坡无法保证安全、通过放坡及加临时支撑已经不能满足施工需要时，一般采用支护结构进行临时支挡，以保证基坑土壁的稳定。支护结构的选型有排桩或地下连续墙、水泥土墙、土钉墙、逆作拱墙或采用上述形式的组合。

1）排桩或地下连续墙：通常由维护墙、支撑及防渗帷幕组成。排桩有钢管桩、预制混凝土桩、钻孔灌注桩、加筋水泥桩等多种类型；适用于基坑侧壁安全等级一、二、三级。

2）水泥土墙：是指依靠其本身自重和刚度保护坑壁，一般不设支撑，有深层搅拌水泥土桩墙、高压旋喷桩墙两种；适用于基坑侧壁安全等级二、三级；基坑深度不宜大于 6 m。

3）土钉墙：土钉墙是用密集的土钉、被加固的原位土体、喷射混凝土面层组成，它起主动嵌固作用，增加边坡稳定性。适用于基坑侧壁安全等级宜为二、三级的非软土场地，基坑深度不宜大于 12 m。

4）逆作拱墙：当基坑平面形状适合时，可采用拱墙做围护墙，适用于基坑侧壁安全等级三级，基坑深度不宜大于 12 m，但淤泥和淤泥质土不宜采用。

3. 施工降水、排水

在基坑开挖中常会遇到地表水和地下水，它们渗入基坑后对基坑施工不便，地基土浸泡后也会产生不利影响。为此要进行施工降水和排水，施工降水和排水一般分明排水和人工井点降水两种。如明排水、地面截水、基坑排水、人工井点降水等。

4. 验槽及地基处理

（1）验槽。所有建（构）筑物基坑均应进行施工验槽。基坑挖至基底设计标高并清理后，施工单位必须会同建设、监理、勘察、设计等单位共同进行验槽，合格后方能进行基础工程施工。

1）验槽时必须具备的资料和条件：

① 建设、监理、勘察、设计、施工等单位有关负责及技术人员到场。

② 基础施工图和结构总说明。

③ 详勘阶段的岩土工程勘察报告。

④ 开挖完毕、槽底无浮土、松土，基槽条件良好。

2）验槽程序：

① 施工单位自检，自检合格后提出验收申请。

② 总监理工程师或建设单位项目负责人组织建设、监理、施工、勘察、设计单位的项目负责人、技术质量负责人，共同按设计文件要求和有关规范标准进行现场验收。

3）验槽的主要内容：

① 根据设计图纸检查基槽的开挖平面位置、尺寸、槽底深度，检查是否与设计图纸相符，开挖深度是否符合设计要求。

② 仔细观察槽壁、槽底的土质类型、均匀程度和有关异常土质是否存在，核对基坑土质及地下水情况是否与勘察报告相符。

③ 检查基槽之中是否有旧建筑物基础、古井、古墓、洞穴、地下掩埋物及地下人防工程等。

④ 检查基槽边坡外缘与附近建筑物的距离，基坑开挖对建筑物稳定是否有影响。天然地基验槽应检查核实分析钎探资料，对存在的异常点位进行复合检查，桩身检测质量合格。

4）验槽方法：地基验槽常采用观察法。在进行直接观察时，可采用袖珍式贯入仪作为辅助手段。当遇到下列情况之一时，应在基底进行轻型动力触探，检验深度及间距按表 7-3 执行。

① 持力层明显不均匀。

② 浅部有软弱下卧层。

③ 有浅埋的坑穴、古墓、古井等，直接观察难以发现时。

④ 勘察报告或设计文件规定应进行轻型动力触探时。

表 7-3　轻型动力触探检验深度及间距表

单位：m

排列方式	基槽宽度	检验深度	检验间距
中心一排	＜0.8	1.2	1.0～1.5 m，视地层复杂情况而定
两排错开	0.8～2.0	1.5	
梅花型	＞2.0	2.1	

（2）地基处理。当建筑物直接建造在未经加固的天然土层上时，这种地基称为天然地基。若天然地基不能满足强度和变形，则必须进行地基处理。地基处理就是按照上部结构对地基的要求，对地基进行必要的加固或改良，提高地基土的承载力，保证地基稳定，减少房屋的沉降或不均匀沉降，消除湿陷性黄土的湿陷性及提高抗液化能力等。

常见的地基处理方法主要有：机械压实法、排水固结法、换土垫层法、夯实法、挤密桩法、振冲法、化学固结法等。

5. 土方工程施工的质量与安全要求

（1）土方工程施工的质量要求：

① 土方工程施工应由具有相应资质的施工企业承担。

② 熟悉工程地质勘探报告，根据报告编制施工开挖方案并经技术负责人审批同意，土方在定位放线完成并经复核无误后，方可进行施工。

③ 做好施工区域内临时排水系统的规划，并注意在有地下管道、管线的地段施工时，应先取得管理部门同意并采取措施防止损坏。

④ 基坑开挖时的放坡坡度、邻边支护以及在邻街、邻建筑物和深基坑开挖时要采取的基坑支撑要求应符合相应的施工规范，必要时组织专家论证。

⑤ 对于开挖低于地下水位的基坑，应根据地质资料、挖方尺寸和防止地基土结构遭受破坏等采用集水坑或井点降水。

（2）土方工程施工的安全要求：

① 土方工程施工应由具有相应资质和安全生产许可证的企业承担。

② 土方工程应编制专项施工安全方案，并应严格按方案实施。

③ 施工前应针对安全风险进行安全教育和安全技术交底，特种作业人员必须持证上岗，机械操作人员应经过专业技术培训。

④ 施工现场发现危及人身安全和公共安全的隐患时，必须立即停止作业，排除隐患后方可恢复施工。

⑤ 在土方工程施工过程中，当发现古墓、古物等地下文物或其他不能辨认的液体、气体及异物时，应立即停止作业，做好现场保护，并报有关部门处理后方可继续施工。

二、路基工程

1. 路基的组成和分类

路基工程是公路的重要组成部分，主要包括路基体、排水设施、防护工程、特殊路基四大部分。路基主体由路基顶面、路肩、基床、边坡、基底、基面构成。

（1）按路基填挖分类。按填挖横断面分为路堤、路堑和半填半挖三种形式。图 7-1 为常见的横断面形式。

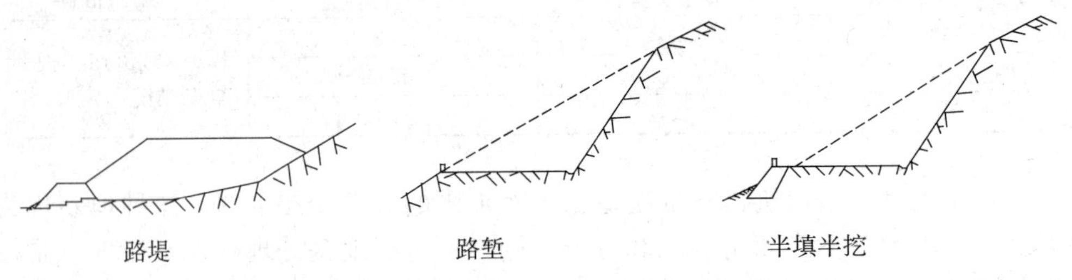

图 7-1　常见的横断面形式

（2）按路基标准横断面形式分类。路基按标准横断面形式分为整体式、分离式、二级公路标准横断面、三级和四级公路标准横断面路基四类。

（3）按路基填筑材料分类。路基按填筑材料分为填石路堤、土石混填路堤、填土路堤三类。路堤填料中石料含量等于或大于 70％时，应按填石路堤施工；石料含量小于 70％且大于 30％时，按土石混填路堤施工；石料含量小于 30％时，按填土路堤施工。

（4）按防护工程形式分类。按设置防护工程类型情况分挡土墙路堤、护肩路堤、矮墙路堤、沿河路堤和一般路堤等。当填筑高度小于路基临界高度或小于 1.0 m 时，称为低路堤；填筑高度大于路基临界高度，不超过 6 m 时，称为一般路堤；超过 6 m 时，称为高路堤。

2. 路基的基本构造

（1）路基宽度。各等级公路路基宽度为两侧土路肩边缘范围，路基宽度取决于公路技术等级。

（2）路基高度。路基高度是填方路段路堤的填筑高度和挖方路段路堑的开挖深度，是路基设计标高与原地面标高的差值。

1）路基设计标高：公路路基设计标高指路肩边缘标高；在设置超高、加宽地段，则为设置超高、加宽前的路肩边缘标高。设有中央分隔带的高速公路、一级公路，其路基设计标高为中央分隔带的外侧边缘标高。

2）路基最小高度：根据对路基稳定性和强度的要求，路基高度应使路肩边缘高出路基两侧地面积水高度，保证路基处于干燥或中湿状态，不受地面水、地下水、毛细水和冰冻作用的影响，则应结合路基临界高度（在不利季节，当路基处于某种干湿状态时，路基顶面距地下水位或地面长期积水位的最小高度）和公路沿线具体的排水及防护措施，确定路基的最小高度。在只考虑排除降水的情况下的路基最小填土高度，一般取砂质土 0.3～0.5 m、黏质土 0.4～0.7 m、粉质土 0.5～0.8 m。

（3）路基边坡。路基边坡指边坡高度 H 与边坡宽度 b 之比值，一般取 $H=1$，则 $H:b=1:n$（路堑）或 $1:m$（路堤），m、n 表示其坡率，称为边坡坡率。在路基横断面中，坡脚线与设计线的标高之差应为路基边坡高度。填方路基边坡坡率对于路基整体稳定起着重要作用，路基边坡形式和坡率是根据填料的物理力学性质、边坡高度和工程地质条件确定。边坡高度超过 20 m 称为高路堤，其边坡坡率需作路堤稳定性分析后确定。

3. 土方路基施工

公路土方路基施工主要是挖掘路堑和填筑路堤，不稳定土的处理以及清理场地施工中的排水、边沟、边坡的修筑等工作。土质路基的挖镇，首先必须搞好施工排水，包括开挖地面临时排水沟槽及设法降低地下水位，以便始终保持施工场地的干燥。

（1）土方施工。

1）工作范围：道路土方工程包括从路堑挖掘土方和路堤填筑土方、弃置土方等所有工程。

2）土方开挖：

路堑的开挖方式应根据路堑的深度和纵向长度，以及地形、土质、土方调配情况和开挖机械设备的因素确定，以加快施工进度和提高工作效率。方法有横挖法和纵挖法。

3）路堤填筑：在路堤填筑前首先对原有地面进行清理，对于存在的不平之处应首先予以整平，然后进行碾压（填前碾压），达到规范要求的压实度。对于需要填筑的地段坡度较大时应首先从低处填起分层填筑，并应在原有坡面上修筑台阶以利于新旧土的结合，台阶宽度应在 1 m 左右，厚度应根据分层填筑的厚度加以确定。

4）软土地基路基施工：

① 软土路基常用加固方法：当路堤经稳定验算或沉降计算不能满足设计要求时，必须对软土地基进行加固。加固的方法很多，常用的方法有：塑料排水板、砂井、袋装砂井、排水砂垫层、土工织物铺垫、预压、挤实砂（碎石）桩、旋喷桩、生石灰桩、换土、反压护道等。

② 施工现场常用处理软土路基及弹簧土方法：换填、抛石填筑、盲沟、排水砂垫层、石灰浅坑法。为保证湿陷性黄土路基的稳定，宜采取的加固措施是强夯法。

5）路基碾压。碾压原则：先慢后快，先轻后重，轮迹重叠。其方法是：第一遍用震动压路机静压进行稳压，第二遍再震动压实。影响压实效果的主要因素一般来说是含水量、土类以及压实功能。

6）压实度。压实度为筑路材料压实后的干密度与标准最大干密度之比，用百分率表示，路基压实度越大，路基强度越高。影响填土压实的因素有：压实功、土的含水量以及松铺厚度。公路路基不同深度的强度要求是不同的，距路面结构层底面越远，对路基压实度要求相应减小。《公路路基施工技术规范》（JTG F10—2006）规定的压实度要求如表 7-4 所示。

表 7-4　土质路基压实度标准

<table>
<tr><th colspan="2" rowspan="2">填挖类别</th><th rowspan="2">路床顶面以下深度/m</th><th colspan="3">路基压实度/%</th></tr>
<tr><th>高速、一级公路</th><th>二级公路</th><th>三级、四级公路</th></tr>
<tr><td rowspan="4">填方路基</td><td>上路床</td><td>0～0.30</td><td>≥96</td><td>≥95</td><td>≥94</td></tr>
<tr><td>下路床</td><td>0.3～0.80</td><td>≥96</td><td>≥95</td><td>≥94</td></tr>
<tr><td>上路堤</td><td>0.80～1.5</td><td>≥94</td><td>≥94</td><td>≥93</td></tr>
<tr><td>下路堤</td><td>>1.5</td><td>≥93</td><td>≥92</td><td>≥90</td></tr>
<tr><td colspan="2" rowspan="2">零填及挖方路基</td><td>0～0.30</td><td>≥96</td><td>≥95</td><td>≥94</td></tr>
<tr><td>0.3～0.80</td><td>≥96</td><td>≥95</td><td>—</td></tr>
</table>

7）路堤填筑材料：填方路基应优先选用天然级配较好的砾类土、砂类土等粗粒土作为填料。粉性土必须掺入较好的土体后才能用作路基填料，且在高等级公路中，只能用于路堤下层（距路槽底 0.8 m 以下）。细粒土料要求液限≤50%、塑限≤26。淤泥、冻土、有机土、含草皮土、生活垃圾、树根和具有腐朽物质以及有机质含量大于 5%的土不得使用。应通过取土试验确定路基填料最小强度与最大粒径要求。

路基品质的好坏，主要取决于它的强度和稳定性以及水温稳定性。水温稳定性是指路基在水和温度的作用下保持器强度的能力。路基破坏变形的主要原因：①不良的工程地质和水文地质条件；②不利的水文与气候因素；③设计不合理；④施工不符合有关规定。

（2）路基防护与加固工程施工。路基防护工程是防治路基病害，保证路基稳定，改善环境景观，保护生态平衡的重要设施。路基防护与加固的重点是路基边坡。其类型可分为：

1）边坡坡面防护：坡面防护，主要是保护路基边坡表面免受雨水冲刷，减缓温差及温度变化的影响，防止和延缓软弱岩土表面的风化、碎裂、剥蚀演变进程，从而保护路基边坡的整体稳定性，在一定程度上还可美化路容，协调自然环境。

① 植物防护：种草、铺草皮、植树。

② 工程防护（矿料防护）：框格防护、封面、护面墙、干砌片石护坡、浆砌片石护坡、浆砌预制块护坡、锚杆钢丝网喷浆、喷射混凝土护坡。

2）沿河河堤河岩冲刷防护：

① 直接防护：植物、砌石、石笼、挡土墙等。

② 间接防护：丁坝、顺坝等调治导流构造物以及改河营造护林带。

第二节　基础工程

一、砌体和钢筋混凝土基础施工工艺

1. 砖砌基础施工工艺

砖砌基础的施工工艺。砖砌基础宜采用烧结普通砖和水泥砂浆砌筑，不宜采用烧

结多孔砖砌筑，也不宜采用混合砂浆砌筑。设计有圈梁的，要做圈梁施工，完成后做找平层。如无圈梁，则抹防潮层并达到找平基墙顶面的目的。其施工工艺如下：

地基验收合格→基础垫层施工→抄平→放线→摆砖→立皮数杆→挂线→砌砖→勾缝和清理→基础验收→回填土。

2. 钢筋混凝土基础施工工艺

(1) 钢筋混凝土基础的施工工艺：地基验收合格→基础垫层施工→基础放线→基础侧模板搭设→基础钢筋绑扎→钢筋隐蔽工程验收→浇混凝土→试块制作→混凝土养护→基础验收→回填土。

(2) 钢筋混凝土基础的主要形式有条形基础、单独基础、高层建筑的片筏基础和箱形基础等。

二、钢筋混凝土预制桩和灌注桩的施工方法和工艺

1. 钢筋混凝土预制桩的施工工艺与构造要求

钢筋混凝土预制桩有实心桩和空心桩两种，空心桩在现代工程中采用先张预应力管桩的较多。在打桩过程中，每阵锤击贯入度随锤击阵数的增加而逐渐减少，桩的承载力则逐渐增加。根据打（沉）桩的方法不同，有锤击沉桩法、静力压桩法及振动法等。

(1) 锤击沉桩法的施工工艺。确定桩位和沉桩顺序→打桩机就位→吊桩喂桩→校正→锤击沉桩→接桩→再锤击沉桩→送桩→收锤→切割桩头。

(2) 静力压桩法施工工艺。测量定位→压桩机就位→吊桩、插桩→桩身对中调直→静压沉桩→接桩→再静压沉桩→送桩→终止压桩→检查验收→转移桩机。

2. 钢筋混凝土灌注桩的施工工艺

钢筋混凝土灌注桩是一种直接在现场桩位上就地成孔，然后在孔内浇筑混凝土或安放钢筋笼再浇筑混凝土而成的桩。它能适应地层的变化，无须接桩。按其成孔方法不同可分为：钻孔灌注桩、沉管灌注桩、人工挖孔和挖孔扩底灌注桩等。当打桩面积大并且桩的密度较高时，采用的打桩顺序应当是自中间向两个方向对称进行、自中间向四周进行或分区域进行。

(1) 钻孔灌注桩。钻孔灌注桩是指利用钻孔机械钻出桩孔，并在孔中浇筑混凝土（或先在孔中吊放钢筋笼）而成的桩。钻孔灌注桩有冲击钻成孔灌注桩、回转钻成孔灌注桩、潜水电钻成孔灌注桩以及钻孔压浆灌注桩等。除钻孔压浆灌注桩外，其他三种均为泥浆护壁钻孔灌注桩。

泥浆护壁钻孔灌注桩施工工艺流程是：场地平整→桩位放线→开挖浆池、浆沟→护筒埋设→钻机就位、孔位校正→成孔、泥浆循环、清除废浆、泥渣→清孔换浆→终孔验收→下钢筋笼和钢导管→浇筑混凝土→成桩。泥浆的作用是携渣、护壁并冷却钻头。

(2) 沉管灌注桩。沉管灌注桩是指利用锤击打桩法或振动打桩法，将带有活瓣式桩尖或预制钢筋混凝土桩尖的钢套管沉入土中，然后边浇筑混凝土边锤击或振动边拔管而成的桩。前者称为锤击沉管灌注桩及套管夯扩灌注桩，后者称为振动沉管灌注桩，为了防止断桩，宜采用跳打法进行施工。

沉管灌注桩施工工艺流程是：桩机就位→锤击（振动）沉管→下钢筋笼→上料→边锤击（振动）边拔管，并继续浇筑混凝土→成桩。

（3）人工挖孔灌注桩。人工挖孔灌注桩是指桩孔采用人工挖掘方法进行成孔，然后安放钢筋笼，浇筑混凝土而成的桩。护壁方法可以采用现浇混凝土护壁、喷射混凝土护壁、砖砌体护壁、沉井护壁、钢套管护壁、型钢或木板桩工具式护壁等多种。

人工挖孔灌注桩的施工工艺流程是：场地整平→放线、定桩位→挖第一节桩孔土方→支模浇筑第一节混凝土护壁→在护壁上二次投测标高及桩位十字轴线→安装活动井盖、垂直运输架、起重卷扬机或电动葫芦、活底吊木桶、排水、通风、照明设施等→第二节桩身挖土→清理桩孔四壁、校核桩孔垂直度和直径→拆上节模板、支第二节模板、浇筑第二节混凝土护壁→重复第二节挖土、支模、浇筑混凝土护壁工序、循环作业直至设计深度→进行扩底（当需扩底时）→清理虚土、排除积水、检查尺寸和持力层→吊放钢筋笼就位→浇筑桩身混凝土。

三、基础工程施工的质量与安全要求

1. 基础工程施工的质量控制要点

① 熟悉工程地质勘察资料，掌握工程附近管线、建筑物、构筑物和其他公共设施的构造情况，施工轴线定位点和水准基点要复查。

② 施工单位必须具备相应的专业资质，并建立完善的质量管理体系和质量检验制度。

③ 基础工程所用的材料、制品应符合设计要求，从事地基基础工程检测及见证试验的单位，必须具备省级以上建设行政主管部门颁发的资质证书和计量行政主管部门颁发的计量认证合格证书。

④ 施工过程中出现异常情况时，应停止施工，由监理或建设单位组织勘察、设计、施工等有关单位共同分析情况，解决问题，消除质量隐患。

⑤ 人工处理地基的承载力必须达到设计要求。

⑥ 桩的承载力及桩体质量检测合格。

2. 基础工程施工的安全控制要点

① 挖土机械作业安全控制。

② 边坡与基坑支护安全控制。

③ 降水设施和临时用电安全控制。

④ 防水施工时的防火防毒控制。

⑤ 人工挖孔桩的安全防护措施。

第三节　脚手架工程及垂直运输设施

一、钢管扣件式、门式和碗扣式脚手架的构造、搭设和拆除要求

1. 钢管扣件式脚手架的构造、搭设和拆除要求

钢管扣件式脚手架是为建筑施工而搭设的、承受荷载的由扣件和钢管等构成的脚

手架与支撑架。常用密目式安全立网全封闭双排脚手架的设计尺寸见表 7-5。

（1）钢管扣件式脚手架的构造。

1）钢管杆件，包括立杆、纵向水平杆（大横杆）、横向水平杆（小横杆）、剪刀撑、斜撑和抛撑等，见图 7-2。

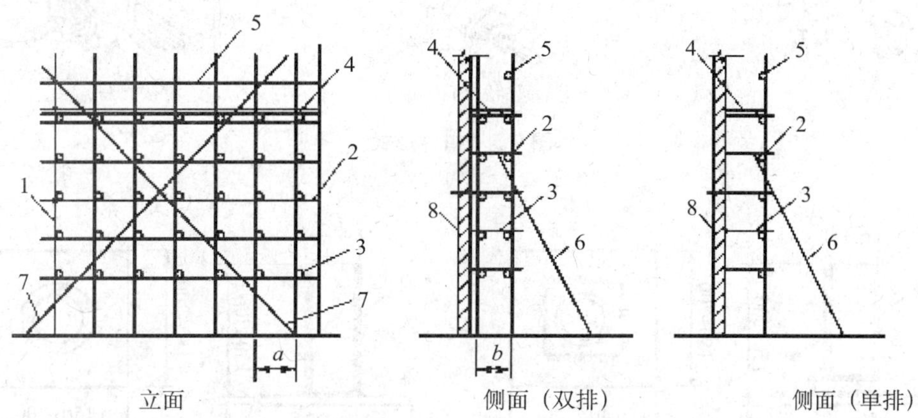

图 7-2　钢管扣件式脚手架

1. 立杆；2. 大横杆；3. 小横杆；4. 脚手板；5. 栏杆；6. 抛撑；7. 剪刀撑；8. 墙体

表 7-5　常用密目式安全立网全封闭双排脚手架的设计尺寸

连墙杆设置	立杆横距 (l_b)/m	步距 (h)/m	下列荷载时立杆纵距 l_a				脚手架允许搭设高度 (H) /m
			2＋0.35/(kN/m²)	2＋2＋2×0.35 (kN/m²)	3＋0.35 (kN/m²)	3＋2＋2×0.35 (kN/m²)	
二步三跨	1.05	1.50	2.0	1.5	1.5	1.5	50
		1.80	1.8	1.5	1.5	1.5	32
	1.30	1.50	1.8	1.5	1.5	1.5	50
		1.80	1.8	1.2	1.5	1.2	30
	1.55	1.50	1.8	1.5	1.5	1.5	38
		1.80	1.8	1.2	1.5	1.2	22
三步三跨	1.05	1.50	2.0	1.5	1.5	1.5	43
		1.80	1.8	1.2	1.5	1.2	24
	1.30	1.50	1.8	1.5	1.5	1.2	30
		1.80	1.8	1.2	1.5	1.2	17

注：1. 表中所示 2＋2＋2×0.35（kN/m²），包括下列荷载：2＋2（kN/m²）为二层装修作业层施工荷载标准值；2×0.35（kN/m²）为二层作业层脚手板自重荷载标准值。

2. 作业层横向水平杆间距，应按不大于 $l_a/2$ 设置。

3. 地面粗糙度为 B 类，基本风压 $w_0=0.4$ kN/m²。

2）扣件。杆件之间的连接件，有直角扣件、旋转扣件和对接扣件三种基本形式，见图 7-3。

3）底座。钢管扣件式脚手架的底座用于承受立杆传递下来的荷载。底座有内插式和外套式两种形式，见图 7-4。

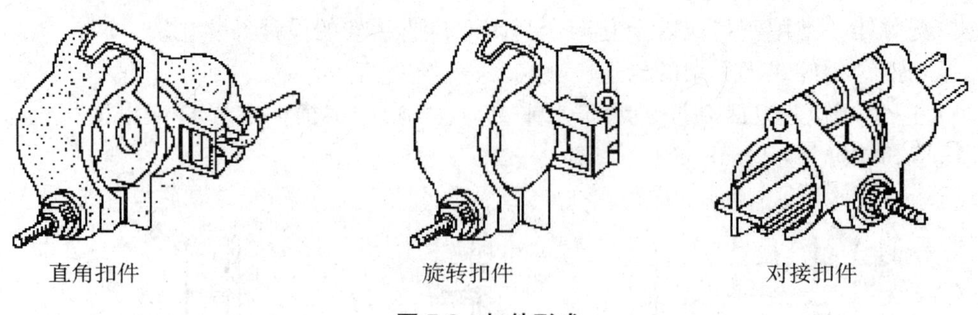

图 7-3　扣件形式

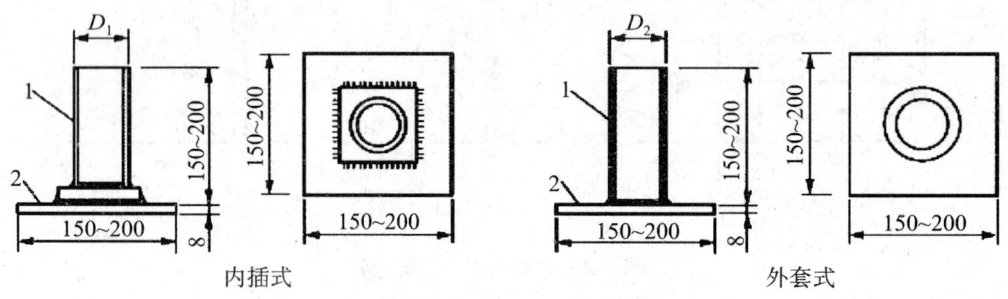

图 7-4　钢管扣件式脚手架底座

1. 承插钢管；2. 钢板底座

4）连墙件。将架体与建筑主体结构连接，能够传递拉力和压力的构件。连墙件布置的最大间距见表 7-6。

表 7-6　连墙件布置的最大间距

搭设方法	高度/m	竖向间距（h）/m	水平间距（l_a）/mm	每根连墙件覆盖面积/m²
双排落地	≤50	3 h	3 l_a	≤40
双排悬挑	>50	2 h	3 l_a	≤27
单排	≤24	3 h	3 l_a	≤40

注：h——步距；l_a——纵距。

5）脚手板。根据材料不同可分为钢脚手板、竹脚手板和木脚手板，单块脚手板的质量不宜大于 30 kg。其中竹脚手板宜采用毛竹或楠竹制成的竹串片板、竹笆板，木脚手板厚度不应小于 50 mm，两端宜各设置不小于 4 mm 的镀锌钢丝箍两道。脚手板对接、搭接构造见图 7-5。

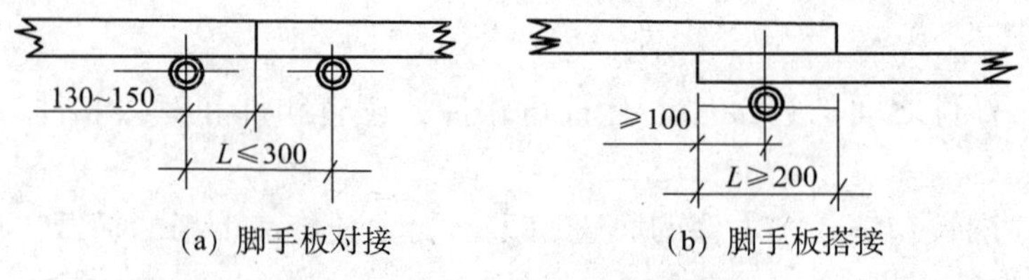

图 7-5　脚手板对接、搭接构造

（2）钢管扣件式脚手架的搭设和拆除要求。脚手架搭设前，应按专项施工方案向工人进行交底，并对钢管、扣件、脚手板、可调托撑等进行检查验收，经检验合格的构配件应按要求堆放在无积水的场地，并对搭设场地进行清理、整平、排水通畅。

1）钢管扣件式脚手架的搭设要求。脚手架必须配合施工进度按要求搭设，搭完每一步架后，按相应规定校正步距、纵距、横距及立杆垂直度。

脚手架搭设用底座和垫板应准确地放置在定位线上，垫板应采用长度不少于 2 跨、厚度不小于 50 mm、宽度不小于 200 mm 的木板。

搭设立杆时，应每隔 6 跨设置一根抛撑，直至连墙件安装稳定后，方可根据情况拆除，当架体搭设至有连墙件的主节点时，在搭设完该处的立杆、大横杆、小横杆后，应立即设置连墙件。

脚手架大横杆应设置在立杆内侧，单根杆长度不应小于 3 跨，并采用直角扣件与立杆固定按步搭设，且在封闭型脚手架的同一步中，大横杆应四周交圈设置，并采用直角扣件与内外角部立杆固定；连墙件的安装应随脚手架搭设同步进行，剪刀撑与横向斜撑应随立杆、大小横杆等同步搭设，剪刀撑斜杆应采用搭接或对接，每道剪刀撑宽度不小于 4 跨，且不小于 6 m；且高度在 24 m 以上的双排脚手架应在外侧全立面连续设置剪刀撑，高度在 24 m 以下的单、双排脚手架，均需在外侧两端、转角及中间间隔不超过 15 m 的立面上，各设置一道剪刀撑，并由底至顶连续设置。

脚手板应铺满、铺稳，在拐角、斜道平台口处的脚手板，应用镀锌钢丝固定在小横杆上，防止滑动。

2）钢管扣件式脚手架的拆除要求。脚手架拆除应按专项方案施工，在拆除前全面检查脚手架的扣件连接、连墙件、支撑体系等是否符合构造要求，清除脚手架上杂物及地面障碍物，并对施工人员进行交底。

脚手架拆除作业必须由上而下逐层进行，严禁上下同时作业，连墙件必须随脚手架逐层拆除，严禁先将连墙件整层或数层拆除后再拆脚手架，分段拆除高差大于两步时，应增设连墙件加固；当拆至下部最后一根长立杆的高度（约 6.5 m）时，应先在适当位置搭设临时抛撑加固后再拆除连墙件。

架体拆除作业应专人指挥，明确分工、统一行动，运至地面的构配件应按规定及时检查、整修与保养，分类存放。

2. 门式脚手架的构造、搭设和拆除要求

门式脚手架是以门架、交叉支撑、连接棒、挂扣式脚手板、锁臂、底座等组成基本结构，再加以水平加固杆、剪刀撑、扫地杆加固，并采用连墙件与建筑物主体结构相连的一种定型化钢管脚手架，见图 7-6。

（1）门式脚手架的构造。

① 门架，门式脚手架的主要构件，其受力杆件为焊接钢管，由立杆、横杆及加强杆等相互焊接组成。

② 交叉支撑，每两榀门架纵向连接的交叉拉杆。

③ 连接棒，用于门架立杆竖向组装的连接件，由中间带有凸环的短钢管制作。

④ 挂扣式脚手板，两端设有挂钩，可紧扣在两榀门架横梁上的定制钢制脚手板。

⑤ 锁臂，门架立杆组装接头处的拉接件，其两端有圆孔挂于上下榀门架的锁销上。

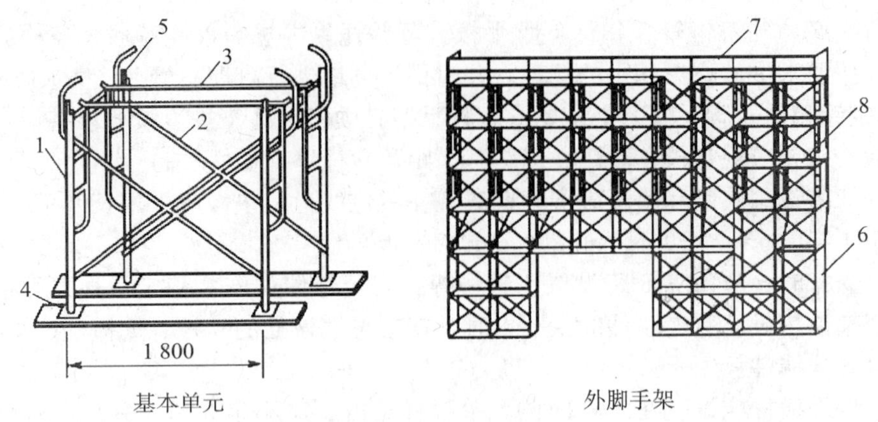

图 7-6　门式脚手架

1. 门架；2. 交叉支撑；3. 水平加固杆；4. 底座；5. 连接棒；6. 梯子；7. 栏杆；8. 脚手板

⑥ 底座，安插在门架立杆下端，将力传给基础的构件，可分为调节底座和固定底座。

（2）门式脚手架搭设和拆除要求。门式脚手架搭设和拆除前，应向搭拆和使用人员进行安全技术交底，依据专项施工方案作业。所使用的门架与配件、加固杆等在使用前应进行检查和验收，经检验合格的构配件及材料分类堆放整齐、平稳，并对搭设场地进行清理、平整，做好排水。

① 门式脚手架的搭设要求。门式脚手架搭设应与施工进度同步，一次搭设高度不宜超过最上层连墙件两步，且自由高度不应大于 4 m；门架的组装应自一端向另一端延伸，自下而上按步架搭设，逐层改变搭设方向，不应自两端相向搭设或自中间向两端搭设；每搭设完两步门架后，校验门架水平度和立杆垂直度。

交叉支撑、脚手板应与门架同时安装，连接门架的锁臂、挂钩必须处于锁住状态，钢梯的设置应符合专项施工方案组装布置图的要求，在施工作业层外侧周边应设置 180 mm高的挡脚板和两道栏杆，上道栏杆高度应为 1.2 m，下道栏杆居中设置，且均应设置在门架立杆内侧。

水平加固杆、剪刀撑等加固杆件必须与门架同步搭设，且水平加固杆应设立于门架立杆内侧，剪刀撑应设立于门架立杆外侧。

连墙件的安装必须随脚手架搭设同步进行，严禁滞后安装，且当脚手架操作层高出相邻连墙件以上两步时，在连墙件安装完毕前必须采用确保脚手架稳定的临时拉结措施。

加固杆、连墙件等杆件与门架采用扣件连接时，扣件规格应与所连接钢管的外径相匹配，扣件螺栓拧紧扭力矩值应为 40～65 N·m，杆件端头伸出扣件盖板边缘长度不应小于 100 mm。

② 门式脚手架的拆除要求。架体的拆除应按拆除方案施工，拆除前应检查，清除架体上的材料、杂物及作业面的障碍物。

拆除作业时，应从上而下逐层进行，严禁上下同时作业；对同一层的构配件和加固杆件必须按先上后下、先外后内的顺序进行拆除，连墙件必须随脚手架逐层拆除，严禁将连墙件整层或数层拆除后再拆架体，在拆除作业过程中，当架体的自由高度大于两步时，必须加设临时拉结，而连接门架的剪刀撑等加固杆件必须在拆卸该门架时拆除。

门架与配件应采用机械或人工运至地面，严禁抛投，拆卸的门架与配件、加固杆等不得集中堆放在未拆架体上，应及时检查、整修与保养，分类存放。

3. 碗扣式脚手架的构造、搭设和拆除要求

碗扣式脚手架是采用碗扣式连接的钢管脚手架和模板支撑架。

（1）碗扣式脚手架的构造。碗扣式脚手架的主要构配件有钢管立杆、横杆、斜杆、顶杆和碗扣接头等，其基本构造与钢管扣件式脚手架类似，仅碗扣接头有区别。

碗扣接头主要由上碗扣、下碗扣、限位销和横杆接头组成，是碗扣式脚手架的核心配件，如图 7-7 所示。立杆碗扣节点间距按 0.6 m 模数设置。

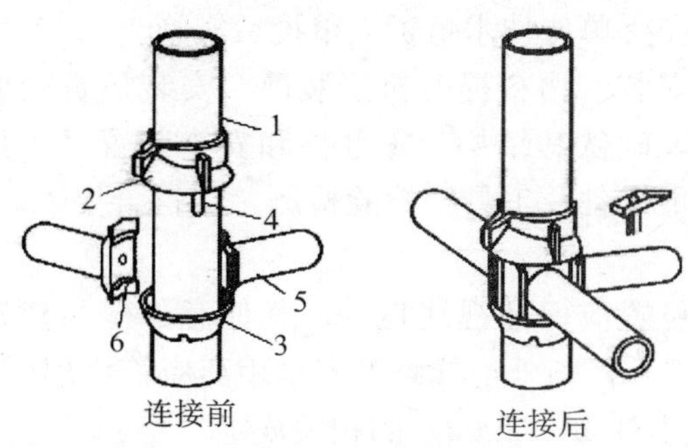

图 7-7　碗扣节点构成

1. 立杆；2. 上碗扣；3. 下碗扣；4. 限位销；5. 横杆；6. 横杆接头

（2）碗扣式脚手架的搭设和拆除要求。碗扣式脚手架搭设前，应按专项施工方案要求对操作人员进行技术交底。对进入现场的脚手架构配件，应对其质量进行复检，检验合格的构配件分类放置在堆料区或码放在专用架上，堆放场地排水应通畅，且脚手架搭设场地必须平整、坚实、有良好的排水措施。

1）碗扣式脚手架的搭设要求。脚手架搭设用底座和垫板应准确地放置在定位线上，垫板宜采用长度不少于立杆 2 跨、厚度不小于 50 mm 的木板，底座的轴心线应与地面垂直。

脚手架搭设应按立杆、横杆、斜杆、连墙件的顺序逐层、分阶段搭设，每段搭设后必须经过检查验收，合格后方可投入使用，其底层水平框架的纵向直线度偏差应小于 1/200 架体长度，横杆间水平偏差度应小于 1/400 架体长度。还应与建筑物的施工同步上升，且高于作业面 1.5 m，当脚手架高度 $H\leqslant30$ m 时，垂直度偏差应$\leqslant H/500$；当高度 $H>30$ m 时，垂直度偏差应$\leqslant H/1\,000$。

连墙件必须随脚手架升高及时在规定的位置处设置，严禁任意拆除。

作业层设置脚手板必须铺满、铺实，外侧应设 180 mm 高挡脚板及 1 200 mm 高两道防护栏杆，且防护栏杆应在立杆 0.6 m 和 1.2 m 的碗扣接头处搭设两道，作业层下部的水平安全网设置应符合国家现行标准《建筑施工安全检查标准》（JGJ 59—2011）的规定。

2）碗扣式脚手架的拆除要求。脚手架拆除作业前，施工管理人员应对操作人员进行安全技术交底，并清理脚手架上的器具及多余的材料和杂物。

脚手架拆除时，必须按照专项施工方案，划出安全区，设置警戒标志，由专人看守，在专人指挥下进行作业；拆除作业应从顶层开始，逐层向下进行，严禁上下层同时拆除；连墙件必须在作业至该层时方可拆除，严禁提前拆除；拆除的构配件应采用起重设备吊运或人工传递至地面，严禁抛掷，且拆除的构配件应分类堆放，以便运输、维护和保管。

二、物料提升机、塔吊和施工电梯的安装、使用和拆除要求

1. 物料提升机的安装、使用和拆除要求

安装、拆除物料提升机的单位应具有起重机械安拆资质及安全生产许可证，作业人员必须经专门培训取得特种作业资格。物料提升机安装拆除前，应根据工程实际情况编制专项方案，并经安拆单位技术负责人审批后实施。

（1）物料提升机的安装。物料提升机安装前，安装负责人应依据专项方案对作业人员进行安全技术交底，确认其结构、零部件和安全装置经出厂检验，确认其基础已验收，确认辅助安装起重设备及工具经检验检测，均符合要求；还应明确作业警戒区，并设专人监护。

物料提升机的基础位置应保证视线良好，其任意部位与建筑物或其他施工设备间的安全距离不应小于 0.6 m，与外电线路的安全距离应符合现行行业标准《施工现场临时用电安全技术规范》（JGJ 46—2005）的相关规定。

卷扬机安装位置宜远离危险作业区，且视线良好，其卷筒的轴线应与导轨架底部导向轮的中线垂直，垂直度偏差不宜大于 2°，垂直距离不宜小于 20 倍卷筒宽度，当不能满足条件时，应设排绳器；卷扬机应采用地脚螺栓与基础固定牢固，当采用地锚固定时，其前端应设定固定止挡；导轨架的安装程序应按专项方案要求执行，紧固件的紧固力矩应符合使用说明书要求；钢丝绳应设置防护槽，槽内应设滚动托架，且应采用钢板网将槽口封盖，并不得拖地或浸泡在水中。

物料提升机安装完毕后，应由工程负责人组织安装、使用、租赁，并由监理单位等对其安装质量进行验收；验收合格后，应在导轨架明显处悬挂验收合格标志牌。

（2）物料提升机的使用。物料提升机必须由取得特种作业操作证的人员操作，严禁载人；物料应在吊笼内均匀分布，不应过度偏载，不得超载；物料提升机每班作业前司机应进行作业前检查，确认无误方可作业，在任何情况下，不得使用限位开关代替控制开关运行；当发生防坠安全器制停吊笼的情况时，应查明制停原因，排除故障，检查吊笼、导轨架及钢丝绳，确认无误并重新调整防坠安全器后运行。

物料提升机在夜间使用应有良好照明，在恶劣天气时，必须停止运行；作业结束后，应将吊笼返回最底层停放，控制开关扳至零位，断电锁好开关箱。

（3）物料提升机的拆除。物料提升机拆除作业前，应对物料提升机的导轨架、附墙架等部位进行检查，确认无误后方能进行拆除作业；拆除作业宜在白天进行，夜间作业需有良好照明，且应先挂吊具、后拆除附墙架或缆风绳及地脚螺栓，并不得抛掷构件。

2. 塔吊的安装、使用和拆除要求

塔吊必须由具有相应资质的单位安拆，安拆作业必须配备持有安全生产考核合格证书的项目负责人和安全负责人、机械管理人员，具有特种作业操作资格证书的相关

特种作业操作人员；对于国家明令淘汰、超过规定使用年限经评估不合格、不符合国家现行相关标准和没有完整安全技术档案的塔吊严禁使用。

（1）塔吊的安装。塔吊的安装作业应根据专项施工方案要求实施，安装所需辅助用具及设备应检验合格；安装作业中应统一指挥，明确指挥信号，按相关要求加节作业，不宜在夜间进行安装作业，恶劣天气严禁作业。

塔吊的安全装置必须齐全，应按程序进行调试合格，连接件及其防松防脱件严禁用其他代用品代用，并使用力矩扳手或专用工具紧固连接螺栓；安装完毕及时清场，并经自检、检测合格，由相关单位验收合格后方可使用。

（2）塔吊的使用。塔吊相关操作人员应持证上岗，在使用前应对其进行安全技术交底；塔吊的力矩限制器、重量限制器、变幅限位器、行走限位器、高度限位器等安全保护装置不得随意调整和拆除，严禁用限位装置代替操纵机构。

塔吊作业前应示意警示，并对安全装置、吊具、索具等进行检查，确认合格方可作业；起吊作业应按位置绑扎牢固，不得超载，如遇突发故障和恶劣天气时，应立即停止作业；作业完毕，应松开回转制动器、各部件应置于非工作状态，开关归零，切断电源。

塔吊应实施各级保养，并对主要部件和安全装置进行经常性检查，发现隐患，及时整改，发生故障，及时维修。

（3）塔吊的拆卸。塔吊拆卸前应对涉及安全的相关项目进行检查，明确拆卸顺序和方法，连续作业，拆卸时应先降节、后拆除附着装置，拆卸完毕后，拆除辅助设施并清场。

3. 施工电梯的安装、使用和拆除要求

施工电梯安装单位应具备建设行政主管部门颁发的起重设备安装工程专业承包资质和建筑施工企业安全生产许可证，安拆工、电工、司机等应具有建筑施工特种作业操作资格证书；施工电梯使用单位应与安装单位签订安装、拆卸合同，明确双方的安全生产责任。

施工电梯安装作业前，安装单位应将其技术负责人批准的安拆专项施工方案报送使用、监理单位审核，并告知工程所在地县级以上建设行政主管部门，且施工升降机的类型、型号和数量应能满足施工现场货物尺寸、运载重量、运载频率和使用高度等方面的要求。

（1）施工电梯的安装。施工电梯的地基基础应满足其使用说明书要求，在安装作业前，安装技术人员应根据专项施工方案和使用说明书的要求对安装作业人员进行安全技术交底，并应对其各部件、辅助起重设备和其他安装辅助工具的机械性能和安全性能进行检查合格后作业；但对于属于国家明令淘汰或禁止使用、超过由安全技术标准或制造厂家规定使用年限、经检验达不到安全技术标准规定、无完整安全技术档案或无安全有效的安全保护装置的施工电梯不得安装使用。

安装作业人员应按交底内容进行作业，作业范围内应设置警戒线及明显警示标志，作业中应统一指挥、明确分工，并采取必要可靠的防护措施，如遇恶劣天气应停止安装作业。

安装作业时必须将按钮盒或操作盒移至吊笼顶部操作，当导轨架或附墙架上有人员作业时，严禁开动施工电梯；安装作业时安装作业人员和工具等不得超载，不得抛掷工具或器材，安装导轨架和接高导轨架标准节时，需按规定进行附墙连接，并对其垂直度进行测量校准，发现故障或危及安全的情况时，应停止安装作业。

安装完毕后应拆除所有临时设施并清场，调试并进行自检；自检合格后需经有资质的检验检测机构监督检验；检验合格后使用单位应组织相关单位进行验收，未经验收或验收不合格的施工升降机严禁使用；并将验收合格相关资料在规定时间内向工程所在地县级以上建设行政主管部门办理使用登记备案。

（2）施工电梯的使用。施工电梯司机应持证上岗，使用单位需对其进行书面安全技术交底。

不得使用有故障的施工电梯，严禁施工电梯使用超过有效标定期的防坠安全器，其额定载重量、额定乘员数标牌应置于吊笼醒目位置，严禁超载使用；使用单位应根据不同施工条件对其采取相应安全防护措施，其作业范围内应设置明显的安全警示标志，如遇恶劣天气，不得使用施工电梯。

使用期间，使用单位应按要求定期对施工电梯进行保养，定期进行超载试验，严禁用行程限位开关作为停止运行的控制开关，且施工电梯运行通道内不得有障碍物；施工电梯司机应遵守安全操作规程和安全管理制度，不得擅自离岗，严禁酒后作业。

施工电梯使用过程中，运载物料尺寸不得超过吊笼界限，均匀分布荷载，运输特殊物料应按有关规定执行；吊笼的各类安全装置应完好有效，运行中发现异常，应立即停机处理后方可继续运行；作业结束后，应将其返回最底层停放，将各控制开关归位、断电、上锁。

（3）施工电梯的拆卸。施工电梯拆卸作业应符合专项施工方案要求，拆卸前对其关键部件进行检查；拆卸作业不得在夜间进行，需有足够工作面做拆卸场地，应在四周设置警戒线和醒目的安全警示标志并派专人监护。

施工电梯拆卸应连续作业，并确保与基础相连的导轨架在最后一个附墙架拆除后仍能保持各向稳定，吊笼未拆除之前，非拆卸作业人员不得在地面防护围栏内、施工电梯运行通道内、导轨架内以及附墙架上等区域活动。

第四节　砌筑工程

一、砖砌体、中小型砌块墙的砌筑施工

砖砌体墙的砌筑施工

（1）砌筑材料的要求。

砖的品种、强度等级必须符合设计要求，并应有产品合格证书和性能检测报告，进场后应进行复验。

外观要求应尺寸准确、无裂纹、掉角、缺棱和翘曲等严重现象。用于清水墙、柱表面的砖要求边角整齐、色泽均匀。

砖应提前 1～2 d 浇水湿润，并可除去砖面上的粉末。烧结普通砖含水率宜为 10%～15%，但浇水过多会产生砌体走样或滑动。灰砂砖、粉煤灰砖不宜浇水过多，其含水率控制在 5%～8%为宜。

含水率的检查——砖截面周围融水深度达 15～20 mm。

砂浆可分为水泥砂浆、石灰砂浆、混合砂浆及其他加入一些各种外加剂的砂浆。不同品种的砂浆，其使用上有一定的要求。基础及特殊部位的砌体，主要用水泥砂浆砌筑。基础以上部位的砌体主要用混合砂浆。

砌筑砂浆应用机械搅拌，搅拌时间自投料完起算应符合下列规定：水泥砂浆和水泥混合砂浆不得少于 120 s，水泥粉煤灰砂浆和参用外加剂的砂浆不得少于 180 s。

砂浆搅拌完成后应在一定的使用时限内用完。水泥砂浆的使用时限在一般为 3 h，当施工期间最高气温超过 30 ℃时，应在 2 h 内使用完毕。在砂浆使用时限内，当砂浆的和易性变差时，可以在灰盆内适当掺水拌和恢复其和易性后再使用，超过使用时限的砂浆不允许直接加水拌和使用，以保证砌筑质量。

砌筑砂浆试块的强度验收时，同一检验批的砂浆试块强度平均值应大于或等于设计强度值的 1.10 倍，且最小一组的平均值应大于或等于设计强度等级值的 85%。

用于砌体工程的钢筋品种、强度等级必须符合设计要求，并应有产品合格证书和性能检测报告，进场后应进行复验。

（2）砌筑形式。

用普通砖砌筑的砖墙，依其墙面组砌形式不同，常用以下几种：一顺一丁、三顺一丁、梅花丁。

（3）砌筑方法。

砖砌体的砌筑方法有“三一”砌砖法、“二三八一”砌砖法、挤浆法、刮浆法和满口灰法。其中，“三一”砌砖法和挤浆法最为常用。

（4）砌筑工艺。

砖墙砌筑的施工过程：抄平→放线→摆砖→立皮数杆→挂线→砌砖→勾缝、清理。

上下错缝，内外搭接，以保证砌体的整体性，同时组砌要有规律，少砍砖，以提高砌筑效率，节约材料。

当采用一顺一丁组砌时，七分头的顺面方向依次砌顺砖，丁面方向依次砌丁砖。

砖墙的丁字接头处，应分皮相互砌通，内角相交处的竖缝应错开 1/4 砖长，并在横墙端头处加砌七分头砖。

砖墙的十字接头处，应分皮相互砌通，立角处的竖缝相互错开 1/4 砖长。

砖墙的转角处和交接处一般应同时砌筑，严禁无可靠措施的内外墙分砌施工。若不能同时砌筑，应将留置的临时间断做成斜槎。实心墙的斜槎长度不应小于墙高度的 2/3。斜槎高度不得超过一步脚手架的高度。

如临时间断处留斜槎确有困难时，非抗震设防及抗震设防烈度为 6 度、7 度地区，除转角处外也可留直槎，但必须做成凸槎，并加设拉结筋。拉结筋的数量为每 120 mm 墙厚放置一根直径 6 mm 的钢筋，间距沿墙高不得超过 500 mm，且竖向间距偏差不超过 100 mm。埋入长度从墙的留槎处算起，每边均不得少于 500 mm，对抗震设防烈度为 6 度、7 度地区，不得小于 1 000 mm，末端应有 90°弯钩。

6 度设防的底层框架——抗震墙砖房底层采用约束砖砌体墙时，施工顺序是先砌墙，后浇框架。

砖墙的水平灰缝厚度和垂直灰缝宽度宜为 10 mm，但不应小于 8 mm，也不应大于 12 mm。砖墙的水平灰缝砂浆饱满度不得小于 80%；垂直灰缝宜采用挤浆或加浆方法，不得出现透明缝、瞎缝和假缝。

在墙上留置临时施工洞口，其侧边离交接处墙面不应小于 500 mm，洞口净宽度不应超过 1 000 mm。临时施工洞口应做好补砌。

不得在下列墙体或部位设置脚手眼：

① 120 mm 厚墙、清水墙、料石墙、独立柱和附墙柱。

② 过梁上与过梁成 60°的三角形范围及过梁净跨度 1/2 的高度范围内。

③ 宽度小于 1 m 的窗间墙。

④ 墙体门窗洞口两侧 200 mm 范围内；转角处 450 mm 范围内。

⑤ 梁或梁垫下及其左右 500 mm 范围内。

⑥ 设计不允许设置脚手眼的部位。

施工脚手眼补砌时，灰缝应填满砂浆，不得用干砖填塞。

设计要求的洞口、管道、沟槽应于砌筑时正确留出或预埋，未经设计同意，不得打凿墙体和墙体上开凿水平沟槽。宽度超过 300 mm 的洞口上部，应设置钢筋混凝土过梁。

安装预制梁、板时应坐浆，当设计无具体要求时，应采用 1∶2.5 水泥砂浆。填充墙砌至接近梁、板底时，应留出一定空隙，待填充墙砌完并应至少间隔 7d 后，再将其补砌挤紧。

正常施工条件下砖墙每日砌筑高度宜控制在 1.5 m 或一步脚手架高度内，否则应加设临时支撑，砖砌体每层垂直度允许偏差为 5 mm。雨天不能露天砌筑墙体，对下雨当日砌筑的墙体应进行遮盖，继续施工时，应复核墙体的垂直度，如果垂直度超过允许偏差，应拆除重新砌筑。

砖墙工作段的分段位置，宜设在变形缝、构造柱或门窗洞口处；相邻工作段的砌筑高度不得超过一个楼层高度，也不宜大于 4 m。

构造柱的砌筑：设有钢筋混凝土构造柱的墙体，应先绑扎构造柱钢筋，然后砌砖墙，最后支模浇注混凝土。砖墙应砌成马牙槎，每一马牙槎沿高度方向不超过 300 mm（五退五进，先退后进），墙与柱应沿高度方向每 500 mm 设 2ϕ6 水平拉结筋，每边伸入墙内不应少于 1 000 mm，见图 7-8。构造柱一般尺寸允许偏差应符合表 7-7 的规定。

表 7-7　构造柱一般尺寸允许偏差及检验方法

项次	项目			允许偏差/mm	检验方法
1	中心线位置			10	用经纬仪和尺检查，或其他测量仪器检查
2	层间错位			8	用经纬仪和尺检查，或其他测量仪器检查
3	垂直度	每层		10	用 2 m 托线板检查
		全高	≤10 m	15	用经纬仪、吊线和尺检查，或其他测量仪器检查
			>10 m	20	

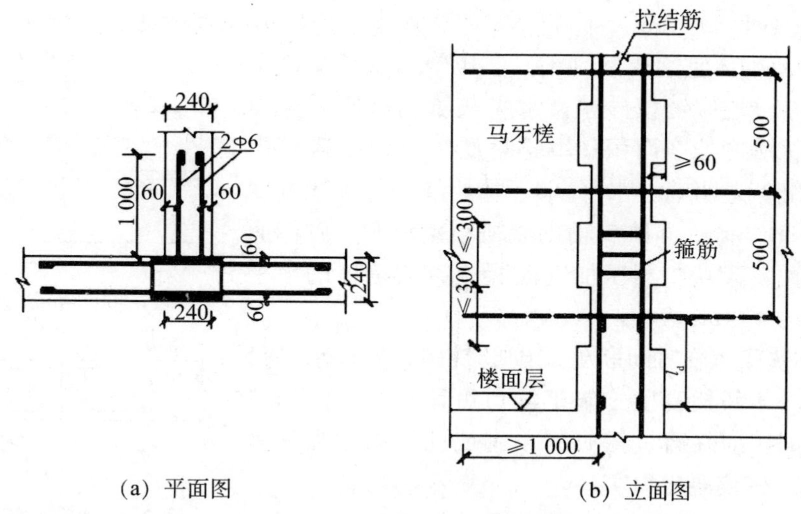

图 7-8 拉结钢筋布置及马牙槎

二、中小型砌块施工

1. 混凝土小型空心砌块施工

(1) 材料质量要求。普通混凝土小型空心砌块以水泥、砂、碎石或卵石、水等预制成。

普通混凝土小型空心砌块主规格尺寸为 390 mm×190 mm×190 mm，有两个方形孔，最小外壁厚应不小于 30 mm，最小肋厚应不小于 25 mm，空心率应不小于 25%。

施工所用的小砌块和砂浆的强度等级必须符合设计要求。

(2) 施工要点。

① 施工时所用的混凝土小型空心砌块的产品龄期不应小于 28d。普通混凝土小砌块不宜浇水；当天气干燥炎热时，可在砌块上稍加喷水湿润；对轻集料混凝土小砌块应提前浇水湿润，块体的相对含水率宜为 40%～50%。雨天及小砌块表面有浮水，不得施工。

② 应尽量采用主规格小砌块，小砌块的强度等级应符合设计要求，并应清除小砌块表面污物和芯柱用小砌块孔洞底部的毛边。小砌块应将生产时的底面朝上反砌于墙上。承重墙使用的小砌块应完整、无破损、无裂缝。

③ 小砌块的墙体转角和内外交接处应同时砌筑，纵横墙交错搭接。外墙转角处应使小砌块隔皮露端面；T 字交接处应使横墙小砌块隔皮露端面，纵墙在交接处改砌两块辅助规格小砌块（尺寸为 290 mm×190 mm×190 mm，一端开口），所有露端面用水泥砂浆抹平。

④ 小型砌块应对孔错缝搭砌。上下皮小型砌块竖向灰缝相互错开 190 mm。个别情况无法对孔砌筑时，普通混凝土小型砌块错缝长度不应小于 90 mm，轻骨料混凝土小型砌块错缝长度不应小于 120 mm；当不能保证此规定时，应在水平灰缝中设置 2ϕ4 钢筋网片，钢筋网片每端均应超过该垂直灰缝，其长度不得小于 300 mm，见图 7-9。配筋砌块砌体剪力墙中，采用搭接接头的受力钢筋搭接长度不应小于 35d（d 为钢筋直

径），且不应小于 300 mm。

⑤ 小砌块砌体宜逐块着（铺）浆砌筑，灰缝应横平竖直，全部灰缝均应铺填砂浆；水平灰缝的砂浆和竖向灰缝的砂浆饱满度按净面积计算不得低于 90%；砌筑中不得出现瞎缝、透明缝。水平灰缝厚度和竖向灰缝宽度应控制在8～12 mm。当缺少辅助规格小砌块时，砌体通缝不应超过两皮砌块。蒸压加气混凝土砌块砌体的水平灰缝厚度宜为 15 mm。

⑥ 小砌块砌体临时间断处应砌成斜槎，斜槎水平投影长度不应小于斜槎高度。施工洞口可留直槎，但洞口砌筑和补砌时，应在直槎搭砌的小砌块孔洞内用强度等级不低于 C20 的混凝土填实。

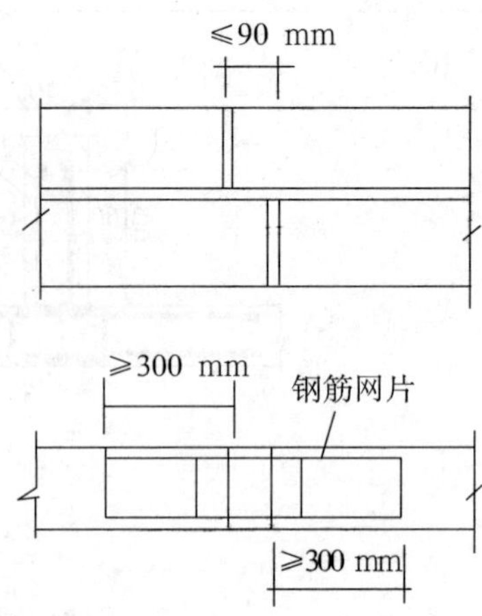

图 7-9　水平灰缝中拉结筋

⑦ 用轻骨料混凝土小型空心砌块或蒸压加气混凝土砌块砌筑墙体时，墙底部应砌烧结普通砖或多孔砖，或普通混凝土小型空心砌块，或现浇混凝土坎台等，其高度不宜小于 200 mm。

⑧ 对砌体表面的平整度和垂直度，灰缝的厚度和砂浆饱满度应随时检查，校正偏差。在砌完每一楼层后，应校核砌体的轴线尺寸和标高，允许范围内的轴线及标高的偏差，可在楼板面上予以校正。

2. 中型砌块施工

中型砌块施工，是采用各种吊装机械及夹具将砌块安装在设计位置，一般要按建筑物的平面尺寸及预先设计的砌块排列图逐块地按次序吊装，就位固定。

三、砌筑工程的质量及安全技术

1. 砖砌体的质量要求与允许偏差

砌体的质量应符合现行《砌体工程施工质量验收规范》（GB 50203）的要求，做到横平竖直，砂浆饱满，厚薄均匀，上下错缝，内外搭砌，接槎牢固。砖砌体组砌方法应正确，上下错缝，内外搭砌。

砖砌体的灰缝应横平竖直，厚薄均匀。灰缝宽度宜为 10 mm，不得小于 8 mm，也不得大于 12 mm。水平灰缝厚度用尺量 10 皮砖砌体高度折算；竖向灰缝宽度用尺量 2 m 砌体长度折算。

清水墙、窗间前无通缝；混水墙中不得有大于 300 mm 的通缝，长度 200～300 mm 的通缝每间不超过 3 处，且不得位于同一面墙上。砖柱不得采用包心砌法。

砖砌体一般尺寸允许偏差按照表 7-8 采用。

表 7-8　砖砌体尺寸、位置的允许偏差及检验

项次	项　目	允许偏差/mm	检验方法	检验数量
1	轴线位移	10	用经纬仪和尺，或用其他测量仪器检查	承重墙、柱全数检查
2	基础、墙、柱顶面标高	±15	用水平仪和尺检查	不应少于 5 处

续表

<table>
<tr><th>项次</th><th colspan="3">项　目</th><th>允许偏差/mm</th><th>检验方法</th><th>检验数量</th></tr>
<tr><td rowspan="3">3</td><td rowspan="3">表面垂直度</td><td colspan="2">每层</td><td>5</td><td>用 2 m 托尺检查</td><td>3</td></tr>
<tr><td rowspan="2">全高</td><td>≤10 m</td><td>10</td><td rowspan="2"></td><td rowspan="2"></td></tr>
<tr><td>>10 m</td><td>20</td></tr>
<tr><td rowspan="2">4</td><td colspan="2" rowspan="2">表面平整度</td><td>清水墙、柱</td><td>5</td><td rowspan="2">用 2 m 靠尺和楔形塞尺检查</td><td rowspan="2">4</td></tr>
<tr><td>混水墙、柱</td><td>8</td></tr>
<tr><td rowspan="2">5</td><td colspan="2" rowspan="2">水平灰缝平直度</td><td>清水墙</td><td>7</td><td rowspan="2">用 5 m 拉线和尺检查</td><td rowspan="2">5</td></tr>
<tr><td>混水墙</td><td>10</td></tr>
<tr><td>6</td><td colspan="3">门窗洞口高、宽（后塞口）</td><td>±10</td><td>用尺检查</td><td>不应少于 5 处</td></tr>
<tr><td>7</td><td colspan="3">外墙上下窗口偏移</td><td>20</td><td>以底层窗口为准，用经纬仪或吊线检查</td><td>不应少于 5 处</td></tr>
<tr><td>8</td><td colspan="3">清水墙游丁走缝</td><td>20</td><td>以每层第一皮砖为准，用吊线和尺检查</td><td>不应少于 5 处</td></tr>
</table>

2. 砌体工程安全技术

① 在操作之前必须检查操作环境是否符合安全要求，道路是否畅通，机具是否完好牢固，安全设施和防护用品是否齐全，检查符合要求后方可施工。

② 砌基础时，应注意基坑土质变化情况，堆放砌筑材料应离开坑边一定距离。

③ 不准站在墙顶上做划线、刮缝及清扫墙面或检查大角垂直等工作。

④ 不准用不稳固的工具或物体在脚手板面垫高操作，更不准在未经过加固的情况下，在一层脚手架上随意再叠加一层。

⑤ 砍砖时应面向内打，防止碎砖跳出伤人。

⑥ 在同一垂直面内上下交叉作业时，必须设置安全隔板，下方操作人员必须佩戴安全帽。

⑦ 不准勉强在超过胸部以上的墙体上进行砌筑，以免将墙体碰撞倒塌造成安全事故。

⑧ 已经就位的砌块，必须立即进行竖缝灌浆；对稳定性较差的窗间墙、独立柱和挑出墙面较多的部位，应加临时稳定支撑，以保证其稳定性。

⑨ 在台风季节，应及时进行圈梁施工，加盖楼板，或采取其他稳定措施。

⑩ 大风、大雨、冰冻等异常气候之后，应检查砌体是否有垂直度的变化，是否产生了裂缝，是否有不均匀下沉等现象。

第五节　钢筋混凝土工程

一、模板工程

模板工程的施工包括模板的选材、选型、设计、制作、安装、拆除和周转等过程。

1. 模板的种类及应用

模板按材料不同分为木模板、钢模板、胶合板模板、塑料模板、铝合金模板等；按结构类型分为基础模板、柱模板、楼板模板、墙模板、壳模板和烟囱模板等；按形式分为整体式模板、定型模板、工具式模板、滑升模板、胎模等；按施工方法分为现场装拆式模板、固定式模板和移动式模板。

2. 模板的构造要求与安装工艺

现浇混凝土结构工程施工用模板系统，主要由面板、支撑结构和连接件三部分组成。

模板及其支架设计要求：有足够的强度、刚度和稳定性，能可靠地承受混凝土及模板自重、侧压力以及施工荷载；保证工程结构和构件各部位形状尺寸和相互位置的正确；选材合理，用料经济，构造简单，装拆方便，便于钢筋的绑扎与安装、混凝土的浇筑与养护等工艺要求；接缝严密，不得漏浆。

（1）木模板。木模板制作拼装随意，尤其适用于浇筑外形复杂、数量不多的混凝土结构或构件。木模板及其支架系统一般在加工厂或现场木工棚制成元件，然后再在现场拼装。拼板的板条厚度一般为 25～50 mm，宽度不宜超过 200 mm，以免受潮翘曲。拼条的间距取决于板条面受荷大小以及板条厚度，一般为 400～500 mm。

1）基础模板。阶梯基础模板由 4 块侧板拼钉而成，其中两块侧板的尺寸与相应的台阶侧面尺寸相等；另两块侧板长度应比相应的台阶侧面长度大 150～200 mm，高度与其相等。

模板安装时，先在侧板内侧划出中线；在基坑底弹出基础中线；把各台阶侧板拼成方框；然后把下台阶模板放在基坑底；两者中线互相对准，并用水平尺校正其标高；在模板周围钉上木桩。

2）柱子模板。柱子的特点是断面尺寸不大而比较高。柱模板由两块相对的内拼板、两块相对的外拼板和柱箍组成；拼板上端应根据实际情况开有与梁模板连接的缺口，底部开有清理孔，沿高度每隔 2 m 开有浇筑孔。

安装过程及要求：安装柱模板前，应先绑扎好钢筋，测出标高标在钢筋上，同时在已灌筑的地面、基础顶面或楼面上固定好柱模底部的木框，在预制的拼板上弹出中心线，根据柱边线及木框立模板并用临时斜撑固定，然后由顶部用锤球校正。检查无误，用斜撑钉牢固定。同在一条直线上的柱，应先校两头的柱模，再在柱模上口中心线拉一铁丝来校正中间的柱模。柱模之间，还要用水平撑及剪刀撑相互牵搭住。

3）梁模板。梁模板主要由底模、侧模、夹木及支架系统组成。底模用长条模板加拼条拼成，或用整块板条。

梁模板安装：沿梁模板下方地面上铺垫板，在柱模板缺口处钉衬口档，把底板搁置在衬口档上；立起靠近柱或墙的顶撑，再将梁长度等分，立中间部分顶撑，顶撑底下打入木楔，并检查调整标高；把侧模板放上，两头钉于衬口档上，在侧板底外侧铺钉夹木，再钉上斜撑和水平拉条。若梁的跨度等于或大于 4 m，应使梁底模板中部略起拱，防止由于混凝土的重力使跨中下垂。如设计无规定时，起拱高度宜为全跨长度的 1‰～3‰。钢模板取小值（1‰～2‰）。

4）楼板模板。楼板模板及其支架系统支撑混凝土的垂直荷载和其他施工荷载，保证楼板不变形下垂。

楼板模板的安装顺序，是在主次梁模板安装完毕后，首先安托板，然后安楞木，铺定型模板。铺好后核对楼板标高、预留孔洞及预埋铁等的部位和尺寸。

（2）定型组合钢模板。

定型组合钢模板是一种工具式定型模板，由钢模板和配件组成，配件包括连接件和支承件。钢模板通过各种连接件和支承件可组合成多种尺寸、结构和几何形状的模板，施工时可在现场直接组装，也可用其拼装成大模板、滑模、隧道模和台模等用起重机吊运安装。

1）钢模板：包括平面模板、阴角模板、阳角模板和连接角模。

2）连接配件：包括 U 形卡、L 形插销、钩头螺栓、对拉螺栓、紧固螺栓、扣件等。U 形卡用于钢模板与钢模板间的拼接，其安装间距一般不大于 300 mm，即每隔一孔卡插一个，安装方向一顺一倒相互错开。L 形插销用于两个钢模板端肋与端肋连接。当需将钢模板拼接成大块模板时，除了用 U 形卡及 L 形插销外，在钢模板外侧要用钢楞（圆形钢管、矩形钢管、内卷边槽钢等）加固，钢楞与钢模板间用钩头螺栓及“3”形扣件、蝶形扣件连接。浇筑钢筋混凝土墙体时，墙体两侧模板间用对拉螺栓连接，对拉螺栓截面应保证安全承受混凝土的侧压力。定型组合钢模板的支承件包括柱箍、钢楞、支架、斜撑及钢桁架等。

3. 模板的拆除

模板的拆除，应严格按模板装拆施工方案和《国家安全施工文明》施工规定执行，并执行项目部书面通知拆除制度。现浇结构的模板及支架的拆除，如设计无规定时，应符合下列规定。

① 不承重的侧模板，包括梁、柱墙侧模，在混凝土强度能保证其表面及棱角不因拆除模板而受损坏后，方可拆除。一般墙体大模板在常温条件下，混凝土强度达到 1 N/mm^2 即可拆除。

② 模板拆除的顺序，应按照配板设计的规定进行，遵循先支后拆、后支先拆、先非承重部位和后承重部位以及自上而下的原则。

③ 多层楼板模板支架的拆除，层楼板正在浇筑混凝土时，下一层楼板的模板支架不得拆除，再下一层楼板模板的支架仅可拆除一部分；跨度≥4 m 的梁均应保留支架，其间距不得大于 3 m。

④ 拆模时，不应对楼层形成冲击荷载。

⑤ 拆除下的模板等配件，按指定地点堆放。并及时清理、维修和涂刷好隔离剂，以备待用。

⑥ 承重模板，底模板及支架拆除时的混凝土强度应符合设计要求；当设计无具体要求时，混凝土强度应符合表 7-9 的规定。

表 7-9　底模拆除时的混凝土强度要求

构件类型	构件跨度/m	达到设计的混凝土立方体抗压强度标准值的百分率/%
板	≤2	≥50
	>2，≤8	≥75
	>8	≥100

续表

构件类型	构件跨度/m	达到设计的混凝土立方体抗压强度标准值的百分率/%
梁、拱、壳	≤8	≥75
	>8	≥100
悬臂构件	≤2	≥75
	> 2	≥100

二、钢筋工程

1. 钢筋配料

钢筋配料是根据构件配筋图，先绘出各种形状和规格的单根钢筋简图并加以编号，然后分别计算钢筋下料长度和根数，填写配料单，申请加工。

钢筋下料：结构施工图中所指钢筋长度是钢筋外缘之间的长度，即外包尺寸，这是施工中度量钢筋长度的基本依据。

钢筋因弯曲或弯钩会使其长度变化，在配料中不能直接根据图纸中尺寸下料；必须了解对混凝土保护层、钢筋弯曲、弯钩等的规定，再根据图中尺寸计算其下料长度。各种钢筋下料长度计算如下：

直钢筋下料长度=构件长度－保护层厚度＋弯钩增加长度

弯起钢筋下料长度=直段长度＋斜段长度－弯曲调整值＋弯钩增加长度

箍筋下料长度=箍筋周长＋箍筋调整值

上述钢筋需要搭接的话，还应增加钢筋搭接长度。

2. 钢筋代换

当施工中遇到钢筋品种或规格与设计要求不符时，应在办理设计变更文件，征得设计单位同意后，可参照以下原则进行钢筋代换。

(1) 等强度代换方法。当构件配筋受强度控制时，可按代换前后强度相等的原则代换。

(2) 等面积代换方法。

当构件按最小配筋率配筋时，可按代换前后面积相等的原则进行代换。

(3) 代换注意事项。钢筋代换时，应办理设计变更文件，并符合下列规定：

① 对某些重要构件（如吊车梁、薄腹梁、桁架下弦等），不宜用 HPB235 级光圆钢筋代替 HRB335 和 HRB400 级带肋钢筋，以免裂缝过大。

② 钢筋代换后，应满足混凝土结构设计规范中所规定的钢筋间距、锚固长度、最小钢筋直径、根数等配筋构造要求。

③ 梁的纵向受力钢筋与弯起钢筋应分别代换，以保证正截面与斜截面强度。

④ 有抗震要求的梁、柱和框架，不宜以强度等级较高的钢筋代换原设计中的钢筋；如必须代换时，其代换的钢筋检验所得的实际强度，还应符合抗震钢筋的要求。

⑤ 预制构件的吊环，必须采用未经冷拉的 HPB235 钢筋制作，严禁以其他钢筋代换。

⑥ 当构件受裂缝宽度或挠度控制时，钢筋代换后应进行刚度、裂缝验算。

3. 钢筋的加工与连接

（1）钢筋的加工。

1）除锈。钢筋的表面应洁净。铁锈等应在使用前清除干净。在焊接前，焊点处的水锈应清除干净。

钢筋除锈一般可以通过以下两个途径：大量钢筋除锈可通过钢筋冷拉或钢筋调直机调直过程中完成；少量的钢筋局部除锈可采用电动除锈机或人工用钢丝刷、砂盘以及喷砂和酸洗等方法进行。

2）钢筋的冷拉。在常温下对钢筋进行强力拉伸，以超过钢筋的屈服强度的拉应力，使钢筋产生塑性变形，达到调直钢筋、提高强度的目的。冷拉控制应力及最大冷拉率见表 7-10。

表 7-10　冷拉控制应力及最大冷拉率

项次	钢筋级别		冷拉控制应力/(N/mm^2)	最大冷拉率/%
1	HPB235	$d \leqslant 12$	280	10
2	HRB335	$d \leqslant 25$	450	5.5
		$d=28 \sim 40$	430	
3	HRB400	$d=8 \sim 40$	500	5
4	RRB400	$d=10 \sim 28$	700	4

3）调直。钢筋调直方法很多，常用的方法是使用卷扬机拉直和用调直机调直。

4）切断。一般先断长料，后断短料，以减少短头和损耗；钢筋切断可用钢筋切断机或手动剪切器。

5）弯曲成型。钢筋弯曲的顺序是画线、试弯、弯曲成型。钢筋弯曲有人工弯曲和机械弯曲。

（2）钢筋的连接。钢筋的连接方式可分为两类：绑扎连接、焊接或机械连接。

1）钢筋绑扎连接。钢筋绑扎安装前，应先熟悉施工图纸，核对钢筋配料单和料牌。钢筋绑扎一般用 18～22 号铁丝，其中 22 号铁丝只用于绑扎直径 12 mm 以下的钢筋。

① 钢筋绑扎。钢筋的交叉点应用铁丝扎牢；柱、梁的箍筋，除设计有特殊要求外，应与受力钢筋垂直；箍筋弯钩叠合处，应沿受力钢筋方向错开设置；柱中竖向钢筋搭接时，角部钢筋的弯钩平面与模板面的夹角，矩形柱应为 45°，多边形柱应为模板内角的平分角；板、次梁与主梁交叉处，板的钢筋在上，次梁的钢筋居中，主梁的钢筋在下；当有圈梁或垫梁时，主梁的钢筋应放在圈梁上。主筋两端的搁置长度应保持均匀一致。

② 钢筋绑扎接头。同一构件中相邻纵向受力钢筋的绑扎搭接接头宜相互错开。绑扎搭接接头中钢筋的横向净距不应小于钢筋直径，且不应小于 25 mm。搭接接头连接区段的长度为 1.3 倍搭接长度。见图 7-10。

2）钢筋的焊接。钢筋常用的焊接方法有闪光对焊、电弧焊、电渣压力焊、埋弧压力焊和气压焊等。

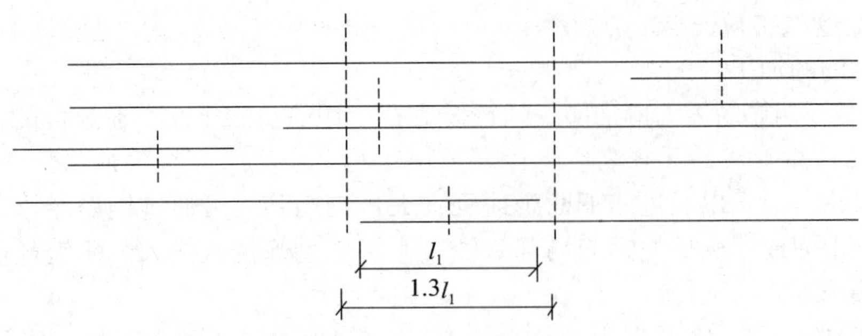

图 7-10　钢筋绑扎搭接接头

① 闪光对焊。闪光对焊被广泛应用于钢筋纵向连接及预应力钢筋与螺丝端的焊接。热轧钢筋的焊接宜优先采用闪光对焊。闪光对焊可分为连续闪光焊、预热闪光焊、闪光—预热—闪光焊三种。

连续闪光焊的工艺过程包括连续闪光和顶锻过程。连续闪光焊宜用于焊接直径25 mm以内的 HPB235、HRB335 和 HRB400 钢筋。

预热闪光焊的工艺过程包括预热、连续闪光及顶锻过程。预热闪光焊适宜焊接直径大于 25 mm 且端部较平坦的钢筋。

闪光—预热—闪光焊的焊接工艺过程包括闪光、预热、连续闪光及顶锻过程。它适宜焊接直径大于 25 mm，且端部不平整的钢筋。

② 电弧焊。电弧焊广泛用于钢筋接头与钢筋骨架焊接、装配式结构接头焊接、钢筋与钢板焊接及各种钢结构焊接。钢筋电弧焊的接头形式有三种：搭接接头、帮条接头及坡口接头。

电弧焊一般要求焊缝表面应平整，不得有凹陷或焊瘤；焊接接头区域不得有裂纹；咬边深度、气孔、夹渣等缺陷允许值及接头尺寸的允许偏差，应符合相关的规定；坡口焊、熔槽帮条焊和窄间隙焊接头的焊缝余高不得大于 3 mm。

③ 电渣压力焊。钢筋电渣压力焊分手工操作和自动控制两种。它适用于直径为14～40 mm 的 HPB235、HRB335 级竖向或斜向钢筋的连接。

电渣压力焊的接头一般要求四周焊包凸出钢筋表面的高度应大于或等于 4 mm；钢筋与电极接触处，应无烧伤缺陷；接头处的弯折角不得大于 4°；接头处的轴线偏移不得大于钢筋直径的 0.1 倍，且不得大于 2 mm。

④ 电阻点焊。电阻点焊主要用于小直径钢筋的交叉连接，可成型为钢筋网片或骨架，以代替人工绑扎。

钢筋焊接接头或焊接制品应分批进行质量检查与验收。质量检查应包括外观检查和力学性能试验。外观检查首先应由焊工对所焊接头或制品进行自检，然后再由质量检查人员进行检验。力学性能试验应在外观检查合格后随机抽取试件进行试验。

3）钢筋机械连接。钢筋机械连接技术是一项新型钢筋连接工艺，具有接头强度高于钢筋母材、速度比电焊快 5 倍、无污染、节省钢材 20％等优点。

① 套筒挤压连接。套筒挤压连接是把两根待接钢筋的端头先插入一个优质钢套管，然后用挤压机在侧向加压数道，套筒塑性变形后即与带肋钢筋紧密咬合达到连接的目的。

② 锥螺纹连接。锥螺纹连接是用锥形纹套筒将两根钢筋端头对接在一起，利用螺纹的机械咬合力传递拉力或压力。

③ 直螺纹连接。直螺纹连接是近年来开发的一种新的螺纹连接方式。直螺纹速连接度快、接头强度高；接头强度不受扭紧力矩影响；为充分发挥钢筋母材强度，连接套筒的设计强度大于等于钢筋抗拉强度标准值的 1.2 倍。

三、混凝土工程

混凝土工程包括混凝土的制备、运输、浇筑、振捣、养护等施工过程。

1. 混凝土的施工配合比计算

混凝土施工配合比由有相关资质的实验室提供（实验室配合比），或在实验室配合比的基础上根据施工现场砂石含水量进行调整。

施工配料时影响混凝土质量的因素主要有两方面：一是称量不准；二是未按砂、石骨料实际含水率的变化进行施工配合比的换算。

2. 混凝土工程施工

（1）混凝土搅拌。混凝土搅拌，是将水、水泥和粗细骨料进行均匀拌和及混合的过程。同时，通过搅拌还要使材料达到强化、塑化的作用。

1）混凝土的搅拌时间。混凝土的搅拌时间与混凝土的搅拌质量密切相关，在一定范围内，随着搅拌时间的延长，强度有所提高，但过长时间的搅拌既不经济，而且混凝土的和易性又将降低，影响混凝土的质量。加气混凝土还会因搅拌时间过长而使含气量下降。混凝土搅拌的最短时间可按表 7-11 采用。

表 7-11 混凝土搅拌的最短时间

混凝土坍落度/cm	搅拌机机型	搅拌机容量		
		＜250L	250～500L	＞500L
≤3	自落式	90 s	120 s	150 s
	强制式	60 s	90 s	120 s
＞3	自落式	90 s	90 s	120 s
	强制式	60 s	60 s	90 s

注：① 掺有外加剂时，搅拌时间应适当延长。

② 全轻混凝土、砂轻混凝土搅拌时间应延长 60～90 s。

2）投料顺序。施工中常用投料顺序有一次投料法、二次投料法和水泥裹砂石法。

① 一次投料法是在上料斗中先装石子，再加水泥和砂，然后一次投入搅拌筒中进行搅拌。

② 二次投料法是先向搅拌机内投入水和水泥（和砂），待其搅拌 1 min 后再投入石子和砂，继续搅拌到规定时间。这种投料方法，能改善混凝土性能，提高了混凝土的强度，与一次投料法相比，二次投料法可使混凝土强度提高 10％～15％，节约水泥 15％～20％。

③ 水泥裹砂石法是先将全部砂、石子和部分水倒入搅拌机拌和，使骨料湿润，搅拌时间以 45～75 s 为宜，称为造壳搅拌；再倒入全部水泥搅拌 20s，加入拌和水和外加剂进行第二次搅拌，60 s 左右完成，这种搅拌工艺称为水泥裹砂法。

3）进料容量。进料容量是将搅拌前各种材料的体积累积起来的容量，又称干料容量；进料容量为出料容量的 1.4～1.8 倍（通常取 1.5 倍），如任意超载（超载 10%），就会使材料在搅拌筒内无充分的空间进行拌和，影响混凝土的和易性。反之，装料过少，又不能充分发挥搅拌机的效能。

（2）混凝土运输。

混凝土运输中的全部时间不应超过混凝土的初凝时间；运输中应保持匀质性，不应产生分层离析现象，不应漏浆；运至浇筑地点应具有规定的坍落度，并保证混凝土在初凝前能有充分的时间进行浇筑；混凝土的运输应以最少的运转次数、最短的时间从搅拌地点运至浇筑地点，并保证混凝土浇筑的连续进行。

混凝土运输分地面水平运输、垂直运输和楼面水平运输三种。

（3）混凝土的浇筑。混凝土浇筑前，应对模板、钢筋、支架和预埋件进行检查并填写隐蔽工程记录。

1）混凝土浇筑的一般规定。

① 混凝土浇筑前不应发生离析或初凝现象，如已发生，须重新搅拌。混凝土运至现场后，其坍落度应满足表 7-12 的要求。

表 7-12　混凝土浇筑时的坍落度

结构种类	坍落度/mm
基础或地面垫层、无配筋大体积结构（挡土墙、基础等）或配筋稀疏的结构	10～30
板、梁和大型及中型截面的柱子等	30～50
配筋密列的结构（薄壁、斗仓、筒仓、细柱等）	50～70
配筋特密的结构	70～90

② 混凝土自高处倾落时，其自由倾落高度不宜超过 2 m，在竖向结构中浇筑混凝土的高度不得超过 3 m，否则应设串筒、斜槽、溜管或振动溜管等。

③ 浇筑混凝土时应经常观察模板、支架、钢筋、预埋件和预留孔洞的情况，当发现有变形、移位时，应立即停止浇筑，并应在已浇筑混凝土凝结前修整完好。

④ 为了使混凝土能够振捣密实，浇筑时应分段、分层浇、振捣，并在下层混凝土初凝之前，将上层混凝土浇筑并振捣完毕。混凝土浇筑层厚度应符合表 7-13 的规定。

表 7-13　混凝土浇筑层厚度

<table>
<tr><th>项次</th><th colspan="2">捣实混凝土的方法</th><th>浇筑层厚度/mm</th></tr>
<tr><td>1</td><td colspan="2">插入式振捣</td><td>振捣器作用部分长度的 1.25 倍</td></tr>
<tr><td>2</td><td colspan="2">表面振动</td><td>200</td></tr>
<tr><td rowspan="3">3</td><td rowspan="3">人工捣固</td><td>在基础、无筋混凝土或配筋稀疏的结构中</td><td>250</td></tr>
<tr><td>在梁、墙板、柱结构中</td><td>200</td></tr>
<tr><td>在配筋密列的结构中</td><td>150</td></tr>
<tr><td rowspan="2">4</td><td rowspan="2">轻骨料
混凝土</td><td>插入式振捣器</td><td>300</td></tr>
<tr><td>表面振动（振动时须加荷）</td><td>200</td></tr>
</table>

⑤ 浇筑竖向结构混凝土前，底部应先填以 50～100 mm 厚的与混凝土成分相同的水泥砂浆。

2）施工缝的留设与处理。

① 施工缝的留设位置。施工缝一般宜留在结构受力（剪力）较小且便于施工的部位。柱子的施工缝宜留在基础与柱子交接处的水平面上，或梁的下面，或吊车梁牛腿的下面、吊车梁的上面、无梁楼盖柱帽的下面。高度大于 1 m 的钢筋混凝土梁的水平施工缝，应留在楼板底面下 20～30 mm 处，当板下有梁托时，留在梁托下部；单向平板的施工缝，可留在平行于短边的任何位置处；对于有主次梁的楼板结构，宜顺着次梁方向浇筑，施工缝应留在次梁跨度的中间 1/3 范围内。

② 施工缝的处理。施工缝浇筑混凝土之前，应除去施工缝表面的水泥薄膜、松动石子和软弱的混凝土层，并加以充分湿润和冲洗干净。

浇筑时，施工缝处宜先铺水泥浆（水泥：水＝1：0.4），或与混凝土成分相同的水泥砂浆一层，厚度为 30～50 mm，以保证接缝的质量。

3）混凝土的浇筑方法。

① 钢筋混凝土框架结构的浇筑。浇筑多层框架按分层分段施工，水平方向以结构平面的伸缩缝分段，垂直方向按结构层次分层。在每层中先浇筑柱，在柱子浇捣完毕后，停歇 1～1.5 h，使混凝土达到一定强度后，再浇筑梁、板。较大尺寸的梁（梁的高度大于 1 m）、拱和类似的结构，可单独浇筑。

柱子浇筑宜在梁板模板安装后，钢筋未绑扎前进行，浇筑一排柱的顺序应从两端同时开始，向中间推进，以免因浇筑混凝土后由于模板吸水膨胀，断面增大而产生横向推力，最后使柱发生弯曲变形。

② 大体积混凝土结构的浇筑。大体积混凝土是指混凝土结构物实体最小几何尺寸不小于 1 m 的大体量混凝土，或预计会因混凝土中胶凝材料水化引起的温度变化和收缩而导致有害裂缝产生的混凝土。

大体积钢筋混凝土的浇筑方案，一般分为全面分层、分段分层和斜面分层三种，见图 7-11。

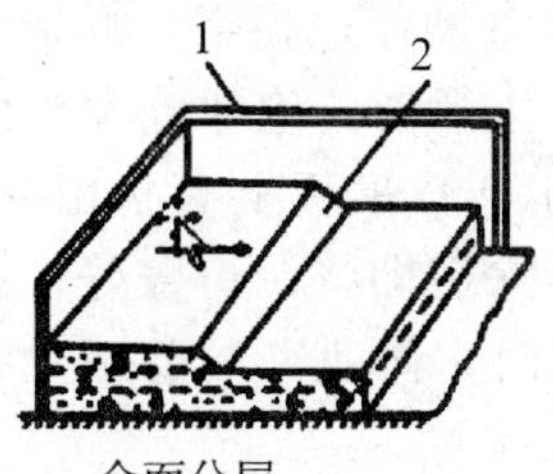

全面分层

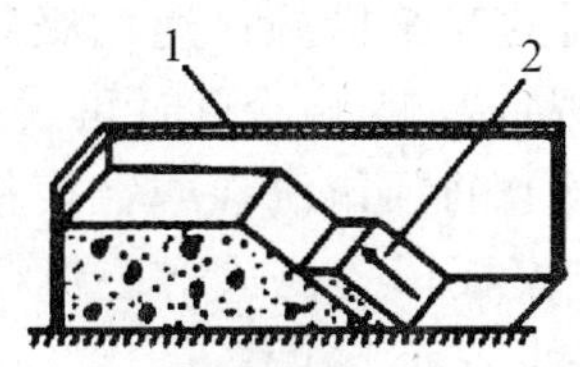

分段分层

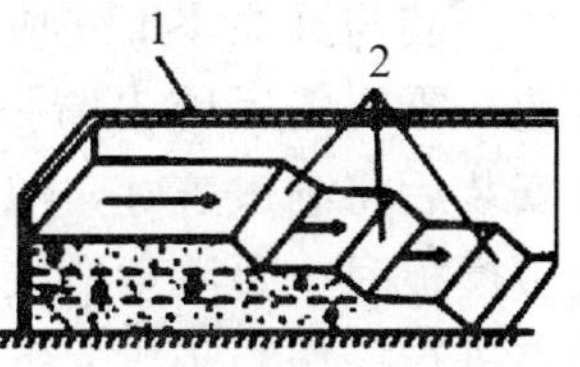

斜面分层

图 7-11　大体积混凝土浇筑方案

全面分层：在第一层浇筑完毕后，再回头浇筑第二层，如此逐层浇筑，直至完工为止。适用于结构的平面尺寸不太大，施工时从短边开始，沿长边推进比较合适。

分段分层：混凝土从底层开始浇筑，进行 2～3 m 后再回头浇第二层，同样依次浇筑各层。适用于单位时间内要求供应的混凝土较少，结构物厚度不太大而面积或长度较大的工程。

斜面分层：要求斜坡坡度不大于 1/3，适用于结构长度大大超过厚度 3 倍的情况。

大体积混凝土内外温度的差值不应超过 25 ℃；要尽量降低混凝土入模温度；混凝土浇筑完后应在 12 h 内覆盖保湿保温；防水混凝土养护期至少 14 d；大体积混凝土必

须进行二次抹面工作，以减少表面收缩裂缝。

（4）混凝土的振捣。混凝土的振捣方式分为人工振捣和机械振捣两种。

混凝土振动机械按其工作方式分为内部振动器、表面振动器和振动台等。

（5）混凝土的养护。

常用的混凝土的养护方法是自然养护法（同条件养护）。

混凝土养护应符合下列规定：

① 混凝土浇筑完成后，应在 12 h 内进行覆盖浇水养护。干硬性混凝土应立即进行养护。

② 混凝土的浇水养护时间，对采用硅酸盐水泥、普通硅酸盐水泥或矿渣硅酸盐水泥拌制的混凝土，不得少于 7 d，对掺用缓凝型外加剂、矿物掺合料或有抗渗性要求的混凝土，不得少于 14 d。

③ 当日平均气温低于 5 ℃时，不得浇水；在平均气温高于 5 ℃的自然条件，用适当的材料对混凝土表面加以覆盖并经常洒水，保持混凝土处于湿润状态。

④ 在有条件的情况下，可采用不透水、气的薄膜布（如塑料薄膜布）养护。

⑤ 混凝土的表面不便浇水或使用塑料薄膜布养护时，可采用涂刷薄膜养生液。薄膜养生液养护方法一般适用于表面积大的混凝土施工和缺水地区。

⑥ 混凝土必须养护至其强度达到 1.2 N/mm^2 以上，才准在上面行人和架设支架、安装模板，但不得冲击混凝土。

3. 混凝土工程安全技术措施

作业人员进入现场必须戴好安全帽，扣好帽带，并正确使用个人劳动保护用品；操作人员必须身体健康持有效操作证，方可独立操作。

（1）模板工程安全技术措施。工作前应先检查使用的工具是否牢固，扳手等工具必须用绳链系挂在身上，钉子必须放在工具袋内，以免掉落伤人；安装与拆除 5 m 以上的模板，应搭脚手架，部设防护栏杆，防止上下在同一垂直操作；高空、复杂结构模板的安装与拆除，事先应有切实的安全措施；遇六级以上大风时，应暂停室外的高空作业，雪霜雨后应先清扫施工现场，略干不滑时再进行工作；模板上有预留洞者，应在安装后将洞口盖好，混凝土板上的预留洞，应在模板拆除后即将洞口盖好；在拆除楼板模板时，要注意整块，防止模板掉落伤人；装拆模板时，作业人员要站立在安全地点进行操作，防止上下在同一垂直面上工作。

（2）钢筋加工安全技术措施。夹具、台座、机械的安全要求：机械的安装必须坚实稳固；外作业就设置机棚；加工较长的钢筋时，应用专人帮扶；作业后，应堆放好成品、清理场地、切断电源、锁好电闸。

焊接必须遵循的规定：焊机必须接地，对焊接导线及焊钳接导处，都应有可靠的绝缘；大量焊接时，焊接变压器不得超负荷，变压器升温不得超过 60 ℃；点焊、对焊时，必须开放冷却水，焊机出水温度不得超过 40 ℃，排水量应符合要求；对焊机闪光区，必须设置铁皮隔挡；室内电弧焊时，应有排气装置，焊工操作地点相互间应设挡板。

（3）混凝土施工安全技术措施。浇筑无板框架的梁、柱混凝土时，应搭设脚手架，并应附设防护栏杆，不得站在模板上操作；浇捣圈梁、挑檐、阳台、雨篷混凝土时，外脚手架上应加设护身栏杆；浇筑离地 2 m 以上框架、过梁、雨篷和小平台时，应设操作平台，不得直接站在模板或支撑件上操作。

浇筑地下工程的混凝土前，应检查土边坡有无裂缝、坍塌等现象，地下工程深度超过 3 m 时，应设混凝土溜槽。

泵送设备放置应离基坑边缘保持一定距离；在布料杆动作范围内无障碍物，无高压线；滑放混凝土时，应上下配合；振动机移动时，不能硬拉电线，更不能在钢筋和其他锐利物上拖拉，防止割破拉断电线而造成触电伤亡事故。

用草帘或草袋覆盖混凝土时，构件表面的孔洞部位应有封堵措施并设明显标志，以防操作人员跌落或受伤。

4. 混凝土的质量缺陷与修复

（1）混凝土质量缺陷。混凝土质量缺陷主要有蜂窝、麻面、露筋、孔洞、裂缝等。

①蜂窝是混凝土表面无水泥砂浆，露出石子的深度大于 5 mm，但小于保护层厚度的蜂窝状缺陷。它主要是由于混凝土配合比不准确（浆少石多），或搅拌不匀、浇筑方法不当、振捣不合理，造成砂浆与石子分离；模板严重漏浆等原因而产生。

②麻面是结构构件表面呈现无数的小凹点，而尚无钢筋暴露的现象。它是由于模板内表面粗糙、未清理干净、润湿不足；模板拼缝不严密而漏浆；混凝土振捣不密实，气泡未排出以及养护不好所致。

③露筋是浇筑时垫块位移，甚至漏放，钢筋紧贴模板，或者因混凝土保护层处漏振或振捣不密实而造成露筋。

④孔洞是混凝土结构内存在空隙，砂浆严重分离，石子成堆，砂与水泥分离。另外，有泥块等杂物掺入也会形成孔洞。

⑤裂缝有温度裂缝、干缩裂缝和外力引起的裂缝三种。其产生的原因主要是：结构和构件下的地基产生不均匀沉降；模板、支撑没有固定牢固；拆模时混凝土受到剧烈振动；环境或混凝土表面与内部温差过大；混凝土养护不良及其中水分蒸发过快等。

（2）混凝土质量缺陷的修复。

① 表面抹浆修补。对数量不多的小蜂窝、麻面、露筋、露石的混凝土表面，主要是保护钢筋和混凝土不受侵蚀，可用钢丝刷或加压水洗刷基层，再用 1∶2～1∶2.5 水泥砂浆抹面修整。

② 细石混凝土填补。当蜂窝比较严重或露筋较深时，应去掉不密实的混凝土，用清水洗净并充分湿润后，再用比原强度等级高一级的细石混凝土填补并仔细捣实。

③ 水泥灌浆与化学灌浆。对于宽度大于 0.5 mm 的裂缝，宜采用水泥灌浆；对于宽度小于 0.5 mm 的裂缝，宜采用化学灌浆。

第六节　预应力混凝土工程

混凝土是脆性材料且抗拉强度低（大约只是其抗压强度的 1/10），因此，将普通钢筋与混凝土结合，扬钢筋之长避混凝土之短。随着钢筋混凝土构件用于大跨重荷结构，构件的抗裂度或裂缝宽度以及变形将不能满足正常使用的要求，这时我们可通过使用预应力钢筋来改善构件的性能。所谓预应力就是预加压应力，这种预压应力是通过预应力钢筋施加给混凝土的。确切地说，在结构构件受外荷载作用前，预先对由外荷载引起的混凝土受拉区（可能开裂的部位）施加预压应力，用于减小或抵消外荷载所引起的混凝土的拉应力，从而使结构构件中的混凝土拉应力不大，甚至处于受压状态，也就是借助混凝土较高的抗压能力来弥补其抗拉能力的不足。采用预先加压的手段来间接地提高混凝土的抗拉能力，从本质上改变混凝土易裂的特性，使构件在正常使用的情况下不开裂，或裂缝开得较晚、开展宽度较小，减小变形，增大刚度，满足使用要求。这种在构件受荷载以前预先对混凝土受拉区施加压应力的结构称为“预应力混凝土结构”。

预应力钢筋可以是热处理钢筋、高强钢丝（碳素钢丝、刻痕钢丝）、钢绞线，其中，最常见的是钢绞线。

一、先张法、后张法（有黏结与无黏结）施工工艺

最常用的建立预应力的方法，是通过张拉配置在结构构件内的预应力钢筋并且在放松预应力钢筋后阻止其产生回缩，达到对构件施加预应力的目的。按照张拉预应力钢筋与浇捣混凝土的先后次序，可将建立预应力的方法分为先张法和后张法。

1. 先张法施工工艺

在浇筑混凝土之前张拉预应力钢筋的方法称为先张法。先张法中，预应力是通过预应力筋与混凝土之间的黏结力来传递的。此法适用于生产中、小型构件。

（1）先张法施工的设备和机具。先张法施工的设备和机具包括张拉机械、锚夹具、台座等。台座是先张法生产中用来张拉和临时固定钢筋的主要设备，有墩式台座、槽式台座和构架式台座等，其承受了预应力筋的全部张拉力，应具有足够的强度、刚度和稳定性。锚夹具是先张法施工时保持预应力筋张拉力并将预应力筋固定在台座上的临时性锚固工具，其型号和性能应符合相关技术规定。常用的张拉机具有油压千斤顶、超高压电动油泵、卷扬机、电动螺杆张拉机等。

（2）先张法施工工艺。先张法施工的主要工艺过程为：张拉固定钢筋→浇筑混凝土→养护混凝土→放张钢筋。

1）铺设预应力筋：台座台面涂刷非油质类模板隔离剂；采用砂轮切割机下料（不得采用电弧切割），按设计要求铺设好预应力筋。

2）张拉预应力筋：采用应力控制方法张拉时，应校核预应力筋的伸长值，实际伸长值与理论伸长值的相对允许偏差为±6%。张拉完成后，预应力筋相对设计位置的偏差不得大于 5 mm，也不得大于构件截面最短边长的 4%。

3）浇筑和养护混凝土：混凝土的浇筑应每条生产线一次完成。采用低水灰比、控制水泥用量及良好的砂石级配等措施，以减少由于混凝土收缩徐变引起的预应力损失；保证振捣密实，特别是构件端部，以保证混凝土的强度和黏结力。浇筑时，振捣器不应碰撞预应力筋。当叠层生产时，应待下层构件的混凝土强度达到 8～10 N/mm^{2}后，方可浇筑上层构件的混凝土。预应力混凝土可采用自然养护或蒸气养护，蒸气养护时应有防止由于温差引起预应力损失的措施。

4）放张预应力筋：预应力筋放张时，混凝土的强度必须符合设计要求；设计无规定时，其强度不得低于混凝土设计强度标准值的75%。放张过程中，应使预应力构件自由伸缩，缓慢放张以防止冲击与偏心。

放张顺序：预应力筋的放张应分阶段、对称、相互交错地进行，以防在放张过程中构件产生弯曲、裂纹和预应力筋断裂。常用方法有千斤顶放张、砂箱放张、楔块放张、预热熔割、钢丝钳或氧炔焰切割等。长线台座上预应力筋的切断顺序，应由放张端开始，逐次向另一端进行。

2. 后张法施工工艺

先浇注混凝土，在混凝土结硬并达到一定的强度后，再在构件上张拉预应力钢筋的方法称为后张法。预应力通过构件两端的锚具传递给混凝土构件，使受拉区混凝土产生预压应力。适用于现场施工大型预应力混凝土构件和就地浇筑预应力混凝土结构。后张法预应力损失一般包括锚具回缩损失、摩擦损失、松弛损失和收缩徐变损失，前两项预应力损失在施工阶段发生，在张拉时应予以计算。

（1）张拉机械与锚具。后张法的张拉机械常用超高压电动油泵、穿心式千斤顶、拉杆式千斤顶和锥锚式千斤顶。常用锚具有螺丝杆端锚具、钢质锥形锚具、墩头锚具和夹片式锚具。

（2）后张法施工工艺。后张法施工的主要工艺过程为：预留孔道→浇筑、养护混凝土→张拉锚固预应力筋→孔道灌浆等。

1）预留孔道：孔道留设方法有钢管抽芯法、胶管抽芯法和预埋管（金属波纹管、塑料波纹管）法等。孔道应按设计要求的位置、尺寸埋设准确、牢固，并在设计规定位置上留设灌浆孔和排气孔，检查无误后浇筑和养护混凝土。

2）张拉预应力筋：将预应力筋穿入孔道，可采用在浇筑混凝土之前的先穿束法或浇筑混凝土之后的后穿束法。张拉预应力筋时，混凝土强度应满足设计要求；当设计无具体规定时，不应低于设计强度标准值的75%。

张拉控制应力符合设计要求，超张拉时还应满足最大张拉控制应力的规定。根据预应力混凝土结构特点、预应力筋形状与长度以及施工方法的不同，预应力筋的张拉方式有一端张拉、两端张拉、分批张拉、分段张拉、分阶段张拉和补偿张拉等。预应力筋张拉顺序应按设计规定进行；如设计无规定，应采取分批分阶段对称地进行。预应力筋的张拉程序，主要根据构件类型、张锚体系、松弛损失取值等因素来确定，并满足设计和规范要求。

用应力控制方法张拉时，还应测定预应力筋的实际伸长值，实际伸长值与计算理论伸长值的相对允许偏差为±6%。预应力筋锚固后的外露长度不应小于30 mm，锚具应用封端混凝土保护。一般情况下，锚固完毕并经检验合格后即可用砂轮机切割端头多余的预应力筋（严禁用电弧焊切割）。

3）孔道灌浆：预应力筋张拉完毕，应尽早进行孔道灌浆。清洁处理。灌浆材料宜采用强度不低于42.5 MPa的普通硅酸盐水泥调制的水泥浆，水泥浆的抗压强度应不低于30 MPa。水泥浆的水灰比不应大于0.45。

灌浆工作应缓慢均匀地进行，并应排气通顺，在孔道两端冒出浓浆并封闭排气孔后，宜再继续加压至0.5～0.7 N/mm^2，稳压2 min，再封闭灌浆孔。

3. 无黏结预应力施工工艺

无黏结预应力混凝土是指采用无黏结预应力筋的后张法预应力混凝土，这种无黏结预应力筋由预应力筋、涂料层、外包层组成并在专门工厂生产。施工时，无黏结预应力筋可同非预应力筋一样，按设计要求铺放在模板里，然后浇筑混凝土，待混凝土达到设计要求的强度后，再张拉锚固。此时，无黏结预应力筋与混凝土不直接接触而成为无黏结状态。与有黏结预应力相比，无黏结预应力具有不需预留孔道和灌浆、张拉时摩阻力小、易形成多跨曲线形状等优点。

无黏结预应力筋到场后，应及时检查其规格尺寸和数量，逐根检查其端部配件无误后，方可分类堆放。对局部破损的外包层，可用水密性胶带进行缠绕修补，胶带搭接宽度不应小于胶带宽度的 1/2，缠绕长度应超过破损长度，严重破损的应予以报废。无黏结预应力筋应按设计图纸的规定进行铺放，其长度方向应保持平顺；垂直偏差，在板内为±5 mm，在梁内为±10 mm。无黏结预应力筋的铺放分单向和双向曲线配置两种，当双向曲线配置时，应对每个纵横交叉点相应的两个标高进行比较，先铺放标高低的预应力筋，再铺放标高较高的预应力筋，以免两个方向的预应力筋相互穿插。当无黏结预应力筋为竖向、环向或螺旋型铺放时，应有定位支架或其他构造措施控制位置。

在浇筑混凝土时，不准碰撞踩踏无黏结预应力筋及其支撑架、端部预埋件。

张拉时混凝土的强度值应符合设计要求，当设计无规定时，不低于混凝土强度设计标准值的 75%。张拉顺序满足设计要求，先铺设的先张拉，后铺设的后张拉。张拉锚固后，外露多余的预应力筋用砂轮切掉，不得用电弧焊切割。最后，对锚固区进行严格的密封处理，防止水汽渗入腐蚀预应力筋。具体方法应根据锚具类型及相关规定进行。

二、预应力混凝土工程施工的质量与安全要求

1. 预应力混凝土工程施工的质量要求

为确保预应力混凝土工程的施工质量，应对施工的过程进行质量控制，及时检查和验收。

（1）原材料（预应力筋、锚夹具、波纹管、灌浆用水泥等）应根据国家标准、规范等进行检验和验收。

（2）预应力工程应由具有相应资质等级的公司进行施工。

（3）预应力筋张拉机具设备及仪表，应定期维护和校验。

（4）预应力筋铺设时，其品种、级别、规格、数量等必须符合设计要求。施工过程中，应避免电火花损伤预应力筋；受损伤的预应力筋应予以更换。

（5）浇筑混凝土前，应进行预应力隐蔽工程验收。

（6）张拉和灌浆过程的详细记录，张拉、灌浆应满足设计和相关技术规定。

（7）张拉锚固后，锚具的防腐封闭处理满足设计和相关技术规定。

2. 预应力混凝土工程施工的安全要求

在预应力作业中，必须特别注意安全，采取有效的安全措施。

（1）在任何情况下作业人员不得站在预应力筋的两端，同时在张拉千斤顶的后面应

设立防护装置。

(2) 操作千斤顶和测量伸长值的人员，应站在千斤顶侧面操作，严格遵守操作规程。油泵开动过程中，不得擅自离开岗位。如需离开，必须把油阀门全部松开或切断电路。

(3) 张拉时应认真做到孔道、锚环与千斤顶三对中。

(4) 钢丝束镦头锚固体系在张拉过程中应随时拧上螺母，以策安全。

(5) 工具锚夹片，应注意保持清洁和良好的润滑状态。工具锚夹片的螺纹要经常检查，避免在张拉过程中由于螺纹磨损严重而滑脱飞出伤人。

(6) 严禁高压油缸出现扭转或死弯现象，发现后应立即卸除油压，进行处理。严禁在负荷情况下拆换油管或压力表。

(7) 孔道灌浆时，操作人员应戴防护镜、穿雨靴、戴手套，胶皮管与灰浆泵连接牢固，喷嘴要紧压在灌浆孔上，堵灌浆孔时应站在孔的侧面，以防灰浆喷出伤人。

第七节 钢结构工程

一、钢结构连接施工方法和工艺

钢结构是由钢板、型钢通过必要的连接组成基本构件，如梁、柱、桁架等，再通过一定的安装连接装配成空间整体结构，如屋盖、厂房、钢闸门、钢桥等。

1. 钢结构连接的方法

钢结构的连接方法可分为焊缝连接、螺栓连接和铆钉连接三种，见图 7-12。

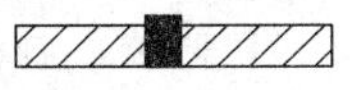

(a) 焊缝连接

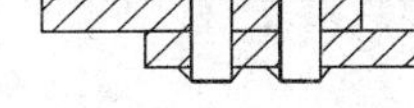

(b) 螺栓连接

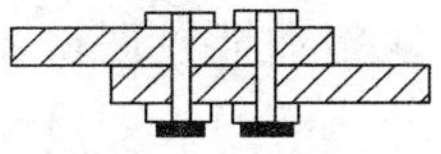

(c) 铆钉连接

图 7-12 钢结构的连接方法

2. 钢结构连接的施工工艺

(1) 焊接施工工艺。焊接是钢结构主要的连接方法之一，其中最广泛使用的是电弧焊。

① 焊接工艺设计。确定焊接方式、焊接参数及焊条、焊丝、焊机的规格型号等。

② 焊接烘培。焊条和粉芯使用前必须按质量要求进行烘焙，低氢型焊条经过烘焙后，应放在保温箱内随用随取。

③ 定位点焊。焊接结构在拼接、组装时要确定零件的准确位置，要先进行定位点焊。定位点焊的长度、厚度应由计算确定。

④ 焊前预热。预热可降低热影响区冷却速度，防止焊接延迟裂纹的产生。预热区在焊接两侧，每侧宽度均应大于焊件厚度的 1.5 倍以上，且不应小于 100 mm。

⑤ 焊接顺序确定。一般从焊件的中心开始向四周扩展，先焊收缩量大的焊缝，后焊收缩量小的焊缝；对容易产生变形的焊接件，可以使用工装夹具，并采用合理的焊接顺序（如对称焊、跳焊、逐步退焊等）。

⑥ 焊后热处理。焊后热处理主要是对焊缝进行脱氢处理，以防止冷裂纹的产生。后热处理应在焊后立即进行，保温时间应根据板厚按每 25 mm 板厚 1 h 确定。

（2）高强螺栓的紧固方法：我国现有大六角头型和扭剪型两种形式的高强度螺栓。它们的预拉力是安装螺栓时通过紧固螺帽来实现，为确保其数值准确，施工时应严格控制螺母的紧固程度。通常有转角法、力矩法和扭掉螺栓尾部梅花卡头三种紧固方法。大六角头型用前两种，扭剪型用后者。

二、单层、多层钢结构安装和涂装施工

1. 单层钢结构安装

（1）钢结构工程安装方法。钢结构工程安装方法有分件吊装法、节间安装法和综合吊装法。

分件吊装法是指起重机在节间内每开行一次仅安装一种或两种构件。

这种吊装法的优点是：构件供应与布置较方便；每次吊同类型的构件，安装效率高；吊装、校正、焊接等工序之间易于配合。其缺点是起重机开行路线较长，临时固定设备较多。

节间安装法是指起重机在厂房内一次开行中，分节间依次安装所有各类型构件，即先吊装一个节间柱子，并立即加以校正和最后固定，然后接着吊装地梁。柱间支撑、墙梁、吊车梁、走道板等构件。一个（或几个）节间的全部构件吊装完毕后，起重机行进至下一个节间，再进行下一个节间全部构件吊装，直至吊装完毕。

节间安装法的优点是起重机开行线路短、停机点少，停机一次可完成一个节间全部构件，可为后期工程及早提供工作面，可组织交叉平行流水作业，缩短工期；构件制作和吊装误差能及时发现并纠正。结构稳定性好，有利于保证工程质量。缺点是需要起重量大的起重机同时吊各类构件，不能充分发挥起重机效率，无法组织单一构件连续作业。场地构件堆放拥挤，吊具、索具更换频繁，准备工作复杂；校正工作零碎，困难。

综合吊装法：分件吊装和综合吊装相结合的方法。由于分件安装法与综合安装法各有优缺点，因此，目前有不少工地采用分件吊装法吊装柱，而用综合吊装法来吊装吊车梁、联系梁、屋架、屋面板等各种构件。第一次开行将全部（或一个区段）柱子吊装完毕并校正固定，杯口二次灌浆混凝土强度达到设计的 70%后，第二次开行吊装柱间支撑，吊车梁、联系梁，第三次开行分节间吊装屋架、天窗架、屋面板等其余全部构件。

（2）钢柱的安装方法。单层钢结构安装主要有钢柱安装、吊车梁安装、钢屋架安装等。

2. 多层钢结构安装

① 统一测量仪器和钢尺量具，一般以土建部门的测量仪器和钢尺量具为准。

② 安装前，应对建筑物的定位轴线、底层柱的安装位置线、基础标高和基础混凝土强度进行检查，合格后才能进行安装。

③ 安装顺序应根据事先编制的安装顺序图表进行。

④ 凡在地面组拼的构件，需设置拼装架组拼，易变形的构件应先进行加固。组拼

后的尺寸经验无误后，方可安装。

⑤ 各类根据的吊点，宜按规定设置。

⑥ 钢结构的零件及附件应随构件一并起吊。

⑦ 当天安装的构件，应形成空间稳定体系，确保安装质量和结构安全。

⑧ 一节柱的各层梁安装校正后，应立即安装本节各层楼梯，铺好各层楼层的压型钢板。

⑨ 安装时，楼面上的施工荷载不得超过梁和压型钢板的承载力。

⑩ 预制外墙板应根据建筑物的平面形状对称安装进行，使建筑物各侧面均匀加载。

⑪ 叠合楼板的施工，要随着钢结构的安装进度进行。两个工作面相距不宜超过5个楼层。

⑫ 每个流水段一节柱的全部钢构件安装完毕并验收合格后，方能进行下一流水段钢结构的安装。

⑬ 高层钢结构安装时，需注意日照、焊接等温度引起的热影响，导致构件产生的伸长、缩短、弯曲所引起的偏差，施工中应有调整偏差的措施。

3. 涂装施工

（1）工艺流程：基（表）面处理—底漆涂装—面漆涂装—检查验收。

（2）下列任何情况均不涂装。

① 高强螺栓摩擦面。

② 埋入混凝土或与耐火材料接触部位。

③ 为密贴或有相对运动机加工面。

④ 地脚螺栓及其底板。

⑤ 密封箱体及阀体内表面。

⑥ 不锈钢件、镀件，非金属件及图样注明不涂装部位。

⑦ 需进行现场加工部位。

三、钢结构施工的质量和安全要求

1. 钢结构施工的质量要求（表 7-14）

表 7-14　钢结构施工质量要求

分项工程	项目要求
基本规定	（1）钢结构工程施工单位应具备相应的钢结构工程施工资质，施工现场质量管理应有相应的施工技术标准、质量管理体系、质量控制及检验制度，施工现场应有经项目技术负责人审批的施工组织设计施工方案等技术文件。 （2）钢结构工程施工质量的验收必须采用经计量检定校准合格的计量器具。 （3）钢结构工程应按下列规定进行施工质量控制： ① 采用的原材料及成品应进行进场验收。凡涉及安全功能的原材料及成品应按本规范规定进行复验，并经监理工程师（建设单位技术负责人）见证取样、送样。 ② 各道工序应按施工技术标准进行质量控制，每道工序完成后应进行检查，相关各专业工种之间应进行交接检验并经监理工程师（建设单位技术负责人）检查认可。 ③ 钢结构工程施工质量验收应在施工单位自检基础上，按照检验批、分项工程、分部（子分部）工程进行。钢结构分部（子分部）工程中分项工程划分应按照现行国家标准《建筑工程施工质量验收统一标准》的规定执行。钢结构分项工程应有一个或若干个检验批组成，各分项工程检验批应按本规范的规定进行划分

分项工程	项目要求
焊接工程	(1) 焊缝表面缺陷的检验方法有观察检查、使用放大镜检查、使用焊缝量规检查，当存在疑义时，要用渗透或磁粉探伤检查。 (2) 设计要求全焊透的一、二级焊缝，应采用超声波探伤进行内部缺陷的检验，超声波探伤不能对缺陷作出判断时应采用射线探伤
紧固件连接工程	(1) 永久性普通螺栓紧固应牢固、可靠，外露丝扣不应少于 2 扣。检查方法：用小锤敲击检查。 (2) 高强螺栓连接副在终拧以后，螺栓丝扣外露应为 2～3 扣。 (3) 高强度螺栓连接摩擦面应保持干燥、整洁，不应有飞边毛刺、焊接飞溅物、焊疤、氧化铁皮、污垢等除设计要求，外摩擦面不应涂漆
钢零件及钢部件加工	(1) 钢材切割面或剪切面应无裂纹缺陷。 (2) 碳素结构钢和低合金钢在加热矫正时，加热温度不应超过 900 ℃。 (3) 气割或机械剪切的零件，需要进行边缘加工时，其刨削量不应小于 2 mm
钢构件组装工程	吊车梁和吊车桁架的组装检查结果，不应有下挠。检验方法：构件直立，在两端支承后，用水准仪和钢尺检查
涂装工程	(1) 基面清理除锈质量的好坏，直接影响到涂层质量的好坏。油漆涂刷前，应采取适当的方法将需要涂装部分的铁锈、焊缝药皮、焊接飞溅物、油污、尘土等杂物清理干净。 (2) 施工区域必须保持空气流通。涂装及固化过程应无粉尘及其他异物飞扬。涂装施工过程，要尽量保证漆膜均匀，不可漏涂。对于边、角、夹缝、焊缝等部位要先涂刷，然后再大面积涂装。 (3) 钢结构构件防腐涂料涂装顺序一般是先上后下、先左后右、先内后外。 (4) 涂装时的环境温度和相对湿度应符合涂料产品说明书的要求，当产品说明书无要求时环境温度宜在 5～35 ℃，相对湿度不应大于 85%，涂装时构件表面不应有结露，涂装后 4 h 内应保护免受雨淋。 (5) 漆膜外观应满足以下要求：底漆、层漆、面漆漆膜不能有针孔、气泡、裂纹、咬底、渗色、漏涂、流挂、局部剥落等缺陷；面漆表面应平整均匀、漆膜丰满、色泽一致。检查方法经协商可采用肉眼或用放大镜观察。 (6) 涂层厚度检测应每一涂层干燥后进行。全部涂装完毕后，再检测总厚度。检测方法：用漆膜测厚仪检测，每 10 m^2（漆膜面积不足 10 m^2 的按 10 m^2 计）作为一处，细长体每 3～4 m 长作为一处，每处测 3～5 点。每处所测各点厚度平均值，不得低于规定涂层总厚度的 90%，且不高于 120%。每处所测各点厚度最小值不应小于规定涂层总厚度的 70%。 (7) 因环境或其他原因造成不能按规定涂装条件进行施工时，要采取必要技术措施并确认能保证涂装质量后方可施工，对采取的措施要留有记录。 (8) 分次涂装涂层，必须按涂料产品说明书规定涂装间隔时间进行。若超过规定涂装间隔时间，应对前道涂层表面做必要打毛处理。 (9) 未干涂层应注重保护，防止弄脏损伤，已被弄脏及损伤涂膜，应按要求进行修补。 (10) 现场组装涂件，最后一道面漆待设备安装调试完毕后进行涂装

2. 多层钢结构施工中的安全措施

① 在钢结构施工中，无论是搬运还是安装，必须严防碰撞电线，非在高压线附近施工时，其距离最小也要超过 2 m，更不得接近高压线。

② 安装时，应设专人指挥。

③ 在施工吊装的过程中，不得超负荷运行。

④ 在吊装或安装过程中，其上，操作人员必须系好安全带。其下，严禁行人通过。

⑤ 采用气焊气割时，应严防电石桶爆炸伤人。

⑥ 严禁在高空作业时，往下掉物，以免伤人。

⑦ 应对钢结构采取防火措施，以提高钢结构的耐火能力。

第八节　防水工程

防水工程应遵循“合理设防、防排结合、因地制宜、综合治理”的原则，在工期的安排上应尽量避开冬季、雨季施工。

一、屋面防水工程

1. 卷材防水屋面施工

卷材屋面一般由结构层、隔汽层、保温层、找平层、防水层和保护层组成。卷材防水屋面施工工艺流程见图 7-13。

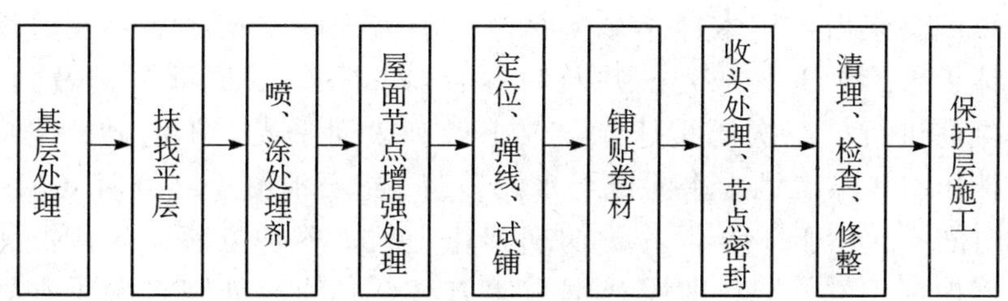

图 7-13　卷材防水屋面施工工艺流程

2. 涂膜防水屋面施工

涂膜防水屋面施工工艺流程见图 7-14。

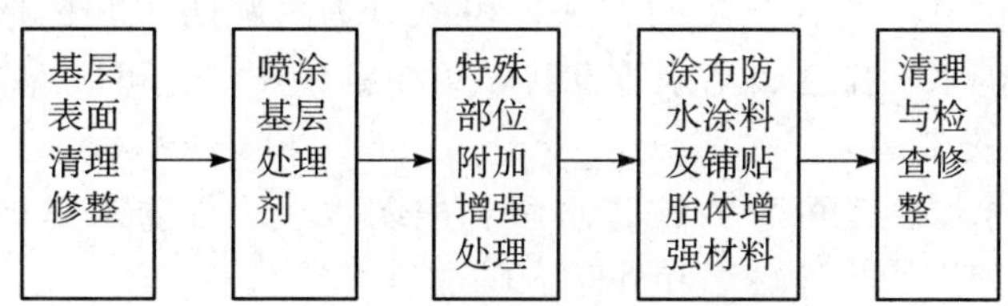

图 7-14　涂膜防水屋面施工工艺流程

3. 刚性防水屋面

刚性防水屋面是用细石混凝土、块体材料或补偿收缩混凝土等材料做屋面防水层，依靠混凝土密实并采取一定的构造措施，以达到防水的目的。

(1) 结构层施工。屋面结构层为装配式钢筋混凝土屋面板时，应用细石混凝土嵌缝，其强度等级应不小于 C20，灌缝的细石混凝土宜掺膨胀剂，灌缝高度与板面平齐；当屋面板缝宽度大于 40 mm 或上窄下宽时，板缝内应设置构造钢筋；板端应用密封材料嵌缝密封处理。

（2）隔离层施工。细石混凝土防水层与基层间宜设置隔离层，隔离层可采用低强度等级砂浆、干铺卷材等材料；在浇筑细石混凝土前，应做好隔离层成品保护工作，不能踩踏破坏，待隔离层干燥，并具有一定的强度后，细石混凝土防水层方可施工。

（3）分格缝留置。刚性防水层应设置分格缝，分格缝内应嵌填密封材料；防水层的分格缝应设在屋面板的支承端、屋面转折处、防水层与突出屋面结构的交接处，并应与板缝对齐；普通细石混凝土和补偿收缩混凝土防水层的分格缝，其纵横间距不宜大于 6 m，或“一间一分格”，分格面积不超过 36 m^2 为宜；普通细石混凝土和补偿收缩混凝土防水层，分格缝的宽度宜为 5～30 mm，分格缝内应嵌填密封材料，上部应设置保护层。

（4）钢筋网片施工。钢筋网配置应按设计要求，一般设置直径为 4～6 mm、间距为 100～200 mm 双向钢筋网片；网片采用绑扎和焊接均可，其位置以居中偏上为宜，在分格缝处应断开，保护层不小于 10 mm。

（5）防水层施工。混凝土浇筑应按照由远而近，先高后低的原则进行。细石混凝土防水层的厚度不应小于 40 mm，在每个分格内，混凝土应连续浇筑，不得留施工缝；混凝土要铺平铺匀，用高频平板振动器振捣或用滚筒碾压，保证达到密实程度，振捣或碾压泛浆后，用木抹子拍实抹平；混凝土收水初凝后，及时取出分格缝隔板，用铁抹子第二次压实抹光，并及时修补分格缝的缺损部分，做到平直整齐；待混凝土终凝前进行第三次压实抹光，要求做到表面平光，不起砂、起皮、无抹板压痕为止，抹压时，不得洒干水泥或干水泥砂浆。细石混凝土终凝后（12～24 h）应养护，养护时间不应少于 14 d，养护初期禁止上人；养护方法可采用洒水湿润，也可采用喷涂养护剂、覆盖塑料薄膜或锯末等方法，必须保证细石混凝土处于充分的湿润状态。

二、地下防水工程施工

地下工程的防水方法按其设防的方法，可以分为材料防水和构造防水；地下工程的防水措施主要有隔水、排水、堵水等几种，可单独使用，也可以综合使用。

1. 卷材防水层施工

地下室卷材防水层施工可分为外防水法和内防水法。外防水是地下工程最常见的防水方法，外防水分为外防外贴法和外防内贴法。

（1）外防外贴法是待结构边墙施工完成后，直接把防水层贴在防水结构的外墙外表面，最后砌保护墙的一种卷材防水层的设置方法。

（2）外防内贴法施工是在结构边墙施工前，先砌保护墙，然后将卷材防水层贴在保护墙上，最后浇筑边墙混凝土的一种卷材防水层的设置方法。

这两种设置方法的优缺点参见表 7-15。

表 7-15 外防外贴法和外防内贴法优缺点比较

名称	优点	缺点
外防外贴法	因为大部分卷材防水层均直接贴在结构的外表面，故其防水层受结构沉降变形影响小由于是后贴立面防水层，故在浇筑混凝土结构时不会损坏防水层，只需要注意底板与留茬部位防水层的保护即可便于检查混凝土结构及防水层的质量，且容易修补	① 工序多，工期长，需要一定的工作面； ② 土方量大，模板需要量亦较大； ③ 卷材接头不易保护好，施工烦琐，影响防水层质量
外防内贴法	① 工序简便、工期短； ② 节省施工占地，土方量较小； ③ 节约外墙外贴模板； ④ 卷材防水层无须临时固定	① 受结构沉降变形影响，容易断裂，产生漏水现象； ② 卷材防水及混凝土结构抗渗质量不易检查，如产生渗漏修补较困难

2. 防水混凝土结构的防水施工

（1）防水混凝土的种类。目前，常用的防水混凝土主要有：普通防水混凝土、外加剂或掺合料防水混凝土和膨胀水泥防水混凝土三类。

（2）防水混凝土的施工。防水混凝土施工工艺流程见图 7-15。

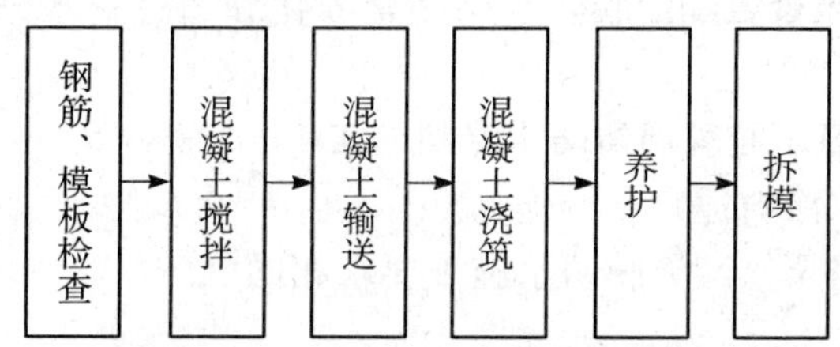

图 7-15 防水混凝土施工工艺流程

防水混凝土施工前应做好降排水工作，不得在有积水的环境中浇筑混凝土。防水混凝土应分层连续浇筑，分层厚度不得大于 500 mm。用于防水混凝土的模板应拼缝严密、支撑牢固。防水混凝土拌合物应采用机械搅拌，搅拌时间不宜小于 2 min。掺外加剂时，搅拌时间应根据外加剂的技术要求确定。防水混凝土应采用机械振捣，避免漏振、欠振和超振。防水混凝土应连续浇筑，宜少留施工缝。当留设施工缝时，墙体水平施工缝不应留在剪力最大处或底板与侧墙的交接处，应留在高出底板表面不小于 300 mm的墙体上。拱（板）墙结合的水平施工缝，宜留在拱（板）墙接缝线以下 150～300 mm处，墙体有顶留孔洞时，施工缝距孔洞边缘不应小于 300 mm。垂直施工缝应避开地下水和裂隙水较多的地段，并宜与变形缝相结合。

防水混凝土结构内部设置的各种钢筋或绑扎铁丝，不得接触模板。用于固定模板的螺栓必须穿过混凝土结构时，可采用工具式螺栓或螺栓加堵头，螺栓上应加焊方形止水环。拆模后应将留下的凹槽用密封材料封堵密实，并应用聚合物水泥砂浆抹平。

三、卫生间防水施工

卫生间的防水要特别加强卫生洁具、地漏、管道根部的防水措施。

1. 卫生间楼地面聚氨酯防水施工

聚氨酯涂膜防水材料是双组分化学反应固化形的高弹性防水涂料，多以甲、乙双组分形式使用。

（1）基层处理：卫生间的防水基层必须用 1∶3 的水泥砂浆找平。在抹找平层时，凡遇到管子根部周围要使其略高于地面；在地漏的周围应做成略低于地面的洼坑；凡遇到阴、阳角处，要抹成半径不小于 10 mm 的小圆弧。

（2）施工工艺：

① 清理基层：施工前，先将基层表面的突出物、砂浆疙瘩等异物铲除，并进行彻底清扫。

② 涂布底胶：将聚氨酯配合搅拌均匀，再用小滚刷均匀涂布在基层表面上。

③ 配制聚氨酯涂膜防水涂料：将聚氨酯按比例配合，用电动搅拌器强力搅拌均匀备用。

④ 涂膜防水层施工：用小滚刷或油漆刷将防水混合材料均匀涂布在基层表面上。涂完第一度涂膜后，一般需固化 5 h 以上，在基本不粘手时，再按上述方法涂布第二、三、四度涂膜。

⑤ 做好保护层：当聚氨酯涂膜防水层完全固化和通过蓄水试验并检验合格后，即可铺设保护层。

2. 卫生间楼地面氯丁胶乳沥青防水涂料施工

氯丁胶乳沥青防水涂料适宜于冷施工。

（1）基层处理：与聚氨酯涂膜防水施工要求相同。

（2）施工工艺：

① 阴角、管子根部和地漏等部位的施工：这些部位先铺一布二油进行附加补强处理。待干燥后，再按要求进行一布四油施工。

② 一布四油施工：在洁净的基层上均匀涂刷第一遍涂料，待涂料表面干燥后，即可铺贴玻璃纤维布或聚酯纤维无纺布，接着涂刷第二遍涂料。施工时可边铺边涂刷涂料。然后再涂刷第二遍涂料，待干燥后，再均匀涂刷第三遍涂料，待表面干燥后再涂刷涂料。

（3）蓄水试验：第四遍涂料涂刷干燥后，方可进行蓄水试验。

四、防水工程施工的质量和安全要求

1. 防水工程施工的质量要求

① 屋面工程质量应符合下列要求：防水层不得有渗漏或积水现象；使用的材料应符合设计要求和质量标准的规定；找平层表面应平整，不得有酥松、起砂、起皮现象；保温层的厚度、含水量和表观密度应符合设计要求；天沟、檐沟、泛水和变形缝等构造，应符合设计要求；卷材表贴方法和搭接顺序应符合设计要求，搭接宽度正确，接缝严密，不得有皱褶、鼓泡和翘边现象；涂膜防水层的厚度应符合设计要求，涂层无裂纹、皱褶、流淌、鼓泡和露胎体现象；刚性防水层表面应平整、压光，不起砂，不起皮，不开裂；分格缝应平直，位置正确；嵌缝密封材料应与两侧基层粘牢，密封部位光滑、平直，不得有开裂、鼓泡、下塌现象。

② 检查屋面有无渗漏、积水和排水系统是否畅通，应在雨后或持续淋水 2 h 后进行。

③ 屋面验收后，应填写分部工程质量验收记录，交建设单位和施工单位存档。

2. 地下建筑防水工程质量要求

① 防水混凝土的抗压强度和抗渗压力必须符合设计要求。

② 防水混凝土应密实，表面应平整，不得有露筋、蜂窝等缺陷；裂缝宽度应符合设计要求。

③ 水泥砂浆防水层应密实、平整、黏结牢固，不得有空鼓、裂纹、起砂、麻面等缺陷；防水层厚度应符合设计要求。

④ 卷材接缝应黏结牢固、封闭严密，防水层不得有损伤、空鼓、皱褶等缺陷。

⑤ 涂层应黏结牢固，不得有脱皮、流淌、鼓泡、露胎、皱褶等缺陷；涂层厚度应符合设计要求。

⑥ 塑料板防水层铺设牢固、平整，搭接焊缝严密，不得有焊穿、下垂、绷紧现象。

⑦ 金属板防水层焊缝不得有裂纹、未熔合、夹渣、焊瘤、咬边、弧穿、针状气孔等缺陷；保护涂层应符合设计要求。

⑧ 变形缝、施工缝、后浇带、穿墙管道等防水构造应符合设计要求。

3. 防水工程施工的安全措施

① 屋面工程是高空作业，防水层使用的沥青、涂膜、防水剂等材料有一定的毒性，施工过程中有时又涉及高温作业，所以施工中容易发生坠落、中毒、烫伤等事故，要特别注意安全技术，严格按操作规程执行。

② 屋面的檐口、孔洞周围应设置安全栏，工人在屋面施工时，必要时应佩戴安全带。高空操作人员不得过分集中。

③ 地下防水工程施工，首先应检查护坡和支护是否可靠；材料堆放应距坑边沿 1 m以上，重物应距土坡在安全距离以外。

④ 操作人员应穿戴工作服、安全帽、口罩、手套、劳保鞋等保护用品。对皮肤病、眼病、刺激过敏症等患者，不许参加沥青、涂膜等操作。在施工时如发生恶心、头晕等情况时，应立即停止操作，离开作业现场。

⑤ 熬制沥青、油毡铺贴等应符合安全操作规程，附近不得有易燃、易爆品，并应注意风向。

第九节　装饰装修工程

建筑装饰能够使建筑满足人们的视觉、触觉享受，进一步提高了建筑物的空间质量，因此建筑装饰装修已成为现代建筑工程不可缺少的部分。

一、抹灰工程的施工工艺和质量要求

抹灰工程按使用要求及装饰效果不同有一般抹灰、装饰抹灰、特种抹灰。按使用

要求、质量标准和操作工序不同，一般抹灰又分为普通抹灰和高级抹灰。

1. 施工工艺流程

基层清理→浇水湿润→吊垂直、套方、找规矩、抹灰饼→抹水泥踢脚或墙裙→做护角抹水泥窗台→墙面充筋→抹底灰→修补预留孔→抹罩面灰。

2. 质量要求

（1）抹灰总厚度大于或等于 35 mm 时的加强措施。

（2）不同材料基体交接处的加强措施。

（3）抹灰用的石灰膏的熟化期不应少于 15d；罩面用的磨细石灰粉的熟化期不应少于 3d。

（4）室内墙面、柱面和门洞口的阳角做法应符合设计要求。设计无要求时，应采用 1∶2 水泥砂浆做暗护角，其高度不应低于 2 m，每侧宽度不应小于 50 mm。

（5）抹灰工程应分层进行。当抹灰总厚度大于或等于 35 mm 时，应采取加强措施。不同材料基体交接处表面的抹灰，应采取防止开裂的加强措施。

（6）一般抹灰的允许偏差和检验方法，见表 7-16。

表 7-16　一般抹灰的允许偏差和检验方法

项次	项目	允许偏差/mm		检验方法
		普通	高级	
1	立面垂直度	3	2	用 2 m 垂直检测尺检查
2	表面平整度	3	2	用 2 m 靠尺和塞尺检查
3	阴阳角方正	3		用直角检测尺检测
4	分格条（缝）直线度	3	2	拉 5 m 线，不足 5 m 拉通线，用钢直尺检查
5	墙裙、勒脚上口直线	3	2	拉 5 m 线，不足 5 m 拉通线，用钢直尺检查

二、建筑装饰饰面石材、陶瓷材料

1. 建筑装饰饰面石材

饰面石材分天然与人造两种。前者指从天然岩体中开采出来，并经加工成块状或板状材料的总称，一般指的是用于建筑饰面上的大理石、花岗石等板石。

2. 陶瓷材料

凡以黏土、长石、石英为基本原料，经配料、制坯、干燥、焙烧而制得的成品，统称为陶瓷制品。用于建筑工程的陶瓷制品，则称为建筑陶瓷，主要包括釉面砖、外墙面砖、地面砖、陶瓷锦砖、卫生陶瓷等。

三、木地板施工工艺和质量要求

1. 木地板装饰的基本工艺流程

① 粘贴法施工工艺：

基层清理→涂刷底胶→弹线、找平→钻孔、安装预埋件→安装毛地板、找平、刨平→钉木地板、找平、刨平→钉踢脚板→刨光、打磨→油漆→上蜡。

② 强化复合地板施工工艺：

清理基层→铺设塑料薄膜地垫→粘贴复合地板→安装踢脚板。

③ 实铺法施工工艺：

基层清理→弹线→钻孔安装预埋件→地面防潮、防水处理→安装木龙骨→垫保温层→弹线、钉装毛地板→找平、刨平→钉木地板、找平、刨平→装踢脚板→刨光、打磨→油漆→上蜡。

2. 木地板施工的质量要求

① 木材的材质和铺设时的含水率必须符合木结构工程施工的有关规定。

② 木搁栅、毛地板和垫木等必须做防腐处理，木搁栅的安装必须牢固，平直。在混凝土基层上铺设木搁栅，其间距和稳固方法必须符合设计要求。

③ 各种木质板面层必须辅钉牢固，无松动，粘贴使用的胶必须符合设计要求。

④ 木板和拼花木板面层刨平磨光，无刨痕戗茬和毛刺等现象，图案清晰美观，清油面层颜色均匀一致。

⑤ 条形木板面层接缝缝隙严密，接头位置错开，表面洁净，拼缝平直方正。拼花木板面层，接缝严密，粘钉牢固，表面洁净，黏结无溢胶，板块排列合理、美观，镶边宽度周边一致。

⑥ 踢脚线的铺设质量，接缝严密，表面平整光滑，高度、出墙厚度一致，接缝排列合理美观，上口平直，割角准确。

⑦ 木地板烫硬蜡、擦软蜡，蜡洒布均匀不露底，光滑明亮，色泽一致，厚薄均匀，木纹清晰，表面洁净。

⑧ 允许偏差项目，见表 7-17。

表 7-17　木地板面层的允许偏差和检验方法表

项　　目	允许偏差/mm			检验方法
	松木长条木板	硬木长条木板	拼花木板	
表面平整度	2	1	1	用 2 m 靠尺和楔形塞尺检查
踢脚线上口平直	3	3	3	拉 5 m 线，不足 5 m 拉通线和尺量检查
板面拼缝平直	2	1	1	拉 5 m 线，不足 5 m 拉通线和尺量检查
缝隙宽度	2	0.3	<0.1	尺量和楔形塞尺检查

四、吊顶工程施工工艺和质量要求

吊顶是现代建筑装饰的重要组成部分，吊顶工程集中了工程声学、美学等各种知识。纸面石膏板吊顶具有良好的阻燃性能，还有质轻、隔声、抗震及较为优异的现场加工性能。

1. 施工工艺（轻钢龙骨双层纸面石膏板吊顶）流程

抄平、放线→排板、分格→安装周边龙骨→吊筋安装→安装主龙骨→安装次龙骨、横撑龙骨→安装第一层纸面石膏板→安装面层纸面石膏板→点防锈漆、补缝、粘贴专用纸带。

2. 吊顶工程的质量要求

① 各分项工程的检验批划分：同一品种的吊顶工程每 50 间（大面积房间和走廊按吊顶面积 30 m^2 为一间）应划分为一个检验批，不足 50 间也应划分为一个检验批。

② 检查数量：每个检验批应至少抽查 10%，并不得少于 3 间；不足 3 间时应全数

检查。

③ 安装龙骨前，应按设计要求对房间净高、洞口标高和吊顶内管道、设备及其支架的标高进行交接检验。

④ 吊顶工程的木吊杆、木龙骨和木饰面板必须进行防火处理，并应符合有关设计防火规范的规定。

⑤ 吊顶工程中的预埋件、钢筋吊杆和型钢吊杆应进行防锈处理。

⑥ 安装饰面板前应完成吊顶内管道和设备的调试及验收。

⑦ 吊杆距主龙骨端部距离不得大于300 mm，当大于300 mm时，应增加吊杆。当吊杆长度大于1.5 m时，应设置反支撑。当吊杆与设备相遇时，应调整并增设吊杆。

⑧ 重型灯具、电扇及其他重型设备严禁安装在吊顶工程的龙骨上。

⑨ 允许偏差和检查方法应符合表7-18的规定。

表7-18　吊顶工程安装的允许偏差和检验方法（暗龙骨）

序号	项目	允许偏差/mm				检验方法
		纸面石膏板	金属板	矿棉板	木板、塑料板、格栅	
1	表面平整度	3	2	2	2	用2 m靠尺和塞尺检查
2	接缝直线度	3	1.5	3	3	拉5 m线，不足5 m拉通线，用钢直尺检查
3	接缝高低差	1	1	1.5	1	用钢直尺和塞尺检查

五、隔墙工程施工工艺和质量要求

隔墙主要有轻质隔墙、砖砌隔墙等形式。砖砌墙由于重量大，湿作业，时间较长，除在改造卫生间、厨房时使用，一般不宜在室内使用。

轻质隔墙的特点是自重轻、墙身薄、拆装方便、节能环保、有利于建筑工业化施工。按构造方式与材料不同可分为板材隔墙、木龙骨隔墙、轻钢龙骨隔墙、活动隔墙、玻璃隔墙等。

轻钢龙骨隔墙是永久性墙体，它以轻钢龙骨为骨架，以纸面石膏板为基层面材组合而成，面部可进行乳胶漆、壁纸、木材等多种材料的装饰。

1. 轻钢龙骨架的安装

① 根据设计图纸，在室内地面弹出墙体的位置线，并将线引至侧墙和顶棚，地上弹线应弹出双线，即墙的两个垂面在地面上的投影都要弹出。

② 做墙垫，以保证骨架和地面吻合。具体做法是：先清理地面的接触部分，涂刷一遍YJ302型界面处理剂，随即打素混凝土墙垫，墙垫的上表面应平整，两侧应垂直。

③ 固定沿地、沿顶龙骨，可采用射钉或钻孔用膨胀螺栓固定，间距一般以900 mm为宜，射钉位置应避开原基层中已敷设的暗管。

④ 竖龙骨的安装间距应按限制高度的规定选用，采用暗接缝时龙骨间距应增加6 mm，如采用明接缝时，龙骨间距按明接缝宽度确定。需要吊挂物品的墙面，龙骨间距应该缩短，一般为300 mm，竖龙骨应由墙的一端开始排列，当最后一根龙骨距墙的距离大于规定龙骨间距时，必须增设一根龙骨。竖龙骨上下端应与沿地、沿顶龙骨用

圆钉固定，现场需裁截龙骨时，一律由龙骨上端开始。冲孔位置不能颠倒，并保证各龙骨冲孔在同一水平线上。

⑤ 安装门口立柱时，应根据设计确定的门口立柱形式进行组合，在安装立柱的同时，应将门口与立柱一起就位固定。窗口的安装方法同门口一样。

⑥ 当隔断墙高度超过石膏板长度或墙上开有窗户时，应设水平龙骨，其连接方式可采用沿地、沿顶龙骨与竖向龙骨连接的方式，也可采用竖向龙骨用卡托和角托同竖龙骨连接的方式。

⑦ 在隔断墙上需设置配电盘、洗面盘、水箱等设施时，各种附墙设备的吊挂件，均应按设计要求在安装骨架时，预先将连接件与龙骨架连接牢固。

2. 纸面石膏板的安装

轻钢龙骨架安装好，经检查无误后，就可安装石膏板，石膏板应竖向排列，龙骨两侧的石膏板应错缝排列，用自攻螺丝固定，其顺序是从板的中间向两侧固定，固定位置离板边距离在 10～16 mm，离切割边的板边至少15 mm，板边螺丝钉间距为250 mm，边中螺钉间距为 300 mm，螺帽略埋入板内，但不得损坏纸面。下端的石膏板不要与地面直接接触，应留 10～15 mm 缝隙，用密封膏嵌严。

石膏板安装后，清扫接缝中的浮土，用腻子刀将腻子嵌入缝内与板面找平。缝内腻子凝固后，刮 1 mm 腻子从接缝带网眼中挤出。随即用大腻子刀在整个装饰面上刮腻子，将接缝带埋入腻子中，并将石膏板棱边及纸面不平之处全部找平，留待精装修时再进行表面的装饰处理。

六、门窗工程施工工艺和质量要求

门窗安装工程是指木门窗安装、塑料门窗安装、金属门窗安装、特种门安装和门窗玻璃安装工程。

1. 木门窗施工工艺流程

定位放线→安装门、窗框→安装门、窗扇→安装门、窗玻璃→安装门、窗配件→框与墙体之间的缝隙、框与扇之间填嵌、密封→清理。

2. 塑料门窗施工工艺流程

检查洞口尺寸、位置→门窗框安装→门窗框与洞口间填嵌→门窗洞口抹灰→门窗扇安装→外门窗外侧耐候胶密封→验收。

3. 门窗工程质量要求

(1) 门窗安装前，应对门窗洞口尺寸进行检验。

(2) 金属门窗和塑料门窗安装应采用预留洞口的方法施工。不得采用边安装边砌口或先安装后砌口的方法施工。

(3) 木门窗与砖石砌体、混凝土或抹灰层接触处应进行防腐处理并应设置防潮层；埋入砌体或混凝土中的木砖应进行防腐处理。

(4) 当金属窗或塑料窗组合时，其拼樘料的尺寸、规格、壁厚应符合设计要求。

(5) 建筑外门窗的安装必须牢固。在砌体上安装门窗严禁用射钉固定。

(6) 特种门安装除应符合设计要求和本规范规定外，还应符合有关专业标准和主管部门的规定。

七、涂饰工程的施工工艺和质量要求

涂饰工程包括水性涂料、溶剂型涂料和美术涂饰等涂饰工程。

1. 涂饰工程施工的作业条件

（1）温度宜保持均衡，不得突然有较大的变化，且通风良好。一般油漆工程施工时的环境温度不宜低于 10 ℃，相对湿度不宜大于 60%。门窗玻璃要提前安装完毕，如未安玻璃，应有防风措施。

（2）顶板、墙面、地面等湿作业完工并具备一定强度，环境比较干燥和干净。混凝土和墙面抹混合砂浆以上的砂浆已完成，且经过干燥，其含水率应符合下列要求：表面施涂溶剂型涂料时，含水率不得大于 8%；表面施涂水性和乳液涂料时，含水率不得大于 10%。

（3）水电及设备、顶墙上预留、预埋件已完成，专业管道设备安装完，试水试压已进行完。

（4）门窗安装已完成并已施涂一遍底子油（干性油、防锈涂料），如采用机械喷涂料时，应将不喷涂的部位遮盖，以防污染。

（5）水性和乳液涂料涂刷时的环境温度应按产品说明书的温度控制。冬期室内施涂涂料时，应在采暖条件下进行，室温应保持均衡，不得突然变化。

（6）水性和乳液涂料施涂前应将基体或基层的缺棱掉角处，用 1∶3 水泥砂浆（或聚合物水泥砂浆）修补；表面麻面及缝隙应用腻子填补齐平（外墙、厨房、浴室及厕所等需要使用涂料的部位，应使用具有耐水性能的腻子）。

（7）在室外或室内高于 3.6 m 处作业时，应事先搭设好脚手架，并以不妨碍操作为准。

（8）大面积施工前应事先做样板间，经有关质量部门检查鉴定合格后，方可组织班组进行大面积施工。

（9）操作前应认真进行交接检查工作，并对遗留问题进行妥善处理。

（10）木基层表面含水率一般不大于 12%。

2. 施工工艺

（1）基层处理。

① 混凝土或水泥混合砂浆抹灰基层：先将基层表面上的灰尘、污垢、溅沫和砂浆流痕等清除干净。同时将基层缺棱掉角处，用 1∶3 水泥砂浆修补好；表面麻面及缝隙应用聚醋酸乙烯乳液 1∶水泥 5∶水 1 调和成的腻子填补齐平，并用同样配合比的腻子进行局部刮腻子，待腻子干后，用砂纸磨平。

② 木门窗和木质基层：先将基层表面上的灰尘、油污、斑点、胶迹等用刮刀或碎玻璃片刮除干净。注意不要刮出毛刺，也不要刮破抹灰墙面。然后用 1 号以上砂纸顺木纹打磨，先磨线角，后磨四平面，直到光滑为止。木门窗基层有小块活翘皮时，可用小刀撕掉。重皮的地方应用小钉子钉牢固，如重皮较大或有烤糊印疤，应由木工修补。

（2）刮腻子与磨平。基层应刮腻子数遍找平孔眼和裂缝，并在每次腻子干燥后用砂纸打磨，保证基层表面平整光滑。

（3）涂饰施工。

① 混凝土及抹灰面涂饰一般采用喷涂、滚涂、刷涂、抹涂和弹涂等方法，以取得

不同的表面质感。

② 木质基层方法分清漆和色漆，在涂刷第一遍后对基层进行相应处理，然后才能进行中面层饰面。

3. 涂饰工程质量要求的一般规定

(1) 涂饰工程的基层处理。

① 新建筑物的混凝土或抹灰基层在涂饰涂料前应涂刷抗碱封闭底漆。

② 旧墙面在涂饰涂料前应清除疏松的旧装修层，并涂刷界面剂。

③ 混凝土或抹灰基层涂刷溶剂型涂料时，含水率不得大于8%；涂刷乳液型涂料时，含水率不得大于10%。木材基层的含水率不得大于12%。

④ 基层腻子应平整、坚实、牢固，无粉化、起皮和裂缝；内墙腻子的黏结强度应符合《建筑室内用腻子》(JG/T 3049) 的规定。

⑤ 厨房、卫生间墙面必须使用耐水腻子。

(2) 水性涂料涂饰工程施工的环境温度应在5～35 ℃。

(3) 涂饰工程应在涂层养护期满后进行质量验收。

八、装饰装修工程施工质量检验的内容及要求

(1) 建筑装饰装修工程的子分部工程及其分项工程应按表7-19划分。

表7-19 子分部工程及其分项工程划分

项次	子分部工程	分项工程
1	抹灰工程	一般抹灰，装饰抹灰，清水砌体勾缝
2	门窗工程	木门窗制作与安装，金属门窗安装，塑料门窗安装，特种门安装，门窗玻璃安装
3	吊顶工程	暗龙骨吊顶，明龙骨吊顶
4	轻质隔墙工程	板材隔墙，骨架隔墙，活动隔墙，玻璃隔墙
5	饰面板（砖）工程	饰面板安装，饰面砖粘贴
6	幕墙工程	玻璃幕墙，金属幕墙，石材幕墙
7	涂饰工程	水性涂料涂饰，溶剂型涂料涂饰，美术涂饰
8	裱糊与软包工程	裱糊，软包
9	细部工程	橱柜制作与安装，窗帘盒、窗台板和散热器罩制作与安装，门窗套制作与安装，护栏和扶手制作与安装，花饰制作与安装
10	建筑地面工程	基层，整体面层，板块面层，竹木面层

(2) 建筑装饰装修工程施工过程中，应按规范一般规定的要求对隐蔽工程进行验收。

(3) 检验批的质量验收的合格判定应符合下列规定：

① 抽查样本均应符合规范主控项目的规定。

② 抽查样本的80%以上应符合本规范一般项目的规定。其余样本不得有影响使用功能或明显影响装饰效果的缺陷，其中有允许偏差的检验项目，其最大偏差不得超过规范规定允许偏差的1.5倍。

(4) 分项工程的质量验收各检验批的质量均应达到规范的规定。

(5) 子分部工程的质量验收中各分项工程的质量均应验收合格，并应符合下列规定：

① 应具备规范各子分部工程规定检查的文件和记录。

② 应具备表 7-20 所规定的有关安全和功能的检测项目的合格报告。

③ 观感质量应符合规范各分项工程中一般项目的要求。

表 7-20　有关安全和功能的检测项目

项次	子分部工程	检测项目
1	门窗工程	① 建筑外墙金属窗的抗风压性能、空气渗透性能和雨水渗漏性能； ② 建筑外墙塑料窗的抗风压性能、空气渗透性能和雨水渗漏性能
2	饰面板（砖）工程	饰面板后置埋件的现场拉拔强度 2 饰面砖样板件的黏结强度
3	幕墙工程	① 硅酮结构胶的相容性试验； ② 幕墙后置埋件的现场拉拔强度； ③ 幕墙的抗风压性能、空气渗透性能、雨水渗漏性能及平面变形性能

（6）建筑装饰装修工程的室内环境质量应符合现行国家标准《民用建筑工程室内环境污染控制规范》（GB 50325—2010）的规定。

（7）未经竣工验收合格的建筑装饰装修工程不得投入使用。

九、装饰装修工程施工的安全要求

1. 施工安全基本要求

（1）施工前应进行设计交底工作，并应对施工现场进行核查。

（2）各工序，各分项工程应自检、互检及交接检。

（3）施工中，严禁损坏房屋原有绝热设施；严禁损坏受力钢筋；严禁超荷载集中堆放物品；严禁在预制混凝土空心楼板上打孔安装埋件。

（4）施工中，严禁擅自改动建筑主体。承重结构或改变房间主要使用功能；严禁擅自拆改燃气、暖气、通信等配套设施。

2. 防火安全

（1）一般规定：

① 必须制定施工防火安全制度，施工人员必须严格遵守。

② 装饰装修材料的燃烧性能等级要求，应符合现行国家标准。

（2）材料的防火处理：

① 对装饰织物进行阻燃处理时，应使其被阻燃剂浸透，阻燃剂的干含量应符合产品说明书的要求。

② 对木质装饰装修材料进行防火涂料涂布前应对其表面进行清洁。涂布至少分两次进行，且第二次涂布应在第一次涂布的涂层表干后进行，涂布量应不小于 500 g/ m^2。

（3）施工现场防火。

① 易燃物品应相对集中放置在安全区域并应有明显标识。施工现场不得大量积存可燃材料。

② 易燃易爆材料的施工，应避免敲打、碰撞、摩擦等可能出现火花的操作。配套使用的照明灯、电动机、电气开关、应有安全防爆装置。

③ 使用油漆等挥发性材料时，应随时封闭其容器，擦拭后的棉纱等物品应集中存放且远离热源。

④ 施工现场动用气焊等明火时，必须清除周围及焊渣滴落区的可燃物质，并设专

人监督。

⑤ 施工现场必须配备灭火器，沙箱或其他灭火工具。

⑥ 严禁在施工现场吸烟。

⑦ 严禁在运行中的管道、装有易燃易爆的容器和受力构件上进行焊接和切割。

（4）电气防火。

① 照明、电热器等设备的高温部位靠近非 A 级材料，或导线穿越 B2 级以下装修材料时，应采用岩棉、瓷管或玻璃棉等 A 级材料隔热。当照明灯具或镇流器嵌入可燃装饰装修材料中时，应采取隔热措施予以分隔。

② 配电箱的壳体和底板宜采用 A 级材料制作。配电箱不得安装在 B2 级以下（含 B2 级）的装修材料上。开关、插座应安装在 B1 级以上的材料上。

③ 卤钨灯灯管附近的导线应采用耐热绝缘材料制成的护套，不得直接使用具有延燃性绝缘的导线。

④ 明敷塑料导线应穿管或加线槽板保护，吊顶内的导线应穿金属管或 B1 级 PVC 管保护，导线不得裸露。

（5）消防设施的保护。

① 住宅装饰装修不得遮挡消防设施、疏散指示标志及安全出口，并且不应妨碍消防设施和疏散通道的正常使用，不得擅自改动防火门。

② 消火栓门四周的装饰装修材料颜色应与消火栓门的颜色有明显区别。

③ 住宅内部火灾报警系统的穿线管、自动喷淋灭火系统的水管线应用独立的吊管架固定。不得借用装饰装修用的吊杆和放置在吊顶上固定。

④ 当装饰装修重新侵害了住宅房间的平面布局时，应根据有关设计规范针对新的平面调整火灾自动报警探测器与自动灭火喷头的布置。

⑤ 喷淋管线、报警器线路、接线箱及相关器件宜暗装处理。

第十节　季节性施工

一、冬期施工

1. 砌体工程冬期施工

砌体工程冬期施工应有完整的冬期施工方案。

当室外日平均气温连续 5d 稳定低于 5 ℃时，砌体工程应采取冬期施工措施。按现行规范《砌体结构工程施工质量验收规范》（GB 50203—2011）的规定执行。

冬期施工还应符合现行行业标准《建筑工程冬期施工规程》（JGJ/T 104—2011）的规定。

（1）砌体工程冬期施工的一般规定和要求。

① 在砌筑前，砖、砌块应清除表面污物、冰雪等。

② 砂浆宜采用普通硅酸盐水泥拌制。

③ 石灰膏、电石膏等应防止受冻，如遭受冻结，应待融化后，方可使用。

④ 拌制砂浆所用的砂，不得含有冰块和直径大于 10 mm 的冻渣块。

⑤ 拌和砂浆时，水温不得超过 80 ℃，砂的温度不得超过 40 ℃。

⑥ 冬期施工不得使用无水泥拌制的砂浆；砂浆拌制应在暖棚内进行，拌制砂浆温度不低于 5 ℃，搅拌时间适当延长。

⑦ 在负温条件下砌筑砖石工程时，可不浇水湿润，但必须适当增加砂浆的黏度；抗震设计烈度为 9 度的建筑物，普通砖和空心砖无法浇水湿润时，无特殊措施，不得砌筑。

(2) 砖石工程冬期施工方法。

砖石砌体工程的冬期施工以采用掺盐砂浆法为主，对保温绝缘、装饰等方面有特殊要求的工程，可采用冻结法或其他施工方法。

2. 混凝土结构工程冬期施工

根据当地多年气温资料，室外日平均气温连续 5d 稳定低于 5 ℃时，混凝土结构工程应按冬期施工要求组织施工。

3. 混凝土冬期施工的一般规定

一般情况下，混凝土冬期施工要求在正温下浇筑，正温下养护，使混凝土强度在冰冻前达到受冻临界强度，在冬期施工时对原材料和施工过程均要求有必要的措施，来保证混凝土的施工质量。

(1) 对材料的要求及加热。

① 冬期施工中配制混凝土用的水泥，应优先选用活性高、水化热大的硅酸盐水泥和普通硅酸盐水泥。使用矿渣硅盐水泥时，宜采用蒸气养护，使用其他品种水泥，应注意其中掺合材料对混凝土抗冻抗渗等性能的影响。掺用防冻剂的混凝土，严禁使用高铝水泥。

② 混凝土所用骨料必须清洁，不得含有冰雪等冰结物及易冻裂的矿物质。

③ 冬期施工对组成混凝土材料的加热，应优先考虑加热水。当水、骨料达到规定温度仍不能满足热工计算要求时，可提高水温到 100 ℃，但水泥不得与 80 ℃以上的水直接接触。

④ 冬期施工拌制混凝土的砂、石温度要符合热工计算需要温度。骨料加热时可以将骨料放在底下加温的铁板上面直接加热；或者通过蒸气管、电热线加热等。但不得用火焰直接加热骨料，并应控制加热温度（表 7-21）。加热的方法可因地制宜，其中蒸气加热法较好。

表 7-21　拌合水及骨料的最高温度

项目	水泥品种及强度等级	拌合水/℃	骨料/℃
1	小于 42.5	80	60
2	42.5、42.5R 及以上	60	40

⑤ 钢筋冷拉可在负温下进行，但冷拉温度不宜低于－20 ℃。钢筋的焊接宜在室内进行。如必须在室外焊接，最低气温不低于－20 ℃，具有防雪和防风措施。刚焊接的接头严禁立即碰到冰雪，避免造成冷脆现象。

⑥ 冬期浇筑的混凝土抗压强度，在受冻前，硅酸盐水泥或普通硅酸盐水泥配制的

混凝土不得低于其设计强度标准值的30%。冬期浇筑的混凝土，宜使用无氯盐类防冻剂，对抗冻性要求高的混凝土，宜使用引气剂或引气减水剂。

（2）混凝土的搅拌、运输和浇筑。混凝土不宜露天搅拌，应尽量搭设暖棚，优先选用大容量的搅拌机，以减少混凝土的热损失。

混凝土的运输过程是热损失的关键阶段，应采取必要的措施减少混凝土的热损失，同时应保证混凝土的和易性。常用的主要措施为减少运输时间和距离；使用大容积的运输工具并采取必要的保温措施。保证混凝土入模温度不低于5 ℃。

（3）混凝土的浇筑。混凝土在浇筑前，应清除模板和钢筋上的冰雪和污垢，尽量加快混凝土的浇筑速度，防止热量散失过多。当采用加热养护时，混凝土养护前的温度不得低于2 ℃。

4. 混凝土冬期施工方法

混凝土冬期施工的方法，主要有蓄热法、蒸气加热法、电热法、暖棚法和掺外加剂法等。但无论采用什么方法，均应保证混凝土在冻结以前，至少应达到临界强度。

二、雨季施工的主要技术措施

1. 现场临时设排水沟

2. 土方和基础工程

① 雨期不得在滑坡地段进行施工。

② 地槽、地坑开挖的雨期施工面不宜过大。

③ 开挖土方应从上至下分层分段依次施工，底部随时做成一定的坡度，以利泄水。

④ 雨期施工中，应经常检查边坡的稳定情况。

⑤ 防止大型基坑开挖土方工程的边坡被雨水冲刷造成塌方。

⑥ 地下的池、罐构筑物或地下室结构，完工后应抓紧基坑四周回填土施工和上部结构继续施工。

3. 砌体工程

① 雨期施工中，砌筑工程不准使用过湿的砖，以免砂浆流淌和砖块滑移造成墙体倒塌，每日砌筑的高度应控制在1 m以内。

② 砌筑施工过程中，若遇雨应立即停止施工，并在砖墙顶面铺设一层干砖，以防雨水冲走灰缝的砂浆；雨后，受冲刷的新砌墙体应翻砌上面的两皮砖。

③ 稳定性较差的窗间墙、山尖墙，砌筑到一定高度应在砌体顶部加水平支撑，以防阵风袭击，维护墙体的整体性。

④ 雨水浸泡会引起脚手架底座下陷而倾斜，雨后施工要经常检查，发现问题及时处理、加固。

4. 混凝土工程

① 加强对水泥材料防雨防潮工作的检查，对砂石骨料进行含水量的测定，及时调整施工配合比。

② 加强对模板有无松动变形及隔离剂的情况的检查，特别是对其支撑系统的检查，及时加固处理。

③ 重要结构和大面积的混凝土浇筑应尽量避开雨天施工，施工前，应了解2～3 d

的天气情况。

④ 小雨时，混凝土运输和浇筑均要采取防雨措施，随浇筑随振捣，随覆盖防水材料。遇大雨时，应提前停止浇筑，按要求留设好施工缝，并把已浇筑部位加以覆盖，以防雨水的进入。

5. 施工现场防雷

① 为防止雷电袭击，雨季施工现场内的起重机、井字架、龙门架等机械设备，若在相邻建筑物、构筑物的防雷装置的保护范围以外，应安装防雷装置。

② 施工现场的防雷装置由避雷针、接地线和接地体组成。避雷针安装在高出建筑物的起重机（塔吊）、人货电梯、钢脚手架的最高顶端上。

第十一节　建筑节能施工

一、建筑节能基本知识

建筑物的建筑节能施工技术内容主要涉及：建筑外围护结构节能技术、建筑供热制冷系统和见证设备节能技术、可再生能源在建筑中的应用。而建筑外围结构节能有：外墙保温隔热技术、门窗节能技术、屋面节能技术和地面、楼板及楼梯间隔墙节能技术等；建筑供热制冷系统和见证设备节能有：热点冷联产技术、供热系统调节控制和热计量技术、空调系统变频控制技术、热回收技术；可再生能源有：太阳能（包括光热、广电）利用技术、浅层地源热泵（包括土壤源、地下水源、地表水源、污水源）和太阳能源热泵技术。本节主要介绍建筑维护结构节能技术。

二、墙体保温工程施工

外保温复合墙体由基层、保温层、抹面层、饰面层和保护层组成。基层即为外保温系统所依附的外墙。保温层由保温材料组成，在外保温系统中起保温作用的构造层。抹面层抹在保温层上，中间夹有增强网，保护保温层，并起防裂、防水和抗冲击作用。饰面层是外保温系统外装饰层。保护层是抹面层和饰面层的总称。外保温复合墙体在做法上一般分为外墙外保温和外墙内保温以及夹芯保温墙体，外墙外保温工程主要有外墙外保温板粘贴工程、现喷硬泡聚氨酯外墙外保温工程和聚苯颗粒保温砂浆外保温工程等。

1. 外墙外保温板粘贴工程施工工艺流程

清理基层→弹控制线→粘贴网布→粘贴保温板→涂刷界面剂→纤维增强层→抗裂砂浆薄抹面层→饰面涂层。

2. 聚苯颗粒保温砂浆外保温工程施工

清理基层→抹界面砂浆并拉毛→抹第一遍保温砂浆→抹第二遍保温砂浆→抹第一遍抗裂砂浆→锚固钢丝网→抹第一遍抗裂砂浆→饰面涂层。

三、屋面保温隔热工程施工

保温屋面的种类一般分为现浇类和保温板类两种。现浇类包括现喷硬泡聚氨酯材料、现浇膨胀珍珠岩、现浇水泥蛭石保温屋面；保温板类包括硬质聚氨酯泡沫塑料板、饰面聚苯夹芯板和水泥聚苯板、预制加气泡沫混凝土板保温屋面等。

现浇膨胀珍珠岩保温屋面施工工艺流程：基层清理→保温砂浆搅拌→铺设、压紧→刮平→找平。

四、门窗及幕墙工程保温节能施工

采用热阻大、能耗低的节能材料制造的新型保温节能门窗（塑钢门窗）可大大提高热工性能。同时还要特别注意玻璃的选材。窗玻璃尽量选特性玻璃，如吸热玻璃，中空玻璃。对于石材幕墙、铝板幕墙等，一般采用保温岩棉作为保温材料。

1. 门窗节能工程施工

工艺流程：准备工作→测量放线→安装门窗框→校正→固定门窗框→填充发泡剂→土建抹灰收口→安装门窗扇→门窗外周圈打胶→安装门窗五金件→清理、清洗门窗→检查验收。

2. 铝板幕墙保温层工程施工

（1）层间铝板幕墙。先将保温岩棉与 3 mm 厚钢板粘牢，再将钢板用自攻钉固定在立挺上，保温层与墙体间留 50 mm 隔气层，隔气层应上下通畅。

（2）铝板装饰线条、铝板包梁、柱。直接将 100 mm 厚保温岩棉固定于铝板背面，再进行铝板安装。

五、楼地面保温隔热工程施工

目前楼地面的保温隔热技术一般分两种：普通的楼面在楼板的下方粘贴膨胀聚苯板、挤塑聚苯板或其他高效保温材料后吊顶；采用地板辐射采暖的楼地面，在楼地面基层完成后，在该基层上先铺保温材料，而后将交联聚乙烯、聚丁烯、改性聚丙烯或铝塑复合等材料制成的管道，按一定的间距，双向循环的盘曲方式固定在保温材料上，然后回填细石混凝土，经平整振实后，就在其上铺地板。

第八章　建筑施工组织

第一节　单位工程施工组织设计

一、单位工程施工组织设计的基本内容

根据工程的规模、结构特点、技术复杂难易程度和施工条件等，单位工程施工组织设计的内容在深度和广度上不尽相同，但一般而言包括以下几个部分。

1. 工程概况及施工特点分析

主要包括工程建设概况、设计概况、施工特点分析和施工条件等。

2. 施工方案

施工方案是单位工程施工组织设计的核心内容，主要包括确定各分部分项工程的施工顺序、施工方法和选择适用的施工机械，制定主要技术组织措施。

3. 单位工程施工进度计划表

主要包括确定各分部分项工程名称、计算工程量、统计劳动量和机械台班量、确定施工进度计划时间参数、编制施工准备工作计划及劳动力、主要材料、预制构件、施工机具需要量计划等内容。

4. 单位工程施工平面布置图

主要包括确定垂直运输机械的选择和布置，搅拌站、临时设施、材料及预制构件堆场的布置，施工现场运输道路的布置，临时供水、供电管线的布置等内容。

5. 主要技术经济指标

主要包括工期指标、质量指标、安全指标、降低成本指标等内容。

二、流水施工的组织及横道图计划编制

生产实践已经证明，在所有的生产领域中，流水作业法是组织产品生产的理想方法；流水施工也是建筑安装工程施工有效的科学组织方法之一。它是建立在分工协作的基础上，但是，由于建筑产品及其生产特点不同，流水施工的概念、特点和效果与其他产品的流水作业也有所不同。

1. 三种施工组织方式概念及特点

建筑安装工程的组织方式灵活多变，不同的施工组织方式，其施工的效率、经济效益甚至工程的质量都有所不同。以依次施工、平行施工和流水施工为例。

【例 8-1】 有四栋房屋的基础，每栋的施工过程及工程量等如下：

施工过程	工程量	产量定额	劳动量	班组人数	延续时间	工种
基础挖土	210 m^3	7 m^3/工日	30 工日	30	1	普工
浇混凝土垫层	30 m^3	1.5 m^3/工日	20 工日	20	1	混凝土工
砌筑砖基	40 m^3	1 m^3/工日	40 工日	40	1	瓦工
回填土	140 m^3	7 m^3/工日	20 工日	20	1	灰土工

(1) 依次施工：又叫顺序施工，是将工程对象任务分解成若干施工过程，按照一定的施工顺序，前一个施工过程完成后，后一个施工过程才开始施工；或前一个施工段完成后，后一个施工段才开始施工。

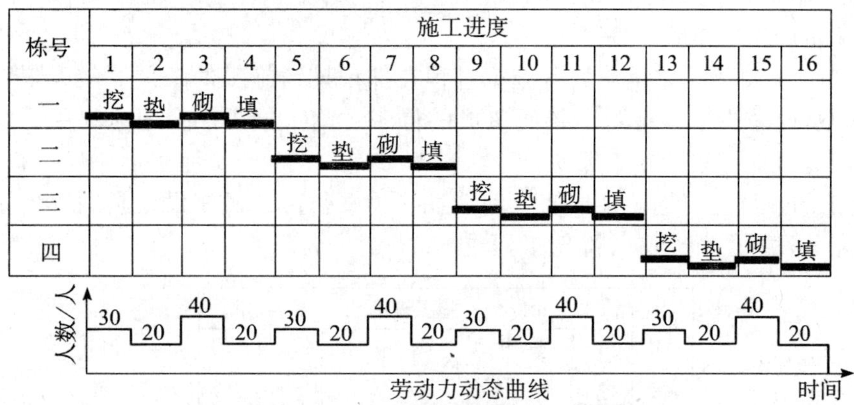

图 8-1　依次施工（顺序施工）一栋栋地进行

由图 8-1 可以看出，依次施工组织方式的优点是每天投入的劳动力较少，机具使用不很集中，材料供应较单一，施工现场管理简单，便于组织和安排。总的来说，依次施工组织方式的特点如下：

① 不能充分利用空间，工期最长。

② 不能实现专业化施工，不利于提高工程质量和劳动生产率。

③ 若采用专业班组施工，有窝工现象。

④ 日资源需求量较少，供应相对容易。

⑤ 临时设施较少，现场管理、协调容易。

依次施工组织方式适用于：场地小、资源供应不足、工期不紧时，组织大包队施工。

(2) 平行施工：平行施工组织方式是全部工程任务的各施工段同时开工、同时完成的一种施工组织方式 。

由图 8-2 可以看出，平行施工的优点是充分利用了工作面，完成工程任务的时间最短。缺点是施工队组数成倍增加，机具设备也相应增加，材料供应集中。临时设施仓库和堆场面积也要增加，从而造成组织安排和施工管理困难，增加施工管理费用。

平行施工组织方式适用于工期要求紧，大规模的建筑群及分批分期组织施工的工程任务。

（3）流水施工：流水施工组织方式是指所有的施工过程按一定的时间间隔依次投入施工，各个施工过程陆续开工、陆续竣工，使同施工过程的施工队组保持连续、均衡施工，不同的施工过程尽可能平行搭接施工的组织方式。

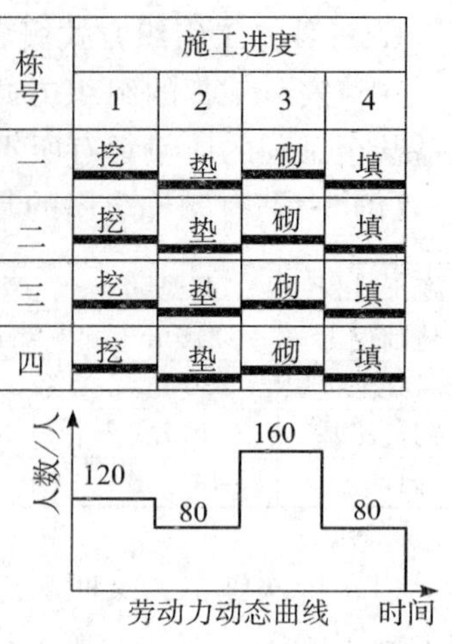

图 8-2　平行施工（各栋同时进行）

由图 8-3 可以看出，流水施工是在依次施工和平行施工的基础上产生的，它既克服了依次施工和平行施工的缺点，又具有它们两者的优点，具体可归纳为以下几点：

① 施工过程中工作面得到充分利用，工期较短。

② 按专业工种建立劳动组织，实行生产专业化，有利于劳动生产率的不断提高。

③ 科学地安排施工进度，使各施工过程在保证连续施工的条件下最大限度地实现搭接施工，从而减少了因组织不善而造成的停工、窝工损失，合理地利用了施工的时间和空间，有效地缩短了施工工期。

④ 施工的连续性、均衡性，使劳动消耗、物资供应、机械设备利用等处于相对平稳状态，充分发挥管理水平，降低工程成本。

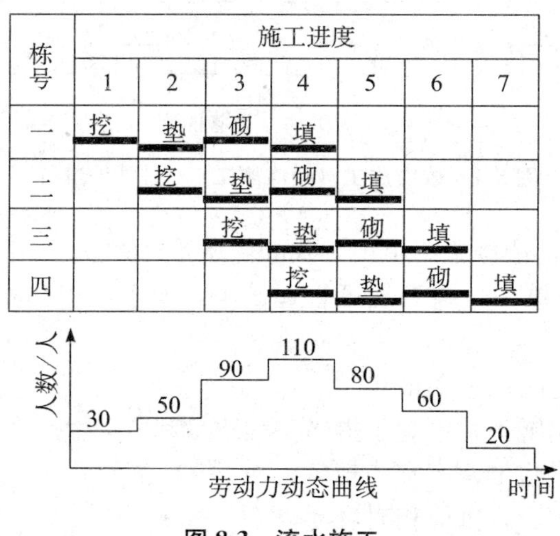

图 8-3　流水施工

三种基本施工组织方式优缺点比较见表 8-1。

表 8-1　三种基本施工组织方式的对比

方式 内容	依次施工	平行施工	流水施工
工期	太长	很短	比较短
工作面利用	不充分	太充分	比较充分
资源供应	单一	太集中	比较集中

续表

内容 \ 方式	依次施工	平行施工	流水施工
窝工情况	严重	可能出现	无
施工组织	简单	困难	科学
适用情况	基本不采用	工期紧时	一般情况

2. 流水施工的主要参数

由流水施工的基本概念及组织流水施工的要点和条件可知：施工过程的分解、流水段的划分、施工队组的组织、施工过程间的搭接、各流水段的作业时间五个方面的问题是流水施工中需要解决的主要问题。只有解决好这几方面的问题，使空间和时间得到合理、充分的利用，方能达到提高工程施工技术经济效果的目的。

在组织拟建工程项目流水施工时，用于表达流水施工在工艺流程、空间布置和时间排列等方面开展状态的参数，称为流水参数。它主要包括工艺参数、空间参数和时间参数三类。

（1）工艺参数。在组织流水施工时，用于表达流水施工在施工工艺上开展顺序及其特征的参数，称为工艺参数。通常，工艺参数包括施工过程数和流水强度两种。

1）施工过程数。施工过程数是指参与一组流水的施工过程数目，一般以符号 n 表示。

在建设项目施工中，施工过程所包括的范围可大可小，既可以是分部、分项工程，又可以是单位、单项工程。它是流水施工的基本参数之一，根据工艺性质不同，可分为制备类施工过程、运输类施工过程和砌筑安装类施工过程三种。

2）流水强度。流水强度是指某施工过程在单位时间内所完成的工程量，一般以 V_i 表示。

（2）空间参数。在组织流水施工时，用于表达流水施工在空间布置上所处状态的参数，称为空间参数。空间参数主要有：工作面、施工段和施工层三种。

1）工作面。某专业工种的工人在从事建筑产品施工生产加工过程中，所必须具备的活动空间，称为工作面。

2）施工段数。为了有效地组织流水施工，通常把拟建工程项目在平面上划分成若干个劳动量大致相等的施工区段，这些施工区段称为施工段。施工段的数目，通常以 m 表示，划分施工区段的目的，就在于保证不同的施工队组能在不同的施工区段上同时进行施工，消灭由于不同的施工队组不能同时在一个工作面上工作而产生的互等、停歇现象，为流水创造条件。

施工段数要适当，过多了，势必要减少工人数而延长工期；过少了，又会造成资源供应过分集中，不利于组织流水施工。因此，为了使施工段划分得更科学、更合理，通常应遵循以下原则：

① 专业工作队在各个施工段上的劳动量要大致相等，其相差幅度不宜超过10%～15%。

② 对多层或高层建筑物，施工段的数目要满足合理流水施工组织的要求，即 $m \geqslant n$。

③ 为了充分发挥工人、主导机械的效率，每个施工段要有足够的工作面，使其所容纳的劳动力人数或机械台数，能满足合理劳动组织的要求。

④ 为了保证拟建工程项目的结构整体完整性，施工段的分界线应尽可能与结构的

自然界线（如沉降缝、伸缩缝等）相一致；如果必须将分界线设在墙体中间时，应将其设在对结构整体性影响少的门窗洞口等部位，以减少留槎，便于修复。

⑤ 对于多层的拟建工程项目，既要划分施工段又要划分施工层，以保证相应的专业工作队在施工段与施工层之间，组织有节奏、连续、均衡的流水施工。

3）施工层。在组织流水施工时，为了满足专业工种对操作高度和施工工艺的要求，将拟建工程项目在竖向上划分为若干个操作层，这些操作层称为施工层。施工层一般以 r 表示。

（3）时间参数。在组织流水施工时，用于表达流水施工在时间排列上所处状态的参数，称为时间参数。它包括：流水节拍、流水步距、平行搭接时间、技术与组织间歇时间、工期五种。

1）流水节拍。在组织流水施工时，每个专业工作队在各个施工段上完成相应的施工任务所需要的工作延续时间，称为流水节拍。通常以 t_i 表示，它是流水施工的基本参数之一。

流水节拍的计算方法主要有三种：定额计算法、经验估算法和工期计算法。

2）流水步距。在组织流水施工时，相邻两个专业工作队在保证施工顺序、满足连续施工、最大限度地搭接和保证工程质量要求的条件下，相继进入同一施工段开始施工的最小时间间隔（不包括技术与组织间歇时间），称为流水步距。流水步距以 $K_{i,i+1}$ 表示，它是流水施工的基本参数之一。

流水步距的大小，对工期有着较大的影响。一般说来，在施工段不变的条件下，流水步距越大，工期越长；流水步距越小，则工期越短。流水步距还与前后两个相邻施工过程流水节拍的大小、施工工艺技术要求、施工段数目、流水施工的组织方式有关。

流水步距的数目等于（$n-1$）个参加流水施工的施工过程（队组）数。

① 确定流水步距的要求如下：

a. 流水步距要满足相邻两个专业工作队，在施工顺序上的相互制约关系。

b. 流水步距要保证各专业工作队能连续作业。

c. 流水步距要保证相邻两个专业工作队，在开工时间上最大限度地、合理地搭接。

d. 流水步距的确定要保证工程质量，满足安全生产。

e. 对于多层的拟建工程项目，既要划分施工段又要划分施工层，以保证相应的专业工作队在施工段与施工层之间，组织有节奏、连续、均衡的流水施工。

② 确定流水步距的方法。流水步距的确定方法有很多，而简捷、实用的方法主要有图上分析法、分析计算法和累加斜减取大差法（潘特考夫斯基法）。而累加斜减取大差法适用于各种形式的流水施工，且较为简捷、准确。本书仅介绍累加斜减取大差法。其计算步骤如下：

a. 将每个施工过程的流水节拍逐段累加，求出累加数列。

b. 根据施工顺序，对所求相邻的两累加数列错位相减。

c. 根据错位相减的结果，确定相邻施工队组之间的流水步距，即相减结果中数值最大者。

【例 8-2】 某项目由四个施工过程组成，分别由 A、B、C、D 四个专业工作队完成，在平面上划分成四个施工段，每个专业工作队在各施工段上的流水节拍如表 8-2 所示，试确定相邻专业工作队之间的流水步距。

表 8-2

n \ m	Ⅰ	Ⅱ	Ⅲ	Ⅳ
A	2	5	3	4
B	2	4	3	5
C	4	3	2	4
D	3	3	4	3

【解】① 求各专业工作队的累加数列：

A：2，7，10，14

B：2，6，9，14

C：4，7，9，13

D：3，6，10，13

② 错位相减：

A 与 B

	2，	7，	10，	14	
−		2，	6，	9，	14
	2，	5，	4，	5，	−14

B 与 C

	2，	6，	9，	14	
−		4，	7，	9，	13
	2，	2，	2，	5，	−13

C 与 D

	4，	5，	9，	13	
−		3，	6，	10，	13
	4，	2，	3，	3，	−13

③ 求流水步距：

因流水步距等于错位相减所得结果中数值最大者，故有

$K_{A,B}=\max\{2,5,4,5,-14\}=5$ 天

$K_{B,C}=\max\{2,2,2,5,-13\}=5$ 天

$K_{C,D}=\max\{4,2,3,3,-13\}=4$ 天

3）平行搭接时间。在组织流水施工时，有时为了缩短工期，在工作面允许的条件下，如果前一个专业队完成部分施工任务后，能够提前为后一个专业工作队提供工作面，使后者提前进入前一个施工段，两者在同一施工段上平行搭接施工，这个搭接的时间称为平行搭接时间，通常以 $C_{i,i+1}$ 表示。

4）技术组织间歇时间。在组织流水施工时，有些施工过程完成后，后续施工过程不能立即投入施工，必须有足够的间歇时间。由建筑材料或现浇构件工艺性质决定的间歇时间称为技术间歇。如现浇混凝土构件的养护时间、抹灰层的干燥时间和油漆层的干燥时间等。由施工组织原因造成的间歇时间称为组织间歇。如墙体砌筑前的墙身

位置弹线，施工人员、机械转移，回填土前地下管道检查验收等。技术与组织间歇时间用 $Z_{i,i+1}$ 表示。

5）工期。工期是指完成一项工程任务或一个流水组施工所需的时间。通常以 T 表示。

$$T = \sum K_{i,i+1} + T_n + \sum Z_{i,i+1} - \sum C_{i,i+1}$$

式中，$\sum K_{i,i+1}$——流水施工中各流水步距之和；

T_n——流水施工中最后一个作业队伍的持续时间；

$\sum Z_{i,i+1}$——同一施工层中各施工过程技术组织间歇时间之和；

$\sum C_{i,i+1}$——同一施工层中各施工过程平等搭接时间之和。

3. 流水施工的基本组织方式

专业流水是指在项目施工中，为生产某一种建筑产品或其组成部分的主要专业工种，按照流水施工基本原理组织项目施工的一种组织方式。根据各施工过程时间参数的不同特点，专业流水分为：等节拍专业流水、异节拍专业流水和无节奏专业流水等几种形式。

（1）等节拍专业流水。等节拍专业流水是指同一施工过程在各施工段上的流水节拍都相等，并且不同施工过程之间的流水节拍也相等的一种流水施工方式。即各施工过程的流水节拍均为常数，故也称为固定节拍流水或全等节拍流水。

1）基本特点：

① 各施工过程在各施工段上的流水节拍彼此相等，即 $t_1 = t_2 = \cdots = t_i = t_{n-1} = t_n = t$（常数）。

② 流水步距彼此相等，而且等于流水节拍值，即 $K_{1,2} = K_{2,3} = \cdots = K_{n-1,n} = K = t$（常数）。

③ 各专业施工队在各施工段上能够连续作业，施工段之间没有空闲时间。

④ 专业施工队组数 n_1 等于施工过程数 n。

2）工期计算公式：

① 无层间关系时（$r=1$）：

$$T = (m+n-1)\ t + \sum Z_{i,i+1} - \sum C_{i,i+1}$$

② 有层间关系时（$r>1$）：为了保证各施工队组连续施工所需最小施工段数，应取 $m \geqslant n$。若令 $\sum Z_1$ 为同一楼层内各技术组织间歇时间之和，Z_2 为楼层间技术组织间歇时间。则

$$m \geqslant n + \sum Z_1/K + Z_2/K$$

工期：

$$T = (m \cdot r + n - 1)\ t + \sum Z_1 - \sum C_1$$

（2）异节拍专业流水。异节拍专业流水是指同一施工过程在各施工段上流水节拍都相等，不同施工过程之间的流水节拍不一定相等的流水施工方式。异节拍专业流水又可分为等步距异节拍流水和异步距异节拍流水两种。

1）等步距异节拍流水（又称成倍节拍流水）。定义：同一施工过程在各个施工段上的流水节拍相等，不同施工过程之间的流水节拍不完全相等，但各个施工过程的流水节拍均为其中最小流水节拍的整数倍，即各个流水节拍之间存在一个最大公约数。

① 特点：

a. 同一施工过程在各施工段上的流水节拍彼此相等，不同的施工过程在同一施工

段上的流水节拍彼此不同，但互为倍数关系。

b. 流水步距彼此相等，且等于流水节拍的最大公约数，即

$$K_{i-1,i}=K_b$$

c. 各专业施工队都能够保证连续施工，施工段没有空闲。

d. 专业施工队组数大于施工过程数，即 $n_1>n$。

每个施工过程的施工队组数为：

$$b_i=t_i/K_b$$

$$n_1=\sum b_i$$

② 工期计算公式：

a. 无层间关系时（$r=1$）：

$$T=(m+n_1-1)K_b+\sum Z_{i,i+1}-\sum C_{i,i+1}$$

b. 有层间关系时（$r>1$）：

施工段数

$$m=n_1+\sum Z_1/K_b+Z_2/K_b$$

工期：

$$T=(m\cdot r+n_1-1)K_b+\sum Z_1-\sum C_1$$

2）异步距异节拍流水：同一施工过程在各个施工段上的流水节拍相等，不同施工过程之间的流水节拍不完全相等，也不互为倍数关系。

① 特点：

a. 同一施工过程在各施工段上的流水节拍彼此相等，不同的施工过程在同一施工段上的流水节拍彼此不同，也不互为倍数关系。

b. 各个施工过程之间的流水步距不完全相等，可用累加斜减取大差法求得。

c. 专业施工队组数（n_1）等于施工过程数（n）。

② 工期计算公式及推导同无节奏专业流水施工。

（3）无节奏流水施工。无节奏流水施工是指同一施工过程在各个施工段上流水节拍不完全相等的一种流水施工方式。组织无节奏流水，时间和空间连续无法兼顾，只能首先考虑时间连续，即专业班组不出现窝工，至少主导施工过程不出现窝工。产生时间或空间不连续的根本原因是流水节拍不一致，而通过选取合适的流水步距可以保证时间连续。流水步距可用累加斜减法计算。

1）基本特点：

① 每个施工过程在各个施工段上的流水节拍不尽相等。

② 各个施工过程之间的流水步距不完全相等且差异较大。

③ 各专业施工队都能连续施工，但个别施工段可能有空闲。

④ 专业施工队组数（n_1）等于施工过程数（n）。

2）工期计算公式及步骤：

① 计算各施工过程流水节拍的累加数列。

② 相邻两累加数列错位逐项相减。

③ 最大差值即为两相邻施工过程的流水步距。

④ 计算工期：$T=\sum K_{i,i+1}+T_n+\sum Z_{i,i+1}-\sum C_{i,i+1}$ (8-11)

【例 8-3】 某工程有 A、B、C 三个施工过程，平面上划分四个施工段，每个施工过程在各个施工段上的流水节拍见表 8-3，试组织流水施工。

表 8-3

n \ m	Ⅰ	Ⅱ	Ⅲ	Ⅳ
A	2	3	2	1
B	1	2	1	2
C	3	1	2	1

【解】 ① 求各专业工作队的累加数列：

A：2，5，7，8

B：1，3，4，6

C：3，4，6，7

② 错位相减：

A 与 B

$$\begin{array}{rrrrrr} & 2, & 5, & 7, & 8 & \\ - & & 1, & 3, & 4, & 6 \\ \hline & 2, & 4, & 4, & 4, & -6 \end{array}$$

B 与 C

$$\begin{array}{rrrrrr} & 1, & 3, & 4, & 6 & \\ - & & 3, & 4, & 6, & 7 \\ \hline & 1, & 0, & 0, & 0, & -7 \end{array}$$

③ 求流水步距：

因流水步距等于错位相减所得结果中数值最大者，故有

$K_{A,B}=\max\{2,4,4,4,-6\}=4$ 天

$K_{B,C}=\max\{1,0,0,0,-7\}=1$ 天

④ 计算流水工期：

$T=\sum K_{i,i+1}+T_n+\sum Z_{i,i+1}-\sum C_{i,i+1}$

$=(4+1)+(3+1+2+1)+0-0$

$=12$ 天

⑤ 绘制流水施工进度计划，见图 8-4。

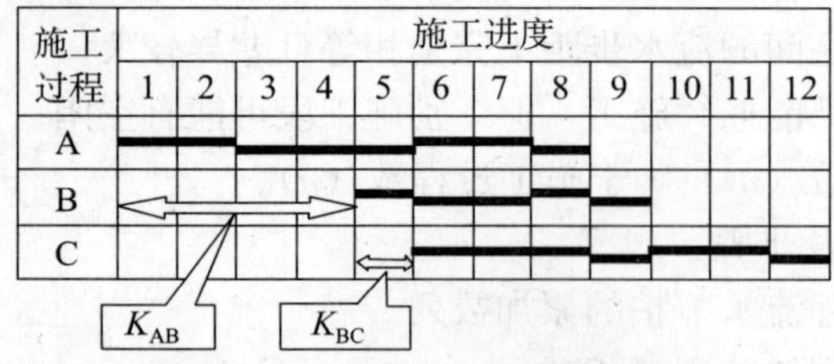

图 8-4　无节奏专业流水施工进度

三、双代号施工网络图计划

网络计划方法的基本步骤是：首先应用网络图形来表达一项计划中各工作的开展顺序及逻辑关系，然后通过计算找出计划中的关键工作及关键线路，便于管理者在日常管理中抓住重点，并通过不断改进网络计划，寻求最优方案。

网络计划相对横道图计划具有以下几个显著优点：

（1）逻辑关系表达清楚，能清晰反映各工作之间相互制约、相互依赖、相互影响的关系。

（2）通过时间参数的计算便于管理者抓住主要矛盾。

（3）通过对网络计划进行优化便于挖掘计划的潜力。

（4）便于对计划进行检查和调整。

（5）能够应用计算机技术。

1. 双代号网络计划的概念

（1）网络图。网络图是由箭线和节点按照一定规则组成的、用来表示工作流程的、有向有序的网状图形。网络图分为双代号网络图和单代号网络图两种形式。由一条箭线与其前后两个节点来表示一项工作的网络图称为双代号网络图；而由一个节点表示一项工作，以箭线表示工作顺序的网络图称为单代号网络图。

（2）网络计划与网络计划技术。用网络图表达任务构成、工作顺序并加注工作的时间参数的进度计划，称为网络计划。用网络计划对任务的工作进度进行安排和控制，以保证实现预定目标的科学的计划管理技术，称为网络计划技术。

（3）逻辑关系。工作之间相互制约或依赖的关系称为逻辑关系。工作之间的逻辑关系包括工艺关系和组织关系。

1）工艺关系。工艺关系是指生产工艺上客观存在的先后顺序关系，或者是非生产性工作之间由工作程序决定的先后顺序关系。

2）组织关系。组织关系是指在不违反工艺关系的前提下，人为安排的工作的先后顺序关系。

（4）紧前工作、紧后工作、平行工作。

1）紧前工作。紧排在本工作之前的工作称为本工作的紧前工作。

2）紧后工作。紧排在本工作之后的工作称为本工作的紧后工作。

3）平行工作。可与本工作同时进行的工作称为本工作的平行工作。

2. 双代号网络图的构成

双代号网络图由箭线、节点、节点编号、虚箭线、线路五个基本要素构成。对于每一项工作而言，其基本形式见图 8-5。

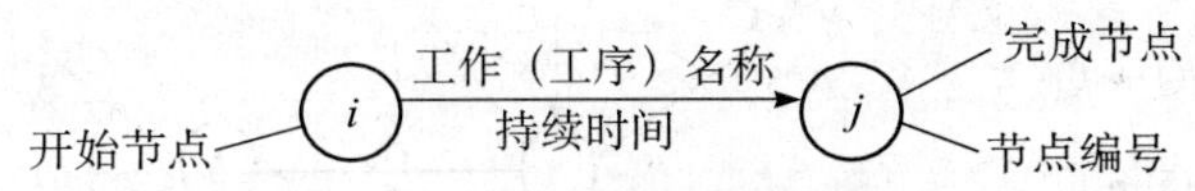

图 8-5 双代号网络图的基本形式

（1）箭线。在双代号网络图中，一条箭线表示一项工作（又称工序、作业或活动），如砌墙、抹灰等。而工作所包括的范围可大可小，既可以是一道工序，也可以是一个分项工程或一个分部工程，甚至是一个单位工程。

在无时标的网络图中，箭线的长短并不反映该工作占用时间的长短。

箭线的尾端表示该项工作的开始，箭头端则表示该项工作的结束。

（2）节点。在双代号网络图中，节点代表一项工作的开始或结束，常用圆圈表示。箭线尾部的节点称为该箭线所示工作的开始节点，箭头端的节点称为该工作的完成节点。

在一个完整的网络图中，除了最前的起点节点和最后的终点节点外，其余任何一个节点都具有双重含义——既是前面工作的完成点，又是后面工作的开始点。

节点仅为前后两项工作的交接点，只是一个“瞬间”概念，因此它既不消耗时间，也不消耗资源。

（3）节点编号。在双代号网络图中，一项工作可以用其箭线两端节点内的号码来表示，以方便网络图的检查、计算与使用。

对一个网络图中的所有节点应进行统一编号，不得有缺编和重号现象。对于每一项工作而言，其箭头节点的号码应大于箭尾节点的号码，即顺箭线方向由小到大。

（4）虚箭线。虚箭线又称虚工作，它表示一项虚拟的工作，用带箭头的虚线表示。其工作持续时间必须用“0”标出。虚工作的特点是既不消耗时间，也不消耗资源。

虚箭线可起到联系、区分和断路作用，是双代号网络图中表达一些工作之间的相互联系、相互制约关系，从而保证逻辑关系正确的必要手段。

（5）线路。在网络图中，从起点节点开始，沿箭线方向顺序通过一系列箭线与节点，最后到达终点节点所经过的通路叫线路。

一个网络计划图当中，所有线路中持续时间之和最大者，称为关键线路，见图 8-6。

第四条线路耗时最长（14 天），对整个工程的完工起着决定性的作用，称为关键线路；其余线路均称为非关键线路。处于关键线路上的各项工作称为关键工作。关键工作完成的快慢将直接影响整个计划工期的实现。关键线路上的箭线常采用粗线、双线或其他颜色的箭线突出表示。

位于非关键线路上的工作除关键工作外，都称为非关键工作。它们都有机动时间（时差）；非关键工作也不是一成不变的，它可以转化成关键工作；利用非关键工作的机动时间可以科学地、合理地调配资源和对网络计划进行优化。

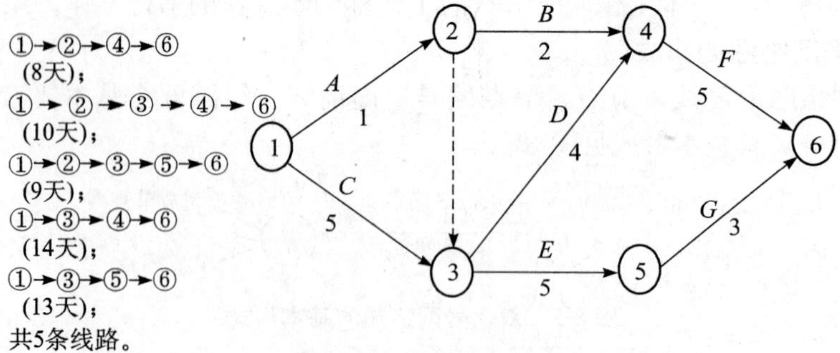

图 8-6　双代号网络图

3. 双代号网络图的绘制

（1）绘图的基本规则。

1）必须正确地表达各项工作之间的相互制约和相互依赖的关系。

在网络图中，根据施工顺序和施工组织的要求，正确地反映各项工作之间的相互制约和相互依赖关系，这些关系是多种多样的。

2）网络图中，只能有 1 个起点节点；在不分期完成任务的网络计划（单目标网络计划）中，应只有 1 个终点节点；而其他节点均应是中间节点。

3）网络图中不允许出现相同编号的工作，见图 8-7。

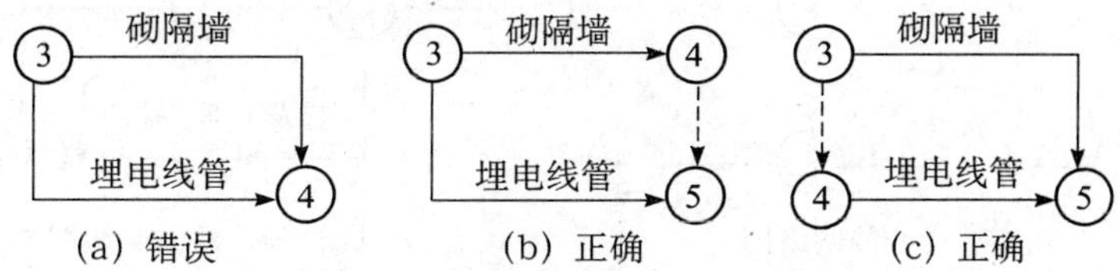

图 8-7　相同编号工作示意图

4）网络图中严禁出现循环回路。在网络图中，从一个节点出发沿着某一条线路移动，又可回到原出发节点，即在图中出现了闭合的循环路线，称为循环回路。如图 8-8 中的 2—3—4—2，就是循环回路。

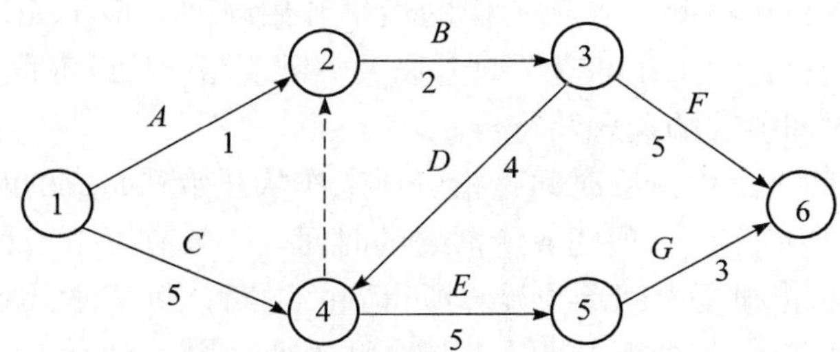

图 8-8　有循环回路错误的网络图

5）在网络图中不允许出现无开始节点或无完成节点的工作，见图 8-9。

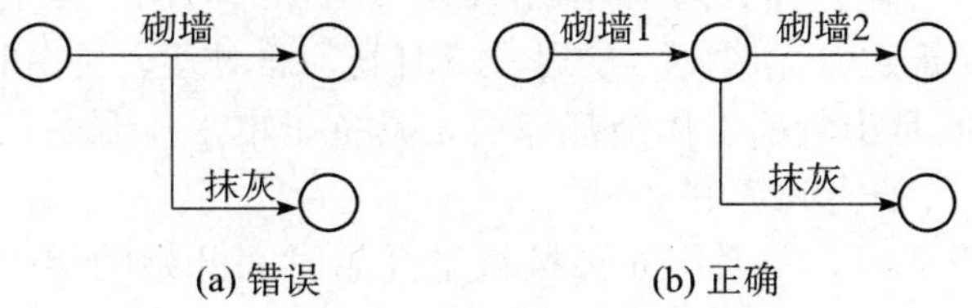

图 8-9　无开始节点工作示意图

6）在网络图中，严禁出现带双向箭头或无箭头的连线。

以上是绘制网络图应遵循的基本规则。这些规则是保证网络图能够正确地反映各项工作之间相互制约关系的前提。

（2）绘制网络图的要求与方法。

1）网络图要布局规整、条理清晰、重点突出。

2）网络图的排列。为了使网络计划更形象而清楚地反映出建筑工程施工的特点，绘图时可根据不同的工程情况、不同的施工组织方法和使用要求灵活排列，以简化层次，使各工作间在工艺上及组织上的逻辑关系准确而清楚，以便于技术人员掌握，利于对计划进行计算和调整。

3）绘制网络图时，力求减少不必要的剪线和节点。如图 8-10（a），此图在施工顺序、流水关系及网络逻辑关系上都是合理的。但这个网络图过于繁琐。图 8-10（b）将这些不必要的箭线和节点去掉，使网络图更简单明了，同时并不改变图 8-10（a）反映的逻辑关系。

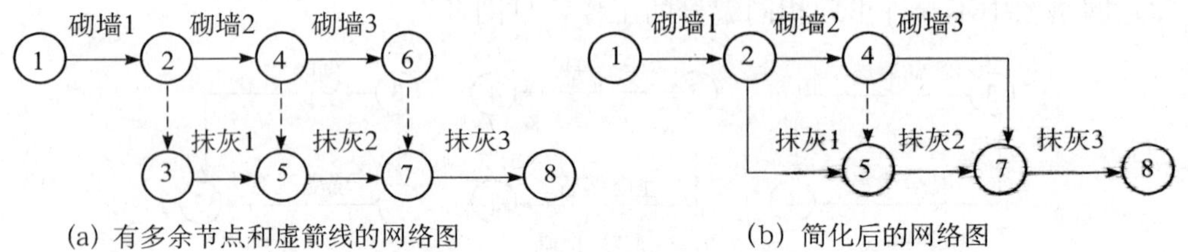

图 8-10　网络图的简化示意

4. 双代号网络图时间参数计算

网络图时间参数计算的目的在于确定网络图上各项工作和各节点的时间参数，为网络计划的优化、调整和执行提供明确的时间概念。网络图计算的内容主要包括：各个节点的最早时间和最迟时间；各项工作的最早开始时间、最早完成时间、最迟开始时间、最迟完成时间；各项工作的有关时差以及关键线路的持续时间。

（1）网络计划时间参数的概念及符号。

1）工作持续时间。工作持续时间是指一项工作从开始到完成的时间，用 D 表示。

2）工期。工期是指完成一项任务所需要的时间，一般有以下三种工期：

① 计算工期：是指根据时间参数计算所得到的工期，用 T_c表示。

② 要求工期：是指任务委托人提出的指令性工期，用 T_r表示。

③ 计划工期：是指根据要求工期和计算工期所确定的作为实施目标的工期，用 T_p 表示。

3）网络计划中工作的时间参数。网络计划中工作的时间参数有六个：最早开始时间、最早完成时间、最迟开始时间、最迟完成时间、总时差、自由时差。

① 最早开始时间是指紧前工作全都完成，具备了本工作开始的必要条件的最早时刻。工作 i-j 的最早开始时间用 ES_{i-j} 表示。

②最早完成时间是指一项工作如果按最早开始时间开始的情况下，该工作可能完成的最早时刻。工作 i-j 的最早完成时间用 EF_{i-j} 表示。

③ 最迟开始时间是指在保证本工作按最迟完成时间完成的条件下，该工作必须开始的最迟时刻。工作 i-j 的最迟开始时间用 LS_{i-j} 表示。

④ 最迟完成时间是指在不影响整个工程任务按期完成的条件下，一项工作必须完成的最迟时刻，工作 i-j 的最迟完成时间用 LF_{i-j} 表示。

⑤ 总时差是指在不影响工期的前提下，一项工作所拥有机动时间的最大值。工作 i-j 的总时差用 TF_{i-j} 表示。

⑥ 自由时差是指一项工作在不影响其紧后工作最早开始的前提下，可以灵活使用

的机动时间。用符号 $FF_{i\text{-}j}$ 表示。

（2）网络图时间参数计算。网络图时间参数的计算有许多种方法，一般常用的有工作计算法、节点计算法、图上计算法和表上计算法四种。本书仅介绍图上计算法。

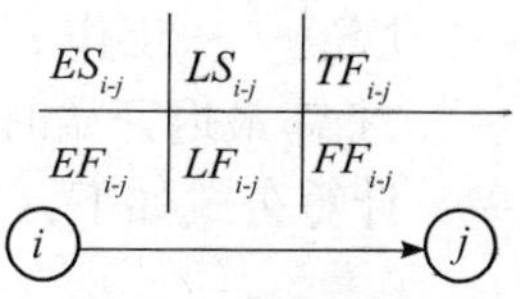

$ES_{i\text{-}j}$	$LS_{i\text{-}j}$	$TF_{i\text{-}j}$
$EF_{i\text{-}j}$	$LF_{i\text{-}j}$	$FF_{i\text{-}j}$

$i \rightarrow j$

图 8-11 时间参数标注形式

1）图上计算法。图上计算法是把 6 个时间参数在直接计算网络图中的一种较直观、简便的方法。在图上的表达方式，见图 8-11。

① 最早时间的计算。

a. 工作最早开始时间：沿线累加，逢圈取大。

由于最早开始时间是以紧前工作的最早开始或最早完成时间为依据，所以，它的计算必须在各紧前工作都计算后才能进行。因此该种参数的计算，必须从网络图的起点节点开始，顺箭线方向逐项进行，直到终点节点为止。

计算方法：凡与起点节点相连的工作都是计划的起始工作，当未规定其最早开始时间 $ES_{i\text{-}j}$ 时，其值都定为零。

即 $$ES_{i\text{-}j}=0\ (i=1)$$

所有其他工作的最早开始时间的计算方法是：将其所有紧前工作 $h\text{-}i$ 的最早开始时间 $ES_{h\text{-}i}$ 分别与各工作的持续时间 $D_{h\text{-}i}$ 相加，取和数中的最大值；当采用六参数法计算时，可取各紧前工作最早完成时间的最大值。如下式：

$$ES_{i\text{-}j}=\max\{ES_{h\text{-}i}+D_{h\text{-}i}\}=\max\{EF_{h\text{-}i}\}$$

式中，$ES_{h\text{-}i}$——工作 $i\text{-}j$ 的紧前工作 $h\text{-}i$ 的最早开始时间；

$D_{h\text{-}i}$——工作 $i\text{-}j$ 的紧前工作 $h\text{-}i$ 的持续时间；

$EF_{h\text{-}i}$——工作 $i\text{-}j$ 的紧前工作 $h\text{-}i$ 的最早完成时间。

b. 工作最早完成时间。工作最早完成时间等于该工作最早开始时间与其持续时间之和。计算公式如下：

$$EF_{i\text{-}j}=ES_{i\text{-}j}+D_{i\text{-}j}$$

② 最迟时间的计算：逆线累减，逢圈取小。

a. 工作最迟完成时间。

该计算需依据计划工期或紧后工作的要求进行。因此，应从网络图的终点节点开始，逆着箭线方向朝起点节点依次逐项计算，从而使整个计算工作形成一个逆箭线方向的减法过程。

计算方法：网络计划中最后（结束）工作 $i\text{-}n$ 的最迟完成时间 $LF_{i\text{-}n}$ 应按计划工期 T_p 确定。

即 $$LF_{i\text{-}n}=T_p\ (i=1) \tag{8-1}$$

其他工作 $i\text{-}j$ 的最迟完成时间的计算方法是：从其所有紧后工作 $j\text{-}k$ 的最迟完成时间 $LF_{j\text{-}k}$ 分别减去各自的持续时间 $D_{j\text{-}k}$，取差值中的最小值；当采用六参数计算法时，本工作的最迟结束时间等于各紧后工作最迟开始时间的最小值。也就是说，本工作的最迟结束时间不得影响任何紧后工作，进而不影响工期。计算公式如下：

$$LF_{i\text{-}j}=\min\{LF_{j\text{-}k}-D_{j\text{-}k}\}=\min\{LS_{j\text{-}k}\}$$

式中，$LF_{j\text{-}k}$——工作 $i\text{-}j$ 的紧后工作 $j\text{-}k$ 的最迟完成时间；

D_{j-k}——工作 i-j 的紧后工作 j-k 的持续时间；

LS_{j-k}——工作 i-j 的紧后工作 j-k 的最迟开始时间。

b. 工作最迟开始时间。工作最迟开始时间等于该工作最迟完成时间与其持续时间之差。计算公式如下：

$$LS_{i-j}=LF_{i-j}-D_{i-j}$$

在采用六参数计算法时，某项工作的最迟完成时间计算后，应立即将其最迟开始时间计算出来，以便于其紧前工作的计算。

③ 工作总时差计算：迟早相减，所得之差。

工作总时差等于工作最早开始时间到最迟完成时间这段极限活动范围，再扣除工作本身必需的持续时间所剩余的差值。用公式表达如下：

$$TF_{i-j}=LF_{i-j}-ES_{i-j}-D_{i-j}$$

经稍加变换可得：

$$TF_{i-j}=LF_{i-j}-(ES_{i-j}+D_{i-j})=LF_{i-j}-EF_{i-j}$$

或

$$TF_{i-j}=(LF_{i-j}-D_{i-j})-ES_{i-j}=LS_{i-j}-ES_{i-j}$$

通过工作总时差的计算，可以方便地找出网络图中的关键工作和关键线路。总时差为“0”者，意味着该工作没有机动时间，即为关键工作，由关键工作所构成的线路，就是关键线路。关键线路至少有一条。

④ 工作自由时差计算。

自由时差等于本工作最早开始时间到紧后工作最早开始时间这段极限活动范围，再扣除工作本身必需的持续时间所剩余的差值。用公式表达如下：

$$FF_{i-j}=ES_{i-j}-ES_{i-j}-D_{i-j}$$

经稍加变换可得：

$$FF_{i-j}=ES_{j-k}-(ES_{i-j}+D_{i-j})=ES_{j-k}-EF_{i-j}$$

对于网络计划的结束工作，应将计划工期看做紧后工作的最早开始时间进行计算。

工作自由时差计算示例见图 8-12。

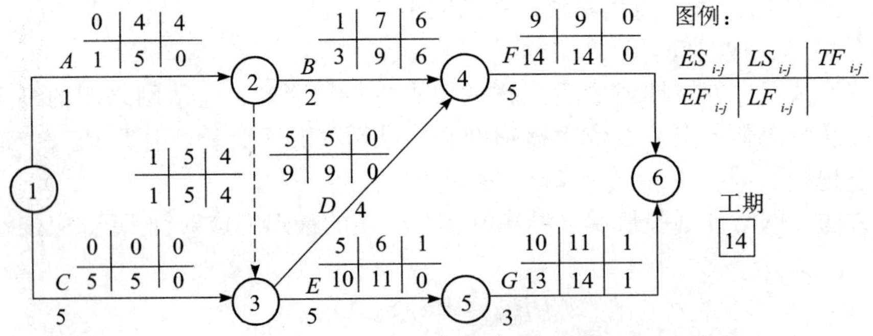

图 8-12 用图上计算法计算工作的自由时差

5. 双代号时标网络计划

（1）时标网络计划的概念与特点。时标网络计划是以时间坐标为尺度编制的网络计划。它通过箭线的长度及节点的位置，可明确表达工作的持续时间及工作之间恰当的时间关系，是目前工程中常用的一种网络计划形式。

时标网络计划具有以下特点：

① 能够清楚地展现计划的时间进程。

② 直接显示各项工作的开始与完成时间，工作的自由时差和关键线路。

③ 可以通过叠加确定各个时段的材料、机具、设备及人力等资源的需要。

④ 由于箭线的长度受到时间坐标的制约，故绘图比较麻烦。

(2) 时标网络计划的绘制。

绘制要求：

① 时标网络计划须绘制在带有时间坐标的表格上。

② 节点中心必须对准时间坐标的刻度线，以避免误会。

③ 以实箭线表示实工作，以虚箭线表示虚工作，以水平波形线表示自由时差或与紧后工作之间的时间间隔。

④ 箭线宜采用水平箭线或水平段与垂直段组成的箭线形式，不宜用斜箭线。虚工作必须用垂直虚箭线表示，其自由时差应用水平波形线表示。

⑤ 时标网络计划宜按最早时间编制，以保证实施的可靠性。

6. 网络计划的优化

网络计划的优化，就是在满足既定的约束条件下，按某一目标，对网络计划进行不断检查、评价、调整和完善，以寻求最优网络计划方案的过程。网络计划的优化有工期优化、费用优化和资源优化三种。费用优化又叫时间成本优化；资源优化分为资源有限-工期最短的优化和工期固定-资源均衡的优化。

(1) 工期优化。工期优化是在网络计划的工期不满足要求时，通过压缩计算工期以达到要求工期目标，或在一定约束条件下使工期最短的过程。

在确定须缩短持续时间的关键工作时，应按以下几个方面进行选择：

① 缩短持续时间对质量和安全影响不大的工作。

② 有充足备用资源的工作。

③ 缩短持续时间所须增加的工人或材料最少的工作。

④ 缩短持续时间所须增加的费用最少的工作。

网络计划的工期优化步骤如下：

第一步：求出计算工期并找出关键线路及关键工作。

第二步：按要求计算出工期应缩短的时间目标 ΔT：

$$\Delta T = T_c - T_r \tag{8-2}$$

式中，T_c——计算工期；

T_r——要求工期。

每三步：确定各关键工作能缩短的持续时间。

第四步：将应优先缩短的关键工作压缩至最短持续时间，并找出新关键线路。若此时被压缩的工作变成了非关键工作，则应将其持续时间延长，使之仍为关键工作。

第五步：若计算工期仍超过要求工期，则重复以上步骤，直到满足工期要求或工期已不能再缩短为止。

(2) 费用优化。在一定范围内，工程的施工费用随着工期的变化而变化，在工期与费用之间存在着最优解的平衡点。费用优化就是寻求最低成本时的最优工期及其相应进度计划，或按要求工期寻求最低成本及其相应进度计划的过程。因此费用优化又叫工期-成本优化。

工期与成本的关系：工程的成本包括工程直接费和间接费两部分。在一定时间范围内，工程直接费随着工期的增加而减少，而间接费则随着工期的增加而增大，它们与工期的关系曲线见图 8-13。工程的总成本曲线是将不同工期的直接费和间接费叠加而成，其最低点就是费用优化所寻求的目标。该点所对应的工期，就是网络计划成本最低时的最优工期。

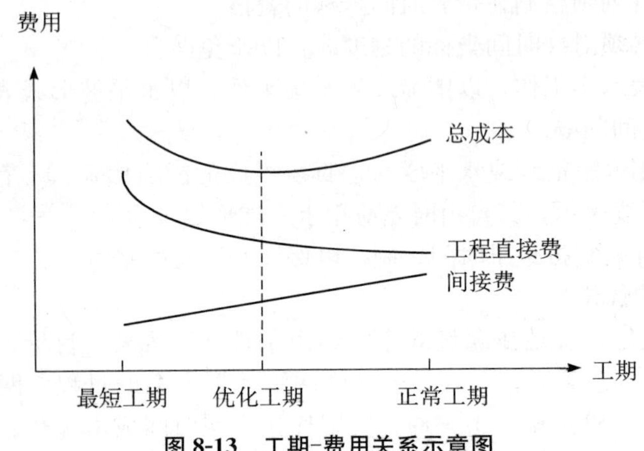

图 8-13 工期-费用关系示意图

（3）资源优化。资源是为完成施工任务所需的人力、材料、机械设备和资金等的统称。完成一项工程任务所需的资源量基本上是不变的，不可能通过资源优化将其减少。资源优化是通过改变工作的开始时间，使资源按时间的分布符合优化目标。如在资源有限时如何使工期最短，当工期一定时如何使资源均衡。

四、施工方法和施工顺序的确定

1. 施工顺序确定的原则

① 先地下，后地上。指的是在地上工程开始之前，把管道、线路等地下设施、土方工程和基础工程全部完成或基本完成。

② 先主体，后围护。指的是框架结构建筑和装配式单层工业厂房施工中，先进行主体结构施工，后完成围护工程。同时，框架主体结构与围护工程在总的施工顺序上要合理搭接，一般来说，多层建筑以少搭接为宜，而高层建筑则应尽量搭接施工，以缩短施工工期；而装配式单层工业厂房主体结构与围护工程一般不搭接。

③ 先结构，后装修。是对一般情况而言，有时为了缩短施工工期，也可以有部分合理的搭接。

④ 先土建，后设备。指的是不论是民用建筑还是工业建筑，一般来说，土建施工应先于水、暖、煤、卫、电等建筑设备的施工。但它们之间更多的是穿插配合关系，尤其在装修阶段，要从保证施工质量、降低成本的角度，处理好相互之间的关系。

以上原则并不是一成不变的，在特殊情况下，如在冬期施工之前，应尽可能完成土建和围护工程，以利于施工中的防寒和室内作业的开展，从而达到改善工人的劳动环境、缩短工期的目的；又如大板建筑施工，大板承重结构部分和某些装饰部分宜在加工厂同时完成。因此，随着我国施工技术的发展、企业经营管理水平的提高，以上原则也在进一步完善之中。

2. 施工方法和施工机械的选择

施工方法和施工机械选择是施工方案中的关键问题。它直接影响施工进度、施工质量、施工安全，以及工程成本。编制施工组织设计时，必须根据工程的建设结构、抗震要求、工程量大小、工期长短、资源供应情况、施工现场条件和周围环境，制订出可行方案，并进行技术经济比较，确定最优方案。

一般土建工程施工方法与机械选择包括下列内容。

(1) 土石方工程。

① 计算土石方工程的工程量，确定土石方开挖或爆破方法，选择土石方施工机械。

② 确定土壁放边坡的坡度系数或土壁支撑形式以及板桩打设方法。

③ 选择排除地面、地下水的方法。确定排水沟、集水进或井点布置方案所需设备。

④ 确定土石方平衡调配方案。

(2) 基础工程。

① 浅基础的垫层、混凝土基础和钢筋混凝土基础施工的技术要求，以及地下室施工的技术要求。

② 桩基础施工的方法和机械选择。

(3) 砌筑工程。

① 墙体的组砌方法和质量要求。

② 弹线及皮数杆的控制要求。

③ 确定脚手架搭设方法及安全网的挂设方法。

④ 选择垂直和水平运输机械。

(4) 钢筋混凝土工程。

① 确定模板的类型和支模方法，对于复杂工程还需进行模板设计和绘制模板放样图。

② 选择钢筋的加工、绑扎和焊接方法。

③ 选择混凝土的制备方案，如采用商品混凝土，还是现场拌制混凝土。确定搅拌、运输、浇筑顺序和方法，以及泵送混凝土和普通垂直运输混凝土的机械选择。

④ 选择混凝土搅拌、振捣设备的类型和规格，确定施工缝的留设位置。

⑤ 确定预应力混凝土的施工方法、控制应力和张拉设备。

(5) 结构安装工程。

① 确定起重机械类型、型号和数量。

② 确定结构安装方法（如分件吊装法还是综合吊装法)，安排吊装顺序、机械位置和开行路线及构件的制作、拼装场地。

③ 确定构件运输、装卸、堆放方法和所需机具设备的规格、数量和运输道路要求。

(6) 屋面工程。

① 屋面工程各个分项工程施工的操作要求。

② 确定屋面材料的运输方式和现场存放方式。

（7）装饰工程。

① 各种装饰工程的操作方法及质量要求。

② 确定材料运输方法及储存要求。

③ 确定所需机具设备。

五、施工平面布置图

单位工程施工平面图设计是对一个建筑物的施工现场的平面规划和空间布置图。它是根据工程规模、特点和施工现场的条件，按照一定的设计原则，来正确地解决施工期间所需的各种暂设工程和其他业务设施等同永久性建筑物和拟建工程之间的合理位置关系。它是进行现场布置的依据，也是实现施工现场有组织有计划地进行文明施工的先决条件。编制和贯彻合理的施工平面图，施工现场井然有序，施工进行顺利；反之，则导致施工现场混乱，直接影响施工进度，造成工程成本增加等不良后果。

1. 单位工程施工平面图的设计内容

（1）建筑总平面图上已建和拟建的地上地下的一切房屋、构筑物以及其他设施（道路和各种管线等）的位置和尺寸。

（2）测量放线标桩位置、地形等高线和土方取弃场地。

（3）自行式起重机械开行路线、轨道布置和固定式垂直运输设备位置。

（4）各种加工厂、搅拌站、材料、加工半成品、构件、机具的仓库或堆场。

（5）生产和生活性福利设施的布置。

（6）场内道路的布置。

（7）临时给排水管线、供电线路。

（8）一切安全及防火设施的布置。

2. 单位工程施工平面图的设计原则

（1）在保证施工顺利进行的前提下，现场布置尽量紧凑，以节约土地。

（2）合理布置施工现场的运输道路及各种材料堆场、加工厂、仓库、各种机具的位置，尽量使得运距最短，从而减少或避免二次搬运。

（3）尽量减少临时设施的数量，降低临时设施费用。

（4）临时设施的布置，尽量利于工人的生产和生活，使工人至施工区的距离最近，往返时间最少。

（5）符合环保、安全和防火要求。

3. 单位工程施工平面图的设计步骤

（1）确定垂直运输机械的位置。垂直运输机械的位置直接影响仓库、搅拌站、各种材料和构件等位置及道路和水、电线路的布置，因此，它是施工现场布置的核心，必须首先确定。

（2）确定搅拌站、仓库、材料和构件堆场以及加工厂的位置。搅拌站、仓库和材料、构件的布置应尽量靠近使用地点或在起重机服务范围以内，并考虑到运输和装卸方便。

（3）现场运输道路的布置。现场主要道路应尽可能利用永久性道路，或先修好永久性道路的路基，在土建工程结束之前再铺路面。现场道路布置时，应保证行驶畅通，使运输道路有回转的可能性。因此，运输道路最好围绕建筑物布置成一条环形道路。

道路宽度一般不小于 3.5 m，主干道路宽度不小于 6 m。道路两侧一般应结合地形设置排水沟，深度不小于 0.4 m，底宽不小于 0.3 m。

（4）临时设施的布置。临时设施分为生产性临时设施，如钢筋加工棚和水泵房、木工加工房等，非生产性临时设施如办公室、工人休息室、开水房、食堂、厕所等，布置的原则就是有利生产，方便生活、安全防火。

（5）布置水电管网。

六、施工资源计划

各项资源需要量计划可用来确定建筑工地的临时设施，并按计划供应材料、构件、调配劳动力和机械，以保证施工顺利进行。在编制单位工程施工进度计划后，就可以着手编制各项资源需要量计划。

资源需要量计划包括：

① 劳动力需要量计划。

② 主要材料需要量计划。

③ 构件和半成品需要量计划。

④ 施工机械需要量计划。

第二节　专项施工方案

专项施工方案是对某个具体项目专门制订的有针对性的方案，比如专项混凝土施工方案（技术交底），就是专门对混凝土施工制订的有针对性的施工方案。

一、施工专项方案编制对象和内容

住房和城乡建设部（建质［2009］87 号）《危险性较大的分部分项工程安全管理办法》第五条　施工单位应当在危险性较大的分部分项工程施工前编制专项方案；对于超过一定规模的危险性较大的分部分项工程，施工单位应当组织专家对专项方案进行论证。

1. 危险性较大的分部分项工程一般范围

（1）基坑支护、降水工程。开挖深度超过 3 m（含 3 m）或虽未超过 3 m 但地质条件和周边环境复杂的基坑（槽）支护、降水工程。

（2）土方开挖工程。开挖深度超过 3 m（含 3 m）的基坑（槽）的土方开挖工程。

（3）模板工程及支撑体系。

① 各类工具式模板工程：包括大模板、滑模、爬模、飞模等工程。

② 混凝土模板支撑工程：搭设高度 5 m 及以上；搭设跨度 10 m 及以上；施工总荷载 10 kN/m^2 及以上；集中线荷载 15 kN/m^2 及以上；高度大于支撑水平投影宽度且相对独立无联系构件的混凝土模板支撑工程。

③ 承重支撑体系：用于钢结构安装等满堂支撑体系。

(4) 起重吊装及安装拆卸工程。

① 采用非常规起重设备、方法，且单件起吊重量在 10 KN 及以上的起重吊装工程。

② 采用起重机械进行安装的工程。

③ 起重机械设备自身的安装、拆卸。

(5) 脚手架工程。

① 搭设高度 24 m 及以上的落地式钢管脚手架工程。

② 附着式整体和分片提升脚手架工程。

③ 悬挑式脚手架工程。

④ 吊篮脚手架工程。

⑤ 自制卸料平台、移动操作平台工程。

⑥ 新型及异型脚手架工程。

(6) 拆除、爆破工程。

① 建筑物、构筑物拆除工程。

② 采用爆破拆除的工程。

(7) 其他。

① 建筑幕墙安装工程。

② 钢结构、网架和索膜结构安装工程。

③ 人工挖扩孔桩工程。

④ 地下暗挖、顶管及水下作业工程。

⑤ 预应力工程。

⑥ 采用新技术、新工艺、新材料、新设备及尚无相关技术标准的危险性较大的分部分项工程。

2. 超过一定规模的危险性较大的分部分项工程一般范围

(1) 深基坑工程。

① 开挖深度超过 5 m（含 5 m）的基坑（槽）的土方开挖、支护、降水工程。

② 开挖深度虽未超过 5 m，但地质条件、周围环境和地下管线复杂，或影响毗邻建筑（构筑）物安全的基坑（槽）的土方开挖、支护、降水工程。

(2) 模板工程及支撑体系。

① 工具式模板工程：包括滑模、爬模、飞模工程。

② 混凝土模板支撑工程：搭设高度 8 m 及以上；搭设跨度 18 m 及以上，施工总荷载 15 kN/m^2 及以上；集中线荷载 20 kN/m^2 及以上。

③ 承重支撑体系：用于钢结构安装等满堂支撑体系，承受单点集中荷载 700 kg 以上。

(3) 起重吊装及安装拆卸工程。

① 采用非常规起重设备、方法，且单件起吊重量在 100 kN 及以上的起重吊装工程。

② 起重量 300 kN 及以上的起重设备安装工程；高度 200 m 及以上内爬起重设备的拆除工程。

③ 安装高度超过 36 m 的建筑起重机械安装和拆除工程。

(4) 脚手架工程。

① 搭设高度 50 m 及以上落地式钢管脚手架工程。

② 提升高度 150 m 及以上附着式整体和分片提升脚手架工程。

③ 架体高度 20 m 及以上悬挑式脚手架工程。

(5) 拆除、爆破工程。

① 采用爆破拆除的工程。

② 码头、桥梁、高架、烟囱、水塔及其他高度超过 15 m 的建、构筑物拆除工程，或拆除中容易引起有毒有害气（液）体或粉尘扩散、易燃易爆事故发生的特殊建、构筑物拆除工程。

③ 可能影响行人、交通、电力设施、通信设施或其他建、构筑物安全的拆除工程。

④ 文物保护建筑、优秀历史建筑或历史文化风貌区控制范围的拆除工程。

(6) 其他。

① 施工高度 50 m 及以上的建筑幕墙安装工程。

② 跨度大于 36 m 及以上的钢结构安装工程；跨度大于 60 m 及以上的网架和索膜结构安装工程。

③ 开挖深度超过 16 m 的人工挖孔桩工程。

④ 地下暗挖工程、顶管工程、水下作业工程。

⑤ 采用新技术、新工艺、新材料、新设备及尚无相关技术标准的危险性较大的分部分项工程。

二、专项施工方案编制和实施的管理要求

施工单位应当建立健全施工安全重大危险源的安全管理制度。施工单位应当根据工程项目特点、气候和周边环境等具体情况以及所承担的施工范围，在开工前识别并编制包括危险性较大的分部分项工程、对施工安全影响较大的环境因素等在内的工程项目施工安全重大危险源清单名录和安全管理措施。清单名录中应当包括重大危险源的名称、出现的施工阶段、潜在的危险因素、防控措施以及责任部门和责任人等内容，清单名录应经责任人签字。

建设单位在办理工程项目开工安全生产条件审查手续时，应当提供经施工企业审查和工程监理单位确认的工程项目施工安全重大危险源清单名录和安全管理措施。

因施工图设计变更或施工条件发生变动的，施工单位应将变更或变动后增加的施工安全重大危险源及时补充和完善，并经企业审查和工程监理单位确认后报送相关建设行政主管部门或其建设工程安全生产监督机构。

施工单位应当对工程项目的施工安全重大危险源在施工现场显要位置予以公示，公示内容应当包括施工安全重大危险源名录、可能导致发生的事故类别。在每一施工安全重大危险源处醒目位置悬挂警示标志。

对施工安全影响较大的环境和因素，施工单位应当逐一制订安全防护方案和保证措施。

施工单位在办理危险性较大的分部分项工程开工安全生产条件审查时，应当提交

专项施工方案。专项施工方案编制应当包括以下内容：

① 工程概况：危险性较大的分部分项工程概况、施工平面布置、施工要求和技术保证条件。

② 编制依据：相关法律、法规、规范性文件、标准、规范及图纸（国标图集）、施工组织设计等。

③ 施工计划：包括施工进度计划、材料与设备计划。

④ 施工工艺技术：技术参数、工艺流程、施工方法、检查验收等。

⑤ 施工安全保证措施：组织保障、技术措施、应急预案、监测监控等。

⑥ 安全管理技术力量配备：专职安全生产管理人员、专职设备管理人员、特种作业人员等。

⑦ 计算书及相关图纸。

危险性较大的分部分项工程实行分包的，专项施工方案应当经总包施工单位审查并签署审查意见。

危险性较大的分部分项工程专项施工方案应当由施工单位组织施工技术、安全、质量等专业技术人员编制、审核。对于超过一定规模的危险性较大的分部分项工程专项施工方案应经施工单位技术负责人批准，按照相关规定组织专家论证，以及修改完善、重新编制和重新组织专家论证。

施工单位在施工人员进入工程项目施工现场前，应当对其进行安全生产教育。安全生产教育的内容应当包括：危险性较大的分部分项工程专项施工方案、对施工安全影响较大的环境和因素的安全防护方案及相应保证措施等。危险性较大的分部分项工程专项施工方案实施前，编制人员或项目技术负责人应当向现场相关管理人员和作业人员进行安全技术交底，明确工程作业特点、具体安全预防措施、相应的安全标准，以及应急救援预案的具体内容和要求。安全技术交底应当形成书面交底签字记录。

施工单位应当指定专人对危险性较大的分部分项工程专项施工方案实施情况进行现场监督和按规定进行监测。发现施工人员不按照专项施工方案施工的，应当要求其立即整改；发现有危及人身安全等紧急情况的，应当立即采取停工措施，组织作业人员撤离危险区域。

施工单位应当定期（每月不少于一次）组织对其所有工程项目的施工安全重大危险源进行安全检查、评估，建立管理台账，对发现的安全生产隐患，应采取有效措施督促整改到位，并对整改结果进行查验。

施工单位设在工程项目的管理机构应当组织项目管理人员（包括分包单位相应管理人员）每星期开展一次对其责任管理范围内的施工安全重大危险源安全状况的检查，作出书面检查记录；对检查中发现的问题，应及时组织整改到位。分包单位的项目负责人、专职安全生产管理人员应当按照总包单位提出的整改意见及时组织整改到位。

施工单位工程项目专职安全生产管理人员应当针对工程项目施工安全重大危险源的安全状况每天进行检查和评估，建立个人检查、评估工作台账，对检查中发现的问题及时督促整改或报告，并作出书面记录。

施工单位设在工程项目的管理机构应当制定应急救援预案，配备应急救援器材、设备，并定期组织演练。

分包施工单位应当参加总包施工单位组织的应急救援演练。

第三节　施工作业指导书的编制

施工作业指导书，是根据分部、分项工程施工具体要求，针对特殊过程、关键工序向施工人员交代作业程序、方法、注意事项，落实各项质量验收规范和标准，指导现场施工作业、严格控制工程质量，确保施工安全，满足节能环保要求等需要而制定的作业标准、规范、执行文件。

一、施工作业指导书编制对象和内容

（1）施工作业指导书编制对象和内容包括：适用范围、作业准备、技术要求、施工程序与工艺流程、施工要求、材料要求、劳动组织、机具设备配备、质量控制及检验、安全及环保要求等。

（2）适用范围应明确施工作业指导书适用工程类别、地质、环境等作业条件。对特殊地质条件有不适合情况时，应予以说明。

（3）技术要求应明确工程类别和项目应达到的技术指标、相应的技术标准。

（4）施工程序与工艺流程应说明分部工程、分项工程的内部施工段落划分，各组成部分的作业程序和先后顺序。

（5）施工要求应分解说明作业方法、采取的相关措施，需要控制的内容和参数。

（6）质量控制及检验应明确施工项目的质量标准、控制要点、检查方法、验收程序及指标。

（7）安全及环保要求应对施工项目危险源进行识别并按照级别进行分级管理，明确施工项目安全方面的注意事项和卡控措施；按照文明施工要求，对施工现场和作业环节进行分析，提出控制要点，制定具体的环境保护措施和要求。对涉及有线、公路、航道交叉作业、高空作业等安全重点工程的，根据具体情况另行制定相应的安全措施。

二、施工作业指导书的编制要求

（1）施工作业指导书应按照标准化管理理念，将先进成熟的工艺工法、科学合理的生产组织与建设标准、质量目标、安全要求以及现场施工条件相结合进行编制。

（2）施工作业指导书的编制应结合工程特点和实际情况进行编制，对于大中型项目，工艺复杂或技术难度大的项目分部、分项工程可依据相应的施工法编写具体实施内容，确保作业指导书具有可实施性、操作性。

（3）施工作业指导书应在作业前编制，注重策划和设计，量化、细化、标准化每项具体作业内容，以做到作业有程序、安全有措施、质量有标准、检测有依据。

（4）施工作业指导书应体现对现场作业的全过程控制，体现分工明确，责任到人，编写、审核、批准和执行应签字齐全。

（5）所有项目采用一项工程（分部、分项）一个施工作业指导书的方式，围绕安

全、质量两条主线，通过优化作业方案，提高效率、降低成本。相同类型的工程要根据工程地质条件和工程外部环境对施工作业指导书进行修改，不得直接照搬套用。

（6）施工作业指导书要求概念清楚、表达准确、文字简练，做到图文并茂、简洁易懂，可操作性强。

（7）施工作业指导书应结合现场实际由专业技术人员编写，由项目总工、公司主管部门或公司总工程师审批后实施。

第九章　施工项目质量控制

第一节　施工图纸会审及设计交底

一、图纸会审要点及要求

图纸会审是指工程各参建单位（建设单位、监理单位、施工单位）在收到设计院施工图设计文件后，对图纸进行全面细致的熟悉，审查出施工图中存在的问题及不合理情况并提交设计院进行处理的一项重要活动。图纸会审由建设单位负责组织并记录。通过图纸会审可以使各参建单位特别是施工单位熟悉设计图纸、领会设计意图、掌握工程特点及难点，找出需要解决的技术难题并拟订解决方案，从而将因设计缺陷而存在的问题消灭在施工之前。

1. 图纸会审的一般程序

（1）图纸学习：了解设计意图、设计标准和规定，明确技术标准和施工工艺规程等有关技术问题。

（2）图纸审查：

1）初审。详细核对本工种图纸的情况。

2）会审。各专业之间核对图纸，消除差错，协商配合。

3）综合会审。由业主（监理工程师）召集各施工单位、设计单位对图纸进行综合审核。

2. 图纸会审的主要内容

（1）图纸学习的主要内容

1）施工图纸学习的一般步骤如下：

①看图纸目录。了解建筑物的名称、建筑物的性质、图纸的种类、建筑物的面积、图纸张数、工程造价、建设单位、设计单位。

②看总说明。了解建筑物的概况、设计原则和对施工总的技术要求等。

③看总平面图。了解建筑物的地理位置、高程、朝向、周围环境等。

④学习建筑施工图。先看各层平面图，再看立面图和剖面图。

⑤学习建筑详图。了解各部位的详细尺寸、所用材料、具体做法。

⑥学习结构施工图。从基础平面图开始，逐项看结构平面图和详图。了解基础的形式，埋置深度，梁柱的位置和结构，墙和板的位置、标高和构造等。

⑦看水暖电施工图。看设备施工图，主要了解各种管线的管径、走向和标高，了解设备安装的大致情况，以便于留设各种孔洞和预埋件。

2）学习图纸时应掌握的主要内容包括以下几方面：

①基础及地下室部分：留口留洞位置及标高，并核对建筑、结构、设备图之间的关系；下水及排水的方向；防水工程与管线的关系；变形缝及人防出口的做法、接头的关系；防水体系的包圈、收头要求等。

②结构部分：各层砂浆、混凝土的强度要求；墙体、柱体的轴线关系；圈梁组合柱或现浇梁柱的节点做法和要求；连结筋和结构加筋的数量和关系，悬挑结构（牛腿、阳台、雨罩、挑檐等）的锚固要求；楼梯间的构造及钢筋的重点要求等。

③装修部分：材料、做法；土建与专业的洞口尺寸、位置等关系；结构施工应为装修提供的条件（预埋件、预埋木砖、预留洞等）；防水节点的要求等。

图纸学习还应包括设计规定选用的标准图集和标准做法的学习。

（2）图纸审查的主要内容：

1）设计图纸是否符合国家建筑方针、政策。

2）是否无证设计或越级设计；图纸是否经设计单位正式签署。

3）地质勘探资料是否齐全。

4）设计图纸与说明是否齐全；有无矛盾，规定是否明确。

5）设计是否安全合理。

6）核对设计是否符合施工条件。

7）核对主要轴线、尺寸、位置、标高有无错误和遗漏。

8）核对土建专业图纸与设备安装等专业图纸之间，以及图与表之间的规定和数据是否一致。

9）核对材料品种、规格、数量能否满足要求。

10）地基处理方法是否合理，建筑与结构构造是否存在不能施工、不便施工的技术问题，或容易导致质量、安全、工程费用增加等方面问题。

11）设计地震烈度是否符合当地要求。

12）防火、消防、环境卫生是否满足要求。图纸会审中提出的技术难题，应同三方研究协商，拟定解决的办法，写出会议纪要。

3. 施工图纸管理

对施工图纸要统一由公司技术主管部门负责收发、登记、保管、回收。

二、设计变更

1. 设计变更概述

设计变更是指设计部门对原施工图纸和设计文件中所表达的设计标准状态的改变和修改。根据以上定义，设计变更仅包含由于设计工作本身的漏项、错误或其他原因而修改、补充原设计的技术资料。设计变更和现场签证两者的性质是截然不同的，凡属设计变更的范畴，必须按设计变更处理，而不能以现场签证处理。设计变更是工程变更的一部分内容，因而它也关系到进度、质量和投资控制。所以加强设计变更的管理，对规范各参与单位的行为，确保工程质量和工期，控制工程造价，进而提高设计技术都具有十分重要的意义。

设计变更应尽量提前，变更发生得越早则损失越小，反之就越大。如在设计阶段变更，则只须修改图纸，其他费用尚未发生，损失有限；如果在采购阶段变更，不仅需要修改图纸，而且设备、材料还须重新采购；若在施工阶段变更，除上述费用外，已施工的工程还须拆除，势必造成重大变更损失。所以要加强设计变更管理，严格控制设计变更，尽可能把设计变更控制在设计阶段初期，特别是对工程造价影响较大的设计变更，要先算账后变更。严禁通过设计变更扩大建设规模、增加建设内容、提高建设标准，使工程造价得到有效控制。

设计变更费用一般应控制在建安工程总造价的5%以内，由设计变更产生的新增投资额不得超过基本预备费的1/3。

2. 设计变更产生的原因

(1) 修改工艺技术，包括设备的改变。

(2) 增减工程内容。

(3) 改变使用功能。

(4) 设计错误、遗漏。

(5) 提高合理化建议。

(6) 施工中产生错误。

(7) 使用的材料品种的改变。

(8) 工程地质勘察资料不准确而引起的修改，如基础加深。

由于以上原因所提出变更的有可能是建设单位、设计单位、施工单位或监理单位中的任何一个单位，有些则是上述几个单位都会提出。

3. 设计变更的签发原则

设计变更无论是由哪方提出，均应由监理部门会同建设单位、设计单位、施工单位协商，经过确认后由设计部门发出相应图纸或说明，并由监理工程师办理签发手续，下发到有关部门付诸实施。但在审查时应注意以下几点：

(1) 确属原设计不能保证工程质量要求，设计遗漏和确有错误以及与现场不符无法施工非改不可。

(2) 一般情况下，即使变更要求可能在技术经济上是合理的，也应全面考虑，将变更以后所产生的效益（质量、工期、造价）与现场变更往往会引起施工单位的索赔等所产生的损失，加以比较，权衡轻重后再做出决定。

(3) 工程造价增减幅度是否控制在总概算的范围之内，若确需变更但有可能超概算时，更要慎重。

第二节 施工质量控制

一、材料、构配件的进场验收

1. 建筑工程材料见证取样送检制度

见证取样和送检是指在建设单位或工程监理单位人员的见证下，由施工单位的现场试验人员对工程中涉及结构安全的试块、试件和材料在现场取样，并送至经过省级以上建设行政主管部门对其资质认可和质量技术监督部门对其计量认证的质量检测单位（以下简称“检测单位”）进行检测。

下列试块、试件和材料必须实施见证取样和送检：

①用于承重结构的混凝土试块。

②用于承重墙体的砌筑砂浆试块。

③用于承重结构的钢筋及连接接头试件。

④用于承重墙的砖和混凝土小型砌块。

⑤用于拌制混凝土和砌筑砂浆的水泥。

⑥用于承重结构的混凝土中使用的掺加剂。

⑦地下、屋面、厕浴间使用的防水材料。

⑧国家规定必须实行见证取样和送检的其他试块、试件和材料。

见证人员应由建设单位或该工程的监理单位具备建筑施工试验知识的专业技术人员担任，并应由建设单位或该工程的监理单位书面通知施工单位、检测单位和负责该项工程的质量监督机构。

在施工过程中见证人员应按照见证取样和送检计划，对施工现场的取样和送检进行见证，取样人员应在试样或其包装上做出标识、封志，标识和封志应标明工程名称、取样部位、取样日期、样品名称和样品数量，并由见证人员和取样人员签字。见证人员应制作见证记录并将见证记录归入施工技术档案。

见证人员和取样人员应对试样的代表性和真实性负责。

见证取样的试块、试件和材料送检时应由送检单位填写委托单，委托单应有见证人员和送检人员签字。检测单位应检查委托单及试样上的标识和封志，确认无误后方可进行检测。

检测单位应严格按照有关管理规定和技术标准进行检测，出具公正、真实、准确的检测报告。见证取样和送检的检测报告必须加盖见证取样检测的专用章。

2. 进场水泥质量控制

（1）进场水泥的质量检验应符合下列要求：

1）检查进场水泥的生产厂是否具有产品生产许可证。

2）检查进场水泥的出厂合格证或试验报告。

3）对进场水泥的品种、标号、包装或散装仓号、出厂日期等进行检查，对袋装水泥的实际重量进行抽查。

4）按照产品标准和施工规范要求，对进场水泥进行抽样复试。抽样方法及试验结果必须符合国家有关标准《硅酸盐水泥、普通硅酸盐水泥》（GB 175—2007）的规定。由于水泥有多种不同类别，其质量指标与化学成分以及性能各不相同，故应对抽样复试的结果认真加以检查，各项性能指标必须全部符合标准。

5）当对水泥质量有怀疑，或水泥出厂日期超过 3 个月时，应进行复试，并按试验结果使用。

6）水泥的抽样复试应符合见证取样送检的有关规定。

（2）进场水泥的保存、使用应注意以下几点：

1）必须设立专用库房保管。水泥库房应该通风、干燥、屋面不渗漏、地面排水通畅。

2）水泥应按品种、标号、出厂日期分别堆放，并应当用标牌加以明确标示，标牌书写项目、内容应齐全。当水泥储存期超过 3 个月或受潮、结块时，遇到标号不清、对其质量有怀疑时，应当进行取样复试，并按复试结果使用，这样的水泥不允许用于重要工程和工程的重要部位。

3）为了防止材料混合后出现变质或强度降低，现场不同品种的水泥，不得混合使用。各种水泥各有其特点，使用时应予以考虑。例如，硅酸盐水泥、普通水泥水化热大适用于冬期施工而不适用于大体积混凝土；矿渣水泥适用于大体积混凝土和耐热混凝土但不适用于有抗渗要求的结构中；钢筋混凝土结构、预应力混凝土结构中严禁使用含氯化物的水泥。

3. 进场钢筋质量控制

（1）普通钢筋进场验收主要工作：

1）检查进场钢筋生产厂是否具有产品生产许可证。

2）检查进场钢筋的出厂合格证或试验报告。

3）按炉罐号、批号及直径和级别等对钢筋的标志、外观等进行检查，进场钢筋的表面或每捆（盘）均应表明炉罐号或批号。

4）按照产品标准和施工规范要求，按炉罐号、批号及钢筋直径和级别等分批抽取试样作力学性能试验，试验结果应符合国家有关标准的规定。

5）当钢筋在运输、加工过程中，发现脆断、焊接性能不良或力学性能显著不正常等现象时，应根据国家标准对该批钢筋进行化学分析或其他专项检验。

6）钢筋的抽样复试应符合见证取样送检的有关规定。

（2）预应力筋进场验收：

预应力筋进场时应分批验收，验收时除应对其质量证明书、包装、标志和规格等进行检查外，尚须按下列规定进行检验。

1）预应力钢丝：每批钢丝的重量应不大于 60 t。先从每批中抽查 5%，但不少于 5 盘，进行形状、尺寸和表面检查，如检查不合格，则将该批钢丝逐盘检查。在上述检查合格的钢丝中抽取 5%，但不少于 3 盘，在每盘钢丝的两端取样进行抗拉强度、弯曲和伸长率的试验，其力学性能应符合规范要求。试验结果如有一项不合格时，则不合格盘报废，并从同批未试验过的钢丝盘中取双倍数量的试样进行该不合格项的复验，如仍有一项不合格，则该批钢丝为不合格。

2）预应力钢绞线：每批钢绞线的重量应不大于 60 t。从每批钢绞线中任取 3 盘，并从每盘所选的钢绞线端部正常部位截取一根试样进行表面质量、直径偏差和力学性能试验。如每批少于 3 盘，则应逐盘取样进行上述试验。试验结果如有一项不合格时，则不合格盘报废，并再从该批未试验过的钢绞线中取双倍数量的试样进行该不合格项的复验，如仍有一项不合格，则该批钢绞线为不合格。

（3）热处理钢筋：

1）从每批钢筋中抽取 10%的盘数（不小于 25 盘）进行表面质量和尺寸偏差的检查。如检查不合格，则应对该批钢筋进行逐盘检查。

2）从每批钢筋中抽取 10%的盘数（不小于 25 盘）进行力学性能试验。试验结果如有一项不合格时，该不合格盘应报废，并再从未试验过的钢筋中取双倍数量的试样进行复验，如仍有一项不合格，则该批钢筋为不合格。

3）每批钢筋的重量应不大于 60 t。

4. 进场砌体材料质量控制

（1）砌体工程所用的材料应有产品的合格证书、产品性能检测报告。块材、水泥、钢筋、外加剂等尚应有材料的主要性能的进场复验报告。严禁使用国家明令淘汰的材料。

（2）对进入施工现场的砌块材料应按产品标准进行质量验收。对质量不合格或产品等级不符合要求的，不得用于砌体工程。不得将有裂缝的砌块面砌于外墙外表面。

（3）砖砌体：

①砖的强度等级必须符合设计要求。各项性能指标、外观质量、块型尺寸允许偏差应符合国家标准的要求。每一生产厂家的砖到现场后，按烧结砖 15 万块、多孔砖 5 万块、灰砂砖及粉煤灰砖 10 万块各为一验收批进行抽检，抽检数量为 1 组。

②用于清水墙、柱表面的砖，应边角整齐，色泽均匀。

（4）小砌块：

1）施工时所用的小砌块的产品龄期应≥20 d。

2）小砌块的强度等级必须符合设计要求。各项性能指标、外观质量、块型尺寸允许偏差应符合国家标准的要求。抽检数量：每一生产厂家的小砌块到现场后，每 1 万块小砌块至少应抽检一组。用于多层建筑基础和底层的小砌块抽检数量不应少于 2 组。

3）砌块块材应有产品合格证、产品性能检测报告、主要性能的进场复验报告。

（5）石砌体：

1）石砌体采用的石材应质地坚实，无风化剥落和裂纹、用于清水墙、柱表面的石材，尚应色泽均匀。

2）石材表面的泥垢、水锈等杂物，砌筑前应清除干净。

3）石材强度等级必须符合设计要求。各项性能指标、外观质量、料石块型尺寸允许偏差应符合国家标准的要求。同一产地的石材至少应抽检一组。

4）料石应有产品质量证明书，石材试验报告。

（6）填充墙砌体：

1）蒸压加气混凝土砌块、轻骨料混凝土小型空心砌块砌筑时，其产品龄期应>

28 d。

2）空心砖、蒸压加气混凝土砌块、骨料混凝土小型空心砌块等的运输、装卸过程中严禁抛掷和倾倒。进场后应按品种、规格分别堆放整齐，堆置高度宜≤2 m。加气混凝土砌块应防止雨淋。

3）应检查砖或砌块的产品合格证书、产品性能检测报告和砂浆试块试验报告。

二、工序质量控制、隐蔽工程施工验收及成品保护

1. 工序质量控制

建设工程施工项目是由一系列相互关联、相互制约的作业过程（工序）所构成，施工项目的质量控制的过程是从工序质量到分项工程质量、分部工程质量、单位工程质量的系统控制过程；也是一个由投入原材料的质量控制开始，直到完成工程质量检验批为止的全过程的系统过程。控制工程项目施工过程的质量，必须控制全部作业过程，即各道工序的施工质量。

（1）施工阶段的质量控制内容：

①进行现场施工技术交底。

②工程测量的控制和成果部分。

③材料的质量控制。

④机械设备的质量控制。

⑤按规定控制计量器具的使用、保管、维修和检验。

⑥施工工序质量的控制。

⑦特殊过程的质量控制。

⑧工程变更应严格执行工程变更程序，经有关批准后方可实施。

⑨采取有效措施妥善保护建筑产品或半成品。

⑩施工中发生的质量事故，必须按《建设工程质量管理条例》的有关规定处理。

（2）施工作业过程质量控制的内容：

①进行作业技术交底，包括作业技术要领、质量标准、施工依据、与前后工序的关系等。

②检查施工工序、程序的合理性、科学性，防止工序流程错误导致工序质量失控。检查内容包括：施工总体流程和具体施工作业的先后顺序，在正常的情况下，要坚持先准备后施工、先深后浅、先土建后安装、先验收后交工等。

③检查工序施工条件，即每道工序投入的材料，使用的工具、设备及操作工艺及环境条件等是否符合施工组织设计的要求。

④检查工序施工中人员操作程序、操作质量是否符合质量规程要求。

⑤检查工序施工中间产品的质量，即工序质量、分项工程质量。

⑥对工序质量符合要求的中间产品（分项工程）及时进行工序验收或隐蔽工程验收。

⑦质量合格的工序经验收后可进入下道工序施工。未经验收合格的工序，不得进入下道工序施工。

（3）施工工序质量控制的内容：工序质量是施工质量的基础，工序质量也是施工

顺利进行的关键。为达到对工序质量控制的效果，在工序质量控制方面应做到以下五点：

①贯彻预防为主的基本要求，设置工序质量检查点，对材料质量状况、工具设备状况、施工程序、关键操作、安全条件、新材料新工艺应用、常见质量通病，甚至包括操作者的行为等影响因素列为控制点作为重点检查项目进行预控。

②落实工序操作质量巡查、抽查及重要部位跟踪检查等方法，及时掌握施工质量总体状况。

③对工序产品、分项工程的检查应按标准要求进行目测、实测及抽样试验的程序，做好原始记录，经数据分析后，及时做出合格或不合格的判断。

④对合格工序产品应及时提交监理进行隐蔽工程验收。

⑤完善管理过程的各项检查记录、检测资料及验收资料，作为工程质量验收的依据，并为工程质量分析提供可追溯的依据。

2. 隐蔽工程施工验收

（1）施工工艺顺序过程中，前道工序已施工完成将被后一道工序所掩盖、包裹而再无法检查其质量情况，前道工序通常被称为隐蔽工程。凡涉及结构安全和主要使用功能的隐蔽工程，在其后一道工序施工之前（隐蔽工程施工完成隐蔽之前），由有关单位和部门共同进行的质量检查验收，称为隐蔽验收。

（2）隐蔽工程施工完毕，承包单位按有关技术规程、规范、施工图纸先进行自检，自检合格后，填写“报验申请表”，附上相应的：“隐蔽工程检查记录”及有关材料证明，试验报告，复试报告等，报送项目监理机构。

（3）监理工程师收到报验申请后，首先对质量证明资料进行审查，并进行现场检查（检测或检查），承包单位的项目工程技术负责人、专职质检员及相关施工人员应随同一起到现场。重要或特殊部位（如地基验槽、验桩、地下室或首层钢筋检验等）应邀请建设单位、勘察单位、设计单位和质量监督单位派员参加，共同对隐蔽工程进行检查验收。

（4）参加检查人员按隐蔽工程检查表的内容在检查验收后，提出检查意见，如符合质量要求，由施工承包单位质量检查员在“隐蔽单”上填写检查情况，然后交参加检查人员签字认可。若检查中存在问题需要进行整改时，施工承包单位应在整改后，再次邀请有关各方（或由检查意见中明确的某一方）进行复查，达到要求后，方可办理签证手续。对于隐蔽工程检查中提出的质量问题必须进行认真处理，经复验符合要求后，方可办理签证手续，准予承包单位隐蔽、覆盖，进行下一道工序施工。

（5）为履行隐蔽工程检查验收的质量职责，应做好隐蔽工程检查验收记录。隐蔽工程检查验收后，应及时将隐蔽工程检查验收记录进行归档。

3. 施工质量检查

施工阶段质量控制是否持续有效，应经检查验证予以评价。检查验证的方法，主要是核查有关工程技术资料、直接进行现场质量检查或必要的试验等。

（1）技术文件、资料进行核查：核查施工质量保证资料（包括施工全过程的技术质量管理资料）是否齐备、正确，是施工阶段对工程质量进行全面控制的重要手段，其中又以原材料、施工检测、测量复核及功能性试验资料为重点检查内容。其具体内容如下：

①有关技术资质、资格证明文件及施工方案、施工组织设计和技术措施等。

②开工报告，并经现场核实。

③有关材料、半成品的质量检验报告及有关安全和功能的检测资料。

④反映工序质量动态的统计资料或控制图表。

⑤设计变更、修改图纸和技术核定书。

⑥有关质量问题和质量事故的处理报告。

⑦有关应用新工艺、新材料、新技术、新结构的技术鉴定书。

⑧有关工序交接检查，分项、分部工程质量检查记录。

⑨施工质量控制资料。

⑩有效签署的现场有关技术签证、文件等。

（2）现场质量检查内容：

①分部分项工程内容的抽样检查。

②工程外观质量的检查。

（3）现场质量检查时机：

①开工前检查：目的是检查是否具备开工条件，开工后能否连续正常施工，能否保证工程质量。

②工序交接检查：对于重要的工序或对工程质量有重大影响的工序，在自检、互检的基础上，还要组织专职人员进行工序交接检查。

③隐蔽工程检查：凡是隐蔽工程均应检查签证后方能掩盖。

④巡视检查：应经常深入现场，对施工操作质量进行检查，必要时还应进行跟班或追踪检查。

⑤停工后复工前的检查：因处理质量问题或某种因停工后需复工时，应经检查认可后方能复工。

⑥分项、分部工程完工后应经检查认可，签署验收记录后，才许可进行下一工程项目施工。

⑦成品保护检查：检查成品有无保护措施，或保护措施是否可靠。

（4）现场进行质量检查的方法：现场进行质量检查的方法有目测法、实测法和试验法三种。

①目测法。其手段可归纳为“看”、“摸”、“敲”、“照”四个字。

②实测法。就是采用测量工具对完成的施工部位进行检测，通过实测数据与施工规范及质量标准所规定的允许偏差对照，来判别质量是否合格。实测检查法的手段，也可归纳为“靠”、“吊”、“量”、“套”四个字。

③试验法。指必须通过试验手段，才能对质量进行判断的检查方法。如对桩或地基的静载试验，确定其承载力；对钢结构进行稳定性试验，确定是否产生失稳现象；对钢筋、焊接头进行拉力试验，检验焊接的质量等。

4. 成品保护措施

在施工过程中，有些分部分项工程已经完成，其他工程尚在施工；或者某些部位已经完成，其他部位正在施工。如果对已经完成的成品，不采取妥善的措施加以保护，就会造成损伤，影响质量。因此，搞好成品保护，是一项关系到确保工程质量，降低工程成本，按期竣工的重要环节。

（1）施工顺序与成品保护：合理安排施工顺序，按正确的施工流程组织施工，是进行成品保护的有效途径之一。

①遵循“先地上，后地下”、“先深后浅”的施工顺序，就不利于保护地下管网和道路路面。

②地下管道与基础工程相配合进行施工，可避免基础完工后再打洞挖槽、安装管道，影响质量和进度。

③先在放心回填土后再作基础防潮层，可保护防潮层不致受填土夯实损伤。

④装饰工程采取自上而下的流水顺序，可以使房屋主体完成后，有一定的沉降期；先做好屋面防水层，可防止雨水渗漏。这些都有利于保护装饰装修工程质量。

⑤先做地面，后做顶棚。墙面抹灰，可以保护下层顶棚、墙面抹灰不至于受到深水污染；在已做好的地面上施工，需要对地面加以保护。若先做顶棚、墙面抹灰，后做地面时，则要求楼板灌封密实，以免楼水污染墙面。

⑥楼梯间与踏步饰面宜在整个饰面工程完成后，再自上而下地进行；门窗扇的安装通常在抹灰后进行；一般先油漆，后安装玻璃；这些施工均有利于成品保护。

⑦当采取单排外脚手架砌墙时，由于砖墙上有脚手洞眼，故一般情况下内墙抹灰需待同一层外粉刷完成、脚手架拆除、洞眼填补后才能进行，以免影响内墙抹灰的质量。

⑧先喷浆而后安装灯具，可避免安装灯具后又修理浆活，从而污染灯具。

⑨当铺贴连续多跨的卷材、防水卷材屋面时，应按先高跨、后低跨，先远（离交通进出口）、后近，先天窗玻璃油漆，后铺卷材屋面的顺序。这样可避免在铺好的卷材屋面上行走和堆放材料、工具等物，有利于保护屋面的质量。

以上示例说明，只要合理安排施工顺序，便可有效地保护成品质量，也可有效地防止后道工序损伤或污染前道工序。

（2）成品保护的措施：

①护：护就是提前保护，以防止成品可能发生的损伤和污染。如为了防止清水墙面污染，在脚手架、安全网横杆、进料口四周以及邻近水刷石墙面上，提前钉上塑料布或纸板。

②包：包就是要进行包裹，以防止成品被污染或损伤。如铝合金门窗应用塑料布包扎；炉片、管道污染后不好清理，应包纸保护；电器开关、插座、灯具等设备也应包裹等。

③盖：盖就是表面覆盖，防止堵塞、损伤。如预制水磨石、大理石楼板应用木板、加气板等覆盖，以防操作人员踩踏和物体磕碰。

④封：封就是局部封闭，如预制水磨石楼梯。如水泥抹面楼梯施工后，应将楼梯口暂时封闭，待达到上人强度并采取保护措施后再开放。

三、工程质量验收

1. 工程质量验收层次划分

建筑工程质量验收应划分为单位（子单位）工程、分部（子分部）工程、分项工程和检验批。

(1) 单位工程划分:

1) 房屋建筑物(构筑物)单位工程。

2) 室外单位工程:室外工程根据专业类别和工程规模划分为室外建筑环境和室外安装两个室外单位工程,并又分成附属建筑、室外环境、给排水与采暖和电气子单位工程。

(2) 分部工程划分:

1) 分部工程的划分应按专业的性质和建筑部位确定。

2) 当分部工程较大或较复杂时,可按材料种类、施工特点、施工顺序、专业系统及类别等划分若干子分部工程。

一个单位工程有的是由地基与基础、主体结构、屋面、装饰装修4个建筑及结构分部工程和建筑设备安装工程的建筑给水、排水及采暖、建筑电气、通风与空调、电梯和智能5个分部工程,共9个分部工程组成,不论其工作量大小,都作为一个分部工程参与单位工程的验收。但有的单位工程中不一定全有这些分部工程。

(3) 分项工程划分:分项工程应按主要工种、材料、施工工艺、设备等类别划分。如泥工的砌筑工程,钢筋工的绑扎钢筋,木门的木门窗安装工程,油漆工的混色油漆工程等。也有一些分项工程并不限于一个工种,由几个工种配合施工的,如装修工程的护栏和扶手制作与安装,由于其材料可以是金属的、木质的,不一定由一个工种完成。

(4) 检验批划分:检验批可根据施工或质量控制以及专业验收的需要,按楼层、施工段、变形缝等进行划分。一般地,分项工程不能一次验收完成的情况下将划分成若干个检验批进行验收。

2. 工程质量验收的程序及组织

(1) 检验批及分项工程应由监理工程师(建设单位技术负责人)组织施工单位项目专业质量(技术)负责人等进行验收。

(2) 分部工程应由总监理工程师(建设单位项目负责人)组织施工单位项目负责人和技术、质量负责人等进行验收;地基与基础、主体结构分部工程的勘察、设计单位工程项目负责人和施工单位技术、质量部门负责人也应该参加相关分部工程验收。

(3) 单位工程完工后,施工单位应自行组织有关人员进行检查评定,并向建设单位提交工程验收报告。

(4) 建设单位收到工程验收报告后,应由建设单位(项目)负责人组织施工(含分包单位)设计、监理等单位(项目)负责人进行单位(子单位)工程验收。

(5) 单位工程有分包单位工程时,分包单位对所承包的工程项目应按本标准规定的程序检查评定,总包单位应派人参加,分包工程完工后,应将工程有关资料交总包单位。

(6) 当参加验收各方对工程质量验收意见不一致时,可请当地建设行政主管部门或工程质量监督机构协调处理。

(7) 单位工程质量验收合格后,建设单位应在规定的时间内将工程竣工验收报告和有关文件报建设行政管理部门备案。

3. 工程质量验收要求

（1）检验批合格质量的规定：分项工程分成一个或几个检验批来验收。

检验批合格质量应符合下列规定：

1）主控项目和一般项目的质量经抽样检验合格。

2）具有完整的施工操作依据、质量检查记录。

主控项目的条文是必须达到的要求，是保证工程安全和使用功能的重要检验项目，是对安全、卫生、环境保护和公众利益起决定作用的检验项目，是确定该检验批主要性能的。如果达不到规定的质量指标，降低要求就相当于降低该工程项目的性能指标，就会严重影响工程的安全性能，因此必须全部达到要求。

一般项目是除主控项目外的检验项目，其条文也是应该达到的，只不过对少数条文可以适当放宽一些，也不影响工程的安全和使用功能。这些条文虽不像主控项目那么重要，但对工程安全、使用功能、工程整体的美观都是有较大影响的。这些项目的绝大多数质量指标都必须达到要求，其余20%虽可以超过一定的指标，但通常不能超过规定值的150%。

（2）分项工程质量验收：

1）分项工程所含的检验批均应符合合格质量的规定。

2）分项工程所含的检验批的质量验收记录应完整。

分项工程质量的验收是在检验批验收的基础上进行的，是一个统计过程，没有直接的验收内容，所以在验收分项工程时应注意两点：一是核对检验批的部位、区段是否全部覆盖分项工程的范围，没有缺漏；二是检验批验收记录的内容及签字人是否正确、齐全。

（3）分部工程质量验收：

1）分部（子分部）工程所含工程的质量均应验收合格。

2）质量控制资料应完整。

3）地基与基础、主体结构和设备安装等分部工程有关安全及功能的检验和抽样检测结果应符合有关规定。

4）观感质量验收应符合要求。

分部（子分部）工程的验收内容、程序都是一样的，在一个分部工程中只有一个分部工程时，子分部就是分部工程。当不止一个子分部工程时，可以分一个子分部为单位进行质量验收，然后将各子分部的质量控制资料进行核查，对地基与基础、主体结构和设备安装工程等分部工程，有关安全及功能的检验和抽样检查结果的资料核查、观感质量评价结构需要进行综合评价。

（4）单位工程竣工质量验收：

1）单位（子单位）工程所含分部（子分部）工程的质量均应验收合格。

2）质量控制资料应完整。

3）单位（子单位）工程所含分部工程有关安全和功能的检测资料应完整。

4）主要功能项目的抽查结果应符合相关专业质量验收规范的规定。

5）观感质量验收应符合要求。

单位工程质量验收也称为竣工验收，是建筑工程投入使用之前的最后一次验收，也是最重要的一次验收。

单位（子单位）工程质量验收，总体上讲还是一个统计性的审核和综合性的评价。是通过核查分部（子分部）工程验收质量控制资料、有关安全、功能检查资料、进行的必要的主要功能项目的复查及抽测，以及总体工程观感质量的现场实物质量验收。

（5）建设工程最低保修期限：

保修期自竣工验收合格之日起计算，在正常使用条件下，建设工程的最低保修期限为：

1）基础设施工程、房屋建筑工程的地基基础和主体结构工程，为设计文件规定的合理使用年限。

2）屋面防水工程、有防水要求的卫生间、房屋和外墙面的防渗漏，为5年。

3）供热与供冷系统，为2个采暖期、供冷期。

4）电气管线、给排水管道、设备安装和装修工程，为2年。

4. 验收不合格项目的处理

建筑工程验收时，当建筑工程质量出现不符合要求的情况，应按规定进行处理：

（1）返工重做或更换器具、设备的检验批，应重新进行验收。

（2）经有资质的检测单位检测鉴定能够达到设计要求的检验批，应予以验收。

（3）经有资质的检测单位检测鉴定达不到设计要求但经原设计单位核算认可能够满足结构安全和使用功能的检验批，可予以验收。

（4）经返修或加固处理的分项、分部工程，虽然改变外形尺寸但仍然满足安全使用要求，可按技术处理方案和协商文件进行验收。

（5）通过返修或加固处理仍不能满足安全使用要求的分部工程、单位（子单位）工程，严禁验收。

四、常见质量缺陷的防治及质量事故处理

1. 钢筋混凝土工程质量通病的防治

（1）混凝土构件断面尺寸偏差。

1）施工预防措施：

① 模板使用前要经修整和补洞，拼装严密平整。

② 模板加固体系要经过计算，保证刚度和强度；支撑体系也应经过计算设置，保证足够的整体稳定性。

③ 下料高度≤2 m。随时观察模板情况，发现变形和位移要停止下料进行修整加固。

④ 振捣时振捣棒避免接触模板。

⑤ 浇筑混凝土前，对结构构件的轴线和几何尺寸进行反复认真的检查核对。

2）处理方法。

① 无抹面的外露混凝土表面不平整，可增加一层同配比的砂浆抹面；整体歪斜、轴线位移偏差不大时在不影响正常使用的情况下不进行处理；如只需少量剔除，就可满足。装饰施工质量时一般可在装饰前进行处理。

② 整体歪斜轴、线位移偏差较大时需经有关部门检查认定并共同研究处理方案。

竖向偏差值超过允许值较大，影响结构工程质量要求时应在拆模后把偏差值较大的混凝土剔除，返工重做。

（2）轴线偏移、室内标高和几何尺寸偏差。

施工预防措施：

① 各种测量仪器应定期检验，由专人进行测量。

② 主体施工阶段控制好主体结构垂直度质量。六层及以上建筑结构工程至多每隔三层应用经纬仪或垂准仪，从底层控制点通过预留孔向上投测出楼面控制点，不得采用逐层吊线方法，以免产生垂直度累积误差。楼面控制点的最大间距≤30 m，控制点连成的矩形应闭合。

③ 每层楼面应根据楼面控制点，弹出轴线，每层楼面应测一次平水，并据此进行上层楼面施工，严格控制上层混凝土楼面的标高。

④ 模板固定要牢靠，不得松动，以控制模板在混凝土浇筑时不致产生较大水平位移。

⑤ 位置线要弹准确，认真将吊线找直，要及时调整误差，以消除误差累积，并及时检查、核对，保证施工误差不超过允许偏差。

⑥ 模板应稳定牢固，拼接严密，无松动；螺栓紧固可靠，标高、尺寸应符合要求。并应检查、核对以防止施工过程中发生位移。振捣混凝土时不得振动钢筋、模板及预埋件，以免模板变形或预埋件位移和脱落。

⑦ 装修阶段应严格按所弹出的标高和轴线控制线施工，做好灰饼、标筋和护角，发现超标时及时处理。抹灰层厚度符合设计要求，当厚度＞30 mm 时应采取加强措施。

⑧ 按检验批进行建筑物室内标高、轴线、垂直度、楼板厚度的测量，每三层为一个检验批，测量后认真填写建筑物室内标高、轴线、垂直度、楼板厚度测量记录。

⑨ 室内标高，轴线位置、垂直度及检测数量，每检验批按 10％的房间数且不少于 5 间进行抽查。

⑩ 严格按照设计墙、柱轴线位置及几何尺寸立模，墙、柱模板的立模限位，应优先采用焊接钢件的方法限位，即在伸出楼面的墙、柱纵筋外侧按弹线位置点焊钢筋头以控制墙、柱立模的几何尺寸。

（3）模板支撑失稳。

1）施工原因分析：

① 模板支撑未经计算，缺少必要的强度或刚度和稳定性。

② 模板支撑立杆基础不稳。

③ 由于追赶工期，不顾混凝土的幼龄强度，过早拆模。

④ 任意施加施工荷载。

2）施工预防措施：

① 支撑模板的选用必须经过计算，除满足强度要求外，还必须有足够的刚度和稳定性，边支撑立杆与墙间距≤300 mm，中间宜≤800 mm。根据工期要求，配备足够数量的模板，保证按规范要求拆模。

② 支承底层现浇梁、板顶柱的回填土要分层夯实，保证具有足够的密实度，并有防水浸泡的措施。模板立柱下应铺设有足够刚度的通长垫板，上下层支架的立柱应对

准，保证模板支撑牢固不变形。

③ 为减小混凝土结构自重状态下的拉应力，不允许现浇面有自然下垂的现象。原则上跨度＞4 m 的现浇面全部按短跨长度的 1/1 000～3/1 000 起拱。

④ 楼面模板应按清水混凝土工艺要求施工。模板安装时的标高、平面尺寸、轴线要准确，其允许偏差为：标高±3 mm，轴线 5 mm，尺寸±4 mm，平整度 3 mm。

⑤ 现浇楼面的模板及其支架拆除时，混凝土强度必须符合设计及施工荷载的要求，以防止板面混凝土在拆模时受振或被顶裂。

（4）混凝土构件蜂窝、麻面、露筋、孔洞等。

1）蜂窝预防措施。

① 认真设计、严格控制混凝土配合比，经常检查，做到计量准确，混凝土拌和均匀，坍落度适合；混凝土下料高度＞2 m 应设串筒或溜槽；浇灌应分层下料，分层振捣，防止漏振；模板缝应堵塞严密，浇灌中应随时检查模板支撑情况防止漏浆；基础、柱、墙根部应在下部浇完间歇 1～1.5 h，沉实后再浇上部混凝土。

② 小蜂窝处理：洗刷干净后用 1∶2 或 1∶2.5 水泥砂浆抹平压实；较大蜂窝，凿去蜂窝处薄弱松散颗粒，刷洗净后，支模用高一级细石混凝土仔细填塞捣实，较深蜂窝，如清除困难，可埋压浆管排气管，表面抹砂浆或灌筑混凝土封闭后，进行水泥压浆处理。

2）麻面预防措施。

① 模板表面清理干净，不得粘有干硬水泥砂浆等杂物，浇灌混凝土前模板应浇水充分湿润，模板缝隙应用油毡纸、腻子等堵严，模板隔离剂应选用长效的，涂刷均匀，不得漏刷；混凝土应分层均匀振捣密实，至排出气泡为止。

② 表面作粉刷的可不处理，表面无粉刷的应在麻面部位浇水充分湿润后用原混凝土配合比去石子砂浆，将麻面抹平压光。

3）孔洞预防措施。

① 在钢筋密集处及复杂部位，采用细石混凝土浇灌，在模板内充满，认真分层振捣密实；预留孔洞应两侧同时下料，侧面加开浇灌门，严防漏振；砂石中混有黏土块、模板工具等杂物掉入混凝土内，应及时清除干净。

② 将孔洞周围的松散混凝土和软弱浆膜凿除，用压力水冲洗，湿润后用高强度等级细石混凝土仔细浇灌、捣实。

4）露筋预防措施。

① 浇灌混凝土应保证钢筋位置和保护层厚度正确并加强检查，钢筋密集时应选用适当粒径的石子，保证混凝土配合比准确和良好的和易性；浇灌高度＞2 m，应用串筒或溜槽进行下料，以防止离析；模板应充分湿润并认真堵好缝隙；混凝土振捣严禁撞击钢筋，操作时避免踩踏钢筋，如有踩弯或脱扣等及时调整直正；保护层混凝土要振捣密实；正确掌握脱模时间，防止过早拆模，碰坏棱角。

②表面漏筋刷洗净后，在表面抹 1∶2 或 1∶2.5 水泥砂浆，将漏筋部位充满抹平；漏筋较深的凿去薄弱混凝土和突出颗粒，洗刷干净后用比原来高一级的细石混凝土填塞压实。

5）混凝土夹芯和柱、墙根部夹渣蜂窝防治措施。

① 钢筋绑扎完毕，用压缩空气或压力水清除模板内垃圾。

② 在封模前，派专人将模内垃圾清除干净。

③ 柱、梁柱节点、混凝土墙以及梯板的模板安装均应在其根部预留 100 mm×100 mm 的垃圾出口孔，模内垃圾清除完毕后及时将清扫口处封严。垃圾出口孔留设要求：柱、梁柱节点每根（处）留一个；楼梯板每层留一个；混凝土墙每 3 m 留一个。

6）混凝土强度偏低或强度波动较大的预防。

① 混凝土原材料应试验合格，严格控制配合比，保证计量准确，外加剂要按规定掺加。

② 混凝土应搅拌均匀，按“砂子＋水泥＋石子＋水”的顺序上料，外加剂溶液量最好均匀加入水中或从出料口处加入，不能倒在料斗内。搅拌时间应根据混凝土的坍落度和搅拌机容量合理确定。

③ 搅拌第一盘混凝土时可适当少装一些石子或适当增加水泥和水。

④ 健全检查和试验制度，按规定检查坍落度和制作混凝土试块，认真做好试验记录。

7）混凝土结构早期裂纹预防措施。

① 尽量选用低热水泥或中热水泥。

② 严格控制水灰比和混凝土坍落度，减少拌和水量和增加粗骨料用量是配制混凝土防治裂缝的重要原则。一般情况下用水量≤180 kg/m^3；骨料用量＞1 000 kg/m^3，并在混凝土配合比中采用连续合理级配。

③ 砂率＜40％。

④ 对预拌混凝土、泵送混凝土入模坍落度，高层建筑应≤180 mm，其他建筑应≤150 mm。

⑤ 合理选择混凝土配合比。

⑥ 尽量减少并控制单方混凝土的水泥用量。

⑦ 合理采用混凝土减缩剂。

⑧ 混凝土现浇板浇筑时，在混凝土初凝前应进行 2 次振捣，在混凝土终凝前进行 2 次压抹。

⑨ 混凝土浇筑后，应在 12 h 内进行覆盖和浇水养护，养护时间≥7 天；对掺用缓凝型外加剂的混凝土，养护时间≥14d。

8）钢筋保护层厚度超标预防措施。

① 垫卡及垫块：禁止使用碎石做梁、板、基础等钢筋保护层的垫块。梁、板、柱、墙、基础的钢筋保护层宜先选用塑料垫卡；当采用砂浆垫块时，强度≥M15，面积≥40 mm×40 mm，间距 1 m 左右。梁柱垫块应垫于主筋处，厚度为纵筋保护层厚度减去箍筋直径；基础垫块厚度同基础保护层。垫块上应预留绑扎固定铁丝（扎丝）。

② 每层楼面应根据楼面控制点，弹出轴线，每层楼面应测一次平水，并据此进行上层混凝土楼面施工，严格控制上层混凝土楼面的标高。

③ 严格控制现浇板厚度，在混凝土浇筑前，应做好现浇板厚度的控制标识。

④ 有防水要求的楼面与室内其他房间楼面标高有高差处，现浇楼板面层钢筋应分离式配置，以确保设计标高的准确。

⑤ 楼板厚度的检测数量，每检验批按10%楼板数且≥5块进行抽查。

⑥ 受力钢筋之间的间距应≥25 mm。梁的双排钢筋应使用ϕ25筋作为垫筋。

⑦ 板的上层钢筋应使用马凳筋或钢筋架做支架，马凳及钢筋架的直径均≥Ⅱ10。马凳筋在纵横两个方向的间距均≤800 mm，并与受支承的钢筋绑扎牢固。

⑧ 钢筋绑扎成型后，应采取架空通道通行的办法，严禁踩踏变形。

2. 砌体工程质量通病的施工预防措施

（1）砂浆强度偏低、不稳定的预防措施。

① 砂浆配合比的确定，应结合现场材质情况进行试配，试配时应采用质量比。在满足砂浆和易性的条件下，控制砂浆强度。如低强度等级砂浆受单方水泥预算用量的限制而不能达到设计要求的强度时，应适当调整水泥预算用量。

② 建立施工计量器具校验、维修、保管制度，以保证计量的准确性。

③ 无机掺合料一般为湿料，计量称重比较困难，而其计量误差对砂浆强度影响很大，故应严格控制。计量时应以标准稠度（120 mm）为准，如供应的无机掺合料的稠度<120 mm时，应调成标准稠度，或者进行折算后称重计量，计量误差应控制在±5%以内。

④ 施工中不得随意增加石灰膏、微沫剂的掺量来改善砂浆的和易性。

⑤ 砂浆应采用机械搅拌，塑化材料应打散至不成团方可投入，用砂浆搅拌机搅拌应分两次投料，先加入部分砂子、水和全部塑化材料，通过搅拌叶片和砂子搓动，将塑化材料打开（不见疙瘩为止），再投入其余的砂子和全部水泥。

⑥ 试块的制作、养护和抗压强度取值，应按《建筑砂浆基本性能试验方法》（JGJ 70—2009）的规定执行。

（2）砂浆和易性差、泌水、分层的预防措施。

① 采用强度等级较低的水泥和中砂拌制砂浆。低强度水泥砂浆不用高强水泥配制，不用细砂。低强度等级砂浆宜采用水泥混合砂浆，如确有困难，可掺微沫剂或掺水泥用量5%～10%的粉煤灰，以达到改善砂浆和易性的目的。

② 水泥混合砂浆应严格控制塑化材料的质量和掺量。现场的石灰膏，应在熟化池中妥善保管，防止暴晒、风干结硬，并经常浇水保持湿润。

③ 砂浆应采用机械拌和，拌制时应格执行施工配合比，并保证搅拌时间。拌和时间自投料结束算起水泥砂浆、混合砂浆≥120s，掺用外加剂砂浆≥180s。

④ 灰槽中的砂浆使用中应经常用铲翻拌、清底，并将灰槽内边角处的砂浆刮净，堆于一侧继续使用，或与新拌砂浆混在一起使用。

⑤ 拌制砂浆应有计划性。做到随拌随用、少量储存，使灰槽中经常有新拌的砂浆。砂浆的使用时间与砂浆品种、气温条件等有关，一般气温条件下水泥砂浆和水泥混合砂浆必须分别在拌后3 h和4 h内用完；当施工期间气温>30 ℃时，必须分别在2 h和3 h内用完。超过上述时间的多余砂浆不得再继续使用。

（3）砌体组砌方法错误的防治措施。

① 对工人加强技术培训和考核，严格按规范方法组砌。达不到技能要求者，不能上岗操作。

② 正确掌握组砌方法，注意砌筑的块型排列，不得产生通缝，以增强砌体的整体

性和强度。

③ 砌前应摆底，并根据砖的实际尺寸对灰缝进行调整；采用皮数杆拉线砌筑，以砖的小面跟线，拉线长（15～20 m）超长时应加腰线；竖缝每隔一定距离应弹墨线找齐，墨线用线锤引测，每砌一步架用立线向上延伸，立线、水平线与线锤应“三线归一”。

④ 墙体组砌形式的选用，可根据受力性能和砖的尺寸误差确定（一般清水墙面常选用一顺一丁和梅花丁组砌方法；双面清水墙，如工业厂房围护墙、围墙等，可采取三七缝组砌方法）。在同一栋号工程中应尽量使用同一砖厂的砖，以避免因砖的规格尺寸误差而经常变动组砌方法。由于一般砖长度正偏差、宽度负偏差较多，采用梅花丁组砌形式，可使所砌墙面的竖缝宽度均匀一致。

⑤ 砖墙砌体的组砌要上下错缝、内外搭接，以保证砌体的整体性，同时组砌要有规律，少砍砖以提高砌筑效率，节约材料。墙体中砖缝搭接≥1/4 砖长；内外皮砖层最多隔 200 mm 就应有一层丁砖拉结（烧结普通砖采用一顺一丁、梅花丁或三顺一丁砌法，多孔砖采用一顺一丁或梅花丁砌法），砖墙的转角接头处，应分皮相互砌通。

⑥ 缺损砖应分散使用，少用半砖，禁用碎砖。为了节约允许使用半砖头，但应分散砌于混水墙中。

⑦ 砖柱的组砌方法，应根据砖柱断面尺寸和实际使用情况统一考虑，不允许采用包心砌法。砌筑砖柱所需的异型尺寸砖，宜采用无齿锯切割，或在砖厂生产。砖柱横竖向灰缝的砂浆都必须饱满，每砌完一层砖，都要进行一次竖缝刮浆塞缝工作，以提高砌体强度。

（4）灰缝不匀、砂浆不饱满、砂浆与砖黏结不良的防治措施。

① 改善砂浆和易性，确保灰缝砂浆饱满度和提高黏结强度。

② 按施工规范操作，改进砌筑方法。不宜采取铺浆法或摆砖砌筑，应推广“三一砌砖法”，即使用大铲，一砖、一灰、一挤揉的砌筑方法。水平缝要满铺砂浆，砌体的灰缝砂浆饱满度应达到 90%。特别注意竖缝的砂浆饱满，防止产生密缝、透缝。

③ 当采用铺浆法砌筑时，必须控制铺浆的长度，一般气温情况下≤750 mm，当施工期间气温>30 ℃时≤500 mm。

④ 严禁用干砖砌墙。砌筑前 1～2d 应将砖浇湿，使砌筑时烧结普通砖和多孔砖的含水率达到10%～15%；灰砂砖和粉煤灰砖的含水率达到 8%～12%。

⑤ 冬期施工时，在正常温度条件下也应将砖面适当浇湿后再砌筑。负温下施工无法浇水润砖时，应适当增大砂浆的稠度。

（5）砌块墙体裂缝。

为减少收缩，砌块出池后应有足够的静置时间（30～50d）；清除砌块表面脱模剂及粉尘等；采用黏结力强、和易性较好的砂浆砌筑，控制铺灰长度和灰缝厚度；设置心柱、圈梁、伸缩缝，在温度、收缩比较敏感的部位局部配置水平钢筋。

（6）层高超高。

保证配置砌筑砂浆的原材料符合质量要求，并且控制铺灰厚度和长度；砌筑前应根据砌块、梁、板的尺寸和规格，计算砌筑皮数，绘制皮数杆，砌筑时控制好每皮砌块的砌筑高度，对于原楼地面的标高误差，可在砌筑灰缝或圈梁、楼板找平层的允许误差内逐皮调整。

3. 施工项目质量事故处理

（1）施工项目质量事故的特点：

1）复杂性：影响工程质量的因素繁多，造成质量事故的原因错综复杂，即使是同一类质量事故，而原因却可能多种多样，截然不同。使得对质量事故进行分析，判断其性质、原因及发展，确定处理方案与措施等都增加了复杂性及困难。

2）严重性：工程项目一旦出现质量事故影响较大。轻者影响施工顺利进行、拖延工期、增加工程费用，重则会留下隐患甚至影响建筑物的使用功能，更严重的还会引起建筑物失稳、倒塌，造成人民生命、财产的巨大损失。

3）可变性：许多工程的质量问题出现后，其质量状态并非稳定于初始状态，而是有可能随着时间而不断地发展、变化。因此，有些在初始状态并不严重的质量问题，如不能及时处理及纠正，有可能发展成更严重的质量事故。

4）多发性：建设工程中的质量事故，往往在一些工程部位中经常发生。有些事故具有“常见病”、“多发病”的特点，而成为质量通病。

（2）质量事故的处理程序：工程质量事故发生后，事故处理的基本要求是：查明原因，落实措施，妥善处理，消除隐患，界定责任。其中核心及关键的是查明原因。对所发生的质量事故，无论是分析原因、界定责任，还是做出处理决定，都需要以切实可靠的客观依据为基础。

1）质量事故的处理依据：

①质量事故的实况资料：包括质量事故发生的时间、地点；质量事故的描述；质量事故的发展变化的情况；有关质量事故的观测记录、事故现场状态的照片或录像；事故研究调查所获得的第一手资料。

②有关合同及合同文件：包括工程承包合同、设计委托合同、设备与器材购销合同、监理合同及分包合同等。

③有关技术文件和档案：主要是有关的设计文件（如施工图纸和技术文件），与施工有关的技术文件、档案和资料（如施工方案、施工计划、施工记录、施工日志、有关建筑材料的质量证明材料、现场制备材料的质量证明资料、质量事故发生后，对事故状况的观测记录、试验记录和试验报告等）。

④相关建设法规：主要包括《中华人民共和国建筑法》及与工程质量及质量事故处理有关的勘察、设计、施工、监理等单位资质管理方面的法规，从业者资格管理方面的法规，建筑市场方面的法规，有关标准化管理方面的法规。

2）质量事故的处理程序：

①事故调查：事故发生后，施工项目负责人应按规定的时间和程序，及时向企业报告事故的状况，积极对事故组织调查。事故调查应力求及时、客观、全面，一边为事故的分析处理提供正确的依据。调查结果要整理撰写成事故调查报告，其主要内容包括：工程概况；事故情况；事故发生后所采取的临时防护措施；事故调查中的有关数据、资料；事故原因分析与初步判断；事故处理的建议方案和措施；事故涉及人员与主要责任者的情况等。

②事故原因的分析：要建立在事故情况的基础上，避免情况不明就主观分析推断事故的原因，特别是对涉及勘察、设计、施工、材料、使用管理等方面的质量事故，

往往事故的原因错综复杂，因此，必须对调查所得到的数据、资料进行仔细的分析，去伪存真，找出造成事故的主要原因。

③制订事故处理的方案：事故的处理建立在原因分析的基础上，并广泛地吸取专家及有关方面的意见，经科学论证，决定是否对事故进行处理。在制订事故处理方案时，应做到安全可靠，技术可行，不留隐患，经济合理，具有可操作性，满足建筑功能和实用功能。

④事故处理：根据制订的事故处理方案，对质量事故进行仔细的处理，处理的内容主要包括：事故的技术处理，以解决施工质量不合格和缺陷问题；事故的责任处罚，根据事故的性质、损失大小、情节轻重，对事故处理的责任单位和责任人做出的相关行政处罚乃至追究刑事责任。

⑤事故处理的鉴定验收：质量事故的处理是否达到预期目的，是否依然存在隐患，应当通过检查鉴定和验收做出确认。事故处理的质量检查鉴定，应严格按照施工验收规范和相关的质量标准的规定进行，必要时还应通过实际量测、试验和仪器检测等方法获取必要的数据，以便准确地对事故处理的结果作出鉴定。事故处理后，必须尽快提交完整的事故处理报告，其内容包括事故调查的原始资料、测试数据；事故原因分析、论证；事故处理的依据；事故处理的方案和技术处理；实施质量处理中有关的数据、记录、资料；检查验收记录；事故处理的结论等。

（3）事故处理的基本方法：

对施工中出现的工程质量事故，一般有 6 种处理方法。

①修补处理：这种方法适用于通过修补可以不影响工程的外观和正常使用的质量事故，它是利用修补方法对工程质量事故进行补救，这类事故在工程中是经常发生的。

②加固处理：主要是针对危及承载力缺陷事故的处理。通过对缺陷加固处理，使建筑结构恢复或提高承载力，重新满足结构安全性、可靠性的要求，使结构能继续使用或改作其他用途。

③返工处理：对于严重未达到规范和标准的质量事故，影响工程正常使用的安全，而且又无法通过修补的方法予以纠正，必须采取返工重做的措施。

④限制使用：当工程质量缺陷按修补方法处理后仍无法保证达到规定的使用要求和安全要求，而又无法返工处理的情况下，不得已时可做出诸如结构卸载或减荷以及限制使用的决定。

⑤不作处理：有些出现的工程质量问题。虽然超过了有关规范规定，已具有质量事故的性质，但可针对具体情况，通过有关各方的分析讨论，认定可不需专门处理，这样的情况有下列几种。

a. 不影响结构的安全、生产工艺和使用要求。例如，有的建筑物在施工中发生错位。若进行彻底纠正，难度很大，还将会造成重大的经济损失，在分析论证后，只要不影响生产工艺和使用要求，可不做处理。

b. 较轻微的质量缺陷，这类质量缺陷通过后续工程可以弥补的，可不做处理。例如，混凝土墙板出现了轻微的蜂窝、麻面质量问题，该缺陷可通过后续工程抹灰、喷涂进行弥补即可，不需要对墙板进行专门的处理。

c. 对出现的某些质量事故，经复核验算后仍能满足设计要求者可不作处理。例如，结构断面尺寸比设计要求稍小，经认真验算后，仍能满足设计要求者，但必须特别注意，这种方法实际上是挖掘设计的潜力，对此需要格外慎重。

⑥报废处理：通过分析或实践，采取上述处理方法仍不能满足规定要求或标准的，必须予以报废处理。

第十章　施工项目安全控制

第一节　施工项目安全控制的基本要求

一、安全控制目标与安全控制体系

1. 施工项目安全控制目标

施工项目安全控制目标是在施工过程中，安全工作所要达到的预期效果。工程项目实施施工总承包的，由总承包单位负责制定。

（1）施工项目安全控制目标适合项目施工的规模、特点制定，具有先进性和可行性；应符合国家安全生产法律、行政法规和建筑行业安全规章、规程及对业主和社会要求的承诺。

（2）施工项目安全控制目标应实现重大伤亡事故为零的目标，以及其他安全目标指标；控制伤亡事故的指标（死亡率、重伤率、千人负伤率、经济损失额等）、控制交通安全事故的指标（杜绝重大交通事故、百车次肇事率等）、尘毒治理要求达到的指标（粉尘合格率等）、控制火灾发生的指标等。

2. 施工项目安全控制目标体系

（1）施工项目总安全目标确定后，还要按层次进行安全目标分解到岗、落实到人，形成安全目标体系。即施工项目安全总目标；项目经理部下属各单位、各部门的安全指标；施工作业班组安全目标；个人安全目标等。

（2）在安全目标体系中，总目标值是最基本的安全指标，而下一层的目标值应略高些，以保证上一层安全目标的实现。如项目安全控制总目标是实现重大伤亡事故为零，中层的安全目标就应是除此之外还要求重伤事故为零，施工队一级的安全目标还应进一步要求轻伤事故为零，班组一级要求险肇事故为零。

（3）施工项目安全控制目标体系应形成为全体员工所理解的文件，并实施保持。

二、安全管理基本制度

1. 安全生产责任制

安全生产责任制就是对各级负责人、各职能部门以及各类施工人员在管理和施工过程中，应当承担的责任做出明确的规定。具体来说，就是将安全生产责任分解到施工单位的主要负责人、项目负责人、班组长以及每个岗位的作业人员身上。安全生产责任制度是施工企业最基本的安全管理制度，是施工企业安全生产管理的核心和中心环节，依据《建设工程安全生产管理条例》和《建筑施工安全检查标准》的相关规定，安全生产责任制度的主要内容如下：

（1）安全生产责任制度主要包括施工企业主要负责人的安全责任，负责人或其他副职的安全责任，项目负责人（项目经理）的安全责任，生产、技术、材料等各职能管理负责及其工作人员的安全责任，技术负责人（工程师）的安全责任、专职安全生产管理人员的安全责任、施工员的安全责任、班组长的安全责任和岗位人员的安全责任等。

（2）项目对各级、各部门安全生产责任制应规定检查和考核办法，并按规定期限进行考核，对考核结果及检查情况应有记录。

（3）项目独立承包的工程在签订承包合同中必须有安全生产工作的具体指标和要求，工地由多单位施工时，总分包单位在签订分包合同的同时要签订安全生产合同（协议），签订合同前要检查分包单位的营业执照、企业资质证、安全资格证等。分包队伍的资质应与工程要求相符，在安全合同中应明确总分包单位各自的安全职责。原则上，实施承包的由总承包单位负责，分包单位向总包单位负责，服从总包单位的施工现场的安全管理，分包单位在其分包范围内建立施工现场安全生产管理制度，并组织实施。

（4）项目的主要工种应有相应的安全技术操作规程，并应将安全技术操作规程列为日常安全活动和安全教育的主要内容，并应悬挂在操作岗位前。

2. 安全教育制度

根据建设建教［1997］83号文件印发的《建筑企业职工安全培训教育暂行规定》的要求，建筑业企业职工必须定期接受安全教育，坚持先培训，后上岗的制度。按照规定，以下人员必须进行安全教育：企业法人代表、项目经理；专职管理和技术人员；其他管理和技术人员；特殊工种；其他职工；待、转、换岗重新上岗的人员。

教育和培训按等级、层次和工作性质分别进行，管理人员的重点是安全生产意识和安全管理水平，操作者的重点是遵章守纪、自我保护和提高防范事故的能力。

（1）新工人（包括合同工、临时工、学徒工、实习和代培人员）必须进行公司、工地和班组的三级安全教育，教育内容包括安全生产方针、政策、法规、标准及安全技术知识、设备性能、操作规程、安全制度、严禁事项及本工种的安全操作规程。

（2）电工、焊工、架工、司炉工、爆破工、机操工及起重工、打桩机和各种机动车辆司机等特殊工种工人，除进行一般安全教育外，还要经过本工程的专业安全技术教育。

（3）采用新工艺、新技术、新设备施工和调换工作岗位时，对操作人员进行新技术、新岗位的安全教育。

3. 安全检查制度

安全检查制度是为了消除事故隐患，预防事故发生，保证安全生产的重要手段和措施。其工作内容主要包括各级管理人员对安全施工规章制度的建立与落实和施工现场安全措施的落实和有关安全规定的执行情况。

4. 安全技术交底制度

安全技术交底是指导工人安全施工的技术措施，是项目安全技术方案的具体落实。安全技术交底一般由技术管理人员根据分部分项工程的具体要求、特点和危险因素编写，是操作者的指令性文件，因而要具体、明确、针对性强，不得用施工现场的安全纪律、安全检查制度代替，交底内容不能过于简单，千篇一律口号化，应按分部（分项）工程和针对作业条件的变化进行，在进行工程技术交底的同时进行安全技术交底。

三、安全控制基本程序和方法

施工项目安全控制基本程序和方法见图 10-1。

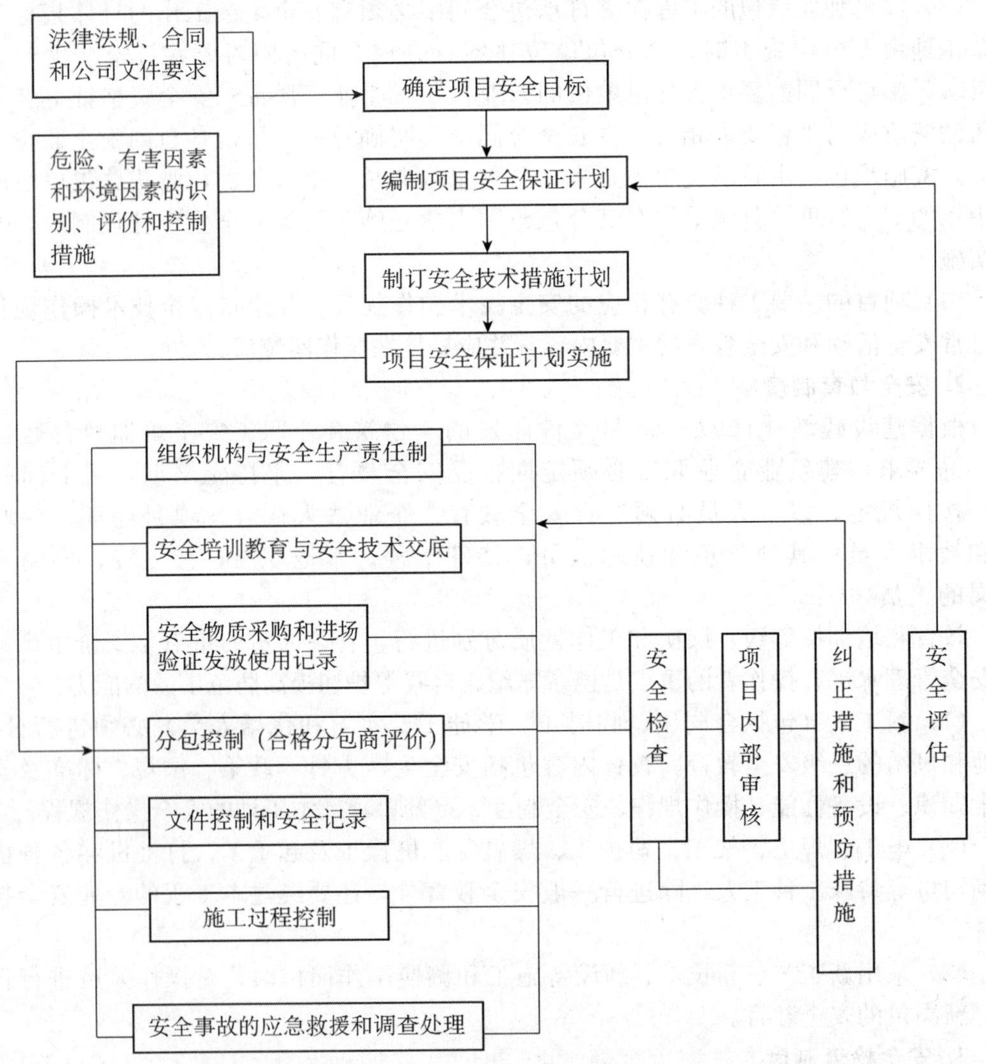

图 10-1 施工项目安全控制基本程序和方法

四、施工现场重大危险源的识别、安全事故防范的基本措施

1. 符合下列条件的应当确定为工程项目施工安全重大危险源

（1）危险性较大的专项工程：

①基坑（槽）开挖与支护、降水工程。包括开挖深度≥2.5 m的基坑、≥1.5 m的基槽（沟）；或基坑开挖深度<2.5 m、基槽开挖深度<1.5 m，但因地质水文条件或周边环境复杂，需要对基坑（槽）进行支护和降水的基坑（槽）；采用爆破方式开挖的基坑（槽）。

②深基础工程。包括人工挖孔桩；沉井、沉箱；地下暗挖工程。

③模板工程。包括各类工具式模板工程，包括滑模、爬模、大模板等；水平混凝土构件模板支撑系统及特殊结构模板工程。

④起重机械。包括物料提升设备（包括各类扒杆、卷扬机、井架等）、塔吊、施工电梯、架桥机等建筑施工起重设备的安装、检测、顶升、拆卸工程。

⑤各类吊装工程。

⑥脚手架工程。包括落地式钢管脚手架；木脚手架；附着式升降脚手架，包括整体提升与分片式提升；悬挑式脚手架；门型脚手架；挂脚手架；吊篮脚手架；卸料平台。

⑦拆除工程。

⑧施工现场临时用电工程。

⑨其他危险性较大的专项工程。包括建筑幕墙（含石材）的安装工程；预应力结构张拉工程；隧道工程，围堰工程，架桥工程；电梯、物料提升等特种设备安装；网架、索膜及跨度>5 m的结构安装；高度≥2.5 m时边坡的开挖、支护；较为复杂的线路、管道工程；采用新技术、新工艺、新材料对施工安全有影响的工程。

（2）对施工安全影响较大的环境和因素：

①安全网的悬挂；安全帽、安全带的使用；楼梯口、电梯井口、预留洞口、通道、尚未安装栏杆的阳台周边、作业平台和作业面周边、楼层周边、上下跑道及斜道的侧边、物料提升设备及施工电梯进料口等部位的防护。

②施工设备、机具的检查、维护、运行以及防护。

③2 m（含2 m）以上的高处作业面架板铺设、兜网搭设。

④在堆放与搬（吊）运等过程中，可能发生高处坠落、堆放散落等情况的工程材料、构（配）件等。

⑤施工现场易燃、易爆、有毒、有害物品的搬运、储存和使用。

⑥施工现场临时设施的搭设、使用和拆除。

⑦施工现场及毗邻周边存在的高压线、沟崖、高墙、边坡、建（构）筑物、地下管网等。

⑧施工中违章指挥、违章作业以及违反劳动纪律等行为。

⑨施工现场及周边的通道和人员密集场所。

⑩经论证确认或设计单位交底中明确的，其他专业性强、工艺复杂、危险性大、交叉作业等有可能导致生产安全事故的施工部位或作业活动；大风、高温、

寒冷汛期等其他潜在的可能导致施工现场生产安全事故发生的因素（包括外部环境等诱因）。

2. 安全事故防范的基本措施

建筑工程施工安全隐患应重点防范高处坠落、物体打击、触电、机械伤害、坍塌等“五大伤害”。其防范的基本措施主要有四个方面：

（1）控制人的不安全行为。

（2）建立健全建筑施工企业安全保障体系。

（3）加强法制管理。

（4）成立建筑安全研究机构。

第二节　施工项目安全控制

一、安全技术交底

（1）安全技术交底主要包括两方面的内容：一是在施工方案的基础上进行的，按照施工方案的要求，对施工方案进行的细化和补充；二是对操作者的安全注意事项的说明，保证操作者的人身安全。

（2）安全技术交底工作，是施工负责人向施工作业人员进行职责落实的法律要求，要严肃认真地进行，不能停留于形式。安全技术交底和工程技术交底一样，实行分级交底制度：

1）大型或特大型工程由公司总工程师组织有关部门向项目经理和分包商进行交底。

2）一般工程由项目经理部总工程师会同现场经理向项目有关施工人员和分包单位技术负责人进行交底。

3）分包单位技术负责人要对其管辖的施工人员进行详尽的交底。

4）项目专业工程师要对所管辖的分包单位的工长进行分部工程施工安全措施交底，对分包工长向操作班组进行的安全技术交底进行监督和检查。

5）专业工程师要对劳务承包方的班组进行分部分项安全技术交底并监督指导其安全操作。

安全技术交底工作在正式作业前进行，不但口头讲解，同时应有书面文字材料，并履行签字手续，施工负责人、生产班组、现场安全员三方各留一份。

二、安全检查、隐患整改及验收

1. 安全检查的主要形式及方法

安全检查的主要形式有上级检查、定期检查、专业性检查、经常性检查、季节性检查以及自行检查等，见表10-1。

表 10-1 施工项目安全检查形式

检查形式	检查内容
上级检查	上级检查是指主管各级部门对下属单位进行的安全检查。这种检查能发现本行业安全施工存在的共性和主要问题，具有针对性、调查性，也有批评性。同时通过检查总结，扩大（积累）安全施工经验，对基层推动作用较大
定期检查	建筑公司内部必须建立定期安全检查制度。公司级定期安全检查可每季度组织一次，工程处可每月或每半月组织一次检查，施工队要每周检查一次。每次检查都要由主管安全的领导带队，同工会、安全、动力设备、保卫等部门一起，按照事先计划的检查方式和内容进行检查。定期检查属于全面性和考核性的检查
专业性检查	专业安全检查应由公司有关业务分管部门单独组织，有关人员针对安全工作存在的突出问题，对某项专业（如施工机械、脚手架、电气、塔吊、锅炉、防尘防毒等）存在的普遍性安全问题进行单项检查。这类检查针对性强，能有的放矢，对帮助提高某项专业安全技术水平有很大作用
经常性检查	经常性的安全检查主要是要提高大家的安全意识，督促员工时刻牢记安全，在施工中安全操作，及时发现安全隐患，消除隐患，保证施工的正常进行。经常性安全检查有：班组进行班前、班后岗位安全检查；各级安全员及安全值班人员日常巡回安全检查；各级管理人员在检查施工同时检查安全等
季节性检查	季节性和节假日前后的安全检查。季节性安全检查是针对气候特点（如夏季、冬季、风季、雨季等）可能给施工安全和施工人员健康带来危害而组织的安全检查。节假日（如元旦、劳动节、国庆节）前后的安全检查，主要是防止施工人员在这一段时间思想放松、纪律松懈而容易发生事故。检查应由单位领导组织有关部门人员进行
自行检查	施工人员在施工过程中还要经常进行自检、互检和交接检查。自检是施工人员工作前、后对自身所处的环境和工作程序进行安全检查，以随时消除安全隐患。互检是指班组之间、员工之间开展的安全检查，以便互相帮助，共同预防事故。交接检查是指上道工序完毕，交给下道工序使用前，在工地负责人组织工长、安全员、班组及其他有关人员参加情况下，由上道工序施工人员进行安全交底并一起进行安全检查和验收，确认合格后才能交给下道工序使用

安全检查的主要方法有“听”、“看”、“量”、“测”和“现场操作”等。

（1）“听”：听基层安全管理人员或施工现场安全员汇报安全生产情况、介绍现场安全工作经验、存在的问题及今后努力的方向。

（2）“看”：主要查看管理记录、执证上岗、现场标示、交接验收资料、“三宝”使用情况、“洞口”、“临边”防护情况，设备防护装置等。

（3）“量”：主要用尺实测实量。

（4）“测”：用仪器、仪表实地进行测量。

（5）“现场操作”：由司机对各种限位装置进行实际运行验证，检验其灵敏度及可靠程度。

2. 隐患整改及验收

（1）检查中发现的安全隐患应进行登记，作为整改的备查依据并进行安全动态分析。

（2）发现隐患应立即发出隐患整改通知单，对可能发生事故隐患的作业活动，检查人员应责令被查单位立即停工整改。

（3）对于违章指挥、违章作业行为，检查人员可以当场指出，立即纠正。

（4）受检单位领导对查出的安全隐患应立即研究制订整改方案。定人、定期限、定措施完成整改工作。

（5）整改完成后要及时通知有关部门派员进行复查验证，合格后可销案。

三、事故应急救援预案、安全事故及处理

1. 事故应急救援预案

（1）基本概念。

事故应急救援，是指在发生事故时，采取的消除、减少事故危害和防止事故恶化，最大限度地降低事故损失的措施。

事故应急救援预案，又称应急预案、应急计划（方案），是根据预测危险源、危险目标可能发生事故的类别、危害程度，为使发生事故时救援行动及时、有效、有序，而事先制定的指导性文件，是事故救援体系的重要组成部分。

《建设工程安全生产管理条例》对建设施工单位提出“施工单位应当制定本单位生产安全事故应急救援预案，建立应急救援组织或者配备应急救援人员，配备必要的应急救援器材、设备，并定期组织演练”；“施工单位应当根据建设工程施工的特点、范围，对施工现场易发生重大事故的部位、环节进行监控，制定施工现场生产安全事故应急救援预案。实行施工总承包的，由总承包单位和分包单位按照应急救援预案，各自建立应急救援组织或者配备应急救援人员，配备救援器材、设备，并定期组织演练”等要求。

《安全生产法》《安全生产违法行为处罚办法》规定对不建立或者应急预案得不到实施进行的处罚，规定生产经营单位的主要负责人为组织制定并实施本单位生产安全事故应急救援预案的，责令限期改正，逾期未改正的，责令生产经营单位停产停业整顿；未按照规定如实向从业人员告知作业场所和工作岗位存在的危险因素、防范措施以及事故应急措施的，责令限期改正；逾期未改正的，责令停产停业整顿，可以并处2万元以下的罚款；危险物品的生产、经营、储存单位以及矿山企业、建筑施工单位“为建立应急救援组织的；为配备必要的应急救援器材、设备，并进行经常性维护、保养，保证正常运转的”责令改正，可以并处一万元以下的罚款。

（2）事故应急救援预案的分级。

《安全生产法》规定县级以上地方各级人民政府应当组织有关部门制定本行政区域内特大生产安全事故应急救援预案，建立应急救援体系。国务院颁布的其他条例也对建立事故应急体系作出了规定。我国事故应急救援体系将事故应急救援预案分成5个级别。上级预案的编写应建立在下级预案的基础上，整个预案的结构是金字塔结构。

Ⅰ级（企业级），事故的有害影响局限于某个生产经营单位的厂界内，并且可被现场的操作者遏制和控制在该区域内。这类事故可能需要投入整个单位的力量来控制，但其影响预期不会扩大到社区（公共区）。

Ⅱ级（县、市级），所涉及的事故其影响可扩大到公共区，但可被该县（市、区）的力量，加上所涉及的生产经营单位的力量所控制。

Ⅲ级（市、地级），事故影响范围大，后果严重，或是发生在两个县区或县级市管

辖区边界上的事故，应急救援需动用地区力量。

Ⅳ级（省级），对可能发生的特大火灾、爆炸、毒物泄漏事故，特大矿石事故以及属省级特大事故隐患、重大危险源的设施或场所，应建立省级事故应急预案。它可能是一种规模较大的灾难事故，或是一种需要用事故发生地的城市或地区所没有的特殊技术和设备进行处理的特殊事故。这类意外事故需用全省范围内的力量来控制。

Ⅴ级（国家级），对事故后果超过省、直辖市、自治区边界以及列为国家级事故隐患、重大危险源的设施或场所，应制定国家级应急预案。

2. 安全事故及处理

（1）安全事故等级。

《生产安全事故报告和调查处理条例》（国务院第 493 号令）中明确规定：事故分为四个等级，在死亡人数、重伤人数、直接经济损失方面具备相应条件之一者为该级别重大事故。

1）特别重大事故，是造成 30 人以上死亡，或者 100 人以上重伤（包括急性工业中毒，下同），或者 1 亿元以上直接经济损失的事故。

2）重大事故，是造成 10 人以上 30 人以下死亡，或者 50 人以上 100 人以下重伤，或者 5 000 万元以上 1 亿元以下直接经济损失的事故。

3）较大事故，是指造成 3 人以上 10 人以下死亡，或者 10 人以上 50 人以下重伤，或者 1 000 万元以上 5 000 万元以下直接经济损失的事故。

4）一般事故，是指造成 3 人以下死亡，或者 10 人以下重伤，或者 1 000 万元以下直接经济损失的事故。

以上所称的“以上”包括本数，所称的“以下”不包括本数。

（2）安全事故处理。

安全事故的处理一般包括以下几个程序：事故报告→事故调查→事故处理

1）事故报告：事故发生后，事故现场有关人员应当立即向本单位负责人报告；单位负责人接到报告后，应当于 1 小时内向事故发生地县级以上人民政府安全生产监督管理部门和负有安全生产监督管理职责的有关部门报告。自事故发生之日起 30 日内，事故造成的伤亡人数发生变化的，应当及时补报。

2）事故调查：生产安全事故发生后，按以下权限成立事故调查组。

①特别重大事故由国务院或者国务院授权有关部门组织事故调查组进行调查。

②重大事故、较大事故、一般事故分别由事故发生地省级人民政府、设区的市级人民政府、县级人民政府负责调查。省级人民政府、设区的市级人民政府、县级人民政府可以直接组织事故调查组进行调查，也可以授权或者委托有关部门组织事故调查组进行调查。

未造成人员伤亡的一般事故，县级人民政府也可以委托事故发生单位组织事故调查组进行调查。

特别重大事故以下等级事故，事故发生地与事故发生单位不在同一个县级以上行政区域的，由事故发生地人民政府负责调查，事故发生单位所在地人民政府应当派人参加。

事故调查组的组成应当遵循精简、效能的原则。

事故调查组应当自事故发生之日起 60 日内提交事故调查报告；特殊情况下，经负责事故调查的人民政府批准，提交事故调查报告的期限可以适当延长，但延长的期限最长不超过 60 日。

事故调查报告应当包括下列内容：

①事故发生单位概况。

②事故发生经过和事故救援情况。

③事故造成的人员伤亡和直接经济损失。

④事故发生的原因和事故性质。

⑤事故责任的认定以及对事故责任者的处理建议。

⑥事故防范和整改措施。

3）事故处理：安全事故处理必须坚持事故原因不清楚不放过、事故责任者和员工没有受到教育不放过、事故责任者没有处理不放过、没有制定防范措施不放过的“四不放过”原则。

重大事故、较大事故、一般事故，负责事故调查的人民政府应当自收到事故调查报告之日起 15 日内做出批复；特别重大事故，30 日内做出批复，特殊情况下，批复时间可以适当延长，但延长的时间最长不超过 30 日。

事故发生单位应当认真吸取事故教训，落实防范和整改措施，防止事故再次发生。防范和整改措施的落实情况应当接受工会和职工的监督。

四、安全控制要点

1. 基坑工程

（1）基坑开挖要连续施工，尽量减少无支护暴露时间，开挖必须遵循“开槽支撑，先撑后挖，分层开挖，严禁超挖”的原则。

（2）坑边不应堆放土方和建筑材料，避免不了时，一般应距基坑上部边缘不小于 1 m，弃土堆高不超过 1.5 m，并且不超过设计荷载值。

（3）挖掘机正铲作业时，最大开挖高度和深度不超过机械本身性能的规定；反铲作业时，履带距工作面边缘距离应大于 1.5 m。

（4）人工挖基坑时，操作人员之间要保持安全距离，一般大于 2.5 m；多台机械开挖，挖土机间距应大于 10 m；挖土要自上而下，逐层进行，严禁先挖坡脚的危险作业。

（5）挖土方前对周围环境要认真检查，不能在危险岩石或建筑物下面作业。

（6）深基坑四周设防护栏杆，人员上下要有专用爬梯，爬梯侧边设置护栏。

（7）基坑四周及栈桥临空面必须设置防护栏杆，栏杆高度不应低于 1.2 m，并且不得擅自拆除、破坏防护栏杆。

2. 高处作业

国家标准《高处作业分级》（GB/T 3608—2008）规定：“凡在坠落高度基准面 2 m 以上（含 2 m）有可能坠落的高处进行的作业，都称为高处作业。”

从事高处作业的人员要佩戴安全帽、安全带等安全防护用具。安全带必须系挂在施工作业处上方的牢固构件上，防止挂钩滑脱，不得系挂在有尖锐棱角位，系挂点下方应有足够的净空，各种部件不得任意拆除，有损坏的不得使用。安全带应高挂低用，不得采用低于腰部水平的系挂方法。

作业点下方要设安全警戒区，有明显警戒标志，并设专人监护，提醒作业人员和其他有关人员注意安全。

3. 脚手架工程

（1）架子工作业时必须戴安全帽，系安全带，穿软底鞋。脚手架上材料应堆放平稳，工具应放入工具袋内，上下传递物件时不得抛掷。

（2）不得使用已经腐朽和严重开裂的竹、木脚手板，或虫蛀、枯脆、劈裂的材料。

（3）在雨、雪、冰冻的天气施工，架子上要有防滑措施，并应在施工前将积雪、冰渣清除干净。

（4）复工工程应对脚手架进行仔细检查，若发现立杆沉陷、悬空、节点松动、架子歪斜等情况，应及时处理。

（5）脚手架的地基应整平夯实或加设垫木、垫板，保证其具有足够的承载力，防止发生整体或局部沉陷。

（6）脚手架斜道外侧和上料平台应该设置高 1 m 的安全栏杆和高 18 cm 的挡脚板或挂防护立网，并随施工高度的升高而升高。

（7）脚手板的铺设要满铺、铺平和铺稳，不得有悬挑板。

（8）在脚手架的搭设过程中，要及时设置连墙杆、剪刀撑以及必要的拉绳与吊索，防止搭设过程中脚手架发生变形、倾倒。

（9）当脚手架不能采用全封闭立网时，有可能出现人员从高处闪出和坠落的情况，应该设置能用于承接坠落人和物的安全平网，使高处坠落人员能安全软着陆。对于高层房屋，为了确保安全应设置多道防线。

安全平网一般有三种形式：首层网、随层网和层间网。

4. 模板工程

（1）模板及其支架在安装过程中，必须设置有效防倾覆的临时固定设施。

（2）多层或高层房屋和构筑物，上层支架立柱应对准下层支架立柱，并在立柱底铺设垫板。

（3）安装高度 2 m 以上的竖向模板，不得站在下层模板上拼装上层模板。安装过程中要设置临时固定设施。

（4）当支架立柱成一定角度倾斜或其立架立柱的顶表面倾斜时，应采取相应可靠措施确保支点稳定，支撑底脚必须有防滑移的可靠措施。

（5）对梁和板安装二次点撑前，其上不得有施工荷载，支撑的位置必须正确。安装后所传给支撑或连接件的荷载不应超过其允许值。

（6）当模板安装高度超过 3.0 m 时，必须搭设脚手架，脚手架下不得站操作人员以外的其他人员。

（7）吊运大块或整体模板时，竖向吊运不应少于 2 个吊点；水平吊运不应少于 4 个吊点。吊运必须使用卡环连接，并应稳起稳落，待模板就位连接牢固后摘除卡环。

（8）遇 5 级及以上大风时，要停止一切吊运作业。

（9）严禁起重机在架空输电线路下面工作。

（10）木料应堆放在下风向，离火源不得小于 30 m，且料场四周要设置灭火器材。

5. 施工用电

(1) 临时用电设备在 5 台以上或设备总容量在 50 kW 及 50 kW 以上者，应编制临时用电施工组织设计。

(2) 施工现场周围外电线路与在建工程水平距离小于 10 m 的，必须采取防护措施，如增设屏障、遮栏、围栏或保护网等，并悬挂醒目的警告标志牌。

(3) 在建工程不得在外电架空线路正下方施工、搭设作业棚、建造生活设施或堆放构件、架具、材料及其他杂物等。

(4) 照明要求，一般场所采用 220 V 的照明电器，为提高安全性，楼内施工面的局部照明一律采用 36 V 低压灯，在特别潮湿导电良好的地面、锅炉、金属容器内作业，照明电压一律采用 12 V，现场大面积照明采用固定安装在塔吊、外脚手架上的大型投光灯，既能提高光效，又利于安全。

(5) 电缆采用直埋或沿墙架空敷设。电缆直埋时敷设深度不小于 0.6 m，并在电缆上下均匀铺设不少于 60 mm 厚的细砂，然后覆盖砖等硬质保护层；架空敷设时，采用绝缘子固定，严禁使用金属裸线作绑线。固定点加装绝缘子，间距应保证电缆能承受自重所带来的荷重；电缆穿越建筑物、构筑物、道路、易受机械损伤的场所及引出地面从 2 m 高度至地下 0.2 m 处，加设保护套管。保护套管的内径大于电缆外径的 1.5 倍。

6. 现场消防

(1) 室外消火栓沿在建工程、办公与生活用房和可燃、易燃物存放区布置，距在建工程用地红线或临时建筑外边线不应小于 5.0 m。

(2) 消火栓的间距不应大于 120 m。

(3) 消火栓的最大保护距离不应大于 150 m。

(4) 建筑高度大于 24 m 或在建工程（单体）体积超过 30 000 m^3 的在建工程施工现场，应设置临时室内消防给水系统。

(5) 施工现场临时建筑面积大于 300 m^2 或在建工程体积大于 20 000 m^3 时，应设置临时室外消防给水系统。当施工现场全部处于市政消火栓的 150 m 保护范围内，且市政消火栓的数量满足室外消防用水量要求时，可不设置临时室外消防给水系统。

7. 现场起重运输设备

(1) 起重机每班作业前应先作无负荷的升降、旋转、变幅，前后左右的运行以及制动器、限位装置的安全性能试验，如设备有故障，应排除后才能正式作业。

(2) 起重机司机与信号员应按各种规定的手势或信号进行联络。作业中，司机应与信号员密切配合，服从信号员的指挥。但在起重作业发生危险时，无论是谁发出的紧急停车信号，司机应立即停车。

(3) 司机在得到信号员发出的起吊信号后，必须先鸣信号后起重。起吊时重物应先离地面试吊，当确认重物挂牢、制动性能良好和起重机稳定后在继续起吊。

(4) 起吊重物时，吊钩钢丝绳应保持垂直，禁止吊钩钢丝绳在倾斜状态下去拖动被吊的重物。在吊钩已挂上但被吊重物尚未提起时，禁止起重机移动位置或作旋转运动。禁止吊拔埋在地下或凝结在地下或重量不明的物品。

(5) 起重机严禁超过本机额定起重量工作。如果用两台起重机同时起吊一件重物时，必须有专人统一指挥，两机的升降速度应保持相等，其重物的重量不得超过两机额定起重量总和的75%；绑扎吊索时要注意重量的分配、每机分担的重量不能超过额定起重量的80%。

(6) 起重机吊运重物时，不能从人头上越过，也不要吊着重物在空中长时间停留，在特殊情况下，如需要暂时停留，应发出信号，通知一切人员不要在重物下面站立或通过。

(7) 起重机在工作时，所有人员尽量避免站在起重臂回转索及区域内。

(8) 当起重机运行时，禁止人员上下，从事检修工作或用手触摸钢丝绳和滑轮等部位。

(9) 起重机在吊重作业中禁止起落起重臂，在特殊情况下，应严格按说明书的有关规定执行。严禁在起重臂起落稳妥前变换操纵杆。

(10) 起重机在吊装高处的重物时，吊钩与滑轮之间应保持一定的距离，防止卷扬过限将钢丝绳拉断或起重臂后翻。在起重臂达到最大仰角和吊钩在最低位置时，卷筒上的钢丝绳应至少保留3圈以上。

第十一章　施工项目进度及成本控制

第一节　施工项目进度控制

施工项目进度控制是项目施工中的控制目标之一，是保证施工项目按期完成，合理安排资源供应、节约工程成本的重要措施。施工进度控制就是在既定的工期内，通过调查收集资料，确定施工方案，编制出符合工程项目要求的最佳施工进度计划。并且在执行该计划的施工中，经常检查施工实际进度情况，并将其与计划进度相比较，若出现偏差，便分析产生的原因和对工期的影响程度，采取处理措施，通过不断地调整直至工程竣工验收，其最终目标是通过控制来保证施工项目的既定目标工期的实现。

1. 施工进度计划的检查

在施工项目的实施过程中，为了进行进度控制，进度控制人员应经常、定期地跟踪检查施工实际进度情况，并将收集的施工项目实际进度材料进行统计整理后与计划进度进行对比分析，确定实际进度与计划进度之间的关系，作为计划是否需要调整和怎样调整的依据。

施工进度计划的检查应按统计周期的规定定期进行，并应根据需要进行不定期的检查。施工进度计划检查的内容包括：

① 检查工程量的完成情况。

② 检查工作时间的执行情况。

③ 检查资源使用及与进度保证的情况。

④ 前一次进度计划检查提出问题的整改情况。

施工进度计划检查后应按下列内容编制进度报告：

① 进度计划实施情况的综合描述。

② 实际工程进度与计划进度的比较。

③ 进度计划在实施过程中存在的问题，及其原因分析。

④ 进度执行情况对工程质量、安全和施工成本的影响情况。

⑤ 将采取的措施。

⑥ 进度的预测。

2. 施工进度计划的分析

施工项目实际进度与计划进度的比较方法常用的有：横道图比较法、S形曲线比较法和香蕉形曲线比较法、前锋线比较法和列表比较法等，通过比较得出实际进度与计划进度一致、超前、拖后三种情况，作为处理的依据。

在进行进度分析时，如果工作的进度偏差未超过该工作的自由时差，则此进度偏差不会影响后续工作；如果工作的进度偏差大于该工作的自由时差，则此进度偏差将对其后续工作产生影响；如果工作的进度偏差大于该工作的总时差，则此进度偏差将会拖延工期。

3. 施工进度计划的调整

通过对进度计划的检查与分析，如果原有进度计划已不能适应实际施工情况时，为了保证进度控制目标的实现或需要确定新的进度目标，必须对原有进度计划进行调整，以形成新的进度计划作为施工进度控制的依据。施工进度计划的调整方法主要有：一是通过压缩关键线路上的关键施工过程的工作持续时间来达到缩短工期的目的；二是通过组织平行或搭接作业来缩短工期。在实际过程中应根据具体情况来选用。

施工进度计划的调整应包括下列内容：

① 工程量的调整。

② 工作（工序）起止时间的调整。

③ 工作关系的调整。

④ 资源提供条件的调整。

⑤ 必要目标的调整。

第二节　施工项目成本控制

一、工程计量

计量是指监理工程师根据合同规定，对承包商已完成的工程量及进场材料等所进行的核查和测量，并对工程记录的图纸等做检查；支付是指业主根据监理工程师签字认可的付款证书向承包商付给应付的款项。合同条款中有关计量与支付的条款，是业主赋予监理工程师的主要权利，也是业主对承包商应交付质量合格工程的制约。

施工承包合同大多采用单价合同，其支付款额的基本模式就是工程量乘以单价。每个项目的单价在工程量清单中已经确定，但工程数量的确定涉及计量单位、计量对象计量方法、计量组织与程序等问题。

1. 计量对象

计量对象指应予支付的工程项目的工程量，根据该量乘以单价来确定支付金额。予以支付的工程量，必须满足下述三个条件。

① 内容上必须是工程量清单中所列的项目，对于工程量清单以外的（如承包人自

已规划设计的施工便桥、脚手架等）将不予计量。另外就是已由监理人发出变更指令的工程变更项目和获得监理人专门予以批准的项目的工程量。

② 质量上必须是已完成且经检验、质量达到合同规定的技术标准的工程量。

③ 数量上必须是按合同规定的计量原则和方法所确定的工程量，称为支付工程量。在 FIDIC 条款中，称为工程量的净值。

④ 计量项目的申报资料和验收手续应齐全。

支付工程量并不是工程量清单中所标明的估算工程量。估算工程量是招标时根据图纸估算的，它只是提供给投标人做标价所用，不能表示完成工程的实际的、确切的工程量。

支付工程量也不是承包商实际所完成的工程量（实际工程量）。一般情况下，这两者应该是相等的，即应按承包商实际完成的工程量予以支持。然而，在某种情况下，由于计量方法或承包商工作的失误，两者有可能不相等。

2. 计量的组织

工程计量一般由监理人负责，也可以由承包商在监理人的监督和管理下进行。采用哪种方式，应事先在合同中加以明确规定。

① 承包人应按合同规定的计量方法，按月对已完成的质量合格的工程进行准确计量，并在每月末随同月付款申请单，按工程量清单的项目分项向监理人提交完成工程量月报表和有关计量资料。

② 监理人对承包人提交的工程量月报表进行复核，已确定当月完成的工作量有疑问时，可以要求承包人派员与监理人共同复核，并可以要求承包人按合同有关规定进行抽样复测。此时，承包人应积极配合和指派代表协助监理单位进行复核并按监理人的要求提供补充的计量资料。

③ 若承包人未按监理人的要求派代表参加复核，则监理人复核修正的工程量应被视为该部分工程的准确工程量。

④ 监理人认为有必要时，可要求与承包人联合进行测量计量，承包人应遵照执行。

⑤ 承包人完成了《工程量清单》中每个项目的全部工程量后，监理人应要求承包人派员共同对每个项目的历次计量报表进行汇总和通过核实该项目的最终结算工程量并可要求承包人提供补充计量资料，以确定该项目最后一次进度付款的准确工程量。如承包人未按监理人的要求派员参加，则监理人最终核实的工程量应被视为该项目完成的准确工程量。

3. 计量方法

除包干项目之外，所有工程项目的计量都要执行一定的测量和计算方法，这直接关系到计量的准确性。各个项目的计量方法，在合同的技术条款的计量与支付中一般均作出规定，实际计算方法必须与合同文件中所规定的计算方法一致。一般情况下，有以下几种方法。

① 现场测量。现场测量就是根据实际完成的工程情况，按规定的方法进行丈量、测算，最终确定支付工程量。

② 按设计图纸测算。按设计图纸测算是指根据施工图对完成的工程进行计算，以确定支付的工程量。

③ 仪表测量。仪表测量是指通过使用仪表对所完成的工程进行计量。

④ 按单据计算。按单据计算是指根据工程实际发生的发票、收据等，对所完成工程进行的计量。

⑤ 按监理人批准计量。按监理人批准计量是指在施工过程中，监理人批准确认的工程量直接作为支付工程量，承包商据此支付申请工作。

二、工程签证

工程签证是指按承发包合同约定，一般由承发包双方代表就施工过程中涉及合同价款之外的责任事件所作的签认证明（目前一般以技术核定单和业务联系单的形式居多）。工程签证以书面形式记录了施工现场发生的特殊费用，直接关系到业主与施工单位的切身利益，是工程结算的重要依据。特别是对一些投标报价包死的工程，结算时更是要对设计变更和现场签证进行调整。现场签证是记录现场发生情况的第一手资料。通过对现场签证的分析、审核，可为索赔事件的处理提供依据，并据以正确地计算索赔费用。

1. 工程签证的分类

工程签证主要分为现场经济签证和工期签证。

（1）现场经济签证包括：

1）零星用工。施工现场发生的与主体工程施工无关的用工，如定额费用以外的搬运拆除用工等。

2）零星工程。

3）临时设施增补项目。

4）隐蔽工程签证。

5）窝工、非施工单位原因停工造成的人员、机械经济损失。如停水、停电，业主材料不足或不及时，设计图纸修改等。

6）议价材料价格认价单。结算资料汇编规定允许计取议价材差的材料，需要在施工前确定材料价格。

7）其他需要签证的费用。

（2）工期签证包括：停水、停电签证；非施工单位原因停工造成的工期拖延。

办理工程签证的注意事项：及时办理现场签证。凡涉及经济费用支出的停工、窝工、用工签证、机械台班签证等，一定要在第一时间找现场代表核实后签证，如果现场代表拒签，可退一步请他签认事实情况，及工期顺延。并且要马上向你的领导汇报办理情况。不适合以签证形式出现的，如议价项目、材料价格等，应在合同中约定而合同中没约定的，应由有关管理人员以补充协议的形式约定。

2. 工程签证管理

工程项目在实施过程中，承包合同价等于中标价加签证变更费用及合同规定允许调整的有关费用。施工过程中影响单位工程造价的有设计变更、现场签证、技术措施、材料代用四个部分。

现场签证是在施工现场由业主代表，监理工程师、施工单位负责人共同签署的用以证实施工活动中某些特殊情况的一种书面手续。签证对象复杂，参与人员多，经常存在一些应当签证的未签证、不规范的签证和违反规定的签证等现象，所以现场签证的管理相对比较困难。而施工单位对工程造价的控制是在施工阶段中实现，这就要求施工单位认真做好每一份签证，加强工程价款结算，适应施工企业造价管理工作的需要。

第十二章　施工现场管理及有关施工资料

第一节　施工现场管理

狭义的现场管理是指对施工现场内各作业活动的协调、临时设施的维修、施工现场与第三者的协调及现场的清理整顿等所进行的管理工作。广义的现场管理指项目施工管理。

一、施工现场管理的基本要求

1. 合理布置施工现场

根据不同时间和不同需要，结合实际情况，合理调整场地；做好土石方的平衡工作，规定各单位取弃土石方的地点，数量和运输路线；审批各单位在规定期限内，对清除障碍物，挖掘道路，断绝交通、断绝水电动力线路等申请报告；对运输大宗材料的车辆，作出妥善安排，避免拥挤堵塞交通。

2. 建筑材料的计划安排、变更和储存管理

确定供料和用料目标；确定供料、用料方式及措施；组织材料及制品的采购、加工和储备，做好施工现场的进料安排；组织材料进场、保管及合理使用；完工后及时退料及办理结算等。

3. 合同管理

现场合同管理人员应及时填写并保存有关方面签证的文件。包括：业主负责供应的设备、材料进场时间及材料规格、数量和质量情况的备忘录；材料代用议定书；材料及混凝土试块试验单；完成工程记录和合同议事记录；经业主和设计单位签证的设计变更通知单；隐蔽工程检查验收记录；质量事故鉴定书及其采取的处理措施；合理化建议及节约分成协议书；中间交工工程验收文件；合同外工程及费用记录；与业主的来往信件、工程照片、各种进度报告；监理工程师签署的各种文件等。

承包商与分包商之间的合同管理工作主要是监督和协调现场分包商的施工活动，处理分包合同执行过程中所出现的问题。

4. 质量检查和管理

第一，按照工程设计要求和国家有关技术规定，如施工及验收规范、技术操作规程等，对整个施工过程的各道工序环节进行有组织的工程质量检验工作，不合格的建筑材料不能进入施工现场，不合格的分部分项工程不能转入下道工序施工。第二，采用全面质量管理的方法，进行施工质量分析，找出产生各种施工质量缺陷的原因，随时采取预防措施，减少或尽量避免工程质量事故的发生，把质量管理工作贯穿到工程施工全过程，形成一个完整的质量保证体系。

5. 安全管理与文明施工

安全生产是现场施工的重要控制目标之一，也是衡量施工规场管理水平的重要标志。

文明施工是指在施工现场管理中，按照现代化施工的客观要求，使施工现场保持良好的施工环境和施工秩序。

二、施工现场文明施工及环境保护的基本要求

1. 文明施工的概念

文明施工是保持施工现场良好的作业环境、卫生环境和工作秩序。主要包括以下几个方面的工作：

(1) 规范施工现场的场容，保持作业环境的整洁卫生。

(2) 科学组织施工，使生产有序进行。

(3) 减少施工对周围居民和环境的影响。

(4) 遵守施工现场文明施工的规定和要求，保证职工的安全和身体健康。

2. 现场文明施工的基本要求

(1) 施工现场必须设置明显的标牌，标明工程项目名称、建设单位、设计单位、施工单位、项目经理和施工现场总代表人的姓名、开工和竣工日期、施工许可证批准文号等，且施工单位负责现场标牌的保护工作。

(2) 施工现场的管理人员在施工现场应当佩戴证明其身份的证卡。

(3) 应当按照施工总平面布置图设置各项临时设施。现场堆放的大宗材料、成品、半成品和机具设备不得侵占场内道路及安全防护等设施。

(4) 施工现场的用电线路、用电设施的安装和使用必须符合安装规范和安全操作规程，并按照施工组织设计进行架设，严禁任意拉线接电；施工现场必须设有保证施工安全要求的夜间照明；危险潮湿场所的照明以及手持照明灯具，必须采用符合安全要求的电压。

(5) 施工机械应当按照施工总平面布置图规定的位置和线路设置，不得任意侵占场内道路；施工机械进场的须经过安全检查，经检查合格的方能使用；施工机械操作人员必须按有关规定持证上岗，禁止无证人员操作。

(6) 应保证施工现场道路畅通，排水系统处于良好的使用状态；保持场容场貌的整洁，随时清理建筑垃圾。在车辆、行人通行的地方施工，应当设置施工标志，并对沟井坎穴进行覆盖。

(7) 施工现场的各种安全设施和劳动保护器具必须定期检查和维护，及时消除隐患，保证其安全有效。

(8) 施工现场应当设置各类必要的职工生活设施，并符合卫生、通风、照明等要

求；职工的膳食、饮水供应等应当符合卫生要求。

(9) 应当做好施工现场安全保卫工作，采取必要的防盗措施，在现场周边设立围护设施。

(10) 应当严格依照《中华人民共和国消防条例》的规定，在施工现场建立和执行防火管理制度，设置符合消防要求的消防设施，并保持完好的备用状态。在容易发生火灾的地区施工，或者储存、使用易燃易爆器材时，应当采取特殊的消防安全措施。

(11) 施工现场发生的工程建设重大事故的处理，依照《工程建设重大事故报告和调查程序规定》执行。

第二节 相关施工资料

一、施工日志

施工日志是在建筑工程整个施工阶段的施工组织管理、施工技术等有关施工活动和现场情况变化的真实的综合性记录，也是处理施工问题的备忘录和总结施工管理经验的基本素材，是工程交竣工验收资料的重要组成部分。施工日志可按单位、分部工程或施工工区（班组）建立，由专人负责收集、填写记录、保管。

1. 填写施工日志的要求

(1) 记录时间：从开工到竣工验收时止。

(2) 逐日记载不许中断。

(3) 按时、真实、详细记录，中途发生人员变动，应当办理交接手续，保持施工日志的连续性、完整性。

(4) 施工日志应有可追溯性。

2. 施工日志应记录的内容

施工日志的内容可分为五类：基本内容、工作内容、检验内容、检查内容、其他内容。

(1) 基本内容。

① 日期、星期、气象、平均温度。平均温度可记为××～×× ℃，气象按上午和下午分别记录。

② 施工部位。施工部位应将分部、分项工程名称和轴线、楼层等写清楚。

③ 出勤人数、操作负责人。出勤人数一定要分工种记录，并记录工人的总人数，以及工人和机械的工程量。

(2) 工作内容。

① 当日施工内容及实际完成情况。

② 施工现场有关会议的主要内容。

③ 有关领导、主管部门或各种检查组对工程施工技术、质量、安全方面的检查意见和决定。

④ 建设单位、监理单位对工程施工提出的技术、质量要求、意见及采纳实施情况。

（3）检验内容。

① 隐蔽工程验收情况。应写明隐蔽的内容、楼层、轴线、分项工程、验收人员、验收结论等。

② 试块制作情况。应写明试块名称、楼层、轴线、试块组数。

③ 材料进场、送检情况。应写明批号、数量、生产厂家以及进场材料的验收情况，以后补上送检后的检验结果。

（4）检查内容。

① 质量检查情况：当日混凝土浇注及成型、钢筋安装及焊接、砖砌体、模板安拆、抹灰、屋面工程、楼地面工程、装饰工程等的质量检查和处理记录；混凝土养护记录，砂浆、混凝土外加剂掺用量；质量事故原因及处理方法，质量事故处理后的效果验证。

② 安全检查情况及安全隐患处理（纠正）情况。

③ 其他检查情况，如文明施工及场容场貌管理情况等。

（5）其他内容。

① 设计变更、技术核定通知及执行情况。

② 施工任务交底、技术交底、安全技术交底情况。

③ 停电、停水、停工情况。

④ 施工机械故障及处理情况。

⑤ 冬雨季施工准备及措施执行情况。

⑥ 施工中涉及的特殊措施和施工方法、新技术、新材料的推广使用情况。

3. 在填写过程中应注意的一些细节

（1）书写时一定要字迹工整、清晰，最好用仿宋体或正楷字书写。

（2）当日的主要施工内容一定要与施工部位相对应。

（3）养护记录要详细，应包括养护部位、养护方法、养护次数、养护人员、养护结果等。

（4）焊接记录也要详细记录，应包括焊接部位、焊接方式（电弧焊、电渣压力焊、搭接双面焊、搭接单面焊等）、焊接电流、焊条（剂）牌号及规格、焊接人员、焊接数量、检查结果、检查人员等。

（5）其他检查记录一定要具体详细，不能泛泛而谈。检查记录记得很详细还可代替施工记录。

（6）停水、停电一定要记录清楚起止时间，停水、停电时正在进行什么工作，是否造成损失。

二、工程技术核定

（1）凡在图纸会审时遗留或遗漏的问题以及新出现的问题，属于设计产生的，由设计单位以变更设计通知单的形式通知有关单位［施工单位、建设单位（业主）、监理单位］；属建设单位原因产生的，由建设单位通知设计单位出具工程变更通知单，并通知有关单位。

（2）在施工过程中，因施工条件、材料规格、品种和质量不能满足设计要求以及合理化建议等原因，需要进行施工图修改时，由施工单位提出技术核定单。

（3）技术核定单由项目专业技术人员负责填写，并经项目技术负责人审核，重大问题须报公司总工审核，核定单应正确、填写清楚、绘图清晰，变更内容要写明变更部位、图别、图号、轴线位置、原设计和变更后的内容和要求等。

（4）技术核定单由项目专业技术人员负责送设计单位、建设单位、监理单位办理签证，经认可后方生效。

（5）经过签证认可后的技术核定单交项目资料员登记发放施工班组、预算员、质检员；技术，经营预算、质检等部门。

三、工程技术交底

建筑施工企业中的技术交底，是在某一单位工程开工前，或一个分项工程施工前，由主管技术领导向参与施工的人员进行的技术性交代，其目的是使施工人员对工程特点、技术质量要求、施工方法与措施和安全等方面有一个较详细的了解，以便于科学地组织施工，避免技术质量等事故的发生。各项技术交底记录也是工程技术档案资料中不可缺少的部分。

技术交底一般包括下列几种：

（1）设计技术交底，即设计图纸交底。这是在建设单位主持下，由设计单位向各施工单位（土建施工单位与各专业施工单位）及建设工程相关单位进行的交底，主要交代建筑物的功能与特点、设计意图与要求等。

（2）施工技术交底。一般由施工单位组织，在管理单位专业工程师的指导下，主要介绍施工中遇到的问题，和经常性犯错误的部位，要使施工人员明白该怎么做，规范上是如何规定的等。

施工技术交底的内容：

（1）施工图纸的解说：设计者的大体思路，以及自己以后在施工中存在的问题等。

（2）施工范围、工程量、工作量和施工进度要求：主要根据自己的实际情况，实事求是交底即可。

（3）操作工艺和保证质量安全的措施：先进的机械设备、工人的素质、安全文明施工措施等。

（4）工艺质量标准和评定办法：参照现行的行业标准以及相应的设计、验收规范。

（5）技术检验和检查验收要求：包括自检以及监理的抽检的标准。

（6）增产节约指标和措施。

（7）技术记录内容和要求。

（8）其他施工注意事项。

四、竣工图

1. 竣工图的基本概念

竣工图是建设工程在施工过程中所绘制的一种“定型”图样。它是建筑物、施工结果在图纸（或图形数据）上的反映，是最真实的记录，是城建档案的核心。

2. 竣工图的编制职责范围

竣工图编制的组织由建设单位负责，建设单位在工程设计、施工合同中应对竣工图编制的有关问题按下列规定予以明确。

纸质竣工图原则上由施工单位负责编制，因重大变更需要重新绘制竣工图，由责任方负责编制。即：因设计原因所造成的由设计单位负责重新绘制；由施工单位所造成的，由施工单位负责重新绘制；由建设单位所造成的，由建设单位会同设计单位及施工单位协商处理。竣工图电脑数据由甲方委托设计院根据施工单位所编纸质竣工图进行编制。

3. 纸质竣工图的编制方法

（1）凡按施工图进行施工没有变更的工程，由施工单位负责在原设计施工图上加盖“竣工图”标志章，即作为竣工图（竣工图标志章的规格尺寸统一为 80 mm×50 mm）。

（2）凡在施工中的一般性变更，能够在原设计施工图上加以修改补充、可不重新绘制竣工图的，由施工单位在修改部位上杠改，用黑色签字笔注明修改内容并在修改部位附近空白处引线指示，盖上修改标志章（修改标志章统一规定尺寸为 30 mm×10 mm），注明修改单日期、字、号、条，盖上竣工图章后即作为竣工图。由于修改较大而使在原图上杠改后图面不清、辨认困难的应将修改部位框出在本张图的空白处或增页绘制，修改完成后，由施工单位加盖竣工图章。

（3）凡项目修改、结构改变、工艺改变、平面布置改变以及发生其他重大改变而不宜在原施工设计图上进行修改补充的，应局部或全部重新绘制竣工图。重新绘制的（包括电脑绘制的）竣工图，图签栏中的图号应清楚带有“建竣、结竣、水竣、电竣……”或“竣工版”等字样，制图人、审核人、负责人签名俱全，并注明修改出图日期及版数后，由施工单位加盖竣工图章。

4. 纸质竣工图的编制要求

（1）竣工图的绘制工作，由绘制单位工程技术负责人组织、审核、签字，并承担技术责任。由设计单位绘制的竣工图，需施工单位技术负责人审查、核对后加盖竣工图章。所有竣工图均需施工单位在竣工图章上签字认可后才能作为竣工图。

（2）竣工图的绘制，必须依据在施工过程中确已实施的图纸会审记录、设计修改变更通知单、工程洽商联系单以及隐蔽工程验收或对工程进行的实测实量等形成的有效记录进行编制，确保图物相符。

（3）竣工图的绘制（包括新绘和改绘）必须符合国家制图标准，使用国家规定的法定单位和文字；深度及表达方式与原设计图相一致。

（4）在原施工图上进行修改补充的，要求图面整洁，线条清晰，字迹工整，使用黑色绘图墨水进行绘制，严禁用圆珠笔或其他易退色的墨水绘制或更改注记。所有的竣工图必须是新蓝图。

（5）各种市政管线、道路、桥、涵、隧道工程竣工图，应有严格按比例绘制的平面图和纵断面图。平面图应标明工程中线起始点、转角点、交叉点、设备点等平面要素点的位置坐标及高程。沿路管线工程还应标明工程中线与现状道路或规划道路中线的距离。

（6）工程中采用的部级以上国家标准图可不编入竣工图，但采用国家标准图而有所改变的应编制入竣工图。

5. 竣工图的汇总

工程竣工后，竣工图的汇总工作，按下列规定执行。

（1）建设项目实行总承包的各分包单位应负责编制所分包范围内的竣工图，总承包单位除应编制自行施工的竣工图外，还应负责汇总分包单位编制的竣工图，总承包单位交工时，应向建设单位提交总承包范围内的各项完整准确竣工图。

（2）建设项目由建设单位分别发包给几个施工单位承包的，各施工单位应负责编制所承包工程的竣工图，建设单位负责汇总。

附录　备考练习试题

专业基础知识篇

（单选题 202 多选题 56 案例题 0）

一、单选题

建筑力学知识

1. 在国际单位制中，力的单位是（　　）。

A. 牛顿　　B. 千克　　C. 立方米　　D. 兆帕

2. 如图所示，作用在刚体上的力 F 从 A 点移动到 B 点后，以下说法正确的是（　　）。

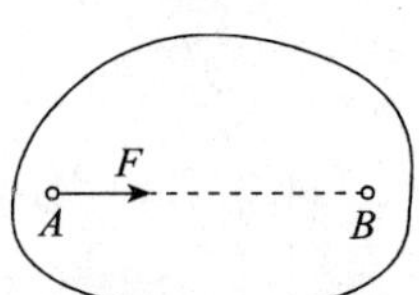

A. 刚体顺时针转动　　B. 刚体逆时针转动

C. 刚体沿作用方向移动　　D. 不改变作用效果

3. 两个共点力合力为 10kN，其中一个分力为 5kN，另一个分力不可能是（　　）。

A. 5kN　　B. 10kN　　C. 15kN　　D. 20kN

4. 作用在同一物体上的两个共点力，其合力数值的大小（　　）。

A. 必然等于两个分力的代数和　　B. 必然大于两个分力的代数和

C. 必然等于两个分力的代数差　　D. 必然大于两个分力的代数差

5. 下列选项属于固定端约束反力示意图的是（　　）。

A. 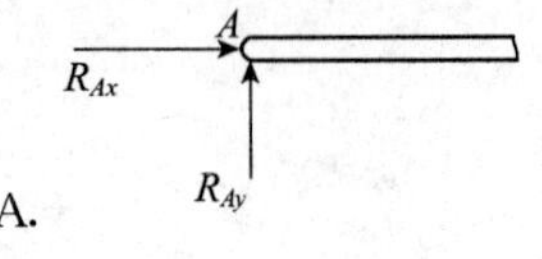

B. 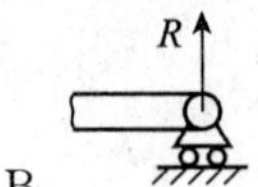

C. R_A A

D. 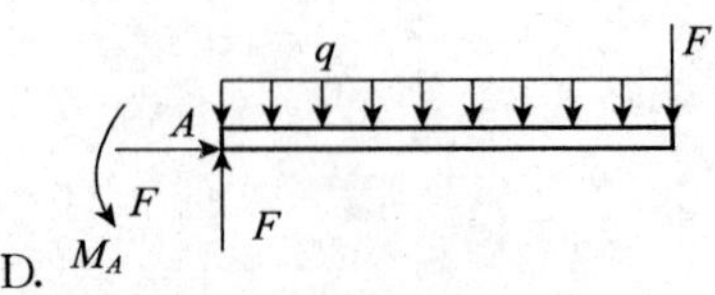

6. 只限制物体在平面内的移动，不限制物体绕支座转动的约束称为（　　）支座。

A. 固定铰　　B. 可动铰　　C. 固定端　　D. 光滑面

7. 只限制物体垂直于支承面方向的移动，不限制物体其他方向移动及转动的支座称(　　)支座。

A. 固定铰　　B. 可动铰　　C. 固定端　　D. 光滑面

8. 图中所示约束简图为(　　)支座。

A. 可动铰　　B. 固定铰　　C. 固定端　　D. 光滑面

9. 能限制物体平面内任意方向的移动且能限制绕支座转动的支座称(　　)支座。

A. 固定铰　　B. 可动铰　　C. 固定端　　D. 光滑面

10. 如图所示，大小相等的四个力作用在同一平面上且力的作用线交于一点 C，试比较四个力对平面上点 O 的力矩，最大的是(　　)

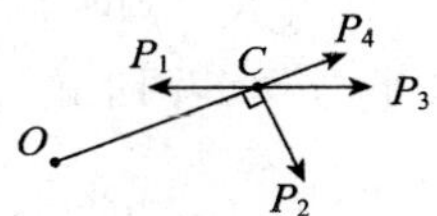

A. 力 P_1　　B. 力 P_2　　C. 力 P_3　　D. 力 P_4

11. 平面上由四个大小都等于 P 的力组成二对力偶，且沿正方形边长作用，如图所示，正方形的边长为 a，则合力偶矩为(　　)。

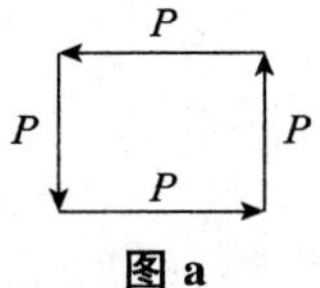

图 a

A. 0　　B. 4Pa　　C. Pa　　D. 2Pa

12. 已知力 P 是两个分力的合力，则 P 对某点的力矩(　　)两个分力对该点力矩之和。

A. 大于　　B. 等于　　C. 小于　　D. 大于或等于

13. 力偶(　　)。

A. 有合力

B. 能用一个力等效代换

C. 能与一个力平衡

D. 无合力，不能用一个力等效代换

14. 某力在直角坐标系的投影为 $F_x=3\text{kN}$，$F_y=4\text{kN}$，此力的大小为(　　)kN。

A. 7　　B. 1　　C. 12　　D. 5

15. 力的作用线都汇交于一点的平面力系称(　　)力系。

A. 空间汇交　　B. 空间一般　　C. 平面汇交　　D. 平面一般

16. 以弯曲变形为主要变形的杆件称为(　　)。

A. 梁　　B. 桁架　　C. 柱　　D. 板

17. 梁的一端固定另一端自由的梁称(　　)梁。

A. 简支　　B. 外伸　　C. 多跨　　D. 悬臂

18. 梁的一端用固定铰，另一端用可动铰支座支承的梁称(　　)梁。

A. 简支　　B. 外伸　　C. 多跨　　D. 悬臂

19. 简支梁的一端或二端伸出支座外的梁称(　　)梁。

A. 简支　　B. 外伸　　C. 多跨　　D. 悬臂

20. 计算梁内力的一般方法是(　　)。

A. 杆件法　　B. 节点法　　C. 截面法　　D. 静定法

21. 画图中所示梁的内力图时一般将弯矩图画在梁轴线的(　　)。

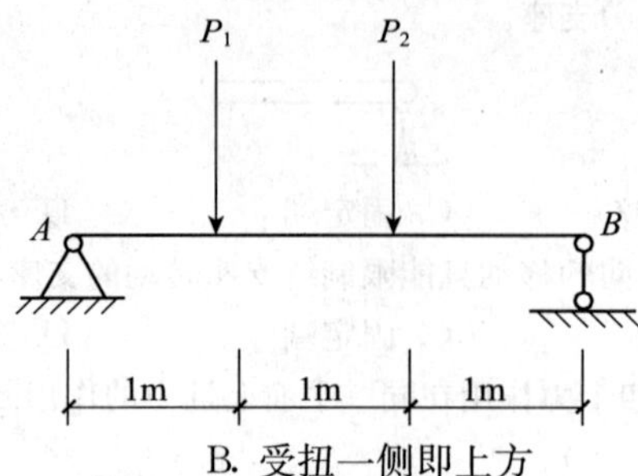

A. 受剪一侧即下方　　B. 受扭一侧即上方

C. 受拉一侧即下方　　D. 受压一侧即上方

22. 如图所示，简支梁在集中力 F 作用下，弯矩图正确的是(　　)。

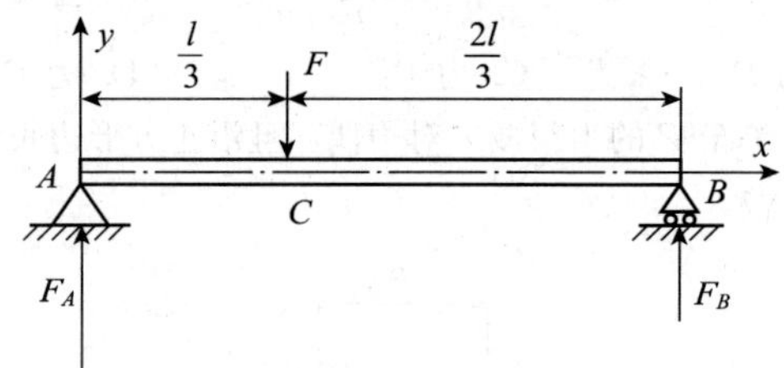

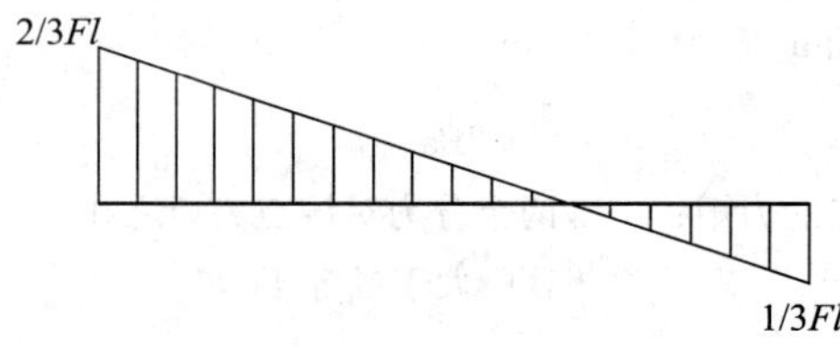

A.

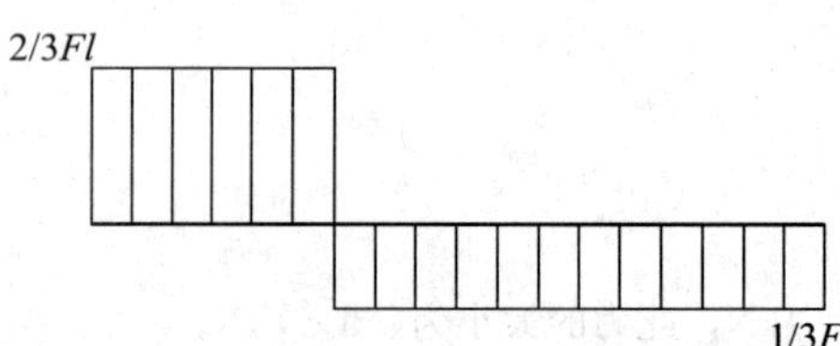

B.

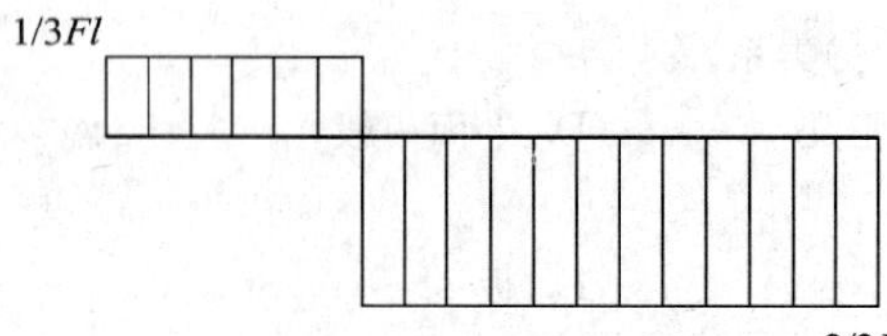

C.

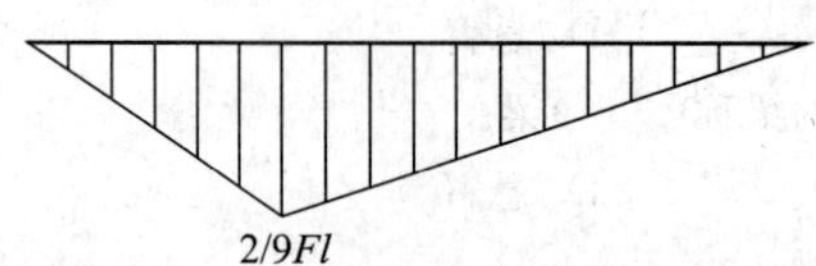

D.

23. 如图所示，简支梁在均布荷载作用下，正确的剪力图是(　　)。

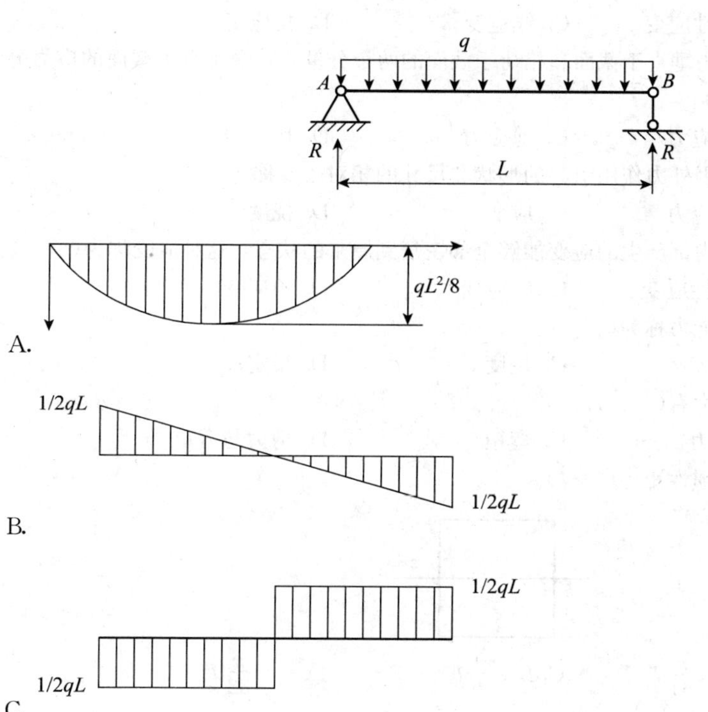

1/2qL　　1/2qL

D.

24. 如图所示，梁在集中力 $P_1=P_2=2\text{kN}$ 的作用下，A 支座的作用反力等于(　　)kN 。

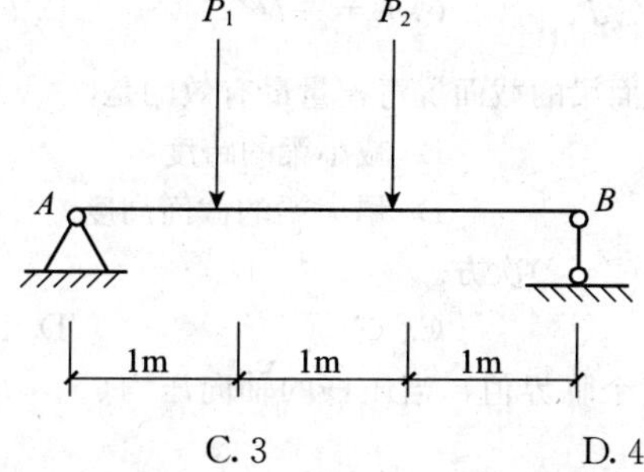

A. 1　　　　B. 2　　　　C. 3　　　　D. 4

25. 如图所示，简支梁在集中力 F 作用下，A 处的支座反力为(　　)F。

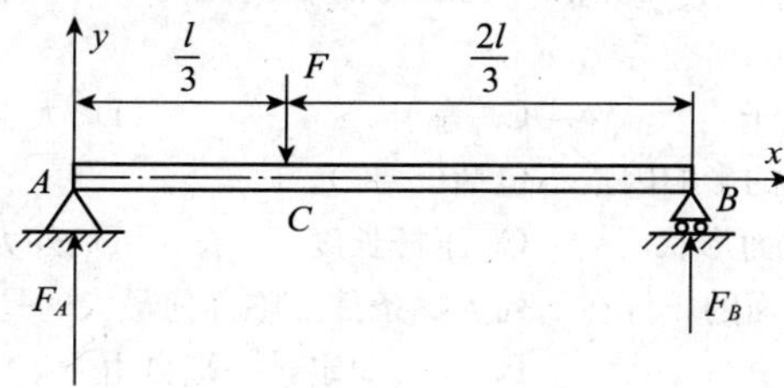

A. 1/2　　　　B. 1/3　　　　C. 2/3　　　　D. 1/4

26. 当外力卸除后，构件内部产生的应变只能部分恢复到原来的状态，不能恢复的这部分应变称为(　　)。

A. 弹性应变　　B. 塑性应变　　C. 线应变　　D. 角应变

27. 一般可以将应力分解为垂直于截面和相切于截面的两个分量，其中垂直于截面的应力分量称为(　　)。

A. 正应力　　B. 负应力　　C. 剪应力　　D. 切应力

28. 构件内单元体任一点因外力作用引起的形状和尺寸的相对改变称为(　　)。

A. 正应力　　B. 剪应力　　C. 应变　　D. 挠度

29. 当外力卸除后，构件内部产生的应变能够全部恢复到原来的状态，这种应变称为(　　)。

A. 弹性应变　　B. 塑性应变　　C. 线应变　　D. 角应变

30. 构件保持原有平衡的能力称为(　　)。

A. 强度　　B. 刚度　　C. 挠度　　D. 稳定性

31. 一般来说，拉杆的内力有(　　)。

A. 轴力　　B. 剪力　　C. 弯矩　　D. 剪力与弯矩

32. 矩形截面对中性轴的惯性矩为(　　)。

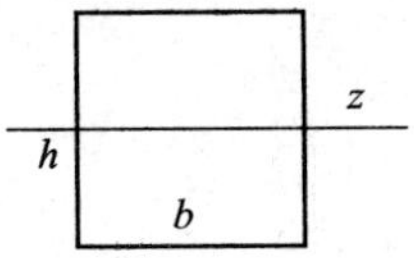

z
h
b

A. $I_z=\frac{1}{12}bh^3$　　B. $I_z=\frac{\pi}{64}d^4$　　C. $I_z=\frac{1}{6}bh^2$　　D. $I_z=\frac{\pi}{32}d^3$

33. 圆形截面对中性轴的惯性矩为(　　)。

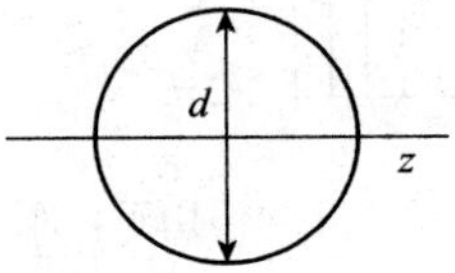

d
z

A. $I_z=\frac{1}{12}bh^3$　　B. $I_z=\frac{\pi}{64}d^4$　　C. $I_z=\frac{1}{6}bh^2$　　D. $I_z=\frac{\pi}{32}d^3$

34. 下列措施，提高矩形截面梁的截面抗弯模量最有效的是(　　)。

A. 增大梁的截面宽度　　B. 减小梁的跨度

C. 增加支撑　　D. 增大梁的截面高度

35. 惯性矩的量纲为长度的(　　)次方。

A. 一　　B. 二　　C. 三　　D. 四

36. 压杆的轴向压力存在一个临界值，当压杆的轴向压力(　　)临界值时，压杆处于稳定平衡状态。

A. 小于　　B. 大于　　C. 等于　　D. 大于或等于

37. 压杆的轴向压力存在一个临界值，当压杆的轴向压力(　　)临界值时，压杆处于不稳定状态。

A. 小于　　B. 大于　　C. 等于　　D. 大于或等于

38. 压杆压力临界值大小的影响因素不包括(　　)。

A. 材料性质　　B. 截面形状　　C. 压杆长度　　D. 外力大小

39. 相同材料、长度、截面的压杆在下列支撑条件下临界值最大的是(　　)。

A. 两端铰支　　B. 一端固定，一端自由

C. 两端固定　　D. 一端固定，一端铰支

40. 压杆长度系数与(　　)有关。

A. 材料种类　　B. 截面形状　　C. 约束方式　　D. 外力大小

建筑构造与施工图识读

1. 由室外设计地面到基础底面的垂直距离称为基础的(　　)。

A. 持力层　　B. 埋置深度　　C. 高度　　D. 宽度

2. 地下室地坪面低于室外地坪的高度超过该房间净高的 1/3，且不超过 1/2 的，称为(　　)。

A. 全地下室　　B. 半地下室　　C. 人防地下室　　D. 隧道

3. 地下室地坪面低于室外地坪的高度超过该房间净高 1/2 的，称为(　　)。

A. 全地下室　　B. 半地下室　　C. 人防地下室　　D. 隧道

4. 民用建筑的墙体按受力状况分类可以分为(　　)。

A. 剪力墙和非剪力墙　　B. 隔墙和隔断

C. 承重墙和非承重墙　　D. 横墙和纵墙

5. 民用建筑采用纵墙承重的方案时，主要特点不包括(　　)。

A. 整体性差　　B. 刚度小

C. 对抵抗水平作用有利　　D. 平面布置灵活

6. 下列民用建筑，不宜采用横墙承重方案的是(　　)。

A. 有较大空间要求的教学楼　　B. 宿舍

C. 住宅　　D. 墙体位置比较固定的旅馆

7. 墙体的细部构造不包括(　　)。

A. 勒脚　　B. 过梁　　C. 圈梁　　D. 楼梯梁

8. 下列墙面装修构造中，属于装饰抹灰的是(　　)。

A. 裱糊　　B. 水刷石　　C. 贴面　　D. 混合砂浆抹灰

9. 建筑物地面与墙面交接处的 100～200mm 的垂直部位称为(　　)。

A. 散水　　B. 台阶　　C. 踢脚板　　D. 勒脚

10. 预制钢筋混凝土楼板中预制板属于楼板组成部分的(　　)。

A. 架空层　　B. 面层　　C. 结构层　　D. 顶棚层

11. 钢筋混凝土楼板按施工方法不同可以分为(　　)。

A. 现浇整体式、预制装配式

B. 现浇整体式、预制装配式和装配整体式

C. 预制装配式和装配整体式

D. 现浇装配式、现浇整体式、预制装配式和装配整体式

12. 建筑物底层与土壤接触的水平结构部分称为(　　)，它承受地面上的荷载，并均匀地传递给地基。

A. 地坪　　B. 底板　　C. 基础　　D. 地下室

13. 民用建筑中，楼梯每个梯段的踏步数量一般不应超过(　　)级。

A. 3　　B. 15　　C. 18　　D. 24

14. 民用建筑中，楼梯每个梯段的踏步数量一般不应少于(　　)级。

A. 3　　B. 15　　C. 18　　D. 24

15. 民用建筑中，楼梯平台的净宽不应小于(　　)m。

A. 1　　B. 1.2　　C. 1.5　　D. 2.0

16. 民用建筑中，楼梯按施工方式可以分为(　　)。

A. 室内和室外楼梯　　B. 封闭楼梯和防烟楼梯

C. 直跑和双跑楼梯　　D. 预制装配式和现浇钢筋混凝土楼梯

17. 民用建筑中，一般将屋顶坡度小于或等于(　　)%的称为平屋顶。

A. 3　　　　　B. 5　　　　　C. 10　　　　　D. 15

18. 卷材防水屋面的基本构造层次依次有(　　)、防水层和保护层。

A. 找平层、结合层　　　　　B. 结构层、找平层

C. 隔汽层、结合层　　　　　D. 保温层、隔汽层

19. 屋面与垂直墙面交接处的防水处理称为(　　)。

A. 女儿墙　　　B. 勒脚　　　C. 泛水　　　D. 翻边

20. 在民用建筑中，设置伸缩缝的主要目的是为了预防(　　)对建筑物的不利影响。

A. 地基不均匀沉降　　　　　B. 温度变化

C. 地震破坏　　　　　D. 施工荷载

21. 框架结构民用建筑伸缩缝的结构处理，可以采用(　　)方案。

A. 单墙　　　B. 双墙　　　C. 单柱单梁　　　D. 双柱双梁

22. 民用建筑中，为了预防建筑物各部分由于地基承载力不同或部分荷载差异较大等原因而设置的缝隙称为(　　)。

A. 伸缩缝　　　B. 沉降缝　　　C. 防震缝　　　D. 基础缝

23. 原有建筑物和新建、扩建的建筑物之间应考虑设置(　　)。

A. 沉降缝　　　B. 伸缩缝　　　C. 防震缝　　　D. 温度缝

24. 民用建筑中，为了防止建筑物由于地震，导致局部产生巨大的应力集中和破坏性变形而设置的缝隙称为(　　)。

A. 伸缩缝　　　B. 沉降缝　　　C. 防震缝　　　D. 震害缝

25. 能反映新建房屋、拟建、原有和拆除的房屋、构筑物等的位置和朝向以及室外场地、道路、绿化等布置的是(　　)。

A. 建筑平面图　　　B. 建筑立面图　　　C. 建筑总平面图　　　D. 功能分区图

26. 建筑平面图是假想用一水平的剖切面沿(　　)位置将房屋剖切后，对剖切面以下部分所作的水平投影图。

A. 门窗洞口　　　B. 楼板　　　C. 梁底　　　D. 结构层

27. 如果需要了解建筑细部的构造尺寸、材料、施工要求等，可以查看(　　)。

A. 建筑平面图　　　B. 建筑立面图　　　C. 建筑剖面图　　　D. 建筑详图

28. 如图所示，柱平法标注采用截面标注，图中 KZ2 所有纵向受力钢筋为(　　)。

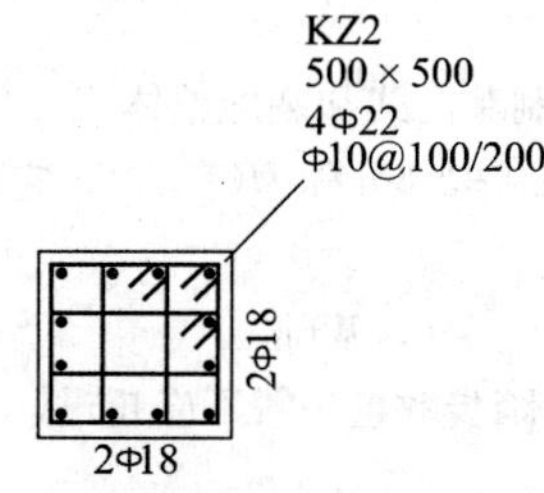

A. 12　22　　　B. 12　18　　　C. 4　22+12　18　　　D. 4　22+8　18

29. 梁平法标注中，框支梁的代号是(　　)。

A. L　　　B. KL　　　C. JZL　　　D. KZL

30. 梁平法标注中，井字梁的代号是(　　)。

A. JL　　　B. WKL　　　C. LKL　　　D. JZL

31. 梁平法标注"KL7 (2A) 300×650"表示(　　)，截面尺寸为 300×650。

A. 框架梁共 7 跨，两端悬挑　　　B. 框架梁共 7 跨，一端悬挑

C. 框架梁编号 7，共 2 跨，一端悬挑　D. 框架梁编号 7，共 2 跨，两端悬挑

32. 梁平法标注“KL3（2B）300×600”表示(　　)，截面尺寸为300×600。

A. 框架梁共3跨，两端悬挑　　B. 框架梁共3跨，一端悬挑

C. 框架梁编号3，共2跨，一端悬挑　D. 框架梁编号3，共2跨，两端悬挑

33. 梁集中标注“G4Φ10”表示在梁的(　　)直径为10mm的构造钢筋。

A. 两侧各布置两根　　B. 两侧各布置四根

C. 上部布置四根　　D. 下部布置四根

34. 板平法标注中，代号XB表示(　　)。

A. 现浇板　B. 悬挑板　C. 小楼板　D. 楼面板

35. 梁集中标注第二行标注“Φ8@100/200（2）2Φ25；2Φ22”，其中“2Φ22”表示(　　)。

A. 架立筋　B. 上部通长筋　C. 下部纵筋　D. 构造钢筋

36. 梁集中标注第二行标注““14Φ8@150/200（4）”，表示梁的箍筋直径为8mm，(　　)。

A. 两端各有14个，间距150 mm，梁跨中间距为200mm，全部为4肢箍

B. 两端各有7个，间距150 mm，梁跨中间距为200mm，全部为4肢箍

C. 两端各有14个，间距150 mm，梁跨中有4个，间距为200mm

D. 两端各有7个，间距150 mm，梁跨中有4个，间距为200mm

37. 如图所示，梁原位标注“4Φ22”表示的是(　　)。

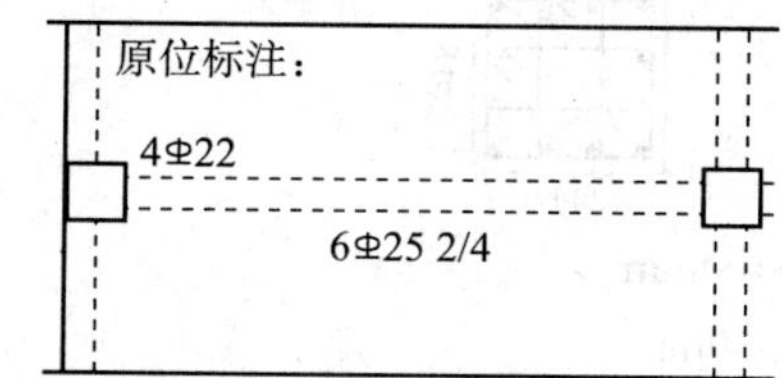

A. 架立筋　B. 支座负筋　C. 上部通长筋　D. 下部通长筋

38. 如图所示，图中“2Φ18”表示的是(　　)。

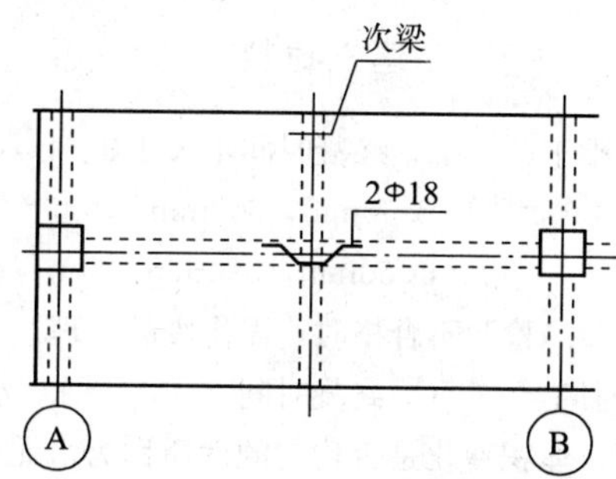

A. 支座负筋　B. 架立筋　C. 吊筋　D. 附加箍筋

39. 如图所示，图中“8Φ8（2）”表示的是(　　)。

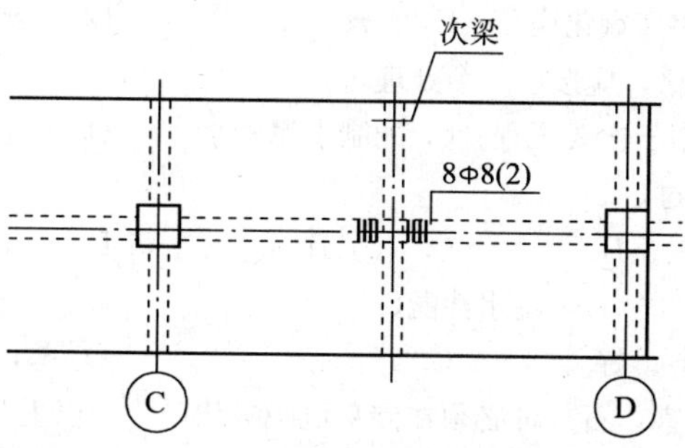

A. 支座负筋　B. 架立筋　C. 吊筋　D. 附加箍筋

40. 梁集中标注“N6Φ18”表示在梁的两侧各布置(　　)。

A. 3 根直径为 18mm 的抗扭钢筋　　B. 3 根直径为 18mm 的构造钢筋

C. 6 根直径为 18mm 的抗扭钢筋　　D. 6 根直径为 18mm 的构造钢筋

41. 柱平法标注采用列表注写方式时，KZ3 表中注写“全部纵筋为 12Φ20”，下列说法正确的是(　　)。

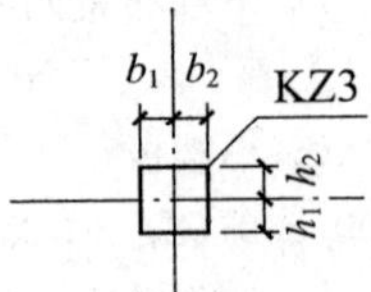

A. 每侧钢筋均为 12Φ20　　B. 每侧钢筋均为 4Φ20

C. 每侧钢筋均为 3Φ20　　D. b 侧为 420，h 侧为 8Φ20

42. 如图所示，柱平法标注采用截面注写方式，KZ2 所配箍筋为(　　)。

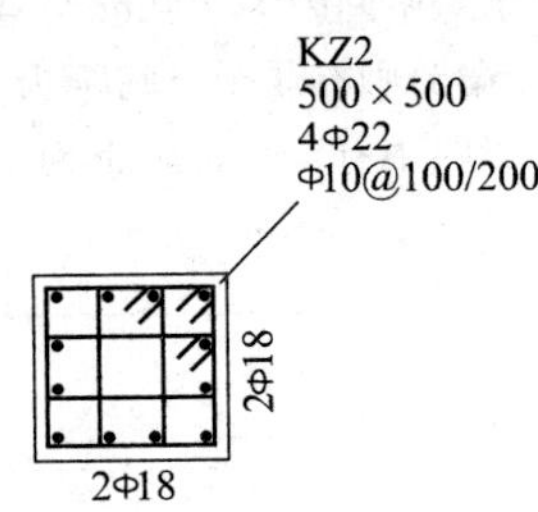

A. 箍筋直径为 10mm，间距 100mm

B. 箍筋直径为 10mm，间距 150mm

C. 箍筋直径为 10mm，间距 200mm

D. 箍筋直径为 10mm，加密区间距 100mm，非加密区间距 200mm

建筑材料

1. 硅酸盐水泥的初凝时间不小于(　　)，终凝时间不大于(　　)。

A. 45min，600min　　B. 60min，600min

C. 45min，390min　　D. 60min，390min

2. 国家规范中规定，水泥(　　)检验不合格时，需作废品处理。

A. 储存时间　　B. 初凝时间　　C. 终凝时间　　D. 水化时间

3. 水泥浆在凝结硬化过程中，体积变化是否均匀的性质称为水泥的(　　)。

A. 体积均匀性　　B. 收缩性　　C. 体积和易性　　D. 体积安定性

4. 用沸煮法只能检验出(　　)过量引起的体积安定性不良。

A. 游离氧化钙　　B. 游离氧化镁　　C. 石膏　　D. 石灰

5. 水泥体积安定性不合格，应按(　　)处理。

A. 废品　　B. 用于次要工程　　C. 配制水泥砂浆　　D. 用于基础垫层

6. 水泥储存时间不宜超过(　　)。

A. 一个月　　B. 三个月　　C. 六个月　　D. 一年

7. 建筑石膏的防火性能(　　)，耐水性能(　　)。

A. 好，差　　B. 差，好　　C. 好，好　　D. 差，差

8. 为消除过火石灰的危害，石灰膏必须在储灰坑中陈伏(　　)以上。

A. 3d　　B. 7d　　C. 12d　　D. 14d

9. 石灰耐水性(　　)，(　　)在潮湿环境下使用。

A. 差，不宜　　B. 好，宜　　C. 差，宜　　D. 好，不宜

10. 以下关于建筑石膏的特性，说法正确的是(　　)。

A. 凝结硬化慢　　B. 凝结硬化快

C. 凝结时水化热大　　D. 凝结硬化时体积收缩

11. 在混凝土拌合过程中掺入不超过水泥质量的(　　)%的材料，称为混凝土外加剂。

A. 3　　B. 5　　C. 7　　D. 10

12. 混凝土中加入减水剂的同时，若不减少拌合用水量，以下说法正确的是(　　)。

A. 能提高拌合物的流动性　　B. 能提高混凝土的强度

C. 能节约水泥　　D. 能调节混凝土的凝结速度

13. 混凝土中加入减水剂的同时，若减水不减少水泥，以下说法正确的是(　　)。

A. 能提高拌合物的流动性　　B. 能提高混凝土的强度

C. 能节约水泥　　D. 能调节混凝土的凝结速度

14. 以下混凝土外加剂能改善混凝土拌合物的和易性，提高抗渗性和抗冻性的是(　　)。

A. 早强剂　　B. 缓凝剂　　C. 引气剂　　D. 减水剂

15. 缓凝剂的主要功能是(　　)。

A. 改善混凝土拌合物的流动性　　B. 调节混凝土的凝结时间

C. 改善混凝土的耐久性　　D. 提高混凝土的强度

16. 为了使混凝土强度能达到规范规定的 95% 的保证率，混凝土的配制强度应比标准强度(　　)。

A. 高　　B. 低　　C. 相等　　D. 无要求

17. 混凝土的配制强度以混凝土设计等级(　　)为界分别采用不同的计算公式。

A. C20　　B. C40　　C. C60　　D. C80

18. 为了保证混凝土有必要的耐久性，《混凝土结构设计规范》(GB 50010—2010) 中规定了混凝土的(　　)。

A. 最大水胶比和最高强度等级　　B. 最大水胶比和最低强度等级

C. 最小水胶比和最高强度等级　　D. 最小水胶比和最低强度等级

19. 根据《混凝土结构设计规范》(GB 50010—2010)，三类环境类别下的最大水胶比(　　)一类环境类别下的最大水胶比。

A. 小于　　B. 大于　　C. 等于　　D. 无要求

20. 砂率是指混凝土中(　　)。

A. 砂的质量占混凝土总质量的百分率

B. 砂的质量占混凝土中砂、石总质量的百分率

C. 砂、石的质量占混凝土总质量的百分率

D. 砂的质量占混凝土中水泥、砂、石总质量的百分率

21. 混凝土的试验配合比是以干燥材料为基准的，现场施工称料量应进行修正，以下关于现场称料量修正的说法正确的是(　　)。

A. 对全部材料掺量进行修正　　B. 水泥、矿物掺合料不变，补充砂石

C. 砂石不变，补充水泥、矿物掺合料　　D. 补充水泥、砂石

22. 以下属于混凝土抗渗等级表示方法的是(　　)。

A. P10　　B. C10　　C. M10　　D. MU10

23. 测定混凝土抗压强度的标准试件尺寸是边长为(　　)mm 的立方体。

A. 70.7　　B. 100　　C. 150　　D. 200

24. 混凝土抗压强度的单位是( )。

A. MPa　B. kN　C. N　D. kg

25. 用来评判混凝土抗冻性的试验是( )。

A. 冻融循环试验　B. 冻胀试验　C. 抗压试验　D. 抗拉试验

26. 砂浆的流动性用( )表示。

A. 坍落度　B. 强度　C. 沉入度　D. 分层度

27. 砂浆流动性( )，砂浆容易分层、析水；流动性( )，则施工不便操作。

A. 过小；过小　B. 过小；过大　C. 过大；过大　D. 过大；过小

28. 当原材料确定后，砂浆流动性的大小主要取决于( )。

A. 用水量　B. 施工方法　C. 检测方法　D. 使用地点

29. 砂浆的保水性用( )表示。

A. 坍落度　B. 强度　C. 沉入度　D. 分层度

30. 砌筑砂浆的配合比一般用( )来表示。

A. 强度　B. 质量　C. 颜色　D. 级配

31. 下列关于烧结普通砖适用情况说法不正确的是( )。

A. 优等品可用于清水墙的砌筑　B. 一等品和合格品可用于混水墙

C. 合格品可用于潮湿部位　D. 优等品可用于墙体装饰

32. 以下关于烧结多孔砖孔洞特征的说法正确的是( )。

A. 尺寸小且数量少　B. 尺寸小且数量多

C. 尺寸大且数量少　D. 尺寸大且数量多

33. 以下墙体材料不能用于砌筑承重墙的是( )。

A. 烧结普通砖　B. 烧结多孔砖

C. 蒸压加气混凝土砌块　D. 烧结空心砖

34. 烧结空心砖的强度等级为 MU7.5，表示( )。

A. 抗压强度平均值大于等于 7.5MPa

B. 抗拉强度平均值大于等于 7.5MPa

C. 抗折强度平均值大于等于 7.5MPa

D. 抗压强度最小值大于等于 7.5MPa

35. 砌块按产品规格可分为( )。

A. 大型、小型　B. 中型、小型

C. 大型、中型、小型　D. 大型、中型、标准型、小型

36. 在建筑防水材料的应用中处于主导地位的是( )。

A. 防水涂料　B. 防水油漆　C. 防水混凝土　D. 防水卷材

37. SBS 防水卷材属于( )。

A. 沥青防水卷材　B. 高聚物改性沥青卷材

C. 合成高分子防水卷材　D. 刚性防水卷材

38. 以合成橡胶、合成树脂或它们二者的混合体，掺入适量的化学助剂和填充材料制成的防水卷材称为( )。

A. 沥青防水卷材　B. 高聚物改性沥青卷材

C. 合成高分子防水卷材　D. 刚性防水卷材

39. 以水泥、砂为原材料，通过调整配合比，抑制或减少孔隙率，改变孔隙特征，增加密实度等方法配制成具有一定抗渗透能力的防水材料称为( )。

A. 防水涂料　B. 防水油漆　C. 刚性防水材料　D. 防水卷材

40. 下列材料属于刚性防水材料的是(　　)。

A. 防水涂料　　B. 防水混凝土　　C. 防水油漆　　D. 防水卷材

41. 以下关于釉面砖的说法不正确的是(　　)。

A. 孔隙率高　　B. 主要用于内墙饰面

C. 可用于外墙饰面　　D. 属于陶质砖

42. 墙纸中应用最广泛的是(　　)。

A. 防火墙纸　　B. 防水墙纸　　C. 结构性墙纸　　D. 装饰性墙纸

43. 以下关于陶瓷锦砖的说法不正确的是(　　)。

A. 又名马赛克　　B. 可用于门厅、走廊

C. 可用于高级建筑物的外墙饰面　　D. 抗压强度低

44. 以下不属于安全玻璃的是(　　)。

A. 防火玻璃　　B. 钢化玻璃　　C. 浮法玻璃　　D. 夹层玻璃

45. 常用于建筑的天窗、采光屋顶、阳台及须有防盗、防抢功能要求的营业柜台的遮挡部位的玻璃是(　　)。

A. 防火玻璃　　B. 夹丝玻璃　　C. 钢化玻璃　　D. 平板玻璃

建筑结构

1. 下列荷载中属于可变荷载的是(　　)。

A. 风荷载和结构自重　　B. 预应力和雪荷载

C. 屋面活荷载和风荷载　　D. 雪荷载和地震作用

2. 根据《建筑结构可靠度设计统一标准》(GB 50068—2001)，一般的建筑物按破坏可能产生后果的严重性分类，安全等级为(　　)。

A. 一级　　B. 二级　　C. 三级　　D. 四级

3. 建筑结构在规定的设计使用年限内应满足的功能要求不包括(　　)。

A. 安全性　　B. 适用性　　C. 经济性　　D. 耐久性

4. 下列极限状态不属于正常使用极限状态的是(　　)。

A. 整个结构或结构的一部分作为刚体失去平衡(如倾覆等)

B. 影响正常使用或外观的变形

C. 影响正常使用或耐久性能的局部损坏(包括裂缝)

D. 影响正常使用的振动

5. 下列极限状态不属于承载能力极限状态的是(　　)。

A. 整个结构或结构的一部分作为刚体失去平衡(如倾覆等)

B. 影响正常使用或外观的变形

C. 结构转变为机动体系

D. 结构丧失稳定

6. 某地区地面及建筑物遭受到一次地震影响的强弱程度称为地震(　　)。

A. 震级　　B. 烈度　　C. 能量　　D. 距离

7. 《建筑抗震设计规范》(GB 50011—2010)中第三水准抗震设防目标对应于(　　)。

A. 小震不坏　　B. 中震可修　　C. 大震不倒　　D. 大震可修

8. 《建筑抗震设计规范》将设计地震分组分为(　　)组。

A. 一　　B. 二　　C. 三　　D. 四

9. 《建筑抗震设计规范》(GB 50011—2010)中第一水准抗震设防目标对应于(　　)。

A. 小震不坏　　B. 中震可修　　C. 大震不倒　　D. 大震可修

10.《建筑抗震设计规范》(GB 50011—2010)中第二水准抗震设防目标对应于(　　)。

A. 小震不坏　B. 中震可修　C. 大震不倒　D. 大震可修

11. 房屋建筑设计时要求地基有均匀的压缩量，以保证有均匀的下沉，这体现了对地基(　　)的要求。

A. 强度　B. 变形　C. 稳定　D. 经济

12. 房屋建筑设计时要求地基有防止产生滑坡、倾斜方面的能力，这体现了对地基(　　)的要求。

A. 强度　B. 变形　C. 稳定　D. 经济

13. 土的含水量在试验室可采用(　　)测定。

A. 环刀法　B. 直剪法　C. 烘干法　D. 比重瓶法

14. 表示土的湿度的一个重要物理指标是(　　)。

A. 密度　B. 含水量　C. 相对密度　D. 有效重度

15. 标准贯入试验是在现场根据锤击数测定各类砂性类土或黏性土的(　　)。

A. 地基承载力　B. 含水量　C. 密度　D. 重度

16. 表示土的压缩性大小的主要指标是(　　)。

A. 最大干密度　B. 含水量　C. 可松系数　D. 压缩系数

17. 下列基础中能承受弯矩的是(　　)。

A. 钢筋混凝土基础　B. 砖基础

C. 混凝土基础　D. 毛石基础

18. 刚性基础在构造上通过限制(　　)来满足刚性角的要求。

A. 长细比　B. 宽高比　C. 埋深　D. 基础底面积

19. 下列基础中受刚性角限制的是(　　)。

A. 钢筋混凝土独立基础　B. 柔性基础

C. 砖基础　D. 钢筋混凝土条形基础

20. 柔性基础的受力特点是(　　)。

A. 只能承受压力　B. 只能承受拉力

C. 只能承受剪力　D. 即能承受拉力，又能承受压力

21. 砌体结构的受力特点是(　　)。

A. 抗弯>抗压　B. 抗压>抗拉　C. 抗拉>抗压　D. 抗压=抗拉

22. 砌体结构房屋的屋架，当跨度大于6m时，应在支承处砌体设置(　　)。

A. 滚轴　B. 钢板　C. 垫块　D. 钢筋

23. 预制钢筋混凝土板的支承长度在钢筋混凝土圈梁上不宜小于(　　)mm。

A. 60　B. 80　C. 100　D. 120

24. 砌体房屋在地震作用下，主要的震害现象不包括(　　)。

A. 墙体受剪破坏

B. 转角受扭破坏

C. 预制板受弯破坏

D. 突出屋面的附属结构因“鞭端效应”破坏

25. 砌体房屋中钢筋混凝土构造柱的基础应满足(　　)。

A. 需单独设置基础

B. 不需设置基础，在室内地坪处断开

C. 可不单独设置，但应伸入地面下500mm或锚入浅于500mm的基础圈梁内

D. 需按独立柱基础进行设计

26. 由梁和柱以刚接或铰接相连接构成承重体系的结构称为(　　)。

A. 砌体结构　　B. 框架结构　　C. 剪力墙结构　　D. 混合结构

27.《混凝土结构设计规范》(GB 50010—2010) 中关于保护层的理解正确的是(　　)至混凝土表面的距离。

A. 受力筋外边缘　　B. 纵向钢筋外边缘

C. 箍筋外边缘　　D. 最外层钢筋外边缘

28. 实际工程中，四边支承的现浇混凝土板长边与短边之比满足(　　)时按双向板计算。

A. ≥2　　B. ≤2　　C. ≥3　　D. ≤3

29. 框架梁中通常配置的钢筋不包括是(　　)。

A. 分布筋　　B. 箍筋　　C. 架立筋　　D. 受力筋

30.《混凝土结构设计规范》(GB 50010—2010) 中淘汰的钢筋种类是(　　)。

A. HPB235　　B. HPB300　　C. HRB335　　D. HRB400

31. 框架梁中纵向受力钢筋如有两种直径时，其直径相差不宜小于(　　)mm。

A. 1　　B. 2　　C. 3　　D. 4

32. 梁下部纵向钢筋水平方向的净距离不应小于(　　)。

A. 20mm 和 d　　B. 25mm 和 d　　C. 25mm 和 $1.5d$　　D. 30mm 和 $1.5d$

33. 根据《建筑抗震设计规范》(GB 50011—2010)，抗震设计时，对于底层框架柱，柱根加密区不小于柱净高的(　　)。

A. 1/2　　B. 1/3　　C. 1/4　　D. 1/6

34. 根据《建筑抗震设计规范》(GB 50011—2010)，抗震设计时，一级和二级框架柱的箍筋沿全高加密的是(　　)。

A. 中柱　　B. 边柱　　C. 角柱　　D. 全部柱

35. 根据《建筑抗震设计规范》(GB 50011—2010)，抗震设计时，框架柱两端箍筋加密区的范围应不小于(　　)mm。

A. 300　　B. 400　　C. 500　　D. 600

36. 以下关于预应力混凝土构件的特点说法不正确的是(　　)。

A. 抗裂性能好　　B. 耐久性较好　　C. 节省材料　　D. 截面不经济

37. 预应力混凝土构件采用先张法施工时，下列说法错误的是(　　)。

A. 生产工艺简单　B. 需增加锚具　　C. 需增加台座　　D. 质量易于保证

38. 预应力混凝土构件采用后张法施工时，是(　　)。

A. 先张拉钢筋，后浇筑混凝土　　B. 先浇筑混凝土，后张拉钢筋

C. 边张拉钢筋，边浇筑混凝土　　D. 只张拉钢筋，不需浇筑混凝土

39. 预应力混凝土构件采用后张法施工时，下列说法正确的是(　　)。

A. 只能在预制厂生产

B. 只能在施工现场生产

C. 需增加张拉台座

D. 可在预制厂生产，也可在施工现场生产

40. 张拉控制应力是指预应力钢筋在进行张拉时所控制达到的(　　)。

A. 最小应力值　　B. 最大应力值　　C. 平均应力值　　D. 最大拉力值

41. 现代钢结构最主要的连接方法是(　　)。

A. 焊接连接　　B. 螺栓连接　　C. 铆钉连接　　D. 紧固件连接

42. 重力式挡土墙主要是依靠(　　)抵抗土体侧压力。

A. 墙身自重　　B. 配筋　　C. 支护桩　　D. 埋深

43. 图中重力式挡土墙根据墙背倾斜方向称为(　　)式挡土墙。

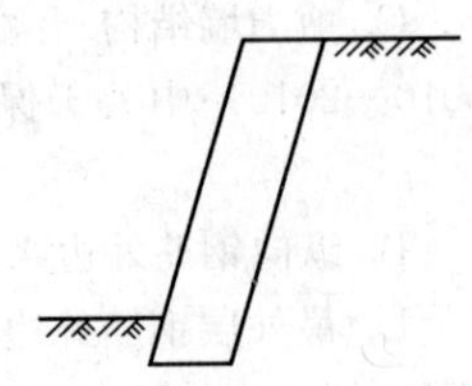

A. 仰斜　　B. 垂直　　C. 俯斜　　D. 恒重

44. 图中重力式挡土墙根据墙背倾斜方向称为(　　)式挡土墙。

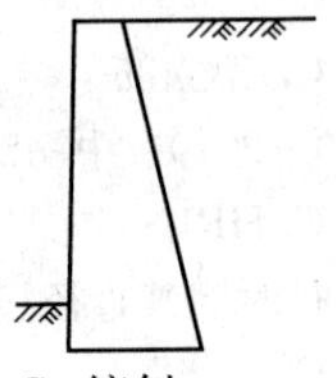

A. 仰斜　　B. 垂直　　C. 俯斜　　D. 恒重

45. 图中重力式挡土墙根据墙背倾斜方向称为(　　)式挡土墙。

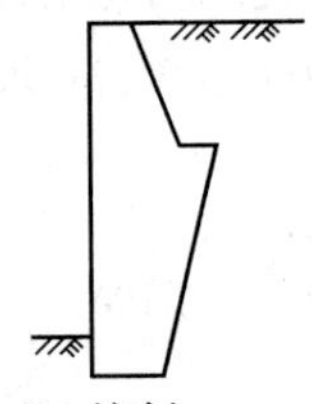

A. 仰斜　　B. 垂直　　C. 俯斜　　D. 恒重

工程造价基本知识

1. 建设工程人工消耗定额即工人工作时间的组成中，准备与结束时间属于(　　)。

A. 有效工作时间　　B. 休息时间

C. 不可避免中断时间　　D. 非定额时间

2. 假定某施工过程的产量定额为 0.5m^3/工日，其时间定额为(　　)工日/m^3。

A. 0.5　　B. 1.0　　C. 1.5　　D. 2.0

3. 假定 1m^3 砖砌体中砂浆的净用量为 Xm^3，砂浆的损耗率为 1%，则砂浆消耗量为(　　)m^3。

A. X　　B. X（1−1%）

C. X（1+1%）　　D. X（1+1%）（1−1%）

4. 建设工程定额中编制施工图预算的主要依据是(　　)。

A. 预算定额　　B. 概算定额　　C. 施工定额　　D. 投资定额

5. (　　)指标指通常是以独立的单项工程或完整的工程项目为对象，在项目建议书和可行性研阶段编制投资估算、计算投资需要量时使用的一种指标。

A. 竣工结算　　B. 概算定额　　C. 施工定额　　D. 投资估算

6. 根据《建筑工程建筑面积计算规范》（GB 50353—2005）规定，下列不计算建筑面积的是(　　)。

A. 建筑物内的夹层、插层　　B. 建筑物内的技术层和检修通道

C. 建筑物有围护结构的架空走廊　　D. 建筑物内变形缝

7. 根据《建筑工程建筑面积计算规范》（GB 50353—2005）规定，不应计算建筑面积的项目是(　　)。

A. 建筑物内电梯井　　B. 建筑物大厅回廊
C. 建筑物检修通道　　D. 建筑物内变形缝

8. 根据《建筑工程建筑面积计算规范》(GB 50353—2005) 规定，建筑物内的门厅、大厅，建筑面积按(　　) 水平投影面积计算。

A. 一层　　B. 两层　　C. 多层　　D. 1/2 层

9. 根据《建筑工程建筑面积计算规范》(GB 50353—2005) 规定，有顶盖无围护结构的场管看台，按其顶盖水平投影面积的(　　)计算建筑面积。

A. 三分之一　　B. 一半　　C. 全部　　D. 两倍

10. 根据《建筑工程建筑面积计算规范》(GB 50353—2005) 规定，建筑物雨篷的外边线至外墙结构外边线的宽度超过(　　)m 时，按其水平投影面积的一半计算建筑面积。

A. 1.0　　B. 1.2　　C. 2.1　　D. 2.2

11. 根据《建筑工程建筑面积计算规范》(GB 50353—2005) 规定，设计不加利用，或作为技术层，或层高不足(　　)m 的深基础架空层、吊脚架空层，不计算建筑面积。

A. 1.0　　B. 1.2　　C. 2.1　　D. 2.2

12. 根据《建设工程量清单计价规范》(GB 50500—2008)，平整场地按设计图示尺寸以建筑物(　　)计算。

A. 首层面积　　B. 标准层面积　　C. 基础所占面积　　D. 顶层面积

13. 根据《建设工程量清单计价规范》(GB 50500—2008)，砌筑工程实心砖墙工程量应按设计图示尺寸以(　　)计算。

A. 中心线长度　　B. 面积　　C. 体积　　D. 质量

14. 根据《建设工程量清单计价规范》(GB 50500—2008)，砌筑工程砖墙长度计算外墙按(　　)，内墙按(　　)计算。

A. 中心线，中心线　　B. 中心线，净长线
C. 净长线，中心线　　D. 净长线，净长线

15. 根据《建设工程量清单计价规范》(GB 50500—2008)，混凝土及钢筋混凝土工程量计算时，矩形梁按设计图示尺寸以(　　)计算。

A. 净长　　B. 面积　　C. 体积　　D. 质量

16. 根据《建设工程量清单计价规范》(GB 50500—2008)，混凝土及钢筋混凝土工程量计算时，当矩形梁两端与柱连接时，梁长取(　　)。

A. 两柱中心线距离　　B. 两柱内侧净长线距离
C. 两柱外侧距离　　D. 两柱中心线距离加支座宽

17. 根据《建设工程量清单计价规范》(GB 50500—2008)，混凝土及钢筋混凝土工程量计算时，过梁工程量计算按设计图示尺寸以(　　)计算。

A. 净长　　B. 面积　　C. 体积　　D. 质量

18. 根据《建设工程量清单计价规范》(GB 50500—2008)，混凝土及钢筋混凝土工程量计算时，无梁板柱高的计算，应按自柱基上表面（或楼板上表面）至(　　)之间的高度计算。

A. 上一层楼层上表面　　B. 上一层楼层下表面
C. 柱帽上表面　　D. 柱帽下表面

19. 根据《建设工程量清单计价规范》(GB 50500—2008)，混凝土及钢筋混凝土工程量计算时，框架柱柱高的计算，应按自柱基上表面（或楼板上表面）至(　　)之间的高度计算。

A. 楼板下表面　　B. 楼板上表面　　C. 梁底面　　D. 柱顶

20. 根据《建设工程量清单计价规范》(GB 50500—2008)，混凝土及钢筋混凝土工程量计算时，有梁板混凝土按(　　)计算。

A. 梁体积　　B. 板体积
C. 梁、板体积之和　　D. 板和柱帽体积之和

21. 根据《建设工程量清单计价规范》(GB 50500—2008)，防水工程工程量计算时，屋面卷材防水按设计图示尺寸以(　　)计算。

A. 长度　　B. 面积　　C. 体积　　D. 质量

22. 根据《建设工程量清单计价规范》(GB 50500—2008)，防水工程工程量计算时，变形缝按设计图示尺寸以(　　)计算。

A. 长度　　B. 面积　　C. 体积　　D. 质量

23. 根据《建设工程量清单计价规范》(GB 50500—2008)，防腐、隔热、保温工程量计算时，保温隔热屋面按设计图示尺寸以(　　)计算。

A. 长度　　B. 面积　　C. 体积　　D. 质量

24. 根据《建设工程量清单计价规范》(GB 50500—2008)，下列挖基础土方工程量的计算，正确的是(　　)。

A. 基础设计底面积×基础埋深
B. 基础设计底面积×挖土深度
C. 基础垫层设计底面积×基础设计高度
D. 基础垫层设计底面积×挖土深度

25. 根据《建设工程量清单计价规范》(GB 50500—2008)，砌筑工程砖基础工程量应按设计图示尺寸以(　　)计算。

A. 中心线长度　　B. 面积　　C. 体积　　D. 质量

26. 分部分项工程量清单编码1、2位附录编码为01，表示的内容为(　　)。

A. 建筑工程　　B. 装饰装修工程　　C. 安装工程　　D. 市政工程

27. 分部分项工程量清单编码1、2位附录编码为02，表示的内容为(　　)。

A. 建筑工程　　B. 装饰装修工程　　C. 安装工程　　D. 市政工程

28. 分部分项工程量清单编码1、2位附录编码为03，表示的内容为(　　)。

A. 建筑工程　　B. 装饰装修工程　　C. 安装工程　　D. 市政工程

29. 招标人在工程量清单中提供的用于支付必然发生但暂时不能确定价格的材料的单价以及专业工程的金额称为(　　)。

A. 暂列金额　　B. 暂估价　　C. 计日工　　D. 综合单价

30. 建筑安装工程造价的组成不包括(　　)。

A. 分部分项工程费　　B. 规费
C. 风险　　D. 税金

二、多选题

建筑力学知识

1. 两个物体之间的作用力和反作用力总是(　　)。

A. 大小相等　　B. 方向相同
C. 方向相反　　D. 分别作用在两个物体上

2. 下列约束不能限制物体绕支座转动的有(　　)。

A. 固定铰支座　　B. 固定端约束　　C. 可动铰支座　　D. 柔索约束

3. 平面上二力汇交于一点，大小分别为15kN和5kN，合力可能为(　　)kN。

A. 5　　B. 10　　C. 15　　D. 20

4. 平面一般力系的平衡解析条件包括(　　)。

A. 力在各坐标轴上的投影为零

B. 力在各坐标轴的投影的代数和为零

C. 力对平面内任意点的力矩的代数和为零

D. 力汇交于一点

5. 如图所示简支梁在外力 F 作用下，内力图正确的有(　　)。

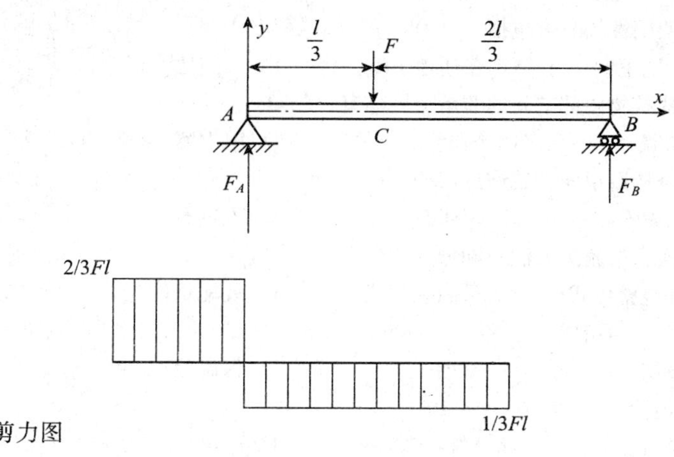

A. 剪力图

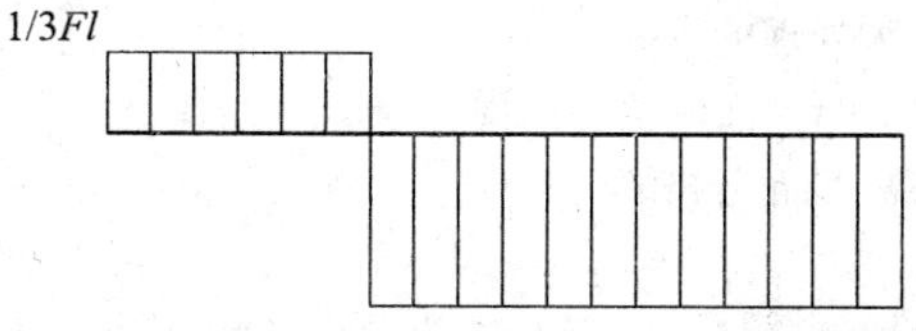

B. 剪力图

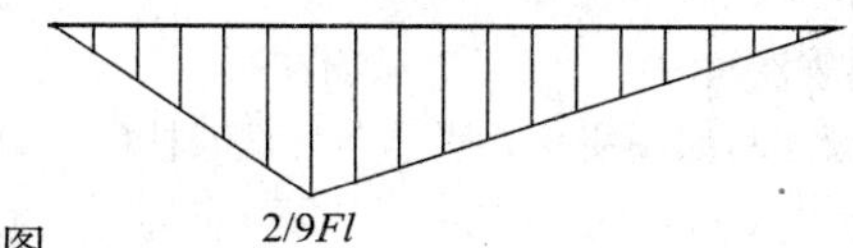

C. 弯矩图

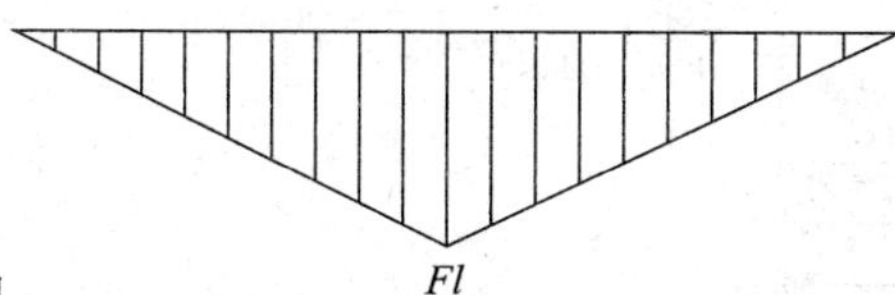

D. 弯矩图

6. 如图所示，梁在均布荷载作用下，下列关于梁内力图形状的描述正确的有(　　)。

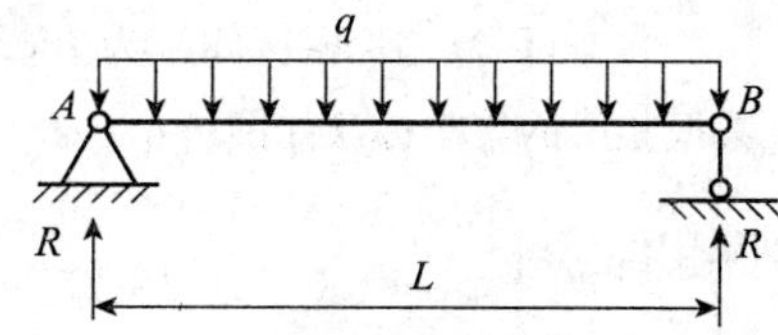

A. 剪力图是抛物线　　　　B. 弯矩图是抛物线

C. 剪力图是斜直线　　　　D. 弯矩图是斜直线

7. 梁截面上单元体的应力一般可分解为(　　)。

A. 垂直于截面的正应力　　　　B. 垂直于截面的剪应力

C. 相切于截面的正应力　　　　D. 相切于截面的剪应力

8. 构件的承载能力，是指构件在荷载作用下，能够满足(　　)要求的能力。

A. 耐久性　　B. 强度　　C. 刚度　　D. 稳定性

建筑构造与施工图识读

1. 民用建筑中，决定建筑基础埋置深度的因素有(　　)。

A. 地基土质　　B. 地下水位　　C. 耐久性　　D. 相邻基础埋深

2. 民用建筑的地下室按使用性质分类包括(　　)。

A. 全地下室　　B. 半地下室　　C. 普通地下室　　D. 人防地下室

3. 民用建筑中用来分隔建筑物内部空间的非承重墙体有(　　)。

A. 幕墙　　B. 隔墙　　C. 隔断　　D. 剪力墙

4. 下列民用建筑墙面装修构造中属于装饰抹灰的是(　　)。

A. 干粘石　　B. 水刷石　　C. 斩假石　　D. 人造石板

5. 民用建筑钢筋混凝土楼板按施工方法不同分为(　　)。

A. 现浇装配式　　B. 现浇整体式　　C. 预制装配式　　D. 装配整体式

6. 民用建筑地坪主要有(　　)组成。

A. 面层　　B. 垫层　　C. 基层　　D. 保温层

7. 民用建筑楼梯的组成包括(　　)。

A. 梯段　　B. 平台　　C. 栏杆　　D. 过梁

8. 民用建筑的下列交接部位，需要做泛水处理的有(　　)。

A. 屋面与女儿墙　　B. 出屋面风道与屋面

C. 屋面变形缝　　D. 屋面分格缝

9. 民用建筑的变形缝有(　　)。

A. 伸缩缝　　B. 分格缝　　C. 沉降缝　　D. 防震缝

10. 房屋建筑结构施工图中板的平法标注方式有(　　)。

A. 集中标注　　B. 原位标注　　C. 列表注写　　D. 截面注写

11. 房屋建筑结构施工图中，某框架柱的截面注写如图所示，表示 5 号框架柱(　　)。

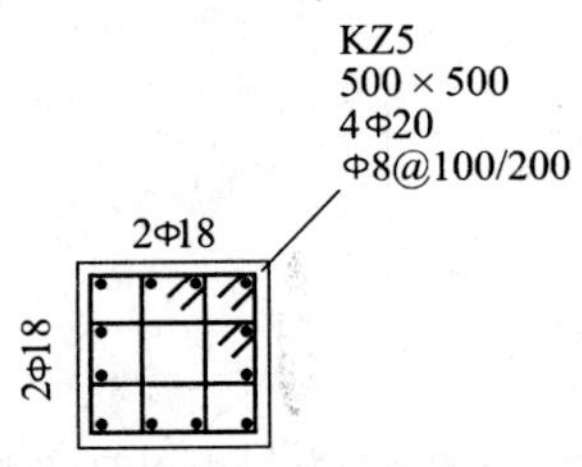

A. 角筋为直径 18mm 的钢筋　　B. 角筋为直径 20mm 的钢筋

C. 箍筋为直径 8mm 的钢筋　　D. 箍筋加密区间距为 100mm

12. 房屋建筑结构施工图中，某框架梁的集中标注如图所示，表示 1 号框架梁(　　)。

集中标注：
KL1（2A）300×650
Φ8@100（2）2Φ25
G4Φ10
（−0.100m）

A. 截面尺寸为 300×650

B. 两个侧面均配有 2 根构造钢筋

C. 箍筋采用双肢箍

D. 底部采用两根直径 25mm 的钢筋

13. 房屋建筑结构施工图中，梁平法标注“KL3（2A）300×650”，表示梁（　　）。

A. 共 3 跨　　B. 一端悬挑

C. 属于框架梁　　D. 截面宽度为 300mm

14. 房屋建筑结构施工图中，梁的箍筋注写“13Φ8@150（4）/150（2）”，表示梁（　　）。

A. 两端各有 13 根箍筋　　B. 箍筋间距均为 150mm

C. 均为双肢箍　　D. 均为四肢箍

建筑材料

1. 水泥的检验项目中，不合格时应按废品处理的有（　　）。

A. 初凝时间　　B. 终凝时间　　C. 体积安定性　　D. 储存时间

2. 下列关于石灰的特性，说法正确的有（　　）。

A. 具有良好的可塑性　　B. 凝结硬化快

C. 强度低　　D. 体积收缩大

3. 根据煅烧程度不同，石灰可以分为（　　）。

A. 欠火石灰　　B. 正火石灰　　C. 过火石灰　　D. 生火石灰

4. 下列关于石膏的特性，说法正确的有（　　）。

A. 体积收缩大　　B. 凝结硬化快　　C. 防火性好　　D. 耐水性差

5. 在混凝土中添加引气剂，能提高混凝土的（　　）。

A. 强度　　B. 抗渗性　　C. 抗冻性　　D. 耐久性

6. 混凝土的配合比设计中，要掌握好以下哪几个重要参数（　　）。

A. 水胶比　　B. 砂率　　C. 单位用水量　　D. 强屈比

7. 混凝土配合比计算时，可以采用下列（　　）计算砂石用量。

A. 质量法　　B. 密度法　　C. 体积法　　D. 强度法

8. 以下属于混凝土耐久性表现内容的是（　　）。

A. 抗冻性　　B. 抗渗性　　C. 黏聚性　　D. 保水性

9. 新拌砂浆的和易性包括（　　）。

A. 流动性　　B. 渗透性　　C. 黏聚性　　D. 保水性

10. 砌墙砖按制造工艺分类包括（　　）。

A. 烧结砖　　B. 氧化砖　　C. 蒸压砖　　D. 碳化砖

11. 烧结多孔砖按规格尺寸可分为（　　）。

A. F 型　　B. C 型　　C. P 型　　D. M 型

12. 下列材料属于柔性防水材料的有（　　）。

A. 沥青防水卷材　　B. 防水混凝土

C. 防水涂料　　D. 合成高分子防水卷材

13. 下列材料属于刚性防水材料的有（　　）。

A. 沥青防水卷材　　B. 防水混凝土

C. 防水砂浆　　D. 合成高分子防水卷材

14. 以下属于常用建筑陶瓷有（　　）。

A. 釉面砖　　B. 地砖　　C. 陶瓷锦砖　　D. 花岗岩

建筑结构

1. 建筑结构的可靠性包括（　　）。

A. 安全性　　　B. 经济性　　　C. 适用性　　　D. 耐久性

2. 建筑结构功能的极限状态包括(　　)。

A. 经济能力极限状态　　　B. 适用能力极限状态

C. 承载能力极限状态　　　D. 正常使用极限状态

3. 地震是一种自然现象，按成因分类包括(　　)。

A. 火山地震　　　B. 塌陷地震　　　C. 构造地震　　　D. 海啸地震

4. 人工处理地基的方法有(　　)。

A. 换填　　　B. 预压　　　C. 强夯　　　D. 浇筑

5. 土的三项基本物理指标包括(　　)。

A. 密度　　　B. 孔隙率　　　C. 含水量　　　D. 相对密度

6. 影响土压实效果的因素有(　　)。

A. 土的含水量　　　B. 土的重度　　　C. 压实功　　　D. 每层铺土厚度

7. 以下基础形式，受到刚性角限制的有(　　)。

A. 毛石基础　　　B. 砖基础　　　C. 刚性基础　　　D. 钢筋混凝土基础

8. 砌体抗压强度的影响因素包括(　　)。

A. 砌筑质量　　　B. 块材重量

C. 块材和砂浆强度　　　D. 块材的表面平整度和几何尺寸

9. 根据《建筑抗震设计规范》(GB 50011—2010)，抗震设计时，关于砌体房屋构造柱的说法正确的有(　　)。

A. 最小截面尺寸为 240mm×180mm

B. 最小截面尺寸为 240mm×370mm

C. 构造柱应砌成马牙槎

D. 沿柱高应设拉结钢筋

10. 钢筋混凝土单筋矩形梁正截面受弯计算时根据纵向钢筋配筋率分类包括(　　)。

A. 少筋梁　　　B. 适筋梁　　　C. 多筋梁　　　D. 超筋梁

11. 钢筋混凝土柱中通常配置(　　)。

A. 分布钢筋　　　B. 纵向受力钢筋　　　C. 箍筋　　　D. 弯起钢筋

12. 根据《建筑抗震设计规范》(GB 50011—2010)，抗震设计时，除底层外的框架柱柱端箍筋加密区的范围应满足不小于(　　)。

A. 柱截面长边　　　B. 1/3 柱净高　　　C. 1/6 柱净高　　　D. 500mm

13. 与普通钢筋混凝土相比，预应力钢筋混凝土的特点包括(　　)。

A. 截面尺寸较大　　　B. 刚度较大　　　C. 施工简单　　　D. 抗裂性较好

14. 根据墙背倾斜方向不同，重力式挡土墙截面形式包括(　　)。

A. 仰斜　　　B. 俯斜　　　C. 垂直　　　D. 水平

工程造价基本知识

1. 建筑工程定额是建筑安装工人在正常的施工条件下，为完成一定计量单位的某一施工过程或工序所需消耗的(　　)等消耗的数量标准。

A. 人工　　　B. 材料　　　C. 劳动　　　D. 机械台班

2. 根据《建筑工程建筑面积计算规范》(GB 50353—2005)规定，下列不计算建筑面积的是(　　)。

A. 出墙宽度在 2.2m 的雨蓬　　　B. 有围护结构的架空走廊

C. 建筑物内检修通道　　　D. 室外消防钢楼梯

3. 根据《建设工程量清单计价规范》(GB 50500—2008)，砌筑工程工程量计算时，按设计图示尺寸以体积计算的有(　　)。

A. 砖基础　　B. 砖散水　　C. 砖地沟　　D. 实心砖墙

4. 措施项目清单应根据拟建工程的实际情况列项，分为(　　)。

A. 通用措施项目　　B. 非通用措施项目

C. 专业工程措施项目　　D. 实体措施项目

5. 下列属于分部分项工程费的有(　　)。

A. 人工费　　B. 企业管理费　　C. 税金　　D. 规费

6. 下列属于措施项目费的有(　　)。

A. 安全文明施工费　　B. 夜间施工费

C. 职工教育经费　　D. 脚手架费

岗位知识及专业实务篇

（单选题 252 多选题 104 案例题 15）

一、单选题

工程施工测量

1. 将各种现有地面物体的位置和形状，以及地面的起伏形态等，用图形或数据表示出来，为规划设计和管理等工作提供依据，这一测量工作称为(　　)。

A. 测定　　B. 测设　　C. 放线　　D. 抄平

2. 工程测量的中误差属于(　　)。

A. 相对误差　　B. 绝对误差　　C. 容许误差　　D. 偶然误差

3. 距离丈量时，测得两段总距离分别为 100m 和 300m，中误差均为±1cm，则测量的精度(　　)。

A. 100m 距离的高　　B. 300m 距离的高　　C. 相等　　D. 无法计算

4. 以下测量精度最高的是(　　)。

A. 1/100　　B. 1/500　　C. 1/1000　　D. 1/5000

5. 相同观测条件下，对某量进行一系列的观测，如果误差出现的符号和大小均相同，或按一定规律变化，这种误差称为(　　)。

A. 测量仪器和工具误差　　B. 观测者误差

C. 偶然误差　　D. 系统误差

6. 对于 DS_3 型水准仪，下标 3 表示的含义是(　　)。

A. 出厂日期　　B. 仪器支架类型　　C. 精度　　D. 高度

7. 光学水准仪粗略整平时旋转脚螺栓使(　　)的气泡居中。

A. 目镜　　B. 物镜　　C. 圆水准器　　D. 管水准器

8. 光学水准仪粗略整平时气泡移动的方向与(　　)的方向一致。

A. 左手大拇指旋转脚螺旋时移动

B. 右手大拇指旋转脚螺旋时移动

C. 水平度盘转动

D. 照准部转动

9. 光学水准仪精确瞄准水准尺得到如图所示图像，读数为(　　)m。

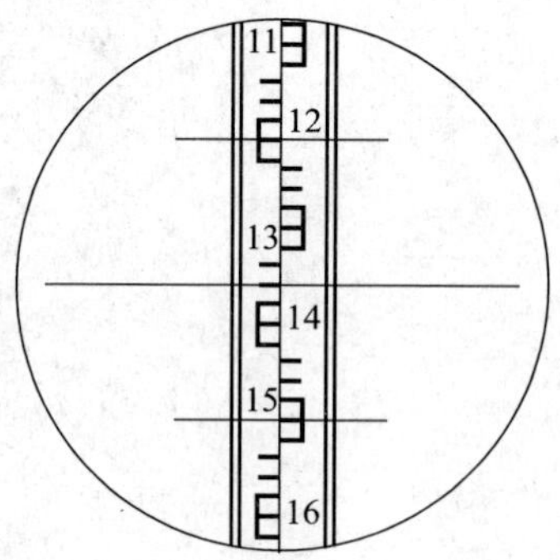

A. 1.335　　B. 13.33　　C. 1.465　　D. 14.65

10. 安置光学经纬仪时，对中的目的是使(　　)。

A. 仪器中心与测站点中心位于同一铅垂线上

B. 仪器处于水平位置

C. 仪器高度适合测量

D. 仪器视准轴与地面垂直

11. 光学经纬仪初步对中整平时，调整圆水准器使气泡居中的方法是(　　)。

A. 旋转脚螺栓　　B. 伸缩三脚架架腿

C. 转动照准部　　D. 旋转水平度盘

12. 光学经纬仪精确对中整平时，如图所示，调整两个脚螺旋使气泡居中后将照准部转动(　　)度后再调整第三个螺旋使水准管气泡居中。

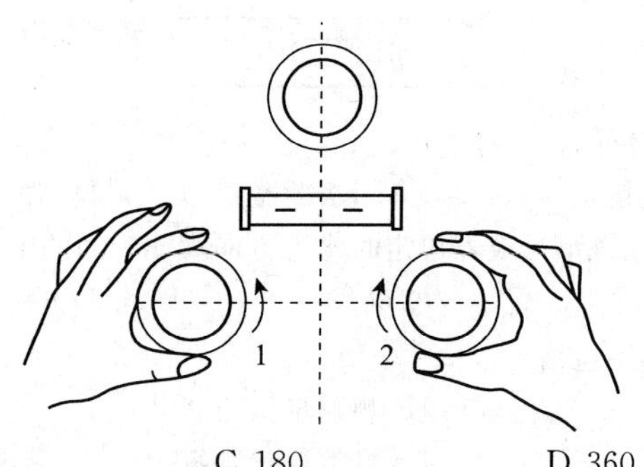

A. 45　　B. 90　　C. 180　　D. 360

13. 安置光学经纬仪一般需要经过几次(　　)的循环过程，才能使仪器整平和对中符合要求。

A. 精平—对中　　B. 对中—整平

C. 初平—对中—精平　　D. 对中—初平—精平

14. DS_3 型水准仪的望远镜如图所示，其中 1 对应的是(　　)。

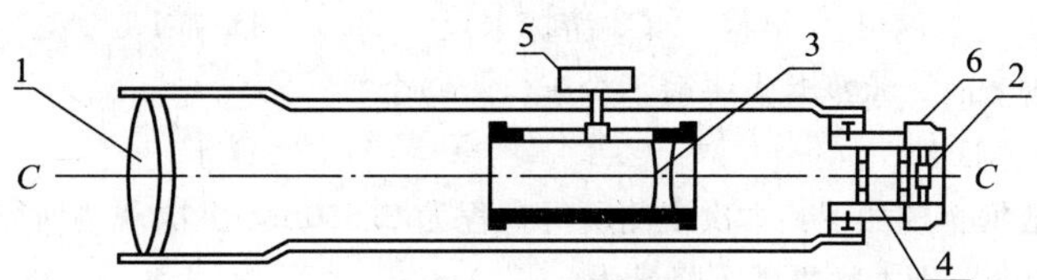

A. 目镜　　B. 物镜　　C. 十字丝分划板　　D. 物镜调焦螺旋

15. 光学经纬仪的反光镜装置，其主要作用是（　　）。

A. 镜面成像　　B. 初步整平　　C. 调节亮度　　D. 精确对中

16. 用来判断水准仪望远镜的视准轴是否水平的装置是(　　)。

A. 目镜　　B. 物镜　　C. 基座　　D. 水准器

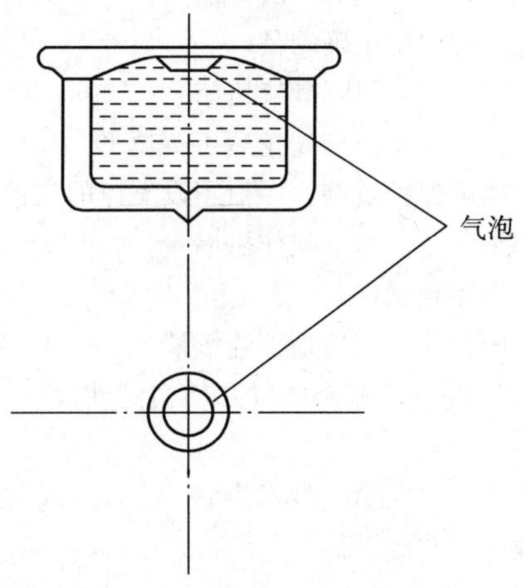

17. 如图所示装置为水准仪的(　　)。

A. 目镜　　B. 物镜　　C. 圆水准器　　D. 管水准器

18. 圆水准器能用于仪器的（　　）。

A. 粗略整平　　B. 精确整平　　C. 瞄准目标　　D. 记录数据

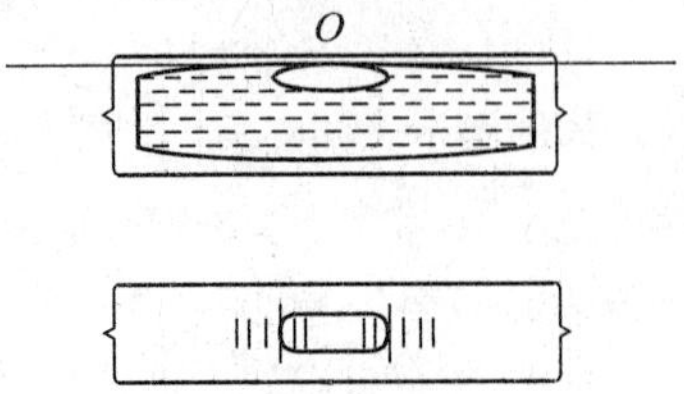

19. 如图所示装置为水准仪的(　　)。

A. 目镜　　B. 物镜　　C. 圆水准器　　D. 管水准器

20. DJ6 型光学经伟仪表示该型号仪器检定时水平方向观测一回的中误差不超过±（　　）。

A. 0.6″　　B. 6″　　C. 60″　　D. 6°

21. 拟定测设方案的内容不包括（　　）。

A. 测设方法　　B. 测设步骤

C. 精度要求　　D. 计算测设数据

22. 根据已定位的外墙轴线交点桩，详细测设出建筑物各轴线的交点桩，然后根据交点桩用白灰撒出基槽开挖边界线，这一工作称为建筑物的（　　）。

A. 放线　　B. 定位　　C. 抄平　　D. 沉降观测

23. 砖基础墙施工可用(　　)来控制标高。

A. 皮数杆　　B. 钢尺　　C. 游标卡尺　　D. 靠尺

24. 在进行沉降观测时，水准基点一般不少于(　　)个。

A. 1　　B. 2　　C. 3　　D. 4

25. 沉降观测时数据整理如下：本次观测所得高程为 2.800m，上次观测所得高程为 2.700m，上次累计沉降量为 0.150m，则本次累计沉降量为(　　)m。

A. 0.100　　B. 0.150　　C. 0.250　　D. 0.300

施工技术

1. 土方开挖顺序和方法应遵循的原则不包括(　　)。

A. 开槽支撑　　B. 先撑后挖　　C. 一次开挖　　D. 严禁超挖

2. 下列关于控制基坑开挖深度的说法正确的是(　　)。

A. 超挖后应立即填平　　B. 严禁超挖

C. 一次开挖到底　　D. 超挖后可不填平

3. 依靠支护结构本身自重和刚度保护坑壁，一般不设支撑的支护形式是(　　)。

A. 排桩　　B. 土钉墙　　C. 逆作拱墙　　D. 水泥土墙

4. 土钉墙支护结构的组成部分不包括(　　)。

A. 土钉　　B. 原位土体　　C. 地下连续墙　　D. 喷射混凝土面层

5. 基坑挖至基底设计标高并清理后，施工单位必须会同建设、监理、勘察、设计等单位共同进行(　　)。

A. 图纸会审　　B. 验槽　　C. 技术交底　　D. 安全交底

6. 房屋建筑工程地基验槽常采用(　　)。

A. 观察法　　B. 模拟法　　C. 对比法　　D. 搅拌法

7. 按照上部结构对地基的要求，对地基进行必要的加固和改良，提高地基土的承载力，保证地基稳定的措施统称为(　　)。

A. 地基承载力　　B. 单桩承载力

C. 地基处理　　D. 基础设计

8. 下列土方施工机械能独立完成铲土、运土、卸土、填筑、场地平整的是(　　)。

A. 推土机　　B. 铲运机　　C. 拉铲挖土机　　D. 反铲挖土机

9. 当地质条件良好、土质均匀且地下水位(　　)基坑底面标高时，在容许深度内挖方边坡可做成直立壁不加支撑，基坑长度稍大于基础长度。

A. 低于　　B. 高于　　C. 等于　　D. 高于或等于

10. 基坑不加支撑时的开挖容许深度，坚硬的黏性土(　　)碎石土。

A. 大于　　B. 等于　　C. 小于　　D. 小于或等于

11. 房屋建筑工程土方施工的边坡值采用(　　)表示。

A. 高：宽　　B. 宽：高　　C. 长：宽　　D. 长：高

12. 房屋建筑工程相邻基坑开挖时，应遵循(　　)或同时进行的施工程序。

A. 先浅后深　　B. 先深后浅

C. 先大后小（建筑面积）　　D. 先小后大（建筑面积）

13. 路基横断面中，坡脚线与设计线的标高之差为(　　)。

A. 路基高度　　B. 最小高度　　C. 边坡高度　　D. 挡土墙高度

14. 下列关于路基辗压施工的说法不正确的是(　　)。

A. 先快后慢　　B. 先轻后重　　C. 轮迹重叠　　D. 分层压实

15. 相同填筑材料，相同填筑厚度，当路基压实度为(　　)%时，路基强度最高。

A. 85　　B. 90　　C. 92　　D. 95

16. 填方路基的填筑材料应优先选用(　　)。

A. 淤泥　　B. 冻土　　C. 砂类土　　D. 粉土

17. 路基在水和温度的作用下保持(　　)的能力称为水温稳定性。

A. 温度　　B. 刚度　　C. 强度　　D. 湿度

18. 路基防护与加固的重点是(　　)。

A. 路基主体　　B. 边沟　　C. 路基边坡　　D. 路面

19. 如图所示路基横断面称为(　　)。

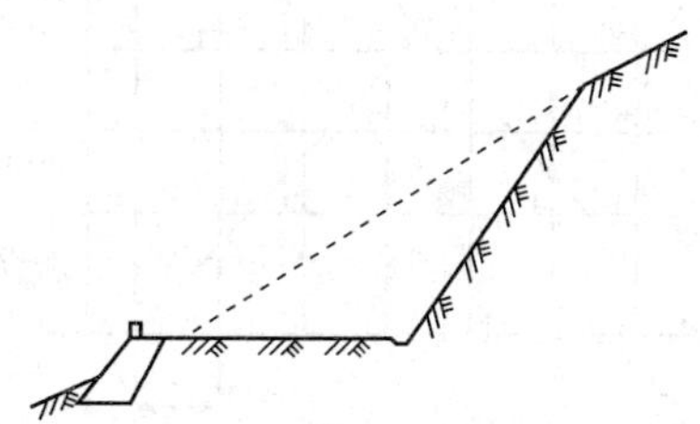

A. 路堤　　B. 路堑　　C. 半填半挖路基　　D. 挡土墙

20. 路基按防护工程类型情况分类，当填筑高度超过 6m 时，称为(　　)。

A. 低路堤　　B. 一般路堤　　C. 高路堤　　D. 半填半挖路堤

21. 砖基础施工时，摆砖之后应进行的工序是(　　)。

A. 立皮数杆　　B. 挂线　　C. 抄平　　D. 勾缝和清理

22. 钢筋混凝土基础施工时，基础侧模板搭设完成后应进行的工序是(　　)。

A. 基础钢筋绑扎　B. 基础放线　C. 浇混凝土　D. 隐蔽工程验收

23. 钢筋混凝土基础施工时，基础钢筋绑扎完成后应进行的工序是(　　)。

A. 基础侧模板搭设　B. 基础放线

C. 浇混凝土　D. 隐蔽工程验收

24. 钢筋混凝土预制桩打桩过程中，每阵锤击贯入度随锤击阵数的增加而逐渐(　　)，桩的承载力逐渐(　　)。

A. 减少，减少　B. 减少，增加　C. 增加，增加　D. 增加，减少

25. 泥浆护壁钻孔灌注桩施工时，下放钢筋笼之前应进行的工序是(　　)。

A. 浇筑混凝土　B. 切割桩头　C. 终孔验收　D. 泥浆循环

26. 沉管灌注桩预先将带有活瓣式桩尖或预制钢筋混凝土桩尖的钢套管沉入土中，下列关于钢套管的处理方式正确的是(　　)。

A. 混凝土全部浇筑完成后开始拔出钢套管

B. 混凝土达到设计强度后开始拔出钢套管

C. 边浇筑混凝土边拔钢套管

D. 永久埋在地下

27. 人工挖孔灌注桩护壁的方法不包括(　　)。

A. 钢套管护壁　B. 砖砌体护壁　C. 混凝土护壁　D. 泥浆护壁

28. 钢筋混凝土预制桩采用静力压桩法施工时，吊桩、插桩后应进行的工序是(　　)。

A. 接桩　B. 静力压桩　C. 桩身对中调直　D. 送桩

29. 钢筋混凝土灌注桩成孔方法不包括(　　)。

A. 钻孔成孔　B. 搅拌成孔　C. 沉管成孔　D. 人工挖孔

30. 钢筋混凝土灌注桩按成孔方法分类不包括(　　)。

A. 钻孔灌注桩　B. 沉管灌注桩

C. 人工挖孔灌注桩　D. 预制成孔灌注桩

31. 如图所示钢管扣件式脚手架的立面图，1 对应的构件称为(　　)。

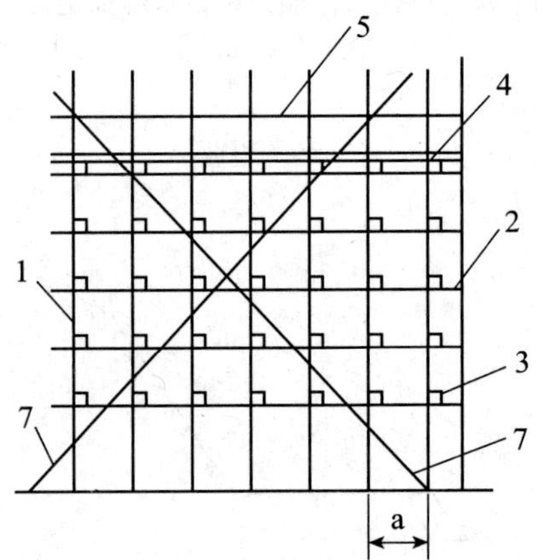

A. 立杆　B. 横向水平杆（小横杆）

C. 纵向水平杆（大横杆）　D. 抛撑

32. 下列关于钢管扣件式脚手架的拆除作业说法错误的是(　　)。

A. 由上到下逐层进行

B. 可分段拆除

C. 可上下同时进行

D. 严禁先将连墙件整层拆除后再拆脚手架

33. 如图所示为(　　)的基本单元。

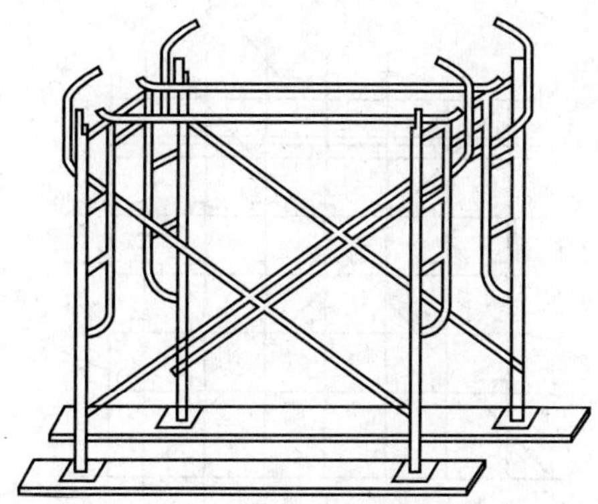

A. 钢管扣件式脚手架　　　　　　　　B. 剪刀式脚手架

C. 碗扣式脚手架　　　　　　　　　　D. 门式脚手架

34. 门式脚手架的交叉支撑、脚手板应与门架同时安装，连接门架的锁臂、挂钩必须处于(　　)状态。

A. 松开　　　　B. 锁住　　　　C. 弹性　　　　D. 刚性

35. 如图所示钢管扣件式脚手架的立面图，3 对应的构件称为(　　)。

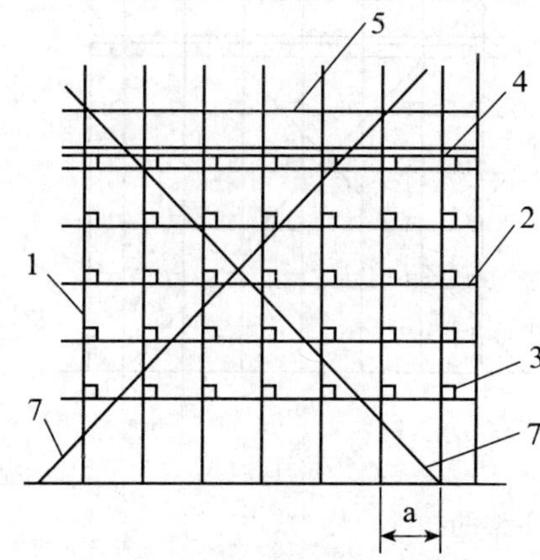

A. 立杆　　　　　　　　　　　　　　B. 横向水平杆（小横杆）

C. 纵向水平杆（大横杆）　　　　　　D. 抛撑

36. 如图所示连接节点为(　　)。

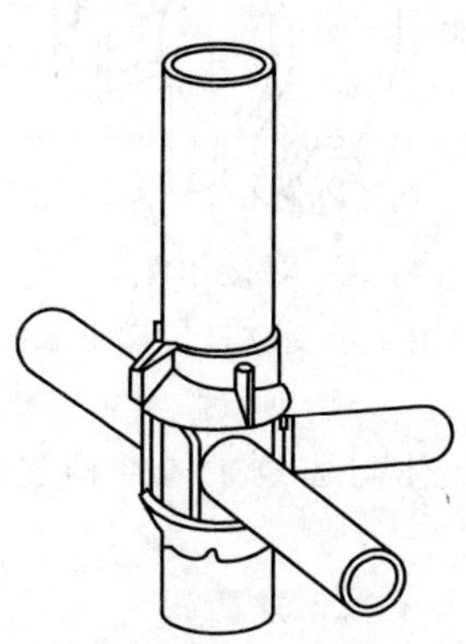

A. 门式节点　　B. 碗扣节点　　C. 扣件节点　　D. 搭接节点

37. 如图所示钢管扣件式脚手架的立面图，2 对应的构件称为(　　)。

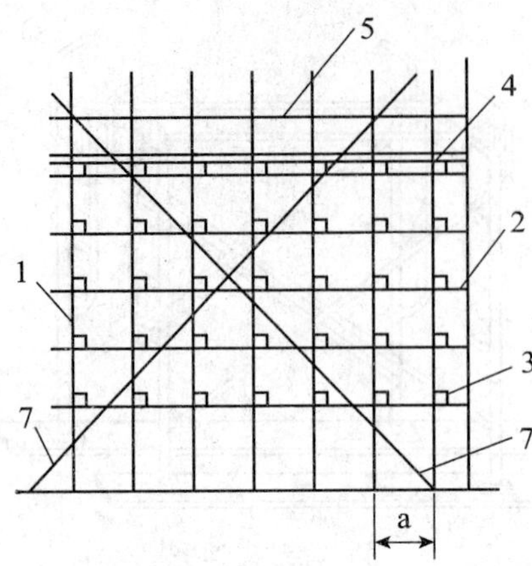

A. 立杆　　B. 横向水平杆（小横杆）

C. 纵向水平杆（大横杆）　　D. 抛撑

38. 如图所示钢管扣件式脚手架的立面图，7 对应的构件称为(　　)。

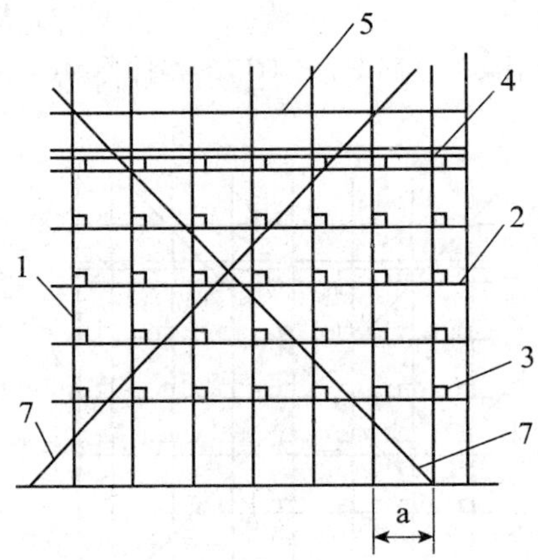

A. 立杆　　B. 斜撑　　C. 剪刀撑　　D. 抛撑

39. 如图所示钢管扣件式脚手架的扣件，称为(　　)。

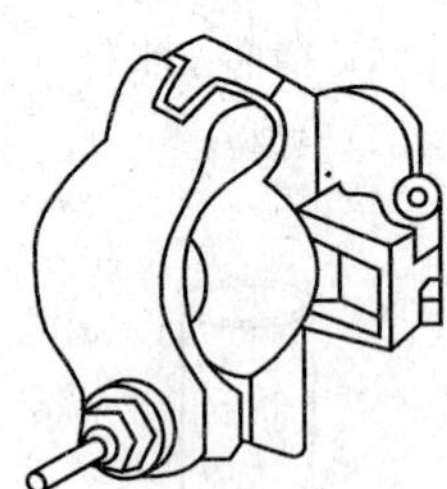

A. 直角扣件　　B. 旋转扣件　　C. 对接扣件　　D. 螺栓扣件

40. 钢管扣件式脚手架中，(　　)用于承受立杆传递下来的荷载。

A. 扣件　　B. 底座　　C. 剪刀撑　　D. 连墙件

41. 钢管扣件式脚手架中，将架体与建筑主体结构连接，能够传递拉力和压力的构件称为(　　)。

A. 扣件　　B. 底座　　C. 剪刀撑　　D. 连墙件

42. 物料提升机任意部位与建筑物或其他施工设备间的安全距离不应小于(　　)m。

A. 0.1　　B. 0.6　　C. 1.0　　D. 1.2

43. 物料提升机必须由取得(　　)证的人员操作。

A. 施工员　　B. 安全员　　C. 特种作业操作　　D. 标准员

44. 物料提升机运行时，(　　)使用限位开关代替控制开关控制开关运行。

A. 必须　　B. 可以　　C. 不得　　D. 确认安全后可以

45. 施工电梯的拆卸应由(　　)负责。

A. 设计单位　　B. 监理单位　　C. 安装单位　　D. 施工单位

46. 根据《砌体结构工程施工质量验收规范》(GB 50203—2011)，常温下，砖应提前(　　)适度湿润。

A. 1～2d　　B. 7～8d　　C. 14d　　D. 28d

47. 根据《砌体结构工程施工质量验收规范》(GB 50203—2011)，6 度设防的底层框架—抗震墙砖房底层采用约束砖砌体墙时，施工顺序正确的是(　　)。

A. 先浇框架，后砌墙　　B. 先砌墙，后浇框架

C. 砌墙与框架同时进行　　D. 先砌墙或先浇框架均可

48. 根据《砌体结构工程施工质量验收规范》(GB 50203—2011)，砖砌体的水平灰缝及竖向灰缝厚度应为(　　)mm。

A. 5～8　　B. 8～12　　C. 12～15　　D. 12～24

49. 根据《砌体结构工程施工质量验收规范》(GB 50203—2011)，砖墙上留置临时施工洞口，洞口净宽不应超过(　　)mm。

A. 500　　B. 700　　C. 900　　D. 1000

50. 砌体结构中，构造柱处砖墙应砌成马牙槎，每一马牙槎沿高度方向不超过(　　)mm。

A. 300　　B. 500　　C. 800　　D. 1000

51. 基础及有防水特殊要求的部位，主要用(　　)砌筑。

A. 混合砂浆　　B. 水泥砂浆　　C. 石灰砂浆　　D. 吸声砂浆

52. 根据《砌体结构工程施工质量验收规范》(GB 50203—2011)，施工采用的混凝土小型空心砌块的产品龄期不应小于(　　)d。

A. 3　　B. 7　　C. 14　　D. 28

53. 根据《砌体结构工程施工质量验收规范》(GB 50203—2011)，普通混凝土小型空心砌块的水平灰缝饱满度不得低于(　　)%。

A. 70　　B. 80　　C. 85　　D. 90

54. 根据《砌体结构工程施工质量验收规范》(GB 50203—2011)，普通混凝土小型空心砌块应砌成斜槎，斜槎水平投影长度为(　　)斜槎高度。

A. 不应大于　　B. 不应小于　　C. 不应小于 2/3　　D. 不应大于 2/3

55. 根据《砌体结构工程施工质量验收规范》(GB 50203—2011)，普通混凝土小型空心砌块施工洞口可留直槎，但在洞口补砌时，应在直槎上下搭砌的小砌块孔洞内用强度等级不低于(　　)的混凝土灌实。

A. C10 (Cb10)　　B. C15 (Cb15)　　C. C20 (Cb20)　　D. C25 (Cb25)

56. 根据《砌体结构工程施工质量验收规范》(GB 50203—2011)，施工期间最高气温超过 30℃时，砂浆应在搅拌完成后(　　)h 以内使用完毕。

A. 1　　B. 2　　C. 3　　D. 4

57. 砖墙的组砌形式不包括(　　)。

A. 一顺一丁　　B. 三顺一丁　　C. 梅花丁　　D. 三一丁

58. 根据《砌体结构工程施工质量验收规范》(GB 50203—2011)，抗震设防为6度、7度地区的砖墙临时间断处设置直槎且加设拉结钢筋时，拉结筋埋入长度应符合(　　)。

A. 不应小于500mm　　B. 不应大于500mm

C. 不应小于1000mm　　D. 不应大于1000mm

59. 根据《砌体结构工程施工质量验收规范》(GB 50203—2011)，砖砌体竖向灰缝厚度的检验方法是(　　)。

A. 用尺连续量5个灰缝取最大值　　B. 用尺连续量5个灰缝取平均值

C. 用尺量2m砌体长度折算　　D. 用尺量10皮砖砌体折算

60. 根据《砌体结构工程施工质量验收规范》(GB 50203—2011)，砖砌体组砌方法应正确，保证(　　)。

A. 内外搭砌，上、下错缝　　B. 内外搭砌，上、下通缝

C. 内外间断，上、下错缝　　D. 内外间断，上、下通缝

61. 不承重的侧模板，包括梁、柱侧模，混凝土强度满足(　　)时方可拆除。

A. ≥50%设计强度

B. ≥75%设计强度

C. ≥100%设计强度

D. 保证混凝土表面及棱角不因拆除而受损坏

62. 一般墙体大模板在常温条件下，混凝土强度达到(　　)时，即可拆除。

A. ≥50%设计强度

B. ≥75%设计强度

C. 1.0N/mm^2

D. 保证混凝土表面及棱角不因拆除而受损坏

63. 模板拆除的顺序，应遵循的原则是(　　)。

A. 先支先拆，后支后拆　　B. 先支后拆，后支先拆

C. 先支与后支的同时拆除　　D. 先支的可先拆，也可后拆

64. 模板拆除的顺序，应遵循的原则是先拆(　　)，后拆(　　)。

A. 梁底模，梁侧模　　B. 梁底模，柱侧模

C. 承重部位，非承重部位　　D. 非承重部位，承重部位

65. 多层楼板模板支架的拆除，该层楼板正在浇筑混凝土时，下二层支架的拆除时对于跨度大于(　　)m的梁均应保留支架，其间距不得大于3m。

A. 2　　B. 3　　C. 4　　D. 5

66. 某现浇楼板的跨度为2m，当设计无具体要求时，混凝土强度满足(　　)时方可拆除底模。

A. ≥50%设计强度

B. ≥75%设计强度

C. ≥100%设计强度

D. 保证混凝土表面及棱角不因拆除而受损坏

67. 某现浇楼板的跨度为6m，当设计无具体要求时，混凝土强度满足(　　)时方可拆除底模。

A. ≥50%设计强度

B. ≥75%设计强度

C. ≥100%设计强度

D. 保证混凝土表面及棱角不因拆除而受损坏

68. 某钢筋混凝土梁的跨度为2m，当设计无具体要求时，混凝土强度满足(　　)时方可拆除底模。

A. ≥50%设计强度

B. ≥75%设计强度

C. ≥100%设计强度

D. 保证混凝土表面及棱角不因拆除而受损坏

69. 某钢筋混凝土梁的跨度为 9m，当设计无具体要求时，混凝土强度满足(　　)时方可拆除底模。

A. ≥50%设计强度

B. ≥75%设计强度

C. ≥100%设计强度

D. 保证混凝土表面及棱角不因拆除而受损坏

70. 某钢筋混凝土悬臂梁的跨度为 2m，当设计无具体要求时，混凝土强度满足(　　)时方可拆除底模。

A. ≥50%设计强度

B. ≥75%设计强度

C. ≥100%设计强度

D. 保证混凝土表面及棱角不因拆除而受损坏

71. 钢筋混凝土工程中，模板的构造要求不包括(　　)。

A. 能可靠承受混凝土自重　　B. 能可靠承受地震荷载

C. 能可靠承受施工荷载　　D. 能可靠承受侧压力

72. 某钢筋混凝土柱采用木模板，则柱模组成部分不包括(　　)。

A. 内拼板　　B. 外拼板　　C. 柱箍　　D. 底模板

73. 某钢筋混凝土梁采用木模板，若梁的跨度满足(　　)，应使梁的底模中部略起拱。

A. ≤4m　　B. ≤8m　　C. ≥4m　　D. ≥8m

74. 某跨度为 6m 的钢筋混凝土梁采用木模板，设计无规定时梁的底模起拱高度为(　　)mm。

A. 0～12　　B. 6～18　　C. 24～30　　D. 24～36

75. 下列钢筋连接方式中，不属于机械连接的是(　　)。

A. 套筒挤压连接　B. 绑扎连接　　C. 锥螺纹连接　　D. 直螺纹连接

76. 直钢筋下料长度等于(　　)。

A. 构件长度

B. 构件长度－保护层厚度＋弯钩增加长度

C. 构件长度－保护层厚度－弯钩增加长度

D. 构件长度－保护层厚度＋弯钩增加长度＋斜段长度

77. 当构件配筋受强度控制时，钢筋代换在征得设计单位同意后可采用(　　)代换方法。

A. 等强度　　B. 等面积　　C. 等体积　　D. 等成本

78. 预制构件的吊环，采用未经冷拉的 HPB235 钢筋制作，代换方法是(　　)。

A. 按等强度原则　　B. 按等面积原则

C. 严禁以其他钢筋代换　　D. 应采用高强度钢筋代换

79. 在常温下对钢筋进行强力拉伸，以超过钢筋的屈服强度的拉应力，使钢筋产生塑性变形，达到调直钢筋、提高强度的目的，这一钢筋加工程序称为(　　)。

A. 除锈　　B. 冷拉　　C. 调直　　D. 冷拔

80. 下列钢筋焊接方法中，主要用于小直径钢筋的交叉连接，可成型为钢筋网片或骨架，用以代替人工绑扎的是(　　)。

A. 闪光对焊　　B. 电弧焊　　C. 电渣压力焊　　D. 电阻点焊

81. 混凝土施工配合比在试验室配合比的基础上根据施工现场(　　)进行调整。

A. 砂石强度　　B. 砂石含水量　　C. 水泥实际强度　　D. 水灰比

82. 根据《大体积混凝土施工规范》(GB 50496—2009)，大体积混凝土是指结构物实体(　　)的大体量混凝土，或预计会因混凝土中胶凝材料水化引起的温度变化和收缩而导致有害裂缝产生的混凝土。

A. 最小几何尺寸不小于 2m　　B. 最小几何尺寸不小于 1m

C. 最大几何尺寸不大于 1m　　D. 最大几何尺寸不大于 2m

83. 根据《混凝土结构工程施工质量验收规范》(GB 50204—2002)(2011 年版)，正常气温下，对掺用缓凝剂外加剂或有抗渗要求的混凝土，浇水养护时间不得少于(　　)d。

A. 7　　B. 12　　C. 14　　D. 28

84. 根据《混凝土结构工程施工质量验收规范》(GB 50204—2002)(2011 年版)，混凝土浇水养护的次数为(　　)。

A. 1d 1 次　　B. 1d 7 次　　C. 7d 1 次　　D. 保持湿润即可

85. 根据《混凝土结构工程施工质量验收规范》(GB 50204—2002)(2011 年版)，当日平均气温低于(　　)℃时，不得浇水。

A. −5　　B. 0　　C. 5　　D. 10

86. 混凝土施工自高处倾落时，其自由倾落的高度不宜超过(　　)m。

A. 1　　B. 2　　C. 3　　D. 4

87. 混凝土表面无水泥浆，露出石子的深度大于 5mm，但小于保护层厚度(无钢筋暴露)的质量缺陷最可能是(　　)。

A. 蜂窝　　B. 麻面　　C. 露筋　　D. 起灰

88. 混凝土结构构件产生蜂窝质量缺陷的原因不包括(　　)。

A. 搅拌不匀　　B. 振捣不合理　　C. 模板严重漏浆　　D. 漏放垫块

89. 混凝土结构构件产生露筋质量缺陷的原因不包括(　　)。

A. 混凝土强度等级较低　　B. 振捣不密实

C. 钢筋移位　　D. 漏放垫块

90. 对混凝土结构构件中宽度大于 0.5mm 的裂缝，可用(　　)修补。

A. 表面抹浆　　B. 细石混凝土填补

C. 水泥灌浆　　D. 粘钢板

91. 预应力混凝土采用先张法施工时，不需用到的设备和机具是(　　)。

A. 塑料波纹管　　B. 台座　　C. 锚夹具　　D. 张拉机械

92. 预应力混凝土采用先张法施工时，施工工艺不包括(　　)。

A. 预应力筋张拉　　B. 孔道灌浆

C. 混凝土浇筑、养护　　D. 预应力筋放张

93. 预应力混凝土采用先张法施工时，预应力筋放张时要求混凝土强度不得低于混凝土设计强度标准值的(　　)%。

A. 50　　B. 75　　C. 90　　D. 100

94. 预应力混凝土采用后张法施工时，预应力通过(　　)传递。

A. 构件承受的外力　　B. 混凝土与预应力的粘结

C. 两端锚具　　D. 张拉千斤顶

95. 无粘结预应力混凝土是指采用无粘结预应力钢筋的(　　)预应力混凝土。

A. 先张法　　B. 后张法　　C. 快张法　　D. 慢张法

96. (　　)可降低热影响区冷却速度，防止焊接延迟裂纹的产生。

A. 定位点焊　　B. 焊前预热　　C. 高温施焊　　D. 焊后热处理

97. (　　)主要是对焊缝进行脱氢处理，以防止冷裂纹的产生。

A. 定位点焊　　B. 焊前预热　　C. 高温施焊　　D. 焊后热处理

98. 高强度螺栓的预拉力在安装螺栓时通过(　　)来实现。

A. 缩小螺孔　　B. 增大螺孔　　C. 坚固螺帽　　D. 坚固螺杆

99. 单层钢结构安装时，起重机在节间内每开行一次仅安装一种或两种构件的方法称为(　　)安装法。

A. 分件　　B. 单一　　C. 节间　　D. 综合

100. 单层钢结构安装时，节间安装法的优点不包括(　　)。

A. 安装效率高　　B. 工期较短

C. 起重机开行路线较短　　D. 结构稳定性好，有利于保证工程质量

101. 下列关于多层钢结构安装，说法错误的是(　　)。

A. 钢结构的零件及附件不应随构件一并起吊

B. 当天安装的构件，应形成空间稳定体系

C. 楼面上的施工荷载不得超过梁和压型钢板的承载力

D. 地面组拼的构件需设置拼装架组拼

102. 根据《钢结构工程施工质量验收规范》(GB 50205—2001)，设计要求全焊透的一、二级焊缝，应采用(　　)检查进行内部缺陷的检验。

A. 磁粉探伤　　B. 超声波　　C. 使用焊缝量规　　D. 使用放大镜

103. 民用建筑中，地下室墙体浇筑防水混凝土时施工缝可留在(　　)。

A. 剪力最大处　　B. 底板与侧墙交接处

C. 顶板与侧墙交接处　　D. 高出底板表面不小于 300mm 的墙体上

104. 民用建筑中，关于防水混凝土结构内部设置的各种钢筋或绑扎铁丝，说法正确的是(　　)。

A. 与模板刚性拉结　　B. 通过预埋件与模板焊接

C. 不得接触模板　　D. 通过预埋件与模板栓接

105. 氯丁胶乳沥青防水涂料施工适宜于(　　)。

A. 冷施工　　B. 热施工　　C. 满粘法　　D. 条粘法

106. 民用建筑采用细石混凝土刚性防水屋面时，细石混凝土防水层与基层间宜设置(　　)。

A. 保温层　　B. 找平层　　C. 保护层　　D. 隔离层

107. 民用建筑采用细石混凝土刚性防水屋面时，刚性防水层分格缝内应嵌填密封材料，上部应设置(　　)。

A. 保温层　　B. 找平层　　C. 保护层　　D. 隔离层

108. 民用建筑地下室边墙施工完成后，直接把防水层贴在防水结构的外墙外表面，最后砌保护墙的施工方法是(　　)。

A. 外防外贴法　　B. 内防外贴法　　C. 外防内贴法　　D. 内防内贴法

109. 民用建筑地下室边墙施工前，先砌保护墙，然后将卷材防水层贴在保护墙上，最后浇筑边墙混凝土的施工方法是(　　)。

A. 外防外贴法　　B. 内防外贴法　　C. 外防内贴法　　D. 内防内贴法

110. 民用建筑地下室防水采用外防外贴法时，特点不包括(　　)。

A. 受结构沉降变形影响小　　B. 需要较大工作面

C. 土方量小　　D. 工序多

111. 根据《建筑装饰装修工程质量验收规范》(GB 50210—2001)，抹灰用的石灰膏熟化期不应少于(　　)d。

A. 3　　B. 7　　C. 15　　D. 28

112. 根据《建筑装饰装修工程质量验收规范》(GB 50210—2001)，一般抹灰工程阴阳角方正项目的检验方法是用(　　)检测。

A. 2m 靠尺和塞尺　B. 2m 垂直检测尺　C. 百格网　D. 直角检测尺

113. 根据《建筑地面工程施工质量验收规范》(GB 50209—2002)，木地板中的木搁栅、毛地板和垫木等必须做(　　)处理。

A. 防冻　B. 防腐　C. 防火　D. 防碱背涂

114. 根据《建筑地面工程施工质量验收规范》(GB 50209—2002)，木地板面层缝隙宽度项目的检验方法是用(　　)检查。

A. 2m 靠尺和塞尺　B. 2m 垂直检测尺　C. 尺量和楔形塞尺　D. 百格网

115. 根据《建筑装饰装修工程质量验收规范》(GB 50210—2001)，每个检验批的吊顶工程至少抽查 10%，并不得少于(　　)间，不足时应全数检查。

A. 3　　B. 10　　C. 30　　D. 50

116. 根据《建筑装饰装修工程质量验收规范》(GB 50210—2001)，吊顶工程的吊杆距主龙骨端部距离不得大于(　　)mm，否则应增设吊杆。

A. 100　　B. 300　　C. 500　　D. 1000

117. 根据《建筑装饰装修工程质量验收规范》(GB 50210—2001)，下列器具，吊顶工程的龙骨上可以安装的是(　　)。

A. 饰面板　B. 重型灯具　C. 电扇　D. 重型设备

118. 轻钢龙骨架安装时，当隔断墙高度超过石膏板长度或墙上开有窗户时，应设(　　)。

A. 水平龙骨　B. 竖向龙骨　C. 吊杆　D. 石膏板

119. 根据《建筑装饰装修工程质量验收规范》(GB 50210—2001)，木门窗与砖石砌体、混凝土或抹灰层接触处应进行(　　)处理并设置(　　)。

A. 防水，防潮层　B. 防水，防水层　C. 防腐，防潮层　D. 防腐，防冻层

120. 根据《建筑装饰装修工程质量验收规范》(GB 50210—2001)，建筑外门窗的安装必须牢固，在砌体上安装门窗严禁用(　　)固定。

A. 固定片　B. 射钉　C. 膨胀螺栓　D. 预埋木砖

121. 根据《砌体结构工程施工质量验收规范》(GB 50203—2011)，当室外日平均气温连续(　　)d 稳定低于(　　)℃时，砌体工程应采取冬期施工措施。

A. 5，0　　B. 5，5　　C. 10，0　　D. 10，5

122. 根据《砌体结构工程施工质量验收规范》(GB 50203—2011)，砌体结构冬期施工措施中规定，拌制砂浆所用的砂，不得含有冰块和直径大于(　　)mm 的冰块。

A. 5　　B. 10　　C. 30　　D. 40

123. 掺用防冻剂的混凝土，严禁使用(　　)水泥配制冬期施工混凝土。

A. 高铝　B. 硅酸盐　C. 普通硅酸盐　D. 矿渣硅酸盐

124. 民用建筑外保温复合墙体的组成部分不包括(　　)。

A. 基层　B. 保温层　C. 隔汽层　D. 保护层

125. 民用建筑外保温复合墙体的施工做法不包括(　　)。

A. 内墙外保温　B. 外墙外保温　C. 外墙内保温　D. 夹芯保温墙

126. 民用建筑节能工程中，对于石材幕墙、铝材幕墙等，一般采用(　　)作为保温材料。

A. 保温砂浆　B. 保温岩棉　C. 膨胀珍珠岩　D. 泡沫

建筑施工组织

1. 单位工程施工组织设计中，平面布置图表达的内容不包括(　　)。

A. 临时设施　　B. 施工方案　　C. 搅拌站　　D. 施工道路

2. 各施工过程按一定的施工顺序，前一施工过程完成后，后一施工过程才开始施工；或前一个施工段完成后，后一个施工段才开始施工的施工组织方式是(　　)。

A. 依次施工　　B. 平行施工　　C. 流水施工　　D. 成倍施工

3. 组织流水施工时，为了消灭由于不同的施工队组不能同时在一个工作面上工作而产生的互等、停歇现象，为流水创造条件，应该(　　)。

A. 减少作业人数　　B. 划分施工段　　C. 划分施工层　　D. 合并施工过程

4. 组织流水施工时，对于多层和高层建筑物，划分施工段时应满足合理组织施工的要求，即施工段的数目(　　)施工过程数。

A. 小于　　B. 小于或等于　　C. 大于　　D. 大于或等于

5. 组织流水施工时，相邻两个专业队在保证施工顺序、满足连续施工、最大限度搭接和保证工程质量要求的前提下，相继进入同一施工段开始施工的最小时间间隔称为(　　)。

A. 流水节拍　　B. 流水步距　　C. 流水强度　　D. 流水工期

6. 组织流水施工时，由建筑材料或现浇构件工艺性质决定的间歇时间称为(　　)。

A. 流水节拍　　B. 平行搭接时间　　C. 技术间歇　　D. 组织间歇

7. 组织流水施工时，由施工组织原因造成的间歇时间称为(　　)。

A. 流水节拍　　B. 平行搭接时间　　C. 技术间歇　　D. 组织间歇

8. 组织流水施工时，流水节拍、施工过程、施工段如表所示，则流水步距的计算正确的是(　　)。

施工段 施工过程	Ⅰ	Ⅱ	Ⅲ
①	1	2	3
②	2	1	3
③	2	2	2

A. $K_{①,②}=3$，$K_{②,③}=2$　　B. $K_{①,②}=3$，$K_{②,③}=3$

C. $K_{①,②}=2$，$K_{②,③}=2$　　D. $K_{①,②}=2$，$K_{②,③}=3$

9. 组织流水施工时，流水节拍、施工过程、施工段如表所示，则流水步距的计算正确的是(　　)。

施工段 施工过程	Ⅰ	Ⅱ	Ⅲ
①	2	2	3
②	1	2	3
③	2	1	2

A. $K_{①,②}=3$，$K_{②,③}=3$　　B. $K_{①,②}=4$，$K_{②,③}=3$

C. $K_{①,②}=4$，$K_{②,③}=4$　　D. $K_{①,②}=3$，$K_{②,③}=4$

10. 建筑工程采用依次施工方式组织施工时，其特点不包括(　　)。

A. 不能充分利用工作面

B. 不利于提高劳动生产率

C. 若采用专业班组施工，有窝工现象

D. 施工现场管理困难

11. 组织流水施工时，流水节拍、施工过程、施工段如表所示，则流水步距的计算正确的是(　　)。

施工段 施工过程	Ⅰ	Ⅱ	Ⅲ
①	3	1	2
②	1	2	2
③	1	1	2

A. $K_{①,②}=2$，$K_{②,③}=2$　　B. $K_{①,②}=2$，$K_{②,③}=3$
C. $K_{①,②}=3$，$K_{②,③}=2$　　D. $K_{①,②}=3$，$K_{②,③}=3$

12. 组织流水施工时，流水节拍、施工过程、施工段如表所示，则流水步距的计算正确的是(　　)。

施工段 施工过程	Ⅰ	Ⅱ	Ⅲ
①	3	2	4
②	1	2	2
③	2	3	2

A. $K_{①,②}=1$，$K_{②,③}=1$　　B. $K_{①,②}=1$，$K_{②,③}=6$
C. $K_{①,②}=6$，$K_{②,③}=1$　　D. $K_{①,②}=6$，$K_{②,③}=6$

13. 组织流水施工时，流水节拍、施工过程、施工段如表所示，则流水步距的计算正确的是(　　)。

施工段 施工过程	Ⅰ	Ⅱ	Ⅲ
①	3	2	4
②	4	2	2
③	2	1	2

A. $K_{①,②}=3$，$K_{②,③}=3$　　B. $K_{①,②}=3$，$K_{②,③}=5$
C. $K_{①,②}=5$，$K_{②,③}=5$　　D. $K_{①,②}=5$，$K_{②,③}=3$

14. 组织流水施工时，流水节拍、施工过程、施工段如表所示，则该工程最适宜采用(　　)方式组织施工。

施工段 施工过程	Ⅰ	Ⅱ	Ⅲ
①	3	3	3
②	3	3	3
③	3	3	3

A. 等节拍　　B. 异节拍　　C. 无节拍　　D. 无节奏

15. 组织流水施工时，流水节拍、施工过程、施工段如表所示，则流水步距的计算正确的是(　　)。

施工段 施工过程	Ⅰ	Ⅱ	Ⅲ
①	3	3	3
②	3	3	3
③	3	3	3

A. 均等于 2　　B. 均等于 3

C. $K_{①,②}=2$，$K_{②,③}=3$　　D. $K_{①,②}=3$，$K_{②,③}=2$

16. 各部工程任务各施工段同时开工，同时完工的施工组织方式是(　　)。

A. 依次施工　　B. 平行施工　　C. 流水施工　　D. 成倍施工

17. 组织流水施工时，流水节拍、施工过程、施工段如表所示，则该工程最适宜采用(　　)方式组织施工。

施工段 施工过程	Ⅰ	Ⅱ	Ⅲ
①	3	3	3
②	1	1	1
③	2	2	2

A. 等节拍　　B. 异节拍　　C. 无节拍　　D. 无节奏

18. 组织流水施工时，流水节拍、施工过程、施工段如表所示，则流水步距的计算正确的是(　　)。

施工段 施工过程	Ⅰ	Ⅱ	Ⅲ
①	3	3	3
②	1	1	1
③	2	2	2

A. 均等于 2　　B. 均等于 3

C. $K_{①,②}=7$，$K_{②,③}=1$　　D. $K_{①,②}=1$，$K_{②,③}=7$

19. 组织流水施工时，流水节拍、施工过程、施工段如表所示，则该工程最适宜采用(　　)方式组织施工。

施工段 施工过程	Ⅰ	Ⅱ	Ⅲ
①	2	3	1
②	4	2	1
③	2	1	5

A. 等节拍　　B. 异节拍　　C. 无节拍　　D. 无节奏

20. 采用等步距异节拍组织流水施工时，下列说法错误的是(　　)。

A. 同一施工过程在各施工段之间流水节拍相等

B. 各施工过程之间流水步距相等

C. 专业施工班组数大于施工过程数

D. 流水步距等于流水节拍

21. 下列组织流水施工的方式中，专业班组数大于施工过程数的是(　　)。

A. 等节拍流水　　B. 异步距异节拍流水

C. 等步距异节拍流水　　D. 无节奏流水

22. 建筑工程采用平行施工方式组织施工时，其特点不包括(　　)。

A. 不能充分利用工作面　　B. 工期短

C. 材料供应集中　　D. 施工现场管理困难

23. 所有施工过程按一定的时间间隔依次投入施工，各施工过程陆续开工、陆续竣工，使同一施工过程的施工队组保持连续、均衡施工，不同施工过程尽可能搭接的施工组织方式是(　　)。

A. 依次施工　　　　B. 平行施工

C. 流水施工　　　　D. 均衡施工

24. 建筑工程采用流水施工方式组织施工时，其特点不包括(　　)。

A. 施工连续、均衡

B. 有利于提高劳动生产率

C. 工作面得到了充分利用

D. 若采用专业班组施工，有窝工现象

25. 如图所示进度计划表，组织施工的方式最可能是(　　)。

栋号	施工进度 (d)															
	1	2	3	4	5	6	7	8	9	10	11	12	13	14	15	16
一	挖	垫	砌	填												
二					挖	垫	砌	填								
三									挖	垫	砌	填				
四													挖	垫	砌	填

A. 依次施工　　B. 平行施工　　C. 流水施工　　D. 成倍施工

26. 如图所示进度计划表，组织施工的方式最可能是(　　)。

栋号	施工进度(d)			
	1	2	3	4
一	挖	垫	砌	填
二	挖	垫	砌	填
三	挖	垫	砌	填
四	挖	垫	砌	填

A. 依次施工　　B. 平行施工　　C. 流水施工　　D. 成倍施工

27. 网络计划相比横道图计划，具有的优点不包括(　　)。

A. 逻辑关系表达清楚　　　　B. 简单明了

C. 便于管理者抓住主要矛盾　　D. 能够应用计算机技术

28. 如图所示双代号网络图，下列属于平行工作的有(　　)。

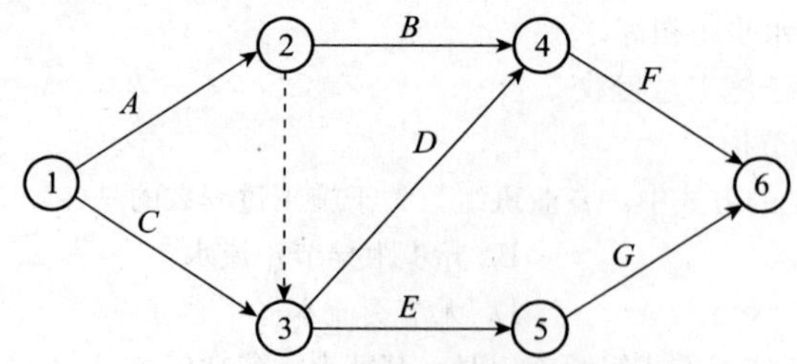

A. 工作 B 和工作 C　　　　B. 工作 D 和工作 E

C. 工作 D 和工作 F　　　　D. 工作 F 和工作 G

29. 根据双代号网络图的绘制规则，如图所示双代号网络图，说法正确的是(　　)。

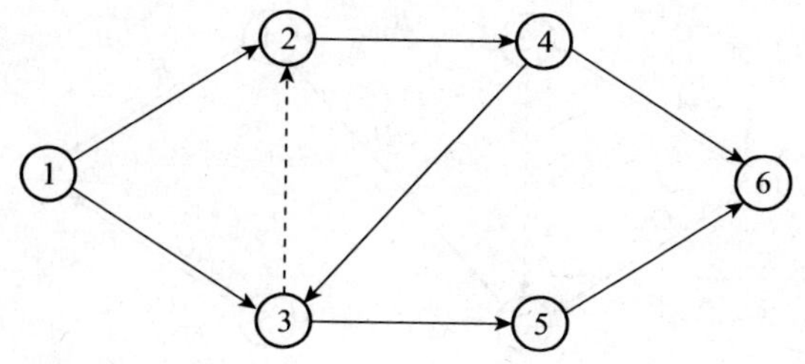

A. 表达正确

B. 表达错误，有多余箭线

C. 表达错误，出现相同编号的工作

D. 表达错误，出现循环回路

30. 如图所示双代号网络图，工作 A 的最早开始时间为 0，持续时间为 3d，工作 C 的最早开始时间为 0，持续时间为 4d，则工作 B 的最早开始时间为(　　)d。

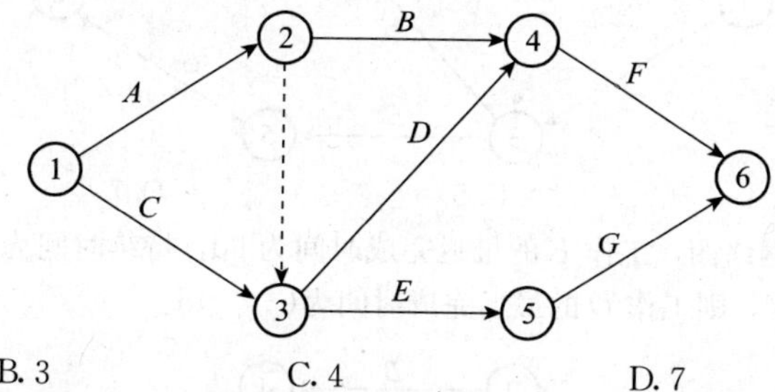

A. 0　　B. 3　　C. 4　　D. 7

31. 如图所示双代号网络图，工作 A 的最早开始时间为 0，持续时间为 4d，工作 C 的最早开始时间为 0，持续时间为 3d，则工作 D 的最早开始时间为(　　)d。

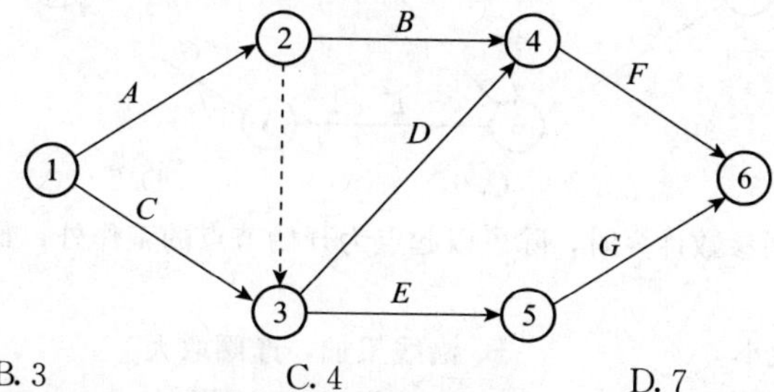

A. 0　　B. 3　　C. 4　　D. 7

32. 如图所示双代号网络图，工作 A 的最早开始时间为 0，持续时间为 4d，工作 C 的最早开始时间为 0，持续时间为 3d，则工作 E 的最早开始时间为(　　)d。

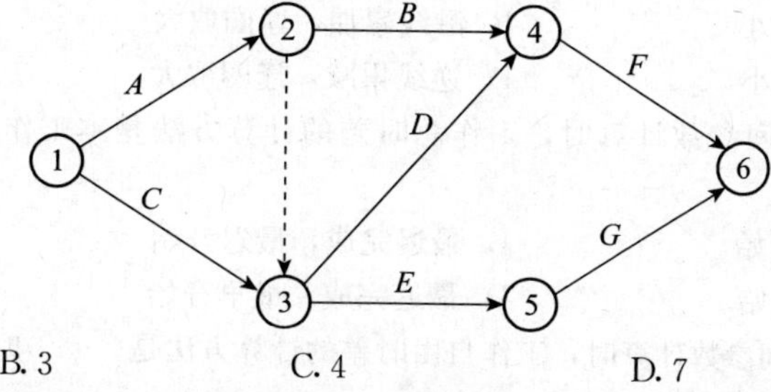

A. 0　　B. 3　　C. 4　　D. 7

33. 如图所示双代号网络图，工作 B 的最早开始时间为 3d，持续时间为 5d，工作 D 的最早开始时间为 5d，持续时间为 4d，则工作 F 的最早开始时间为(　　)d。

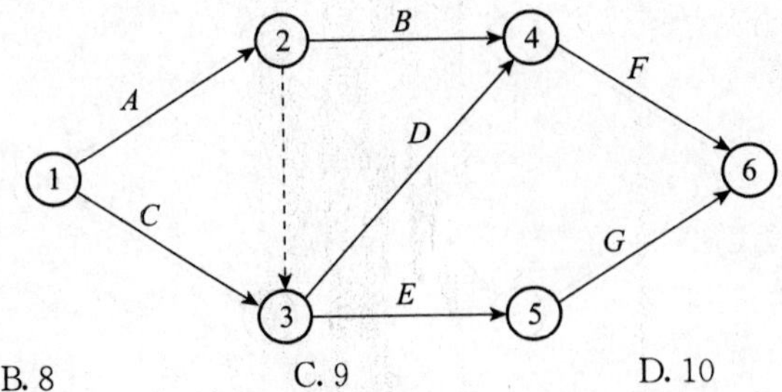

A. 5　　B. 8　　C. 9　　D. 10

34. 如图所示双代号网络图，工作 F 的最迟完成时间为 9d，持续时间为 5d，工作 G 的最迟完成时间为 9d，持续时间为 4d，则工作 E 的最迟完成时间为（　　）d。

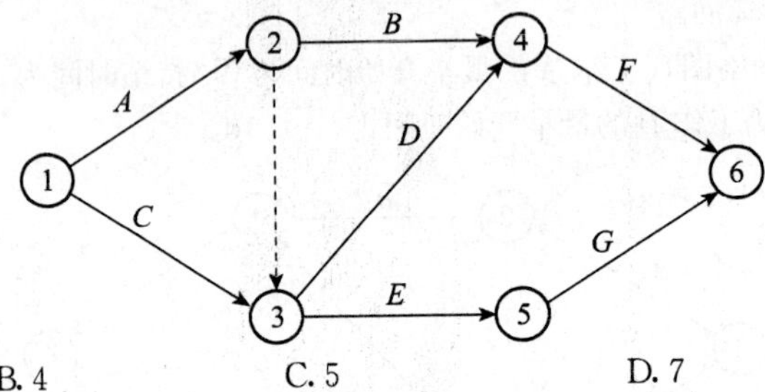

A. 2　　B. 4　　C. 5　　D. 7

35. 如图所示双代号网络图，工作 F 的最迟完成时间为 9d，持续时间为 3d，工作 G 的最迟完成时间为 9d，持续时间为 2d，则工作 D 的最迟完成时间为（　　）d。

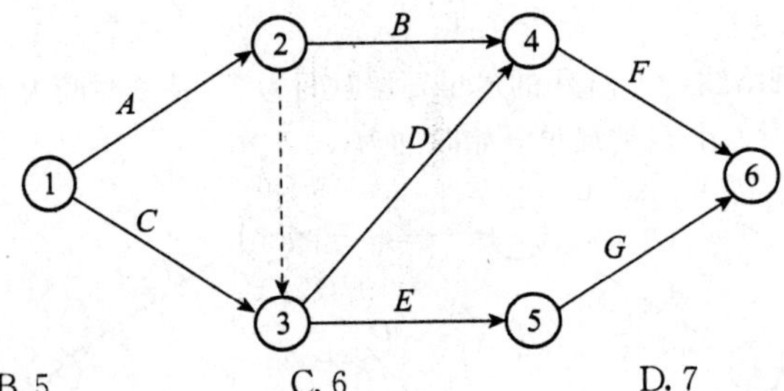

A. 4　　B. 5　　C. 6　　D. 7

36. 双代号网络图时间参数计算时，除了以起点为开始节点的工作外，最早开始时间的计算方法是（　　）。

A. 沿线累加，逢圈取小　　B. 沿线累加，逢圈取大

C. 逆线累减，逢圈取小　　D. 逆线累减，逢圈取大

37. 双代号网络图时间参数计算时，除了以终点为完成节点的工作外，最迟完成时间的计算方法是（　　）。

A. 沿线累加，逢圈取小　　B. 沿线累加，逢圈取大

C. 逆线累减，逢圈取小　　D. 逆线累减，逢圈取大

38. 双代号网络图时间参数计算时，工作总时差的计算方法是本工作（　　）时间减去本工作（　　）时间。

A. 最早完成，最早开始　　B. 最迟完成，最迟开始

C. 最迟开始，最早开始　　D. 最迟完成，最早开始

39. 双代号网络图时间参数计算时，工作自由时差的计算方法是（　　）时间减去本工作最早完成时间。

A. 本工作最迟开始　　B. 本工作最迟完成

C. 紧后工作最迟开始　　D. 紧后工作最早开始

40. 用按最早时间编制的双代号时标网络计划表示工程进度时，工作的自由时差用(　　)表示。

A. 实箭线　　B. 虚箭线　　C. 曲箭线　　D. 波形线

41. 用网络图表达任务构成、工作顺序并加注工作(　　)的进度计划称为网络计划。

A. 名称　　B. 节点编号　　C. 时间参数　　D. 持续时间

42. 对网络计划进行资源优化时，通过改变工作的(　　)达到优化目的。

A. 持续时间　　B. 开始时间　　C. 逻辑关系　　D. 施工方案

43. 如图所示双代号网络图，工作 D 的紧前工作有(　　)。

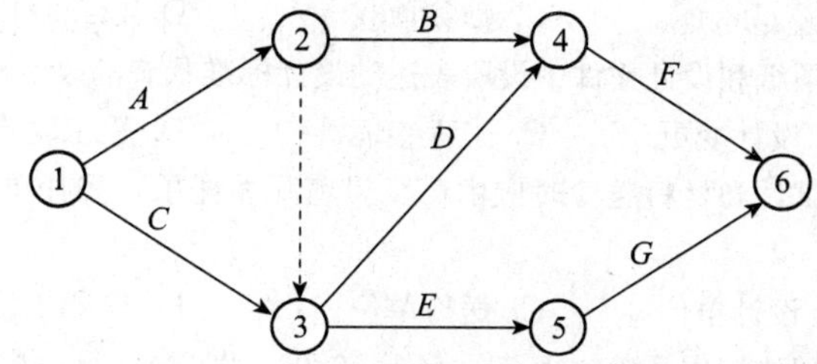

A. 只有工作 A　　B. 只有工作 C　　C. 工作 A 和工作 C　　D. 工作 A 和工作 B

44. 房屋建筑工程中，单位工程施工平面布置图设计的第一步是(　　)。

A. 确定搅拌站的位置　　B. 确定垂直运输机械的位置

C. 布置主要材料堆场的位置　　D. 布置临时设施

45. 可用来确定建筑工地的临时设施，并按计划供应材料、构件、调配劳动力和机械，保证施工顺利进行的是(　　)。

A. 单位工程进度计划表　　B. 单位工程平面布置图

C. 施工资源需用量计划　　D. 单位工程成本控制计划

46. 根据住房与城乡建设部 建质［2009］87 号《危险性较大的分部分项工程安全管理办法》，搭设高度为 24m 的落地式钢管脚手架工程属于(　　)的分部分项工程。

A. 危险性较大　　B. 超过一定规模的危险性较大

C. 无危险性　　D. 危险性非常大

47. 根据住房与城乡建设部 建质［2009］87 号《危险性较大的分部分项工程安全管理办法》，开挖深度不超过 16m 的人工挖扩孔工程属于(　　)的分部分项工程。

A. 危险性较大　　B. 超过一定规模的危险性较大

C. 一般（8m 以下）和危险性较大　　D. 危险性非常大

48. 根据住房与城乡建设部 建质［2009］87 号《危险性较大的分部分项工程安全管理办法》，开挖深度为 6m 的基坑支护工程属于(　　)的分部分项工程。

A. 危险性一般　　B. 危险性较大

C. 超过一定规模的危险性较大　　D. 危险性非常大

49. 根据住房与城乡建设部 建质［2009］87 号《危险性较大的分部分项工程安全管理办法》，搭设高度为 8m 的混凝土模板支撑工程属于(　　)的分部分项工程。

A. 危险性一般　　B. 危险性较大

C. 超过一定规模的危险性较大　　D. 危险性非常大

50. 根据住房与城乡建设部 建质［2009］87 号《危险性较大的分部分项工程安全管理办法》，搭设高度为 50m 的落地式钢筋脚手架工程属于(　　)的分部分项工程。

A. 危险性一般　　B. 危险性较大

C. 危险性非常大　　D. 超过一定规模的危险性较大

施工项目质量控制

1. 下列是工程参建单位进行图纸会审的意义表述，不正确的是(　　)。

A. 熟悉施工图纸　　B. 领会设计意图、掌握工程特点

C. 调整预算造价　　D. 将设计缺陷消灭在施工之前

2. 图纸会审的一般程序排序正确的是(　　)。

①会审；②初审；③综合会审；④图纸学习

A. ①②③④　　B. ②④③①　　C. ④②①③　　D. ④②③①

3. 设计部门对原施工图纸和设计文件中设所表达的设计标准状态的改变和修改称为(　　)。

A. 图纸会审　　B. 设计变更　　C. 工程签证　　D. 竣工验收

4. 见证取样的试块、试件和材料送检时应由(　　)填写委托单，委托单应有见证人员和送检人员签字。

A. 勘察单位　　B. 设计单位　　C. 送检单位　　D. 检测单位

5. 根据《砌体结构工程施工质量验收规范》(GB 50203—2011)，每一生产厂家，烧结普通砖每(　　)万块划分为一个验收批。

A. 5　　B. 10　　C. 15　　D. 20

6. 对于重要的工序或对工程质量有重大影响的工序，在自检、互检的基础上，还要组织专职人员进行(　　)检查。

A. 开工前　　B. 隐蔽工程　　C. 成品保护　　D. 工序交接

7. 采用测量工具对完成的施工部位进行检测，通过实测数据与施工规范及质量标准所规定的允许偏差对照，来判断质量是否合格的方法是(　　)。

A. 目测法　　B. 实测法　　C. 试验检查法　　D. 规范对照法

8. (　　)的划分按专业的性质和建筑部位确定。

A. 单位工程　　B. 分部工程　　C. 分项工程　　D. 检验批

9. 房屋建筑工程的地基基础工程，保修期限为(　　)。

A. 1 年　　B. 2 年

C. 5 年　　D. 设计文件规定的合理使用年限

10. 屋面工程按建筑工程质量验收层次划分属于(　　)。

A. 单位工程　　B. 分部工程　　C. 分项工程　　D. 检验批

11. 装饰装修工程按建筑工程质量验收层次划分属于(　　)。

A. 单位工程　　B. 分部工程　　C. 分项工程　　D. 检验批

12. 钢筋工绑扎钢筋按建筑工程质量验收层次划分属于(　　)。

A. 单位工程　　B. 分部工程　　C. 分项工程　　D. 检验批

13. 根据《建筑工程施工质量验收统一标准》(GB 50300—2001)，检验批及分项工程应由(　　)组织施工单位项目专业质量负责人进行验收。

A. 监理工程师　　B. 结构工程师　　C. 建造师　　D. 项目经理

14. 根据《建筑工程施工质量验收统一标准》(GB 50300—2001)，单位工程完工后，施工单位应自行组织有关人员进行评定，并向(　　)提交工程验收报告。

A. 建设单位　　B. 监理单位　　C. 设计单位　　D. 质检站

15. 根据《建筑工程施工质量验收统一标准》(GB 50300—2001)，单位工程的验收应由(　　)组织。

A. 监理工程师　　B. 总监理工程师　　C. 项目总工　　D. 建设单位负责人

施工项目安全控制

1. 在安全目标体系中，最基本的指标是(　　)。

A. 项目安全控制总目标值　　B. 中层项目安全控制目标值

C. 施工队项目安全控制目标值　　D. 班级项目安全控制目标值

2. 在项目安全目标体系中，下一层的目标控制值应(　　)于上一层安全目标值。

A. 高于　　B. 低于　　C. 等于　　D. 低于或等于

3. 根据《建筑企业职工安全培训教育暂行规定》，新工人必须进行的三级安全教育是指(　　)安全教育。

A. 省、市、县　　B. 省、公司、工地（项目）

C. 公司、工地（项目）、班组　　D. 工地（项目）、班组、安全员

4. 下列不属于工程项目施工现场重大危险源的是(　　)。

A. 附着式升降脚手架

B. 人工挖孔桩

C. 施工围挡的搭设

D. 物料提升设备、塔吊等建筑施工起重设备的安装、检测

5. 安全技术交底工作中，大型或特大型工程由公司(　　)组织有关部门向项目经理和分包商进行交底。

A. 法人　　B. 总工　　C. 技术负责人　　D. 安全员

6. 要了解施工现场"洞口"、"临边"的防护情况，采用的检查方法是(　　)。

A. 听　　B. 看　　C. 量　　D. 测

7. 发生事故时，采取的消除、减少事故危害和防止事故恶化，最大限度降低事故损失的措施是(　　)。

A. 成立事故调查小组　　B. 认定事故责任

C. 建立事故应急预案　　D. 做好事故安全交底

8. 某安全生产造成 32 人死亡，根据《生产安全事故报告和调查处理条例》，该事故属于(　　)。

A. 特别重大事故　B. 重大事故　　C. 较大事故　　D. 一般事故

9. 某安全生产造成 2 人死亡，根据《生产安全事故报告和调查处理条例》，该事故属于(　　)。

A. 特别重大事故　B. 重大事故　　C. 较大事故　　D. 一般事故

10. 某安全生产造成直接经济损失 1 亿元，根据《生产安全事故报告和调查处理条例》，该事故属于(　　)。

A. 特别重大事故　B. 重大事故　　C. 较大事故　　D. 一般事故

11. 某安全生产造成直接经济损失 6000 万，间接经济损失 5000 万，根据《生产安全事故报告和调查处理条例》，该事故属于(　　)。

A. 特别重大事故　B. 重大事故　　C. 较大事故　　D. 一般事故

12. 某安全生产造成 2 人死亡，直接经济损失 6000 万，根据《生产安全事故报告和调查处理条例》，该事故属于(　　)。

A. 特别重大事故　B. 重大事故　　C. 较大事故　　D. 一般事故

13. 安全事故处理的程序是(　　)。

A. 事故报告—事故处理—事故调查　B. 事故报告—事故调查—事故处理

C. 事故调查—事故报告—事故处理　D. 事故处理—事故调查—事故报告

14. 某安全生产造成 2 人死亡，2 人重伤，直接经济损失 800 万，根据《生产安全事故报告和调查处理条例》，该事故属于(　　)。

A. 特别重大事故　B. 重大事故　C. 较大事故　D. 一般事故

15. 根据《生产安全事故报告和调查处理条例》，事故发生后，单位负责人接到报告后，应当于(　　)h内向事故发生地县级以上人民政府安全生产监督管理部门和负有安全生产监督管理职责的有关部门报告。

A. 1　B. 2　C. 12　D. 24

16. 根据《生产安全事故报告和调查处理条例》，特别重大事故应由(　　)组织事故调查组进行调查。

A. 国务院国务院授权有关部门　B. 事故发生地省级人民政府

C. 事故发生地设区的市级人民政府　D. 事故发生地县级人民政府

17. 根据《生产安全事故报告和调查处理条例》，特别重大事故以下等级事故，当事故发生地与事故发生单位不在同一个县级以上行政区的，由(　　)负责调查。

A. 国务院国务院授权有关部门　B. 事故发生地人民政府

C. 事故发生单位所在地的人民政府　D. 项目经理部

18. 基坑四周及栈桥临空面必须设置防护栏杆，栏杆高度不应低于(　　)m，并且不得擅自拆除、破坏防护栏杆。

A. 1　B. 1.2　C. 2.5　D. 3

19. 临时用电设备在(　　)台以上或设备总容量在50KW及50KW以上者，应编制临时用电施工组织设计。

A. 3　B. 5　C. 10　D. 15

20. 在特别潮湿导电良好的地面、锅炉、金属容器内作业，照明电压一律采用(　　)V。

A. 12　B. 36　C. 220　D. 370

21. 室外消防栓沿在建工程、办公与生活用房和可燃、易燃物存放区布置，距在建工程用地红线或临时建筑外边线不就小于(　　)m。

A. 3　B. 5　C. 10　D. 15

施工项目进度及成本控制

1. 在进行施工项目进度分析时，如果工作的进度偏差未超过该工作的(　　)，则此进度偏差不会影响后续工作。

A. 总时差　B. 自由时差　C. 持续时间　D. 间歇时间

2. 在工程网络计划中，如某工作的总时差和自由时差分别为4d和1d，监理工程师检查实际进度时发现该工作的持续时间延长了5d，则此进度偏差影响紧后工作最早开始时间(　　)d，影响工期(　　)d。

A. 1，4　B. 4，5　C. 4，1　D. 5，1

3. 在进行施工项目进度分析时，如果工作的进度偏差未超过该工作的(　　)，则此进度偏差会拖延工期。

A. 总时差　B. 自由时差　C. 持续时间　D. 间歇时间

4. 在工程网络计划中，如某工作的总时差和自由时差分别为2d和1d，监理工程师检查实际进度时发现该工作的持续时间延长了2d，则此进度偏差(　　)。

A. 不影响工期　B. 不影响紧后工作

C. 影响工期1d　D. 影响工期2d

5. 在工程网络计划中，如某工作的总时差和自由时差均为2d，监理工程师检查实际进度时发现该工作的持续时间延长了2d，则此进度偏差(　　)紧后工作，(　　)工期。

A. 影响，影响　B. 影响，不影响　C. 不影响，影响　D. 不影响，不影响

6. 监理工程师根据合同规定，对承包商已完成工程量及进场材料等所进行的核查和测量，并对工程记录的图纸等做检查，这一工作称为(　　)。

A. 计量　　B. 支付　　C. 签证　　D. 索赔

7. 工程计量的对象在质量上必须是(　　)的工程量。

A. 未完成　　B. 部分完成

C. 已完成未检验　　D. 已完成且经检验达标

8. 工程计量的对象在内容上必须是(　　)项目的工程量。

A. 工程量清单以外　　B. 工程量清单所列

C. 施工单位自行规划　　D. 监理单位未批准

9. 施工项目成本控制时，计算支付款额所采用的工程量是(　　)。

A. 估算工程量　　B. 扩大工程量　　C. 支付工程量　　D. 实际工程量

10. 下列施工项目中，不需要进行工程签证的是(　　)。

A. 零星工程　　B. 临时设施增补项目

C. 非施工单位原因的停工　　D. 主体工程施工

施工现场管理及有关施工资料

1. (　　)是建筑工程整个施工阶段的组织管理、施工技术等有关施工活动和现场情况变化的真实的综合性记录，也是处理施工问题的备忘录和总结施工管理经验的基本素材。

A. 竣工图　　B. 施工组织设计　　C. 施工日志　　D. 技术核定

2. 在施工过程中，因施工方对施工图纸的某些部位要求不明确的，需要设计单位明确或确认的，由施工单位提出(　　)。

A. 设计通知单　　B. 工程签证单　　C. 技术核定单　　D. 设计交底单

3. 技术核定单由(　　)负责填写。

A. 项目专业技术人员　　B. 监理工程师

C. 设计单位　　D. 业主

4. 施工技术交底由(　　)组织，介绍施工中可能遇到的问题和经常性犯错的部位。

A. 设计单位　　B. 监理单位　　C. 建设单位　　D. 施工单位

5. 建设工程在施工过程中所绘制的一种“定型”图样称为(　　)，它是建筑物施工结果在图纸上的反映。

A. 总平面图　　B. 底层平面图　　C. 施工平面布置图　　D. 竣工图

二、多选题

工程施工测量

1. 工程测量时确定地面点位的基本工作有(　　)。

A. 水平角测量　　B. 垂直角测量　　C. 水平距离测量　　D. 高程测量

2. 测量工作产生误差的原因包括(　　)。

A. 测量仪器和工具　　B. 观测者因素

C. 水准面的选用　　D. 外界条件的影响

3. 测量仪器水准器通常分为(　　)。

A. 圆水准器　　B. 方水准器　　C. 管水准器　　D. 筒水准器

4. 水准仪中基座的作用有(　　)。

A. 支撑仪器　　B. 整平

C. 读数　　D. 连接仪器与三脚架

5. DJ6 型光学经纬仪主要组成部分包括(　　)。

A. 水准尺　　B. 照准部　　C. 水平度盘　　D. 基座

6. 在多层建筑施工中，高程可采用(　　)传递。

A. 皮数杆　　B. 钢尺　　C. 靠尺　　D. 水准尺

7. 水准测量施工时所经过的路线称为水准路线，按布设形式可分为(　　)。

A. 循环水准路线　　B. 单一水准路线　　C. 水准网　　D. 双水准路线

8. 水准测量施工时所经过的路线称为水准路线，下列属于单一水准路线的有(　　)。

A. 循环水准路线　　B. 附合水准路线　　C. 闭合水准路线　　D. 支水准路线

9. 下列属于导线测量外业工作的有(　　)。

A. 踏勘选点　　B. 测角　　C. 计算坐标　　D. 闭合差调整

10. 下列属于导线测量内业工作的有(　　)。

A. 踏勘选点　　B. 计算方位角　　C. 计算坐标　　D. 闭合差调整

施工技术

1. 房屋建筑工程土方工程施工中，属于按土的开挖难易程度分类的是(　　)。

A. 松软土　　B. 黏性土　　C. 粉土　　D. 普通土

2. 深基坑支护采用排桩支护结构时，排桩的形式有(　　)。

A. 钢管桩　　B. 钻孔灌注桩　　C. 人工挖孔桩　　D. 碎石桩

3. 深基坑工程中，施工降水和排水可以分为(　　)。

A. 分水线排水　　B. 明排水　　C. 自然井点降水　　D. 人工井点降水

4. 基坑开挖完成后应进行验槽，验槽时应在基底进行轻型动力触探检验的有(　　)。

A. 支护结构有位移　　B. 持力层明显不均匀

C. 浅部有软弱下卧层　　D. 有浅埋古井等

5. 若天然地基不能满足强度和变形要求，必须进行地基处理，地基处理的方法有(　　)。

A. 机械压实法　　B. 排水固结法　　C. 换土垫层法　　D. 逆作拱墙法

6. 路基的主要组成部分有(　　)。

A. 路基体　　B. 排水设施　　C. 防护工程　　D. 降水设施

7. 根据对路基稳定性和强度要求，路基最小高度应保证路基处于(　　)状态。

A. 潮湿　　B. 中湿　　C. 干燥　　D. 中密

8. 路基工程碾压施工时，基本原则有(　　)。

A. 先慢后快　　B. 先快后慢　　C. 先轻后重　　D. 先重后轻

9. 钢筋混凝土预制桩根据打（沉）桩的方法不同分类，包括(　　)。

A. 锤击沉桩　　B. 静力压桩　　C. 人工挖孔沉桩　　D. 爆破法沉桩

10. 当打桩面积大且桩的密度较高时，可以采用的打桩顺序有(　　)。

A. 自中间向四周　　B. 自四周向中间

C. 自中间向两个方向对称　　D. 分区域

11. 下列关于碗扣式脚手架的搭设作业，正确的有(　　)。

A. 底座的轴心应与地面垂直　　B. 严禁任意拆除连墙件

C. 先立杆再横杆　　D. 先连墙件再立杆

12. 钢管扣件式脚手架中杆件之间的连接件形式有(　　)。

A. 直角扣件　　B. 旋转扣件　　C. 对接扣件　　D. 搭接扣件

13. 钢管扣件式脚手架中底座的形式有(　　)。

A. 直角式　　B. 对接式　　C. 外套式　　D. 内插式

14. 下列关于钢管扣件式脚手架的拆除作业，正确的有(　　)。

A. 由上到下逐层进行　　B. 严禁上下同时作业

C. 每层先拆连墙件，再拆脚手架　　D. 分段拆除高差大于两步时，应增设连墙件

15. 碗扣式脚手架中，碗扣接头的组成部分有(　　)。

A. 搭接扣　　B. 上碗扣　　C. 下碗扣　　D. 限位梢

16. 下列关于物料提升机的使用，正确的有(　　)。

A. 严禁载人　　B. 不得超载

C. 用限位开关控制开关运行　　D. 由取得特种作业操作证的人员操作

17. 物料提升机拆除作业前，应对(　　)等部位进行检查，确认无误后方能进行拆除作业。

A. 脚手架　　B. 导轨架　　C. 附墙架　　D. 剪刀撑

18. 塔吊的安装作业，应符合(　　)。

A. 所需辅助用具检验合格　　B. 应统一指挥

C. 宜在夜间进行　　D. 安全装置调试合格

19. 砖的品种、强度等级必须符合设计要求，进场时应有(　　)。

A. 产品合格证书　B. 性能检测报告　C. 施工方案　　D. 供应计划

20. 采用普通砖砌筑的砖墙，组砌形式有(　　)。

A. 一顺一丁　　B. 二顺一丁　　C. 三顺一丁　　D. 梅花丁

21. 根据《砌体结构工程施工质量验收规范》(GB 50203—2011)，采用混凝土小型空心砌块施工时，施工洞口的处理应符合(　　)。

A. 必须留斜槎

B. 可预留直槎

C. 用烧结普通砖补砌

D. 补砌时需用强度等级不低于C20的混凝土灌实

22. 根据《砌体结构工程施工质量验收规范》(GB 50203—2011)，砖砌体施工质量应符合(　　)。

A. 组砌方法正确　B. 内外搭砌　　C. 对缝砌筑　　D. 接槎可靠

23. 根据《砌体结构工程施工质量验收规范》(GB 50203—2011)，关于砌体水平灰缝的砂浆饱满度，说法正确的有(　　)。

A. 砖砌体不得低于80%　　B. 砖砌体不得低于90%

C. 混凝土小型空心砌块不得低于80%　D. 混凝土小型空心砌块不得低于90%

24. 现浇钢筋混凝土结构模板的拆除，应遵循的原则有(　　)。

A. 先支先拆，后支后拆　　B. 先支后拆，后支先拆

C. 先拆非承重部位，再拆承重部位　D. 先拆承重部位，再拆非承重部位

25. 根据《混凝土结构工程施工质量验收规范》(GB 50204—2002)(2011年版)，下列现浇混凝土构件，底模拆除时混凝土强度需满足≥100%混凝土立方体抗压强度标准值的是(　　)。

A. 跨度为9m的板　　B. 跨度为9m的梁

C. 跨度为2m的梁　　D. 挑出2m的雨篷

26. 钢筋现场代换的原则有(　　)。

A. 等面积代换　B. 等应力代换　C. 等强度代换　　D. 等间距代换

27. 钢筋焊接连接的方式有(　　)。

A. 闪光对焊　　B. 电弧焊　　C. 电渣压力焊　　D. 电动焊

28. 钢筋机械连接常用的连接方式有(　　)。

A. 电渣压力焊　B. 套筒挤压连接　C. 螺纹套筒连接　D. 闪光对焊连接

29. 混凝土现场搅拌常用投料顺序有(　　)。

A. 一次投料法　B. 二次投料法　C. 三次投料法　D. 水泥裹砂石法

30. 在竖向结构中浇筑混凝土的高度规范要求时，应设(　　)。

A. 振动棒　B. 串筒　C. 斜槽　D. 溜管

31. 关于混凝土浇筑施工时施工缝的留设，说法错误的有(　　)。

A. 应留在剪力较小且方便施工的部位

B. 柱的施工缝应留在柱中部

C. 单向板应留在平行于板短边处

D. 梁应留在受弯矩较小处

32. 在施工缝处浇筑混凝土需满足(　　)。

A. 清除混凝土表面疏松物质及松动石子

B. 将施工缝处冲洗干净

C. 在施工缝处先铺一层与混凝土成分相同的水泥砂浆

D. 在原混凝土初凝之前完成

33. 大体积混凝土的浇筑方案包括(　　)。

A. 切割分层　B. 全面分层　C. 斜面分层　D. 分段分层

34. 混凝土的振捣方式分类包括(　　)。

A. 人工振捣　B. 手动振捣　C. 机械振捣　D. 自动振捣

35. 混凝土振捣时所采用的振捣机械有(　　)。

A. 内部振动器　B. 外部振动器　C. 表面震动器　D. 震动台

36. 预应力混凝土工程采用先张法施工时，主要施工工艺有(　　)。

A. 孔道留设　B. 张拉钢筋　C. 浇筑混凝土　D. 放张钢筋

37. 预应力混凝土工程混凝土的养护方法有(　　)。

A. 自然养护　B. 蒸汽养护　C. 蓄热法养护　D. 电热法养护

38. 预应力混凝土工程采用后张法施工时，主要施工工艺有(　　)。

A. 孔道留设　B. 张拉钢筋　C. 浇筑混凝土　D. 上蜡

39. 预应力混凝土工程采用后张法施工时，孔道留设的方法主要有(　　)。

A. 钢管抽芯法　B. 预埋波纹管法　C. 沥青麻丝法　D. 胶管抽芯法

40. 我国高强度螺栓的形式有(　　)。

A. 大六角头螺栓　B. 大八角头螺栓　C. 弯剪型螺栓　D. 扭剪型螺栓

41. 大六角头高强度螺栓施工时应严格控制螺母的坚固程度，常用的紧固方法有(　　)。

A. 转角法　B. 力矩法

C. 弯矩法　D. 扭掉螺栓尾部梅花卡头

42. 根据《钢结构工程施工质量验收规范》（GB 50205—2001)，焊缝表面缺陷的检验方法有(　　)，当存在疑义时，要用渗透或磁粉探伤检查。

A. 观查检查　B. 使用放大镜检查

C. 使用焊缝量规检查　D. 超声波探伤检查

43. 防水工程施工在工期的安排上应尽量避开(　　)施工。

A. 春季　B. 冬季　C. 雨季　D. 旱季

44. 属于卷材防水屋面施工工艺的有(　　)。

A. 基层处理　B. 抹找平层　C. 抹灰饼　D. 铺贴卷材

45. 地下工程的防水措施主要有(　　)。

A. 隔水　　B. 排水　　C. 堵水　　D. 渗水

46. 根据《建筑装饰装修工程质量验收规范》（GB 50210—2001），吊顶工程中应进行防锈处理的有（　　）。

A. 预埋件　　B. 钢筋吊杆　　C. 型钢吊杆　　D. 主龙骨

47. 下列关于轻钢龙骨隔墙的说法正确的有（　　）。

A. 属于临时性墙体　　B. 属于永久性墙体

C. 以纸面石膏板为基层面材　　D. 以人造石材为基层面材

48. 根据《建筑装饰装修工程质量验收规范》（GB 50210—2001），金属门窗与塑料门窗的安装不得采用有方法有（　　）。

A. 预留洞口　　B. 边安装边砌口　　C. 先安装后砌口　　D. 先砌口

49. 混凝土及抹灰面涂饰工程施工可以采用的施工方法有（　　）。

A. 喷涂　　B. 滚涂　　C. 粘涂　　D. 弹涂

50. 冬期施工中配制混凝土用的水泥，应选用（　　）。

A. 活性高的硅酸盐水泥　　B. 水化热大的硅酸盐水泥

C. 普通硅酸盐水泥　　D. 掺用防冻剂的高铝水泥

51. 混凝土冬期施工时，下列混凝土的入模温度，符合要求的有（　　）。

A. 0℃　　B. 4℃　　C. 8℃　　D. 10℃

52. 幕墙保温节能工程中，下列一般采用保温岩棉作为保温材料的有（　　）。

A. 石材幕墙　　B. 铝板幕墙　　C. 玻璃幕墙　　D. 塑料幕墙

建筑施工组织

1. 单位工程施工组织设计中，施工方案的主要内容有（　　）。

A. 施工顺序　　B. 施工方法　　C. 施工机械　　D. 施工平面布置图

2. 流水施工根据各施工过程时间参数的不同特点分类包括（　　）。

A. 等节拍流水　　B. 异节拍流水　　C. 无节拍流水　　D. 无节奏流水

3. 某房屋建筑工程采用依次施工方式组织施工时，特点有（　　）。

A. 工期长　　B. 若采用专业班组施工，有窝工现象

C. 现场管理难度大　　D. 资源供应紧张

4. 房屋建筑工程采用等节拍流水方式组织施工时，特点有（　　）。

A. 不同施工过程在各施工段上的流水节拍均相等

B. 流水步距等于流水节拍

C. 专业班组无窝工

D. 施工班组数大于施工过程数

5. 下列流水施工组织方式中，施工班组数等于施工过程数的有（　　）。

A. 等节拍流水　　B. 异步距异节拍流水

C. 等步距异节拍流水　　D. 无节奏流水

6. 组织流水施工时，流水节拍、施工过程、施工段如表所示，则下列说法正确的有（　　）。

施工过程＼施工段	Ⅰ	Ⅱ	Ⅲ	Ⅳ
①	3	3	3	3
②	3	3	3	3
③	3	3	3	3

A. 应采用等节拍流水组织施工　　B. 应采用异节拍流水组织施工

C. $K_{①,②}=3$，$K_{②,③}=3$　　D. $K_{①,②}=3$，$K_{②,③}=6$

7. 组织流水施工时，流水节拍、施工过程、施工段如表所示，则下列说法正确的有(　　)。

施工过程 \ 施工段	Ⅰ	Ⅱ	Ⅲ	Ⅳ
①	3	2	3	1
②	1	4	2	3
③	3	5	1	2

A. 应采用无节奏流水组织施工　　B. 应采用异节拍流水组织施工

C. $K_{①,②}=2$，$K_{②,③}=4$　　D. $K_{①,②}=4$，$K_{②,③}=2$

8. 某房屋建筑工程采用平行施工方式组织施工时，特点有(　　)。

A. 工期长　　B. 充分利用了工作面

C. 现场管理难度大　　D. 资源供应紧张

9. 某房屋建筑工程采用流水施工方式组织施工时，特点有(　　)。

A. 施工连续、均衡　　B. 专业班组有窝工

C. 资源供应平稳　　D. 有利于提高劳动生产率

10. 下列流水施工的参数，属于时间参数的有(　　)。

A. 工作面　　B. 流水步距　　C. 工期　　D. 流水节拍

11. 遵循双代号网络图的绘图规则，下列表述正确的有(　　)。

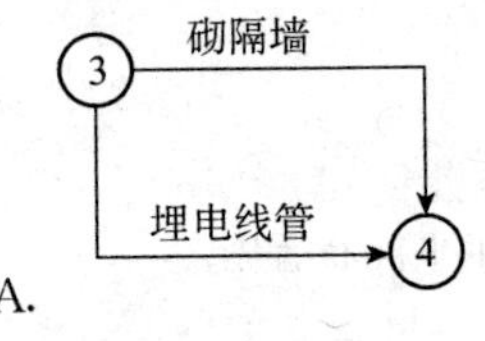

A.

3 砌隔墙 4

埋电线管 5

B.

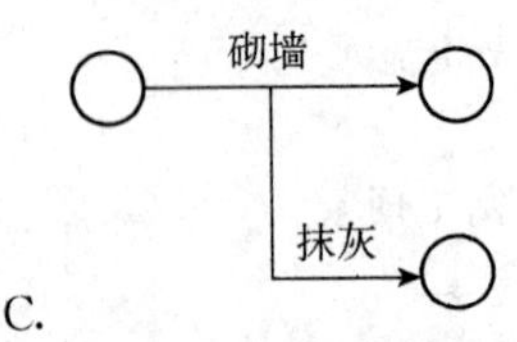

C.

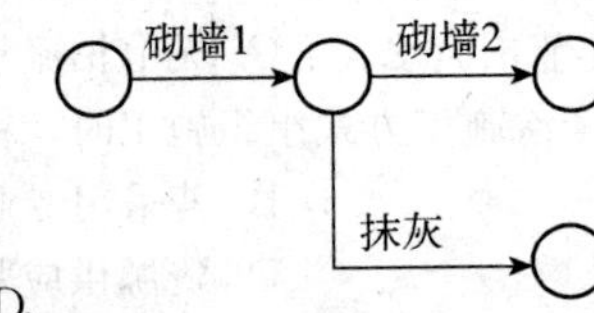

D.

12. 制订工程进度计划时，网络图计划相比横道图计划具有以下优点(　　)。

A. 逻辑关系表达清楚　　B. 便于管理者抓住主要矛盾

C. 能够应用计算机技术　　D. 绘制简单

13. 下列属于双代号网络图时间参数计算方法的有(　　)。

A. 工作计算法　　B. 节点计算法　　C. 表上计算法　　D. 定额计算法

14. 双代号网络图的时间参数计算时，关于最早开始时间的计算正确的有(　　)。

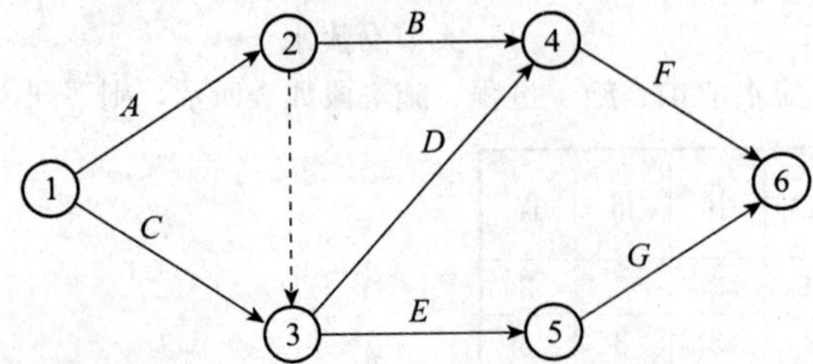

A. 工作 A 的最早开始时间为 0

B. 工作 D 的最早开始时间等于工作 A 和工作 B 最早完成时间的最大值

C. 工作 D 的最早开始时间等于工作 A 和工作 B 最早完成时间的最小值

D. 工作 D 和工作 E 的最早开始时间相等

15. 网络计划的优化按优化目标分类包括(　　)。

A. 工期优化　　B. 逻辑优化　　C. 费用优化　　D. 资源优化

16. 下列双代号网络图的组成要素中，即不消耗时间，也不消耗资源的有(　　)。

A. 节点　　B. 实箭线　　C. 虚箭线　　D. 线路

17. 双代号网络图中，必要时为了保证逻辑关系的正确需要引入虚箭线，它的主要作用有(　　)。

A. 联系　　B. 区分　　C. 断路　　D. 优化

18. 在一个双代号网络图中，下列说法正确的有(　　)。

A. 只有一条关键线路

B. 至少有一条关键线路

C. 持续时间之和最大的线路为关键线路

D. 工作个数最多的线路为关键线路

19. 根据住房与城乡建设部 建质［2009］87 号《危险性较大的分部分项工程安全管理办法》，下列属于危险性较大的分部分项工程的有(　　)。

A. 开挖深度为 4m 的基坑工程

B. 搭设高度为 4m 的混凝土模板支撑工程

C. 搭设高度为 24m 的落地式钢管脚手架工程

D. 开挖深度不超过 16m 的人工挖孔桩工程

20. 编制施工作业指导书的要求有(　　)。

A. 应在作业后编制　　B. 应体现对现场作业的全过程控制

C. 要求概念清楚　　D. 由专业技术人员编写

施工项目质量控制

1. 下列关于设计变更的管理，说法正确的有(　　)。

A. 变更发生得越早损失越小

B. 变更发生得越早损失越大

C. 在采购阶段变更仅需要修改图纸

D. 在采购阶段变更不仅需要修改图纸，还需要重新采购设备、材料

2. 见证取样和送检是指在(　　)人员的见证下，由施工单位的取样员对工程中涉及结构安全的材料进行现场取样。

A. 建设单位　　B. 监理单位　　C. 设计单位　　D. 施工单位

3. 施工项目现场进行质量检查的方法有(　　)。

A. 目测法　　B. 实测法　　C. 试验法　　D. 问卷法

4. 施工项目现场采用“目测法”进行质量检查，其手段有(　　)。

A. 看　　B. 听　　C. 摸　　D. 敲

5. 根据《建筑工程施工质量验收统一标准》(GB 50300—2001)，属于建筑工程质量验收划分层次的有(　　)。

A. 单项工程　　B. 分部工程　　C. 分项工程　　D. 检验批

6. 根据《建筑工程施工质量验收统一标准》(GB 50300—2001)，分项工程按(　　)划分。

A. 建筑部位　　B. 主要工种　　C. 材料　　D. 施工工艺

7. 根据《建筑工程施工质量验收统一标准》(GB 50300—2001)，建设工程验收的项目包括(　　)。

A. 主控项目　　B. 主要项目　　C. 次要项目　　D. 一般项目

施工项目安全控制

1. 根据《建筑企业职工安全培训教育暂行规定》，新工人必须进行三级安全教育，主要内容包括(　　)。

A. 安全生产方针　　B. 安全技术知识

C. 操作规程　　D. 规避安全检查的方法

2. 建筑工程施工安全隐患应重点防范(　　)。

A. 高处坠落　　B. 物体打击　　C. 职业病　　D. 触电

3. 根据《生产安全事故报告和调查处理条例》，生产安全事故根据(　　)分为四个等级。

A. 死亡人数　　B. 直接经济损失　　C. 间接经济损失　　D. 重伤人数

4. 根据《生产安全事故报告和调查处理条例》，下列事故属于特别重大事故的有(　　)。

A. 30 人死亡　　B. 29 人死亡　　C. 100 人重伤　　D. 120 人重伤

5. 根据《生产安全事故报告和调查处理条例》，下列事故属于重大事故的有(　　)。

A. 30 人死亡　　B. 29 人死亡　　C. 100 人重伤　　D. 90 人重伤

6. 根据《生产安全事故报告和调查处理条例》，下列事故属于一般事故的有(　　)。

A. 直接经济损失 1000 万　　B. 间接经济损失 1000 万

C. 3 人死亡　　D. 2 人死亡

7. 根据《生产安全事故报告和调查处理条例》，事故调查报告应当包括的内容有(　　)。

A. 事故发生的原因　　B. 事故责任的认定

C. 事故防范措施　　D. 事故应急预案

8. 施工项目安全事故的处理必须坚持的原则有(　　)。

A. 事故原因未查清不放过　　B. 职工群众未受到教育不放过

C. 防范措施未落实不放过　　D. 事故应急预案未制定不放过

施工项目进度及成本控制

1. 施工项目进度计划的检查内容有(　　)。

A. 工程量的完成情况　　B. 工作时间的执行情况

C. 资源使用情况　　D. 将采取的措施

2. 施工项目进度分析时，判断工作的进度偏差是否影响工期或紧后工作是用进度偏差与(　　)做对比。

A. 总时差　　B. 自由时差　　C. 成本偏差　　D. 资源偏差

3. 在对施工项目进行进度检查与分析时发现原有进度计划必须进行调整，调整的内容主要有(　　)。

A. 质量　　B. 工程量　　C. 资源供给　　D. 工作起止时间

4. 施工项目成本控制时，工程计量的计算方法有(　　)。

A. 现场测量　　B. 按单据计算　　C. 按设计图纸测算　　D. 按施工单位上报量计算

5. 施工项目成本控制时，工程签证包括(　　)。

A. 工期签证　　B. 公关签证　　C. 索赔签证　　D. 现场经济签证

施工现场管理及有关施工资料

1. 施工现场文明施工的主要内容包括(　　)。

A. 保持作业环境的整洁卫生　　B. 减少施工对周围居民的影响

C. 保证职工安全和身体健康　　D. 加强现场合同管理

2. 建筑工程施工时，施工技术交底的内容包括(　　)。

A. 施工范围　　B. 施工进度要求

C. 施工日志填写要求　　D. 保证质量安全的措施

三、案例题

1.【背景资料】某房屋建筑的基础工程，由挖基槽、浇筑混凝土垫层、砌砖基础和回填土共四个施工过程组成，现在拟采用四个专业工作队组织流水施工，划分为三个施工段（业主要求工期为30d)，各施工段流水节拍见下表（单位：d)。

施工段 施工过程	Ⅰ	Ⅱ	Ⅲ
挖基槽	4	4	4
浇筑混凝土垫层	2	2	2
砌砖基础	5	5	5
回填土	2	2	2

请根据背景资料完成相应小题选项，其中判断题二选一（A、B选项），单选题四选一（A、B、C、D选项），多选题四选二或三（A、B、C、D选项）。不选、多选、少选、错选均不得分。

1)（判断题）本工程施工工艺顺序是挖基槽—浇筑混凝土垫层—砌砖基础—回填土。(　　)

A. 正确　　B. 错误

2)（单选题）根据题中给定时间参数，本工程可以组织(　　)流水。

A. 等节拍　　B. 异步距异节拍　　C. 等步距异节拍　　D. 无节奏

3)（单选题）根据题中条件，砌砖基础施工过程的流水节拍为(　　)d。

A. 2　　B. 5　　C. 6　　D. 11

4)（单选题）根据题中条件，施工过程挖基槽与浇筑混凝土垫层之间的流水步距为(　　)d。

A. 2　　B. 4　　C. 8　　D. 11

5)（单选题）根据题中条件，施工过程浇筑混凝土垫层与砌砖基础之间的流水步距为(　　)d。

A. 2　　B. 4　　C. 8　　D. 11

6)（单选题）根据题中条件，本工程组织流水施工的工期为(　　)d。

A. 15　　B. 27　　C. 30　　D. 39

7)（判断题）根据题中条件，本工程组织流水施工时施工段数必须大于或等于施工过程数(　　)。

A. 正确　　B. 错误

8)（单选题）组织流水施工时，计算工期应满足的条件是(　　)。

A. 大于或等于流水步距　　B. 小于或等于流水步距

C. 大于或等于要求工期　　D. 小于或等于要求工期

9)（单选题）组织流水施工时，划分施工过程应考虑的主要因素是(　　)。

A. 客观工艺关系　　B. 组织工艺关系　　C. 施工段数　　D. 施工层数

10)（多选题）根据题中条件，本工程组织流水施工时，下列说法正确的有(　　)。

A. 作业队伍能连续作业　　B. 施工段没有空闲

C. 能满足工期要求　　　　　　　　　D. 施工队组数大于施工过程数

2.【背景资料】某工程包括三栋单体建筑，其中基础工程由基础挖土、浇筑混凝土垫层、砌砖基础和回填土共四个施工过程组成。现在拟采用四个专业工作队组织流水施工，各施工段上流水节拍（单位：d）如下表如所示。

施工段 / 施工过程	Ⅰ	Ⅱ	Ⅲ
基础挖土	4	3	5
浇筑混凝土垫层	3	2	3
砌砖基础	6	4	7
回填土	4	2	5

请根据背景资料完成相应小题选项，其中判断题二选一（A、B 选项），单选题四选一（A、B、C、D 选项），多选题四选二或三（A、B、C、D 选项）。不选、多选、少选、错选均不得分。

1)（判断题）本工程组织流水施工时，各施工段的工作面没有空闲。(　　)

A. 正确　　　B. 错误

2)（判断题）本工程组织流水施工时，各专业工作队伍均能连续作业。(　　)

A. 正确　　　B. 错误

3)（单选题）本工程组织流水施工时，应采用的流水施工方式为(　　)。

A. 等节拍　　　B. 异步距异节拍　C. 等步距异节拍　　D. 无节奏

4)（单选题）根据题中条件，本工程同一专业队伍在各施工段上的流水节拍不相等的原因可能是(　　)。

A. 工作队人数不相等　　　　　　　B. 施工段数目不够

C. 工作面不足　　　　　　　　　　D. 工程量不相等

5)（单选题）本工程组织流水施工时，施工过程基础挖土与浇筑混凝土垫层之间的流水步距为(　　)d。

A. 4　　　B. 5　　　C. 7　　　D. 12

6)（单选题）本工程组织流水施工时，施工过程砌砖基础与回填土之间的流水步距为(　　)d。

A. 4　　　B. 6　　　C. 7　　　D. 11

7)（单选题）本工程组织流水施工时，工期等于(　　)d。

A. 16　　　B. 32　　　C. 48　　　D. 52

8)（单选题）本工程组织流水施工时，其特点是各施工过程之间的流水节拍(　　)，流水步距(　　)。

A. 相等，相等　　B. 相等，不相等　C. 不相等，相等　　D. 不相等，不相等

9)（单选题）本工程组织流水施工时，计算流水步距的方法是(　　)。

A. 定额计算法　　　　　　　　　　B. 累加斜减取大差法

C. 经验估算法　　　　　　　　　　D. 工期计算法

10)（多选题）根据题中条件，本工程组织流水施工时，下列说法正确的有(　　)。

A. 施工段数大于施工过程数　　　　B. 施工段数小于施工过程数

C. 施工队组数大于施工过程数　　　D. 施工队组数等于施工过程数

3.【背景资料】某两层住宅楼工程，主体划分为砌砖墙、钢筋混凝土圈梁和楼板安装、灌缝共三个施工过程组成，每一层划分为两个工程量相等的施工段，各施工过程均采用专业工作队组织流水施工，专业队伍在每施工段上的持续时间如下表所示。

组织流水 施工过程	持续时间（d）
砌砖墙	5
钢筋混凝土圈梁支模板	1
扎钢筋	1
浇混凝土	1
楼板安装/灌缝	2

请根据背景资料完成相应小题选项，其中判断题二选一（A、B 选项），单选题四选一（A、B、C、D 选项），多选题四选二或三（A、B、C、D 选项）。不选、多选、少选、错选均不得分。

1）（判断题）本工程组织流水施工时，应允许部分次要施工过程的作业队伍不能连续作业。（　　）

A. 正确　　B. 错误

2）（判断题）本工程组织流水施工时，应使参与流水的施工过程数小于或等于施工段数。（　　）

A. 正确　　B. 错误

3）（单选题）本工程组织流水施工时，应采用的流水施工方式为（　　）。

A. 等节拍　　B. 异步距异节拍　　C. 等步距异节拍　　D. 无节奏

4）（单选题）根据题中条件，本工程组织流水施工时，主导施工过程为（　　）。

A. 砌砖墙　　B. 支圈梁模板　　C. 绑圈梁钢筋　　D. 楼板安装/灌缝

5）（多选题）根据题中条件，本工程组织流水施工时，应将下列哪些施工过程合并为一个施工过程参与流水（　　）。

A. 砌砖墙　　B. 支圈梁模板　　C. 绑圈梁钢筋　　D. 楼板安装/灌缝

6）（单选题）本工程组织流水施工时，流水节拍应确定为（　　）d。

A. 1　　B. 2　　C. 5　　D. 10

7）（单选题）本工程组织流水施工时，需将次要的施工过程合并，然后与主导施工过程一起参与流水，则流水步距应为（　　）d。

A. 1　　B. 2　　C. 3　　D. 5

8）（单选题）本工程组织流水施工时，工期等于（　　）d。

A. 10　　B. 20　　C. 25　　D. 30

9）（多选题）组织流水施工时，空间参数包括（　　）。

A. 施工段　　B. 施工层　　C. 工作面　　D. 工作队

10）（多选题）根据题中条件，本工程组织流水施工时，下列说法正确的有（　　）。

A. 主导施工过程连续作业　　B. 主导施工过程间断作业

C. 工作面有空间　　D. 工作面无空闲

4.【背景资料】某房屋建筑的基础工程，由挖基槽、混凝土垫层、砌砖基础和回填土共四个施工过程组成，现在拟采用四个专业工作队组织流水施工，横道图进度计划表如下图所示。

施工过程	施工进度（d）																			
	1	2	3	4	5	6	7	8	9	10	11	12	13	14	15	16	17	18	19	20
挖基槽																				
混凝土垫层																				
砌砖基础																				
回填土																				

请根据背景资料完成相应小题选项，其中判断题二选一（A、B选项），单选题四选一（A、B、C、D选项），多选题四选二或三（A、B、C、D选项）。不选、多选、少选、错选均不得分。

1)（判断题）本工程组织流水施工时，各施工过程的专业队伍均能连续作业。(　　)

A. 正确　　B. 错误

2)（判断题）本工程组织流水施工时，各施工段除必要的间歇外没有空闲。(　　)

A. 正确　　B. 错误

3)（单选题）根据题中条件，本工程采用的流水施工方式是(　　)。

A. 无节奏　　B. 等节拍　　C. 等步距异节拍　　D. 异步距异节拍

4)（单选题）根据题中条件，施工过程混凝土垫层的流水节拍为(　　)d。

A. 1　　B. 2　　C. 3　　D. 4

5)（单选题）根据题中条件，本工程组织流水时划分了(　　)个施工段。

A. 2　　B. 3　　C. 4　　D. 12

6)（单选题）根据题中条件，施工过程挖基槽与混凝土垫层之间的流水步距为(　　)d。

A. 3　　B. 4　　C. 6　　D. 7

7)（单选题）根据题中条件，施工过程混凝土垫层与砌砖基础之间有(　　)d技术与组织间歇时间。

A. 1　　B. 2　　C. 3　　D. 4

8)（单选题）如果实际进度与计划进度一致，第二个施工段完成四个施工过程的时间是(　　)d。

A. 6　　B. 16　　C. 18　　D. 20

9)（单选题）如果实际进度与计划进度一致，第三个施工段完成砌砖基础的时间是第(　　)d。

A. 9　　B. 10　　C. 15　　D. 18

10)（多选题）根据题中条件，本工程组织流水施工时，下列说法正确的有(　　)。

A. 工期为19d　　B. 工期为20d

C. 各施工过程流水节拍不相等　　D. 各施工过程之间流水步距相等

5.【背景资料】某房屋建筑的基础工程，由挖基槽、混凝土垫层、砌砖基础和回填土共四个施工过程组成，现在拟采用四个专业工作队组织流水施工，横道图进度计划表如下图所示。

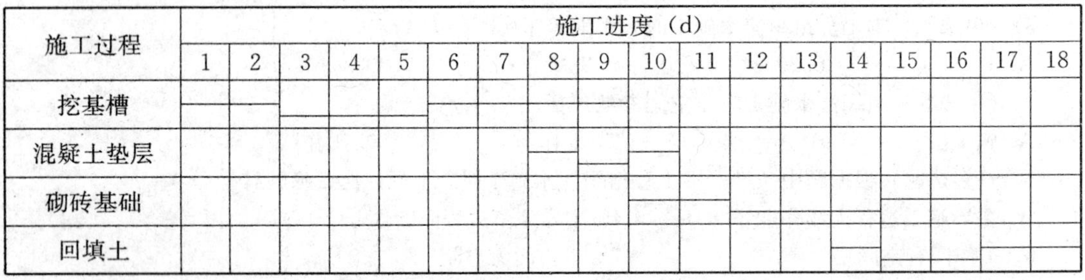

施工过程	施工进度（d）																	
	1	2	3	4	5	6	7	8	9	10	11	12	13	14	15	16	17	18
挖基槽																		
混凝土垫层																		
砌砖基础																		
回填土																		

请根据背景资料完成相应小题选项，其中判断题二选一（A、B选项），单选题四选一（A、B、C、D选项），多选题四选二或三（A、B、C、D选项）。不选、多选、少选、错选均不得分。

1)（判断题）本工程组织流水施工时，各施工过程的专业队伍均能连续作业。(　　)

A. 正确　　B. 错误

2)（判断题）本工程组织流水施工时，各施工段除必要的间歇外没有空闲。(　　)

A. 正确　　B. 错误

3)（单选题）根据题中条件，本工程采用的流水施工方式是(　　)。

A. 无节奏　　B. 等节拍　　C. 等步距异节拍　　D. 异步距异节拍

4)（单选题）根据题中条件，本工程组织流水时划分了(　　)个施工段。

A. 2　　B. 3　　C. 4　　D. 12

5)（单选题）根据题中条件，施工过程挖基槽与混凝土垫层之间的流水步距为(　　)d。

A. 3　　B. 4　　C. 6　　D. 7

6)（单选题）根据题中条件，施工过程砌砖基础与回填土之间的流水步距为(　　)d。

A. 1　　B. 2　　C. 3　　D. 4

7)（单选题）根据题中条件，施工过程混凝土垫层与砌砖基础之间有(　　)d 技术与组织间歇时间。

A. 0　　B. 1　　C. 2　　D. 3

8)（单选题）如果实际进度与计划进度一致，第二个施工段完成四个施工过程的时间是(　　)d。

A. 5　　B. 10　　C. 14　　D. 16

9)（单选题）如果实际进度与计划进度一致，第二个施工段完成混凝土垫层的时间是第(　　)d。

A. 5　　B. 7　　C. 9　　D. 11

10)（多选题）根据题中条件，本工程组织流水施工时，下列说法正确的有(　　)。

A. 工期为 18d　　B. 各施工过程流水节拍相等

C. 各施工过程流水节拍不相等　　D. 各施工过程之间流水步距不相等

6.【背景资料】某建筑公司中标了一个房建工程，该工程地上三层，地下一层，现浇混凝土框架结构，采用自拌 C30 混凝土，内隔墙采用加气混凝土砌块，双坡屋面，防水材料为 3 厚 SBS 防水卷材，外墙为玻璃幕墙。生产技术科编制了安全专项施工方案和环境保护方案。一层混凝土浇捣时，项目部针对现场自拌混凝土容易出现强度等级不够的质量通病，制定了有效的防治措施。一层楼板混凝土浇筑完毕后，质检人员发现木工班组不按规定拆模。

请根据背景资料完成相应小题选项，其中判断题二选一（A、B 选项），单选题四选一（A、B、C、D 选项），多选题四选二或三（A、B、C、D 选项）。不选、多选、少选、错选均不得分。

1)（判断题）砌筑砂浆应随拌随用，当施工期间最高气温在 30℃以内时，水泥混合砂浆最长应在 3h 内使用完毕。(　　)

A. 正确　　B. 错误

2)（判断题）卷材防水施工中，厚度小于 3mm 的高聚物改性沥青防水卷材，严禁采用自粘法施工。(　　)

A. 正确　　B. 错误

3)（单选题）符合吊顶纸面石膏板安装的技术要求是(　　)。

A. 从板的两边向中间固定

B. 从板的中间向板的四周固定

C. 长边（纸包边）垂直于主龙骨安装

D. 短边平行于主龙骨安装

4)（单选题）室内地面的水泥混凝土垫层，应设置纵向缩缝和横向缩缝，纵向缩缝间距不得大于 6m，横向缩缝最大间距不得大于(　　)m。

A. 3　　B. 6　　C. 9　　D. 12

5)（单选题）湿作业法石材墙面饰面板灌浆施工的技术要求是(　　)。

A. 宜采用 1∶4 水泥砂浆灌浆

B. 每层灌浆高度宜为 150～200mm，且不超过板高的 1/3

C. 下层砂浆终凝前不得灌注上层砂浆

D. 每块饰面板应一次灌浆到顶

6)（多选题）根据职业健康安全管理要求，下列要求正确的是(　　)。

A. 不得安排未经上岗前职业健康检查的劳动者从事接触职业病危害的作业

B. 安排劳动者从事其所禁忌的作业

C. 不得安排未成年工从事接触职业病危害的作业

D. 不得安排孕期、哺乳期的女职工从事对本人和胎儿、婴儿有危害的作业

7)(多选题)该工程屋面的卷材防水的基层应做成圆弧的有(　　)。

A. 檐口　　B. 前坡面　　C. 屋脊　　D. 烟囱

8)(多选题)针对现场自拌混凝土容易出现强度等级偏低，不符合设计要求的质量通病，项目部制定了下列防治措施，正确的有(　　)。

A. 拌制混凝土所用水泥、粗(细)骨料和外加剂等均必须符合有关标准规定

B. 混凝土拌合必须采用机械搅拌，加料顺序为：水—水泥—细骨料—粗骨料，并严格控制搅拌时间

C. 混凝土的运输和浇捣必须在混凝土初凝前进行

D. 控制好混凝土的浇筑振捣质量

9)(多选题)该单位工程的临时供电工程专用的电源中性点直接接地的220/380V三相四线制低压电力系统，必须符合(　　)的规定。

A. 采用TN—S接零保护系统　　B. 采用三级配电系统

C. 采用一级漏电保护系统　　D. 采用二级漏电保护系统

10)(多选题)混凝土结构施工后模板拆除时，以下说法正确的有(　　)。

A. 底模及其支架拆除时间根据周转材料租期需要确定，无需考虑影响

B. 侧模及其支架拆除时的混凝土强度应能保证其表面棱角不受损伤

C. 后浇带模板的拆除和支顶应按施工技术方案执行

D. 模板拆除时，不应对楼面形成冲击荷载

7.【背景资料】某开发区十层商住楼工程，总建筑面积15800m^2，框架结构体系。第二层梁、板钢筋绑扎完毕，监理工程师检查钢筋时，发现有几处与施工图不符，原因是作业人员没有按图纸施工，导致梁、板钢筋必须返工。

请根据背景资料完成相应小题选项，其中判断题二选一(A、B选项)，单选题四选一(A、B、C、D选项)，多选题四选二或三(A、B、C、D选项)。不选、多选、少选、错选均不得分。

1)(判断题)施工项目质量控制的方法是审核有关技术文件报告，直接进行现场质量检验或必要的试验等。(　　)

A. 正确　　B. 错误

2)(判断题)钢筋工程隐蔽验收要点按施工图核查钢筋品种、直径、数量、位置。(　　)

A. 正确　　B. 错误

3)(判断题)钢筋工程隐蔽验收要点不用验收钢筋保护层的厚度。(　　)

A. 正确　　B. 错误

4)(判断题)钢筋工程隐蔽验收要点检查钢筋锚固长度、箍筋加密区及加密间距。(　　)

A. 正确　　B. 错误

5)(判断题)钢筋工程隐蔽验收要点检查钢筋接头的长度、接头的数量、接头的位置等。(　　)

A. 正确　　B. 错误

6)(单选题)钢结构的主要缺点之一是(　　)。

A. 结构的自重大　B. 施工困难　　C. 不耐火、易腐蚀　D. 价格高

7)(单选题)梁中配钢筋时对构件的开裂荷载(　　)。

A. 有显著影响　　B. 影响不大　　C. 无影响　　D. 由具体情况而定

8)(多选题)钢筋连接方法的有(　　)。

A. 绑扎连接　　B. 焊接连接　　C. 铆钉连接　　D. 机械连接

9）（多选题）现场施工质量检查有哪些方法。（　　）

A. 目测法　　　B. 实测法　　　C. 实验法　　　D. 检测法

10）（多选题）施工项目的质量控制的过程。（　　）

A. 从工序质量到分项工程质量　　　B. 分部工程质量

C. 单位工程质量的控制过程　　　D. 从单位到单位的质量控制过程

8.【背景资料】北方某城市商场建设项目，设计使用年限为 50 年。按施工进度计划，主体施工适逢夏季（最高气温＞30℃），主体框架采用 C30 混凝土浇筑，为二类使用环境。填充采用粘土空心砖水泥砂浆砌筑。内部各层营业空间的墙面、柱面分别采用石材、涂料或木质材料装饰。

请根据背景资料完成相应小题选项，其中判断题二选一（A、B 选项），单选题四选一（A、B、C、D 选项），多选题四选二或三（A、B、C、D 选项）。不选、多选、少选、错选均不得分。

1）（判断题）根据混凝土结构的耐久性要求，本工程主体混凝土的最大水灰比、最小水泥用量、最大氯离子含量和最大碱含量以及最低强度等级应符合有关规定。（　　）

A. 正确　　　B. 错误

2）（判断题）根据《建筑结构可靠度设计统一标准》（GB 50068—2001），本工程按设计使用年限分类应为 3 类。（　　）

A. 正确　　　B. 错误

3）（单选题）根据本工程混凝土强度等级的要求，主体混凝土的（　　）应大于或等于 30 MPa，且小于 35MPa。

A. 立方体抗压强度　　　B. 轴心抗压强度

C. 立方体抗压强度标准值　　　D. 轴心抗压强度标准值

4）（单选题）空心砖砌筑时，操作人员反映砂浆过于干稠不好操作，项目技术人员提出的技术措施中正确的是（　　）。

A. 适当加大砂浆稠度，新拌砂浆保证在 3h 内用完

B. 适当减小砂浆稠度，新拌砂浆保证在 2h 内用完

C. 适当加大砂浆稠度，新拌砂浆保证在 2h 内用完

D. 适当减小砂浆稠度，新拌砂浆保证在 3h 内用完

5）（单选题）内部各层营业空间的墙、柱面若采用木质材料装饰，则现场阻燃处理后的木质材料每种应取（　　）㎡检验燃烧性能。

A. 2　　　B. 4　　　C. 8　　　D. 12

6）（多选题）某工程外墙采用聚苯板保温，项目经理部质检员对锚固件的锚固深度进行了抽查，下列符合规范规定的有（　　）mm。

A. 24　　　B. 25　　　C. 26　　　D. 27

7）（多选题）下列关于主体结构混凝土：工程施工缝留置位置的说法，正确的有（　　）。

A. 柱留置在基础、楼板、梁的顶面

B. 与板连成整体的大截面梁（高超过 1m），留置在板底面以下 20～30mm 处

C. 有主次梁的楼板，留置在主梁跨中 1/3 范围内

D. 墙留置在门洞口过梁跨中 1/3 范围内

8）（多选题）内墙饰面砖粘贴的技术要求有（　　）。

A. 粘贴前饰面砖应浸水 2h 以上，晾干表面水分

B. 每面墙不宜有两列（行）以上非整砖

C. 非整砖宽度不宜小于整砖的 1/4

D. 在墙面突出物处，不得用非整砖拼凑粘贴

9）（多选题）针对水平混凝土构件模板支撑系统的施工方案，施工企业需进行论证审查的

有(　　)。

A. 高度超过 8m　　　　　　　　B. 跨度超过 18m

C. 施工总荷载大于 10kN/㎡　　　　D. 集中线荷载大于 12kN/㎡

10）（多选题）某项目经理部质检员对正在施工的砖砌体进行了检查，并对水平灰缝厚度进行了统计，下列符合规范规定的数据有(　　)mm。

A. 7　　B. 9　　C. 10　　D. 12

9.【背景资料】某 5 层公建筑工程，条石基础，砖混结构，现浇钢筋混凝土楼板，局部采用防火玻璃隔断。首层跨度 4.5m 梁，起拱高度设计无具体要求。检查发现：模板支设起拱不符合要求；楼板中配筋为ф10@200 钢筋错放为ф8@200。竣工五年后发生一次地震，房屋多处发生开裂，多处结构破坏。

请根据背景资料完成相应小题选项，其中判断题二选一（A、B 选项），单选题四选一（A、B、C、D 选项），多选题四选二或三（A、B、C、D 选项）。不选、多选、少选、错选均不得分。

1）（单选题）砖、石基础的特点是(　　)性能较好。

A. 抗拉　　B. 抗弯　　C. 抗剪　　D. 抗压

2）（判断题）首层跨度 4.5m 梁模板起拱高度为 10mm。(　　)

A. 正确　　B. 错误

3）（单选题）模板支设正确的是(　　)。

A. 模板及其支架按经批准的施工技术方案进行

B. 模板允许漏浆

C. 模板内杂物可以不清理

D. 4.5m 跨度模板允许凹陷

4）（单选题）ф10@200 表示热轧(　　)钢筋，直径 10mm，间距 200mm。

A. HPB300　　B. HRB335　　C. HRB400　　D. RRB400

5）（单选题）本工程室内台阶踏步宽度不宜小于(　　)mm，踏步高度不宜大于 150mm。

A. 150　　B. 200　　C. 250　　D. 300

6）（单选题）防火玻璃按耐火性能分为 A.B.C 三类，这三类都应满足(　　)要求。

A. 耐火完整性　　B. 耐火隔热性　　C. 热辐射强度　　D. 热辐射隔热性

7）（单选题）这次地震使该建筑破坏，可称为地震力产生的(　　)效果。

A. 平衡　　B. 变形　　C. 静定　　D. 移动

8）（单选题）在本次地震中，作用在本建筑结构上的地震力按随时间的变异分类，属于(　　)类。

A. 永久作用　　B. 可变作用　　C. 偶然作用　　D. 均布作用

9）（单选题）根据钢筋混凝土梁的受力特点，梁和板为典型的(　　) 构件。

A. 受压　　B. 受拉　　C. 受弯　　D. 受扭

10）（多选题）某工程地基验槽采用观察法，验槽时不是重点观察的是(　　)。

A. 柱基、墙角、承重墙下　　　　B. 槽壁、槽底的土质情况

C. 基槽开挖深度　　　　　　　　D. 槽底土质结构是否被人为破坏

10.【背景资料】某住宅项目，建设单位与施工单位签订了施工承包合同，合同中规定 6 万 m^2 的花岗石石材由建设单位指定厂家，施工单位负责采购，厂家负责运输到工地，并委托了监理单位实行施工阶段的监理。当第一批石材运到工地时，施工单位认为是由建设单位指定用的石材，在检查了产品合格证后即可以用于工程，反正如有质量问题均由建设单位负责。监理工程师则认为必须进行石材放射性检测。此时，建设单位现场项目管理代表正好到场，认为监理多此一举，但监理工程师坚持必须进行材质检验，可施工单位不愿进行检验，于是监理按规定进行了抽检，检验结果达不到 E1

级要求。

施工单位为了能够春节前完成装饰施工任务，未采取有效的冬期施工措施即进行外墙瓷砖和地面石材的铺贴。来年春天大面积外墙砖空鼓、脱落，存在严重质量问题，已经对工程的安全使用功能产生隐患，必须拆除，重新施工。经估算，直接经济损失达到300万元以上。由于这次质量事故，建设方不得不拖延一个月的交房期限，并因此将承担由于拖后交房的违约金130万元。

请根据上述背景资料完成以下选项，其中判断题二选一（A、B选项），单选题四选一（A、B、C、D选项），多选题四选二或三（A、B、C、D选项）。不选、多选、少选、错选均不得分。

1）（判断题）对于甲方指定的进场材料，监理单位的做法(　　)。

A. 正确　　B. 错误

2）（判断题）若施工单位将该批材料用于工程，造成质量问题施工单位没有责任。(　　)

A. 正确　　B. 错误

3）（判断题）用传统的湿作业法进行大理石天然石材安装施工时，应对石材饰面板采用“防碱背涂剂”进行背涂处理。(　　)。

A. 正确　　B. 错误

4）（单选题）不宜用于外墙装饰的天然石材是(　　)。

A. 砂岩　　B. 花岗石板　　C. 大理石板　　D. 石灰石板

5）（单选题）根据本案例造成的直接经济损失，属于质量事故等级中(　　)类。

A. 一般事故　　B. 较大事故　　C. 重大事故　　D. 特别重大事故

6）（单选题）下列选项中，关于饰面工程材料质量要求，说法错误的是(　　)。

A. 大理石和花岗岩板材的质量应符合相关的规定

B. 外墙釉面砖、无釉面砖，表面应平滑、质地坚固，尺寸、色泽一致，不得有暗痕和裂纹，吸水率不得大于12%

C. 陶瓷锦砖及玻璃锦砖应质地坚硬，边棱整齐，尺寸正确

D. 黏结剂和胶凝材料，不得采用有机物作为主要黏结材料，当采用专用胶粘剂粘贴面砖，其黏结强度不应小于0.6MPa

7）（单选题）下列选项中，关于饰面砖（板）安装工程，下列说法(　　)。

A. 小规格的饰面板采用镶贴法；大规格的饰面板宜采用湿挂法和干挂法安装

B. 外墙釉面砖镶贴从上而下分段，每段内应自上而下镶贴

C. 在竖向基体上预挂钢筋网，用铜丝或镀锌钢丝绑扎板材并灌水泥砂浆的湿贴法铺贴工艺，每层灌注高度为150～200mm，且不得大于板高的1/3

D. 饰面砖的质量，即饰面砖的品种、规格、图案、颜色和性能是检验的主控项目之一

8）（单选题）饰面工程验收文件中，材料的产品合格证书、性能检测报告、进场验收记录和复验报告，主要应对下列材料及其性能指标进行复验，下列选项中，关于对材料及其性能指标进行复验的说法，错误的是(　　)。

A. 室内用花岗岩的放射性检验

B. 粘贴用水泥应进行凝结时间、安定性和抗压强度检验

C. 外墙陶瓷面砖要进行固定性检验

D. 寒冷地区外墙陶瓷面砖要进行抗冻性检验

9）（单选题）大理石、花岗岩的墙面镜贴安装顺序是(　　)。

A. 由两边向中间安装　　B. 由中间向两边安装

C. 由上往下逐排安装　　D. 由下往上逐排安装

10）（多选题）下列属于石材饰面板质量检验与验收中主控项目的是(　　)。

A. 材料质量　　B. 饰面板孔槽　　C. 饰面板安装　　D. 饰面板表面质量

11.【背景资料】某高层框架结构主体施工，层高 3.6m，建筑檐口标高为 42m。采用一台固定式塔吊和一台井架，商品混凝土用拖泵浇筑。主体施工过程中发生一起高处坠落事故，造成 4 人死亡，11 人重伤。

请根据背景资料完成相应小题选项，其中判断题二选一（A、B 选项），单选题四选一（A、B、C、D 选项），多选题四选二或三（A、B、C、D 选项）。不选、多选、少选、错选均不得分。

1)（判断题）本工程塔吊的安装和拆除作业应编制专项施工方案且必须组织专家进行论证。(　　)

A. 正确　　B. 错误

2)（判断题）本工程所用塔吊机械，属于特种设备，实施专门的管理。(　　)

A. 正确　　B. 错误

3)（单选题）本工程塔吊吊运作业，由(　　)负责指挥。

A. 塔吊司机　　B. 起重信号工　　C. 安全员　　D. 施工员

4)（单选题）起吊重物时，吊钩钢丝绳应保持(　　)。

A. 水平　　B. 垂直　　C. 倾斜　　D. 弯曲

5)（单选题）根据《生产安全事故报告和调查处理条例》，本工程高处坠落事故属于(　　)。

A. 特别重大事故　　B. 重大事故　　C. 较大事故　　D. 一般事故

6)（单选题）根据《生产安全事故报告和调查处理条例》，本工程高处坠落事故应由(　　)组织成立事故调查组。

A. 设区的市级人民政府　　B. 县级人民政府

C. 建设单位　　D. 监理单位

7)（单选题）本工程施工单位使用的塔吊和井架应向(　　)登记。

A. 监理单位　　B. 建设单位

C. 质量技术监督部门　　D. 建设行政主管部门

8)（多选题）起重机械使用管理中，"三定"制度是指(　　)。

A. 定人　　B. 定机　　C. 定措施　　D. 定岗位职责

9)（多选题）塔吊执行拆除作业时应在白天进行，当遇下列天气时应停止作业(　　)。

A. 大风　　B. 浓雾　　C. 雨雪　　D. 干旱

10)（多选题）本工程中，属于特种作业人员，需持证上岗的有(　　)。

A. 塔吊司机　　B. 井架操作司机

C. 混凝土振动棒操作人员　　D. 钢筋切断机操作要员

12.【背景资料】某房屋建筑工程，基坑深 4m，开挖深度范围内无地下水，基坑支护采用土钉墙支护形式。该工程在施工过程中发生了以下事件：

事件一：下雨天作业时，由于基坑开挖后未及时进行支护，导致基坑边坡滑塌，一临时办公板房倒塌，造成直接经济损失 900 万元，间接经济损失 110 万元；

事件二：由于基坑一次开挖深度过大，作业人员临时搭设了高为 2.2m 的脚手架，以便于进行土钉墙人工洛阳铲成孔作业。

请根据背景资料完成相应小题选项，其中判断题二选一（A、B 选项），单选题四选一（A、B、C、D 选项），多选题四选二或三（A、B、C、D 选项）。不选、多选、少选、错选均不得分。

1)（判断题）本工程的基坑开挖应编制专项施工方案且一定要组织专家进行论证。(　　)

A. 正确　　B. 错误

2)（单选题）本工程土方开挖时最适宜采用的机械是(　　)。

A. 推土机　　B. 抓铲挖土机　　C. 拉铲挖土机　　D. 反铲挖土机

3)（单选题）事件一中，导致基坑边坡滑塌的最主要的原因是(　　)。

A. 开挖深度太大　　B. 边坡土体抗剪强度降低

C. 支护形式选择不当　　D. 天气恶劣

4)（单选题）根据《生产安全事故报告和调查处理条例》，事件一属于(　　)。

A. 特别重大事故　B. 重大事故　C. 较大事故　D. 一般事故

5)（单选题）根据《生产安全事故报告和调查处理条例》，事件一发生后，应由(　　)组织成立事故调查组。

A. 国务院　　B. 省级人民政府

C. 设区的市级人民政府　　D. 县级人民政府

6)（多选题）根据《生产安全事故报告和调查处理条例》，安全事故处理应坚持的"四不放过"原则包括(　　)。

A. 事故原因不清楚不放过　　B. 事故没有制定紧急预案不放过

C. 事故责任者没有处理不放过　　D. 事故责任者和员工没有受到教育不放过

7)（判断题）事件二中，土钉墙人工洛阳铲成孔作业属于高处作业。(　　)

A. 正确　　B. 错误

8)（多选题）事件二中，从事洛阳铲成孔作业的人员要佩戴的防护用具有(　　)。

A. 安全帽　B. 安全带　C. 安全网　D. 防滑鞋

9)（多选题）一般来说，土钉墙支护形式的构造包括(　　)。

A. 土钉　B. 搅拌桩　C. 地下连续墙　D. 混凝土面层

10)（单选题）安全带的使用方法是(　　)。

A. 高挂低用　B. 低挂高用　C. 高挂高用　D. 低挂低用

13.【背景资料】某住宅楼工程，房屋檐口标高25.00m。该工程装饰用外架采用双排钢管扣件式落地脚手架，钢管为Φ48×3.6mm，步距1.50m，立杆横距1.05m，跨距1.50m，连墙件按二步三跨设置，全立面采用密目式安全立网封闭。施工过程中发生了以下事件：

事件一：脚手架搭设作业时，刘某为图省事，未系安全带，搭设钢管时脚下踩空从四楼摔下当场死亡；

事件二：脚手架拆除作业时，拆除人员先将两层连墙件拆除后再拆脚手架，导致脚手架垮塌，事故造成2人死亡，11人重伤。

请根据背景资料完成相应小题选项，其中判断题二选一（A、B选项），单选题四选一（A、B、C、D选项），多选题四选二或三（A、B、C、D选项）。不选、多选、少选、错选均不得分。

1)（判断题）本工程的脚手架应编制专项施工方案但可以不组织专家进行论证。(　　)

A. 正确　　B. 错误

2)（判断题）脚手架搭设作业时，大横杆应设置在立杆内侧(　　)。

A. 正确　　B. 错误

3)（单选题）根据题中条件，本工程脚手架设置连墙件的间距为：横向(　　)m，竖向(　　)m。

A. 1.05；1.05　B. 1.5；1.5　C. 3；3　D. 3；4.5

4)（单选题）本工程脚手架连墙件的构造要求是(　　)。

A. 可以采用拉筋和顶撑配合的连墙件

B. 可以采用仅有拉筋的柔性连墙件

C. 必须采用刚性连墙件与建筑物可靠连接

D. 可采用顶撑顶在建筑物上的连墙件

5)（单选题）造成事件一的直接原因有(　　)。

A. 未对工人进行安全教育

B. 未进行安全技术交底

C. 监理对现场安全控制不严

D. 刘某违反规定，未使用安全带

6）（单选题）根据《生产安全事故报告和调查处理条例》，事件二属于（　　）。

A. 特别重大事故　B. 重大事故　C. 较大事故　D. 一般事故

7）（单选题）根据《生产安全事故报告和调查处理条例》，事件二发生后，应由（　　）组织成立事故调查组。

A. 国务院　B. 省级人民政府　C. 设区的市级人民政府　D. 县级人民政府

8）（单选题）脚手架分段拆除作业时，分段拆除高差大于（　　）步时，应增设连墙件加固。

A. 一　B. 二　C. 三　D. 四

9）（多选题）本工程脚手架剪刀撑的设置，应符合（　　）。

A. 剪刀撑斜杆应搭接

B. 剪刀撑斜杆应焊接

C. 外侧全立面连续设置

D. 外侧两端、转角及中间间隔不超过 15m 的立面设置

10）（单选题）本工程外架搭设高度，宜超过房屋檐口高度（　　）m。

A. 1　B. 1.05　C. 1.5　D. 3

14.【背景资料】某学校图书馆工程，框架结构，主体结构层高 3.6m，柱网 6m×6m，一楼局部设有一层报告厅，报告厅层高 4.6m，采用 18m×18m 井字梁楼盖，工程于 2011 年 12 月 8 日完工，施工单位自检合格后报建设单位验收，2011 年 12 月 12 日验收合格。在施工过程中发生了以下事件：

事件一：施工单位在浇筑报告厅井字梁楼盖时发生一起坍塌事故，造成 4 人死亡，3 人受伤，直接经损失 202 万元；

事件二：施工单位在浇筑第二层框架柱混凝土时（梁板模板尚未搭设），工作人员直接站在柱模板上用木棍振捣混凝土。

请根据背景资料完成相应小题选项，其中判断题二选一（A、B 选项），单选题四选一（A、B、C、D 选项），多选题四选二或三（A、B、C、D 选项）。不选、多选、少选、错选均不得分。

1）（判断题）本工程主体部分的模板支撑工程应编制专项施工方案但可以不组织专家进行论证。（　　）

A. 正确　B. 错误

2）（判断题）本工程报告厅井字梁楼盖的模板支撑工程应编制专项施工方案但可以不组织专家进行论证。（　　）

A. 正确　B. 错误

3）（单选题）本工程的保修期自（　　）算起。

A. 2011 年 12 月 8 日　B. 2011 年 12 月 12 日

C. 主体施工结束　D. 工程全部完工

4）（单选题）本工程施工单位填写的施工日志记录时间为从开工到（　　）。

A. 主体完工　B. 全部工程完工　C. 自检合格　D. 竣工验收

5）（单选题）根据《生产安全事故报告和调查处理条例》，本工程事件一造成的事故属于（　　）。

A. 特别重大事故　B. 重大事故　C. 较大事故　D. 一般事故

6）（单选题）根据《生产安全事故报告和调查处理条例》，本工程事件一造成的事故应由（　　）组织成立事故调查组。

A. 省级人民政府　B. 设区的市级人民政府

C. 县级人民政府　D. 施工单位

7）（单选题）框架柱模板支设时，底部应开设（　　）。

A. 浇筑孔　　B. 清理孔　　C. 泄水孔　　D. 压浆孔

8)(判断题)本工程事件二中，浇筑框架柱的混凝土属于高处作业(　　)。

A. 正确　　B. 错误

9)(多选题)本工程事件二中，施工单位的做法错误的有(　　)。

A. 单独浇筑柱混凝土　　B. 未设置操作平台

C. 采用木棍振捣　　D. 作业人员未佩带安全带

10)(单选题)本工程报告厅井字梁楼盖，底模拆除时应使混凝土强度达到设计强度值的(　　)。

A. 50%　　B. 75%　　C. 95%　　D. 100%

15.【背景资料】某多层现浇混凝土框架结构施工，层高 3.6m，柱网 4m×4m，柱的混凝土强度等级为 C40，梁板的混凝土强度等级为 C30。房屋中部按设计要求留设一条宽 800mm 的后浇带，采用钢管扣件支模架，竹胶合板模板。在施工过程中发生了以下事件：

事件一：施工单位在浇筑第二层楼板混凝土时发生坍塌事故，造成 1 人死亡，4 人受伤；

事件二：施工单位为赶进度，6 级大风时进行模板吊运作业。

请根据背景资料完成相应小题选项，其中判断题二选一(A、B 选项)，单选题四选一(A、B、C、D 选项)，多选题四选二或三(A、B、C、D 选项)。不选、多选、少选、错选均不得分。

1)(判断题)本工程的模板支撑工程应编制专项施工方案但可以不组织专家进行论证。(　　)

A. 正确　　B. 错误

2)(单选题)本工程后浇带模板的支设，应(　　)。

A. 与两侧结构的模板同时支设　　B. 浇筑后浇带混凝土时再支设

C. 主体施工完毕后支设　　D. 拆除两侧结构模板后支设

3)(单选题)本工程框架柱模板的拆除，应使柱身混凝土强度达到(　　)。

A. 15MPa　　B. 30MPa

C. 40MPa　　D. 拆模不损坏混凝土表面及棱角

4)(单选题)本工程现浇楼盖底模拆除的顺序，应遵循的顺序是(　　)。

A. 主梁—次梁—板　　B. 主梁—板—次梁

C. 板—次梁—主梁　　D. 板—主梁—次梁

5)(单选题)根据《生产安全事故报告和调查处理条例》，本工程事件一造成的事故属于(　　)。

A. 特别重大事故　　B. 重大事故　　C. 较大事故　　D. 一般事故

6)(单选题)根据《生产安全事故报告和调查处理条例》，本工程事件一造成的事故应由(　　)组织成立事故调查组。

A. 省级人民政府　　B. 设区的市级人民政府

C. 县级人民政府　　D. 施工单位

7)(单选题)当遇(　　)级及以上大风时，要停止一切吊运作业。

A. 4　　B. 5　　C. 6　　D. 7

8)(判断题)设计无规定时，本工程中框架梁的底模不需要起拱(　　)。

A. 正确　　B. 错误

9)(单选题)多层楼板模板支架的拆除，第三层楼板正在浇筑混凝土时，第一层楼板模板的支架仅可拆除一部分，跨度大于(　　)m 的梁应保留支架。

A. 2　　B. 4　　C. 6　　D. 8

10)(多选题)模板拆除时应遵循的基本原则有(　　)。

A. 先支后拆　　B. 后支先拆

C. 先拆非承重模板，再拆承重模板　　D. 先拆下面，后拆上面

参考文献

[1] 钟汉华．建筑工程施工技术［M］．北京：北京大学出版社，2009.

[2] 姚谨英．建筑工程施工技术［M］．北京：中国建筑工业出版社，2012.

[3] 王守剑．建筑工程施工技术［M］．北京：冶金工业出版社，2009.

[4] 杨太生．地基与基础［M］．北京：中国建筑工业出版社，2004.

[5] 张强．地基与基础［M］．北京：高等教育出版社，2009.

[6] 钟汉华，李念国．建筑工程施工技术［M］．北京：北京大学出版社，2009.

[7] 中国建筑科学研究院．混凝土结构设计规范：GB50010—2010［Z］．北京：中国建筑工业出版社，2011.

[8] 沈阳建筑大学．建筑施工模板安全技术规范：JGJ162—2008［Z］．北京：中国建筑工业出版社，2008.

[9] 任继良，张福成，田林．建筑施工技术［M］．第三版．北京：清华大学出版社，2002.

[10] 余胜光，郭晓霞．建筑施工技术［M］．第二版．武汉：武汉理工大学出版社，2004.

[11] 徐伟，苏宏阳，金福安．土木工程施工手册［M］．北京：中国计划出版社，2002.

[12] 石海均，马哲．土木工程施工技术［M］．北京：北京大学出版社，2009.

[13] 朱永祥，钟汉华，等．建筑施工技术［M］．北京：北京大学出版社，2008.

[14] 徐吉恩，唐小弟．力学与结构［M］．北京：北京大学出版社，2006.

[15] 李国平．预应力混凝土结构设计原理［M］．北京：人民交通出版社，2000.

[16] 杨宗放．预应力工程，建筑施工手册（第四版缩印本）［M］．北京：中国建筑工业出版社，2004.

[17] 赵占彪．钢结构［M］．北京：中国铁道出版社，2006.

[18] 陈绍蕃，顾强．钢结构［M］．北京：中国建筑工业出版社，2005.

[19] 戴国欣．钢结构［M］．武汉：武汉理工大学出版社，2007.

[20] 孙加保．钢结构工程施工［M］．哈尔滨：黑龙江科学技术出版社，2005.

[21] 廖代广．建筑施工技术［M］．武汉：武汉工业大学出版社，1997.

[22] 余国凤．土木工程施工工艺［M］．上海：同济大学出版社，2007.

[23] 沈春林．建筑防水工程施工［M］．北京：中国建筑工业出版社，2008.

[24] 危道军．施工员（工长）专业管理实务［M］．北京：中国建筑工业出版社，2007.
[25] 中华人民共和国建设部．建筑结构荷载规范［M］．北京：中国建筑工业出版社，2002.
[26] 周戎．房屋建筑工程专业基础知识［M］．北京：中国环境科学出版社，2011.
[27] 颜高峰．建筑工程概论［M］．北京：人民交通出版社，2008.
[28] 傅刚斌，蒋荣．建筑材料［M］．北京：中国铁道出版社，2009.
[29] 殷凡勤，张瑞红．建筑材料与检测［M］．北京：机械工业出版社，2011.
[30] 普通混凝土配合比设计规程（JGJ55—2011）［M］．北京：中国建筑工业出版社，2011.